职业教育机械类专业“互联网+”新形态教材

AutoCAD 2018 机械制图实例教程

主　编　王　博　陈运胜
副主编　徐双钱
参　编　张德吉　王子瑜　阎金刚
主　审　焦　勇

机械工业出版社

本书由浅入深、循序渐进地介绍了 Autodesk 公司新推出的计算机辅助设计软件——AutoCAD 2018 中文版的基本功能和使用技巧。全书共 10 个单元，主要内容包括 AutoCAD 2018 绘图基础、AutoCAD 2018 基本绘图设置、绘制二维图形、编辑二维图形、文字与表格、尺寸标注、辅助绘图工具、绘制机械零件图、绘制与编辑三维实体、图形打印与输出。

本书内容丰富、结构清晰、语言简练，叙述深入浅出，具有很强的实用性，特别适合作为职业院校教材和 AutoCAD 培训用书，同时也可作为 AutoCAD 2018 中文版绘图用户的自学参考资料。

为便于教学，本书配套有电子课件、PPT、线上网络精品课程等教学资源，凡选用本书作为授课教材的教师可登录 www. cmpedu. com 注册后免费下载。

图书在版编目（CIP）数据

Auto CAD 2018 机械制图实例教程/王博，陈运胜主编. —北京：机械工业出版社，2018. 8（2024. 4 重印）
职业教育机械类专业“互联网+”新形态教材
ISBN 978-7-111-60396-2

Ⅰ. ①A… Ⅱ. ①王… ②陈… Ⅲ. ①机械制图-AutoCAD 软件-职业教育-教材 Ⅳ. ①TH126

中国版本图书馆 CIP 数据核字（2018）第 147275 号

机械工业出版社（北京市百万庄大街 22 号 邮政编码 100037）
策划编辑：齐志刚 责任编辑：王莉娜
责任校对：刘 岚 封面设计：张 静
责任印制：单爱军
北京虎彩文化传播有限公司印刷
2024 年 4 月第 1 版第 9 次印刷
184mm×260mm · 14. 5 印张 · 371 千字
标准书号：ISBN 978-7-111-60396-2
定价：44. 00 元

电话服务
客服电话：010-88361066
010-88379833
010-68326294

网络服务
机 工 官 网：www. cmpbook. com
机 工 官 博：weibo. com/cmp1952
金 书 网：www. golden-book. com
机工教育服务网：www. cmpedu. com

前　言

AutoCAD是由美国Autodesk公司开发的通用计算机辅助设计软件包，具有易于掌握、使用方便、体系结构开放等优点，能够绘制二维图形与三维图形、标注尺寸、渲染图形并打印输出图形等，广泛应用于机械、建筑、电子、航天、造船、纺织、轻工等领域。

AutoCAD 2018是AutoCAD系列软件中的最新版本，它贯彻了Autodesk公司的一贯为广大用户考虑的方便性和高效率，为多用户合作提供了便捷的工具与规范的标准，以及方便的管理功能，因此用户可以与设计组密切而高效地共享信息。与以前的版本相比，AutoCAD 2018中文版在性能和功能方面都有了较大的增强和改善。

本书共10个单元，单元1介绍了AutoCAD 2018的基本功能、绘图环境、图形文件管理和基本操作技能；单元2介绍了AutoCAD 2018绘图环境的基本设置、绘图辅助功能、图层的创建与管理；单元3、4介绍了二维图形的绘制方法与编辑方法；单元5介绍了文字与表格的创建与编辑方法；单元6介绍了尺寸标注的创建与编辑方法；单元7介绍了辅助绘图工具的使用方法；单元8通过综合训练介绍了样板图的创建方法，零件图、装配图的绘制方法。单元9介绍了三维实体的绘制与编辑方法；单元10介绍了图形打印与输出的方法。

本书由渤海船舶职业学院王博、广州华立科技职业学院陈运胜担任主编，徐双钱担任副主编。编写分工如下：单元1、2由王博编写，单元3、9由徐双钱编写，单元4由陈运胜编写，单元5由阎金刚编写，单元6、10由张德吉编写，单元7、8由王子瑜编写。全书由王博统稿，由焦勇主审。

限于编者水平，书中难免有不足之处，恳请广大读者批评指正。

编　者

目　　录

单元1　AutoCAD 2018 绘图基础

学习目标：

1. 了解 AutoCAD 2018 的基本功能。
2. 熟悉 AutoCAD 2018 工作界面。
3. 掌握图形文件的创建、打开和保存方法。
4. 掌握 AutoCAD 的基本操作技能。

知识模块1　AutoCAD 2018 的基本功能

AutoCAD 2018 是由美国 Autodesk 公司开发的通用计算机辅助设计软件，由于其具有精确的数据运算能力和高效的图形处理能力，被广泛应用于机械、建筑、服装、土木、电力和工业设计等行业。

Auto 是英语 Automation 单词的词头，意思是“自动化”；CAD 是英语 Computer Aided Design 的缩写，意思是“计算机辅助设计”；2018 表示 AutoCAD 软件的版本号。

知识点1　基本绘图功能

1. 绘制与编辑图形

AutoCAD 2018 包含有丰富的绘图命令，可以绘制直线、构造线、多段线、圆、矩形、多边形、椭圆等基本图形，再借助修改命令，便可以绘制出各种二维图形。图 1-1 所示为使用 AutoCAD 2018 绘制的二维图形。

一些二维图形通过拉伸、设置标高和厚度等操作，就可以轻松地转换为三维图形。也可以使用创建三维实体命令，创建圆柱体、球体、长方体等基本实体以及三维网格、旋转网格等曲面模型，再借助修改命令，便可以绘制出各种复杂三维图形。图 1-2 所示为使用 AutoCAD 2018 绘制的三维图形。

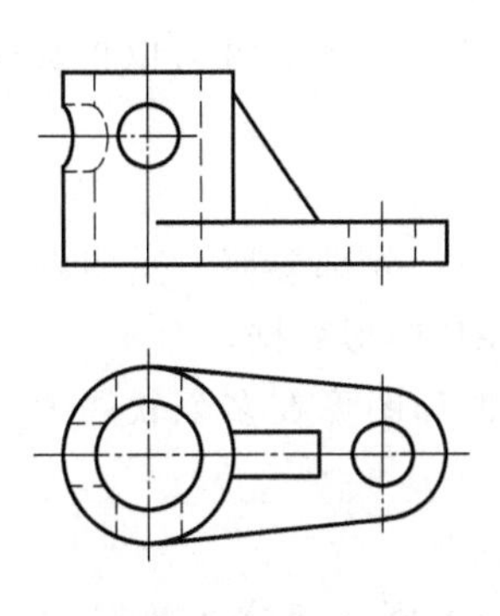

图 1-1　二维图形

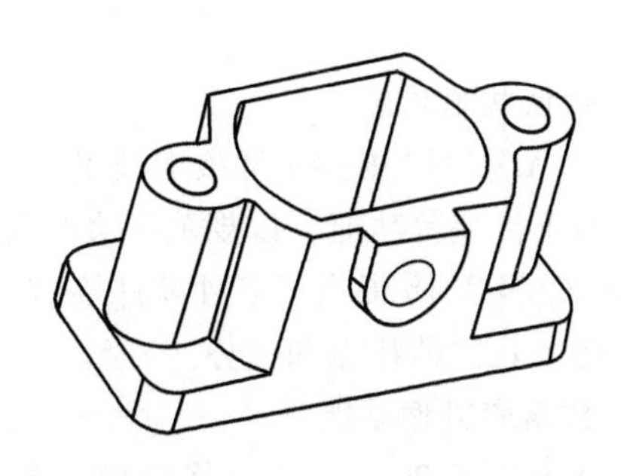

图 1-2　三维图形

2. 标注图形尺寸

尺寸标注是向图形中添加测量注释的过程，是绘图过程中不可缺少的一步。AutoCAD 2018 中包含了一套完整的尺寸标注和编辑命令，使用它们可以在图形的各个方向上创建各种类型的标注，也可以方便、快速地以一定格式创建符合行业要求或项目标准的标注，如图 1-3 所示。

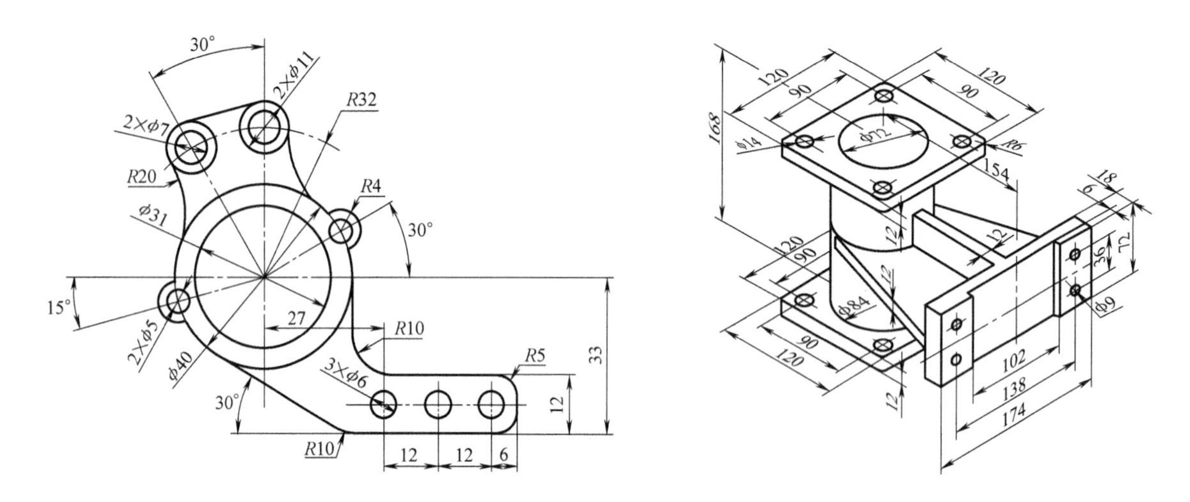

图 1-3　使用 AutoCAD 2018 标注图形尺寸

3. 输出与打印图形

AutoCAD 2018 不仅允许将所绘图形以不同样式通过绘图仪或打印机输出，还能将不同格式的图形导入 AutoCAD 或将 AutoCAD 图形以其他格式输出。因此，当图形绘制完成之后，可以使用多种方法将其输出。例如，可以将图形打印在图纸上，或创建成以供其他应用程序使用的文件。图 1-4 所示为 AutoCAD 2018 预览打印图形效果的情况。

知识点 2　辅助设计功能

1. 参数化设计功能

AutoCAD 2018 可通过基于设计意图的图形对象约束来提高设计功能。几何约束控制对象间的相对位置关系，标注约束控制对象的长度、角度值等。约束可确保在对象修改后还保持特定的关联。

2. 查询功能

利用查询工具，可以查询图形的长度、面积、体积、力学特性等，并可以将查询结果保存下来。

3. 数据共享功能

AutoCAD 2018 提供了样板图技术、CAD 标准、设计中心、外部参照、光栅图像、连接与嵌入、电子传递等功能，以规范和协调设计，并共享 AutoCAD 图形数据。

AutoCAD 2018 提供了多种软件接口，可以方便地将数据和图形在多个软件中共享，进一步发挥各个软件的特点和优势。

4. 数据库管理功能

在 AutoCAD 2018 中，可将图形对象与外部数据库进行关联，而这些数据库是由独立于 AutoCAD 的其他数据库管理系统（如 Access、Oracle、FoxPro 等）建立的。

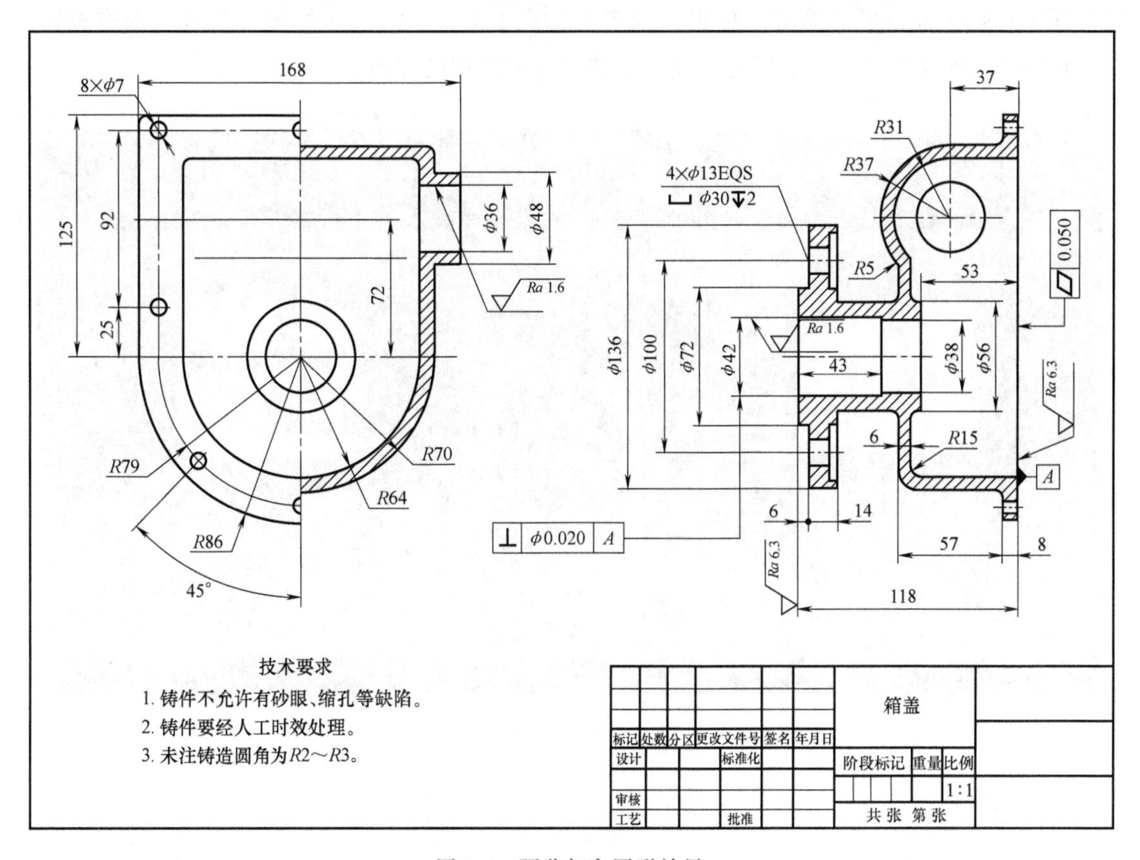

图 1-4　预览打印图形效果

5. 自动完成命令功能

AutoCAD 2018 提供了自动完成命令功能，即可以在用户输入命令时自动提供一份清单，列出匹配命令的名称、系统变量和命令别名。

知识点 3　开发定制功能

1. 用户定制功能

用户可以根据需要方便地定制图形界面、快捷键、工具选项板、简化命令、菜单、工具栏、图案填充、线型等。

2. 二次开发功能

AutoCAD 2018 开放平台的用户可以用 AutoLISP、VBA、.NET 等语言开发适合特定行业使用的 CAD 产品，以便用户按照自己的思路去解决实际问题。

知识模块 2　AutoCAD 2018 的绘图环境

知识点 1　AutoCAD 2018 工作空间的设置

用户成功地将 AutoCAD 2018 安装到计算机上后，双击桌面上的 AutoCAD 2018 图标 A，即可启动 AutoCAD 软件，如图 1-5 所示。从界面中可以看到“开始”选项卡，单击“开始绘制”进入绘图界面；可以单击“样板”选项 样板 ，选择图形样板，如图 1-6 所示；可以在“最近使用的文档”中选择最近使用的文档。

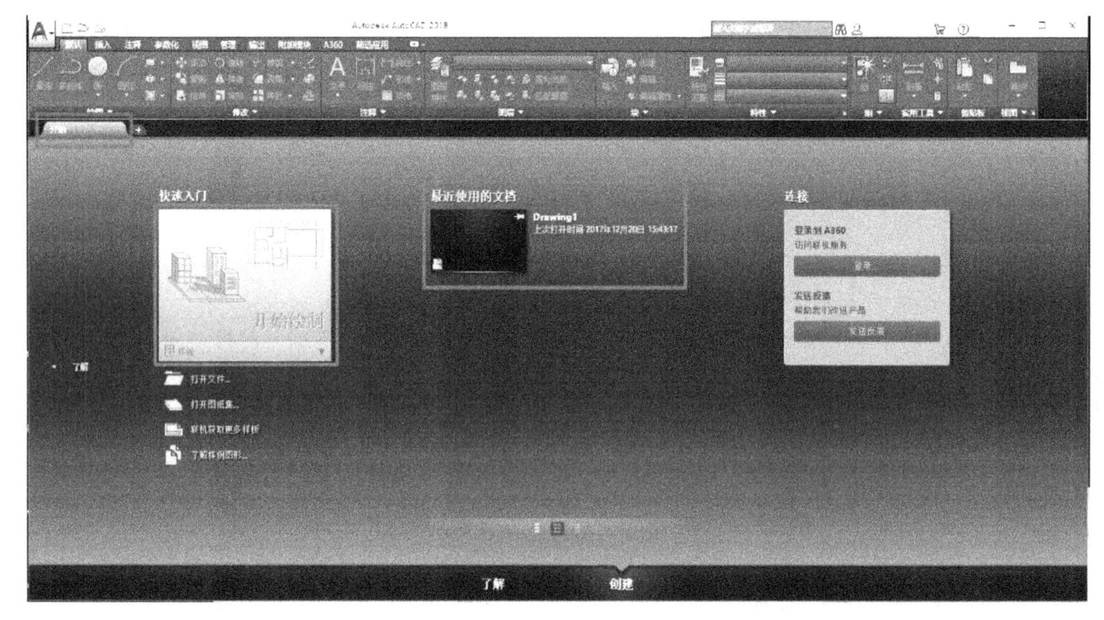

图 1-5　软件启动界面

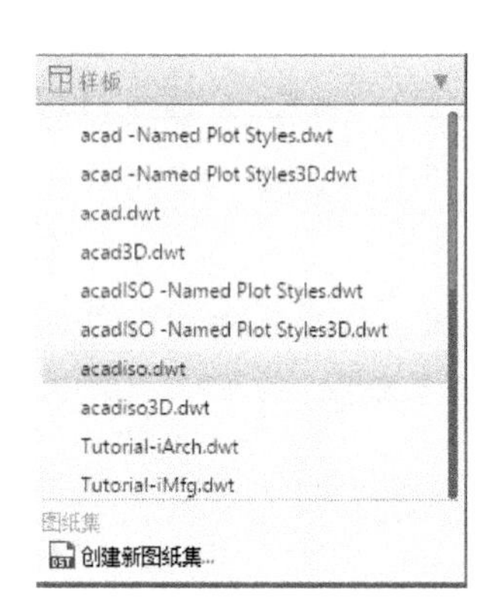

图 1-6　选择图形样板

如果是新用户，启动 AutoCAD 2018 后，单击“开始绘制”或“新图形”按钮 ，进入“草图与注释”工作空间，如图 1-7 所示。

AutoCAD 2018 提供了“草图与注释”“三维基础”“三维建模”3 种工作空间模式。“三维基础”工作空间如图 1-8 所示，“三维建模”工作空间如图 1-9 所示。

用户可以根据工作需要进行工作空间切换，切换方式主要包括：

1）单击“快速访问”三角下拉按钮，选择“工作空间”命令，显示工作空间切换按钮 草图与注释 ，可从弹出的下拉列表中选择所需的工作空间，如图 1-10 所示。

2）单击“状态栏”上的 按钮，从弹出的“按钮”菜单中切换工作空间，如图 1-11 所示。

3）单击“工具”菜单，选择“工作空间”下一级菜单选项，如图 1-12 所示。

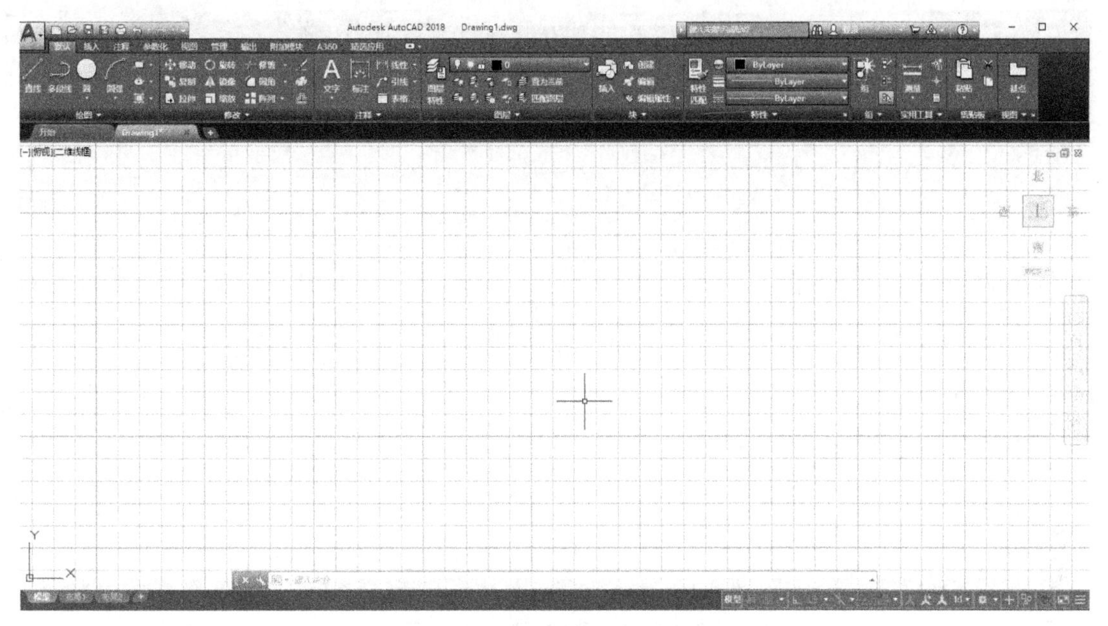

图 1-7　“草图与注释”工作空间

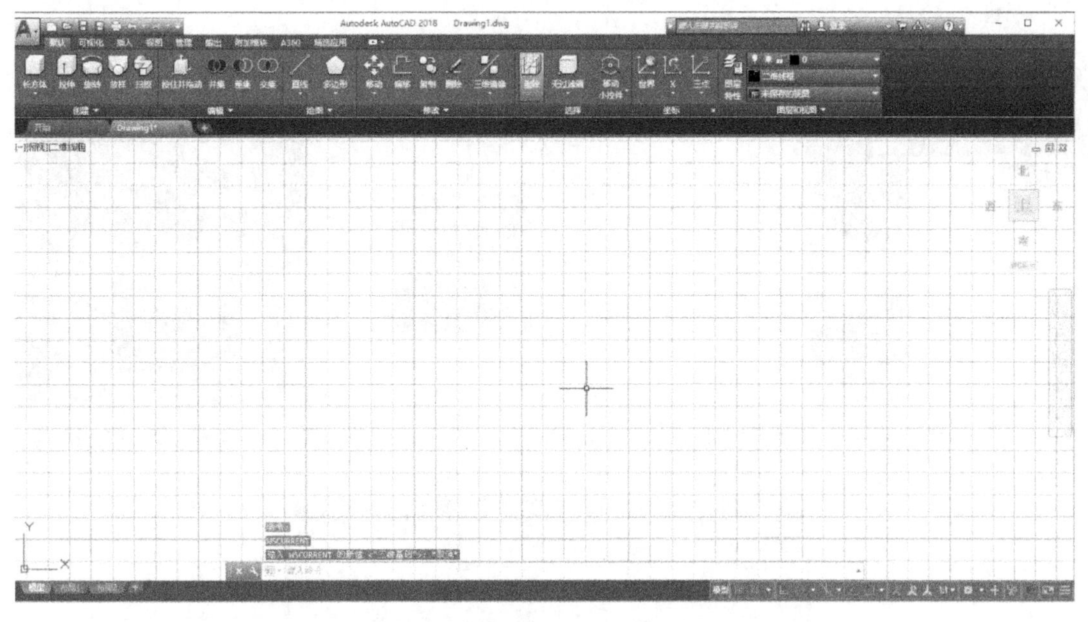

图 1-8　“三维基础”工作空间

知识点 2　AutoCAD 2018 工作界面及操作

从图 1-7 可以看出，AutoCAD 2018 界面主要包括标题栏、菜单栏、功能区、绘图区、命令行、状态栏等。

1. 标题栏

标题栏位于应用程序窗口的最上面，如图 1-13 所示。标题栏主要包括应用程序菜单、快速访问工具栏、程序名称显示区、信息中心和窗口控制按钮等。

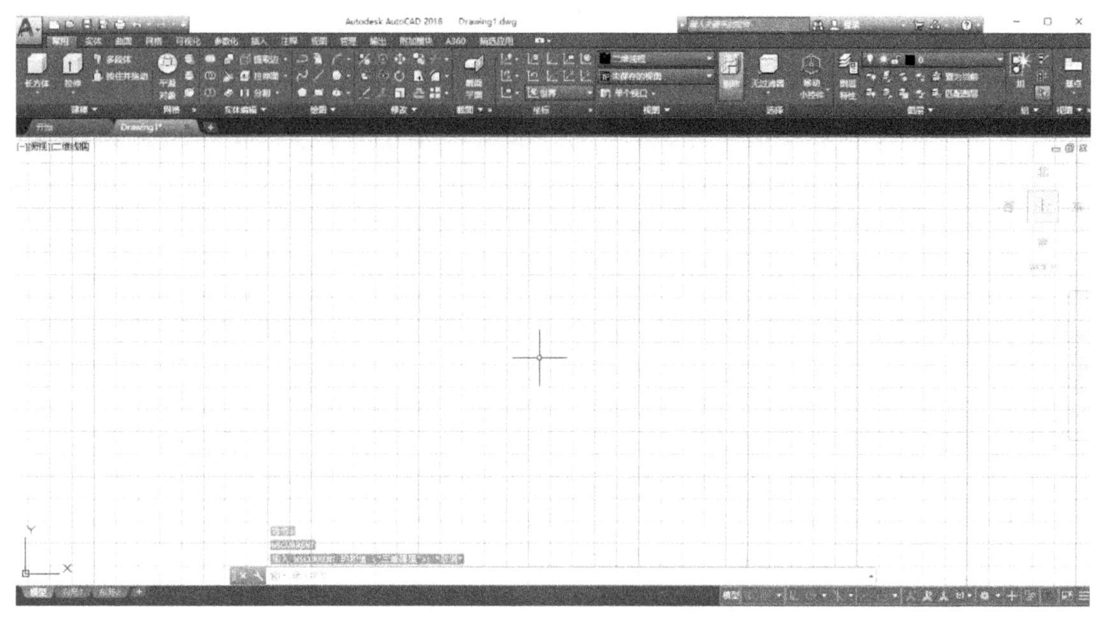

图 1-9 “三维建模”工作空间

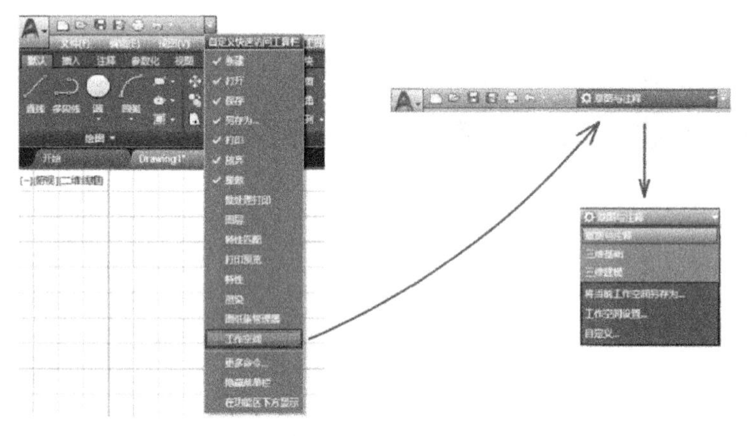

图 1-10 从快速访问工具栏切换工作空间

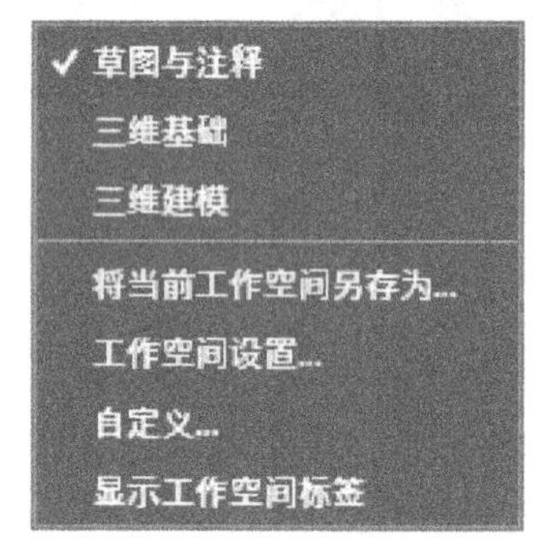

图 1-11 工作空间切换按钮菜单

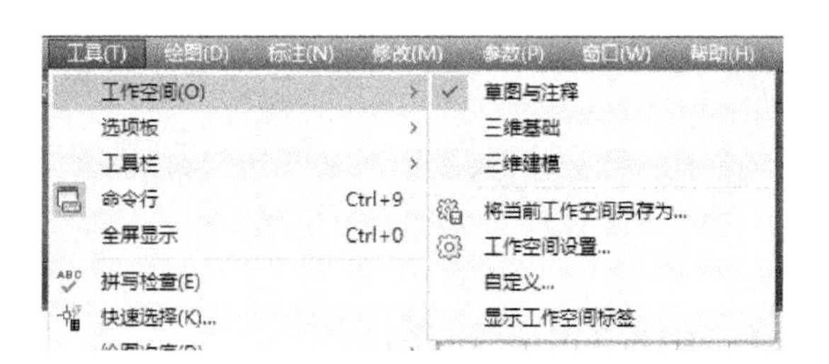

图 1-12 “工作空间”级联菜单

单击图 1-13 所示界面左上角的按钮，可打开如图 1-14 所示的“应用程序”菜单，通过此菜单可以访问常用工具、搜索命令和浏览文档等。

图 1-13 标题栏

“快速访问”工具栏位于应用程序按钮的右侧，单击右端的下三角按钮，在弹出的下拉菜单中可以实现在快速访问工具栏中添加或删除按钮，如图 1-15 所示。也可以用鼠标右键单击“快速访问”工具栏，在弹出的菜单中选择“自定义快速访问工具栏”命令，在弹出的“自定义界面”对话框中进行设置，或选择“从快速访问工具栏中删除”命令，即可删除命令，如图 1-16 所示。

“程序名称显示区”主要用于显示当前正在运行的程序名称和当前执行的图形文件名称。“信息中心”可以快速获取所需信息、搜索所需资源等。“窗口控制”按钮位于标题栏的最右端，主要有“最小化”“恢复/最大化”“关闭”按钮，用于控制 AutoCAD 窗口的大小和关闭窗口。

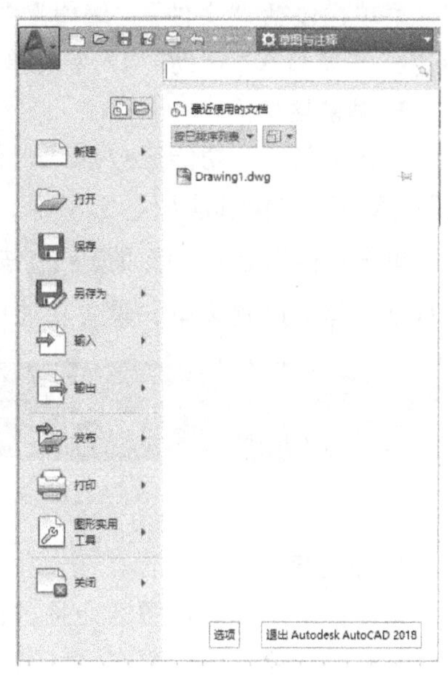

图 1-14　“应用程序”菜单

2. 菜单栏

在 AutoCAD 2018 中，默认设置下“菜单栏”是隐藏的，选择“快速访问”工具栏右端的下三角按钮，打开下拉菜单，单击 显示菜单栏 按钮，显示菜单栏，如图 1-17 所示。

图 1-15　快速访问工具栏下拉菜单

从快速访问工具栏中删除(R)
添加分隔符(A)
自定义快速访问工具栏(C)
在功能区下方显示快速访问工具栏

图 1-16　快速访问工具栏

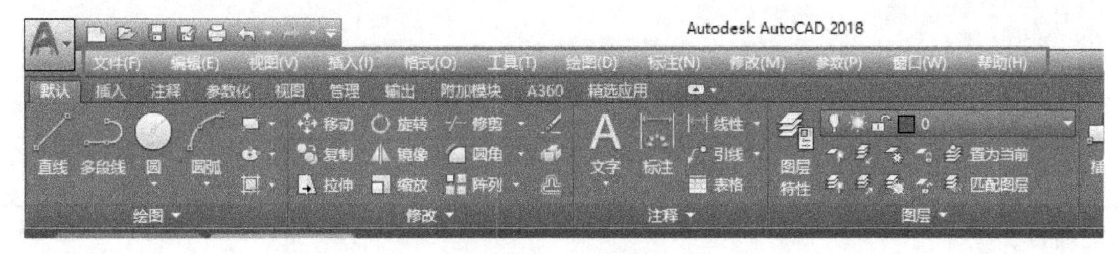

图 1-17　菜单栏

技巧：

在命令行输入 MENUBAR，系统变量值为 1 时，显示菜单栏；为 0 时，隐藏菜单栏。

菜单栏包括“文件”“编辑”“视图”“插入”“格式”“工具”“绘图”“标注”“修改”“参数”“窗口”“帮助”12 个菜单项，几乎包含了 AutoCAD 的所有绘图和编辑命令。

3. 功能区

默认情况下，功能区包括“默认”“插入”“参数化”“视图”“管理”“输出”“附加模块”“A360”“精选应用”选项卡，如图 1-18 所示。每个选项卡集成了相关的操作工具，用户可以单击功能区选项后面的按钮控制功能的展开与收缩，也可以在功能区空白处单击鼠标右键，弹出设置菜单，设置功能区的状态，如图 1-19 所示。

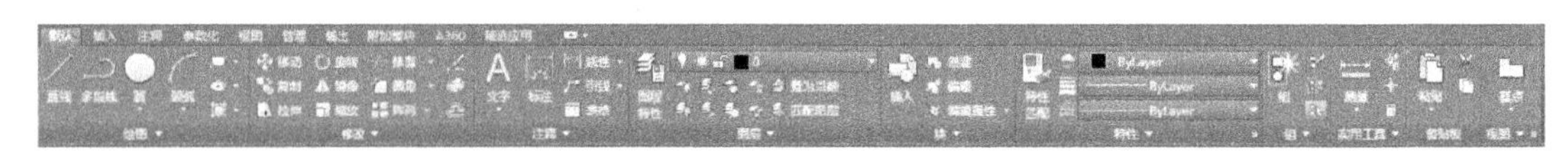

图 1-18　功能区

4. 绘图区

绘图窗口又称为绘图区，是进行绘图的主要工作区域，绘图的核心操作和绘制图形都在该区域中进行。绘图区实际上是无限大的，可以通过缩放、平移等命令来观察绘图区的图形。

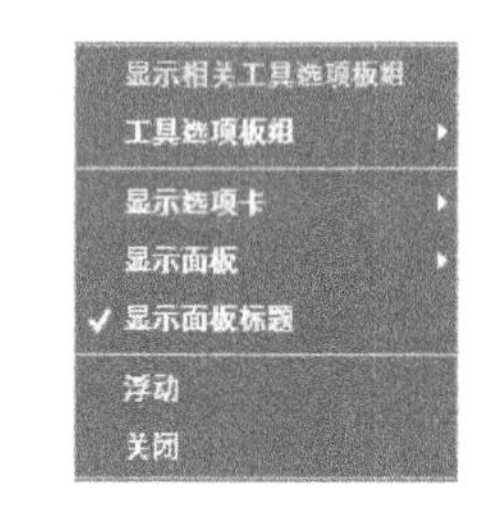

图 1-19　设置功能区选项卡

在绘图区左下角有一个坐标系图标，默认情况下，坐标系为世界坐标系（World Coordinate System，WCS）。另外，在绘图区还有一个十字光标，其交点为光标在当前坐标系中的位置。移动鼠标可以改变光标的位置。

绘图区底部有模型标签和布局标签 模型 布局1 布局2 +，在 AutoCAD 2018 中有两个设计空间，模型代表模型空间，布局代表图纸空间，单击这两个标签可在这两个空间中进行切换。

绘图区右上角有“最小化”“最大化”“关闭”3 个按钮，在 AutoCAD 2018 中同时打开多个文件时，可通过这些按钮进行文件的关闭和切换。

5. 命令行

“命令行”窗口位于绘图区的底部，用于执行输入的命令，并显示 AutoCAD 提示信息，在 AutoCAD 2018 中，“命令行”可以拖动为浮动窗口，如图 1-20 所示。

```
命令: _polygon 输入侧面数 <4>: 6
指定正多边形的中心点或 [边(E)]:
输入选项 [内接于圆(I)/外切于圆(C)] <I>:
指定圆的半径: 20
键入命令
```

图 1-20　“命令行”窗口

按<F2>键，将弹出图 1-21 所示的“AutoCAD 文本”窗口，可以很方便地查看和编译命令的历史记录，也可以在窗口中输入相关的命令和选项。再次按<F2>键，则关闭“AutoCAD 文本”窗口。

6. 状态栏

状态栏显示在 AutoCAD 2018 操作界面的最底部，由坐标读数器、辅助功能区、状态栏菜单 3 部分组成。系统默认的状态栏如图 1-22 所示。单击自定义按钮可以设置状态栏，显示全部状态栏命令，如图 1-23 所示。单击开关按钮，可以实现这些功能的开关，通过他们也可以控制图形或绘图区的状态。

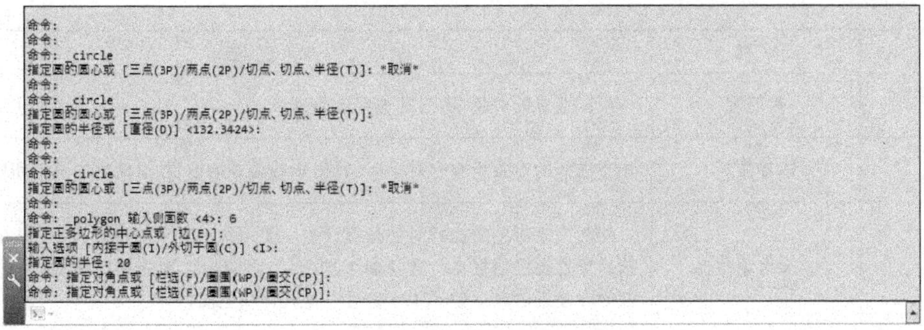

```
命令:
命令:
命令: _circle
指定圆的圆心或 [三点(3P)/两点(2P)/切点、切点、半径(T)]: *取消*
命令:
命令: _circle
指定圆的圆心或 [三点(3P)/两点(2P)/切点、切点、半径(T)]:
指定圆的半径或 [直径(D)] <132.3424>:
命令:
命令:
命令: _circle
指定圆的圆心或 [三点(3P)/两点(2P)/切点、切点、半径(T)]: *取消*
命令:
命令: _polygon 输入侧面数 <4>: 6
指定正多边形的中心点或 [边(E)]:
输入选项 [内接于圆(I)/外切于圆(C)] <I>:
指定圆的半径: 20
命令: 指定对角点或 [栏选(F)/圈围(WP)/圈交(CP)]:
命令: 指定对角点或 [栏选(F)/圈围(WP)/圈交(CP)]:
```

图 1-21　“AutoCAD 文本”窗口

图 1-22　系统默认的状态栏

图 1-23　显示全部状态栏命令

从左至右，状态栏中最左边的 3 个数值分别是十字光标所在的 X、Y、Z 轴的坐标值。如果 Z 轴为 0，则说明当前在绘制二维平面图形。其他各个按钮的功能见表 1-1。

表 1-1　状态栏各按钮功能

图标	名称	功　能
 模型	模型	用于模型与图纸之间的转换
	栅格显示	用于开启或者关闭栅格的显示，使用栅格类似于在图形下放置一张坐标纸，利用栅格对齐对象并直观显示对象之间的距离
	捕捉模式	用于开启或关闭捕捉，捕捉模式可以使光标能够很容易地抓取到每一个栅格上的点
	推断约束	启用推断约束模式会自动在正在创建或编辑的对象与对象捕捉的关联对象或点之间应用约束
	动态输入	用于动态输入的开始和关闭，在光标附近显示一个提示框，工具提示中显示对应命令提示和光标当前坐标值
	正交模式	用于开启或关闭正交模式，正交即光标只能沿 X 轴或 Y 轴方向移动，不能画斜线
	极轴追踪	用于开启或关闭极轴追踪模式，用于捕捉和绘制与起点水平线成一定角度的线段
	等轴测草图	通过设定“等轴测捕捉/栅格”，可以容易地沿三个等轴平面之一对齐对象
	对象捕捉追踪	用于开启或关闭对象捕捉追踪。该功能和对象捕捉功能一起使用，用于追踪捕捉点在线性方向与其他对象的特殊点的交点
	二维对象捕捉	用于开启或关闭对象捕捉，对象捕捉能使光标在接近某些特殊点时精确捕捉到点
	线宽	用于控制线宽的显示和隐藏

（续）

图标	名称	功　能
	透明度	设定选定的对象、图层的透明度级别
	选择循环	当选择的对象为重叠对象时，弹出选择集对话框，在对话框中选择所需对象
	三维对象捕捉	控制三维对象的执行对象捕捉设置。使用执行对象捕捉设置，可以在对象上的精确位置指定捕捉点。选择多个选项后，将应用选定的捕捉模式，以返回距离靶框中心最近的点。按<TAB>键可在这些选项之间循环
	动态UCS	用于切换允许和禁止UCS（用户坐标系）
	选择过滤	根据对象特性或对象类型对选择集进行过滤
	小控件	帮助用户沿三维轴或平面移动、旋转或缩放一组对象
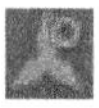	注释可见性	单击该按钮，可选择仅显示当前比例的注释或者显示所有比例的注释
	自动缩放	注释比例更改时，自动将比例添加至注释性对象
	注释比例	单击注释比例后面的小三角符号，弹出注释比例列表
	切换工作空间	可通过此按钮切换AutoCAD 2018的工作空间
	注释监视器	打开仅用于所有事件或模型文档事件的注释监视器
	单位	指定线性或角度单位格式
	快捷特性	控制“快捷特性”选项板的禁用或者开启
	锁定用户界面	用于控制是否锁定工具栏和窗口的位置
	隔离对象	通过隔离或隐藏选择集来控制对象的显示
	硬件加速	设定显卡驱动程序以及设置硬件加速的选项
	全屏显示	AutoCAD 2018的全屏显示或者退出
	自定义	用户根据自己的需要构造状态栏

知识模块3　AutoCAD 2018图形文件管理

AutoCAD 2018图形文件的管理功能主要包括新建图形文件、保存图形文件、打开图形文件等。

知识点1　新建图形文件

新建图形文件的命令如下：

1）选择“菜单浏览器”按钮，选择“新建”命令；

2）单击“快速访问”工具栏中的“新建”按钮；

3）按组合键<Ctrl+N>。

执行命令，弹出如图1-24所示的“选择样板”对话框，要求用户选择样板文件。利用该对话框选择样板文件后，单击“打开”按钮就会以该样板建立新图形文件。

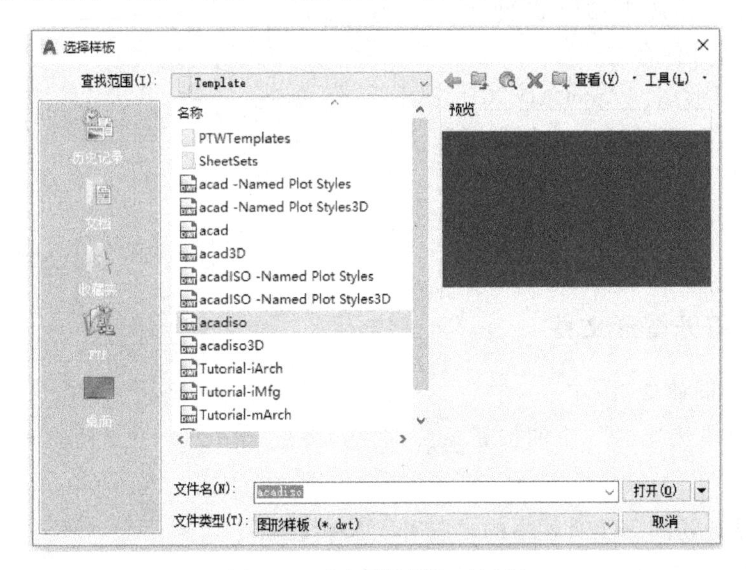

图1-24　“选择样板”对话框

“选择样板”对话框的使用与其他Windows应用程序“打开文件”对话框的使用方式基本相同。但当在列表中选中某一样板文件时，会在右面的预览图像框中显示该样板的预览效果。

在“选择样板”对话框中可以对所建文件进行设定，在“文件名”文本框中输入样板名称，系统自动在“文件类型”列表框中选中样板文件类型为.dwt格式，在“预览”选项区中显示当前选中的样板的示意图。选择样板文件后，单击“打开”按钮，即可新建一个图形文件。

样板文件中通常包含与绘图相关的一些通用设置，如图层、线型、文字样式和尺寸标注样式等，还包括一些通用图形对象，如标题栏和图幅框等。利用样板创建新图形可以避免绘图设置和绘制相同图形对象的重复操作，不仅可以提高绘图的效率，还保证了图形的一致性。

AutoCAD 2018提供了众多的样板，可供用户选择。用户可以根据需要创建自己的样板文件。

技巧：

AutoCAD 2018常用的样板文件有两个：英制的acad. dwt和公制的acadiso. dwt。

知识点2　保存图形文件

对图形文件进行修改后，即可对其进行保存。如果之前保存并命名了图形，则会保存所做的所有更改。如果是第一次保存图形，则会显示“图形另存为”对话框。

保存图形文件的命令如下：

1）单击“菜单浏览器”中的按钮，选择“保存”或“另存为”命令；

2）单击“快速访问”工具栏中的“保存”按钮或“另存为”按钮；

3）按组合键<Ctrl+S>。

执行命令，弹出“图形另存为”对话框，如图 1-25 所示。

该对话框中的选项和“选择文件”对话框类似，可以确定图形文件的存放位置（通过“保存于”下拉列表）、文件名（通过“文件名”文本框）以及存放类型（通过“文件类型”下拉列表）等并保存它。

除了可以将图形以“AutoCAD 2018 图形”的类型保存外，还可以通过“文件类型”下拉列表选择其他兼容性的图形文件格式（如“AutoCAD 2007/LT 2007 图形”“AutoCAD 2004/LT 2004 图形”）。

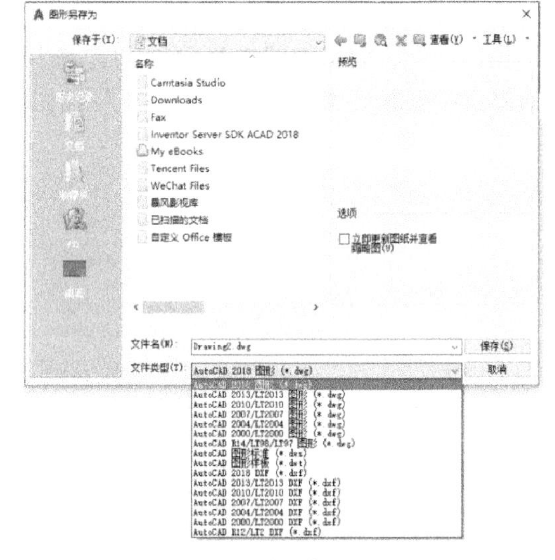

图 1-25 “图形另存为”对话框

知识点 3 打开图形文件

打开图形文件的命令如下：

1）单击“菜单浏览器”中的按钮，选择“打开”命令；

2）单击“快速访问”工具栏中的“打开”按钮；

3）按组合键<Ctrl+O>。

执行命令，弹出如图 1-26 所示的“选择文件”对话框。

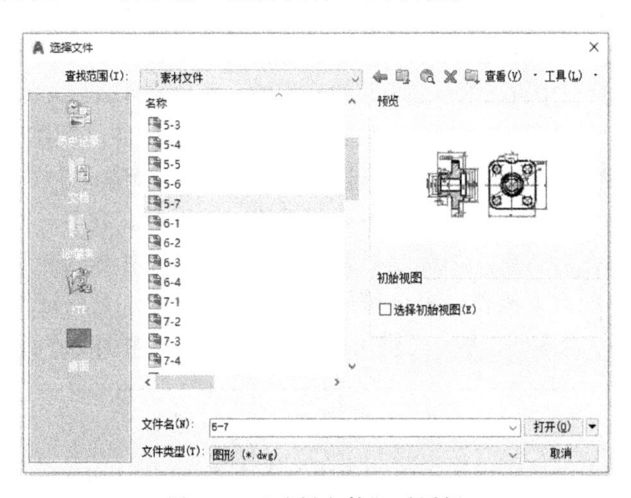

图 1-26 “选择文件”对话框

对“选择文件”对话框的说明如下：

1）“查找范围”：单击其右侧的列表框可以选择打开文件的路径。

2）“文件”列表：选择路径后，在其下面的列表中将显示该路径下的所有 AutoCAD 能识

别的 .dwg 图形文件，用户单击文件名即可选中该文件。

3）“文件名”：用户选择文件后，其文件名将显示在这个位置。

4）“文件类型”：用户所要打开的文件类型默认为 .dwg，也可以通过列表来选择其他文件类型。

5）“预览”：在对话框中选择“查看”到“预览”时，将显示选定文件的位置。如果未选择文件，则“预览”区为空。要将位图和图形文件一起保存，可使用“选项”对话框中“打开和保存”选项卡上的“保存缩略图预览图像”选项。

6）“选择初始视图”复选框：如果图形包含多个命令视图，则在打开图形时将显示指定的模型空间视图。

7）“打开”按钮：用于打开选定的文件。“打开”按钮右侧有个三角按钮，单击该按钮可以看到有多种打开方式，如图 1-27 所示。

知识点 4　退出 AutoCAD 2018

退出图形文件的命令如下：

1）单击 AutoCAD 2018 标题栏中的控制按钮×；

2）选择“文件”菜单下的“退出”命令；

3）按组合键<Alt+F4>。

如果用户在退出 AutoCAD 2018 时没有保存文件，系统将弹出提示对话框，如图 1-28 所示。单击“是”按钮，系统将保存文件，然后退出；单击“否”按钮，系统将不保存文件。

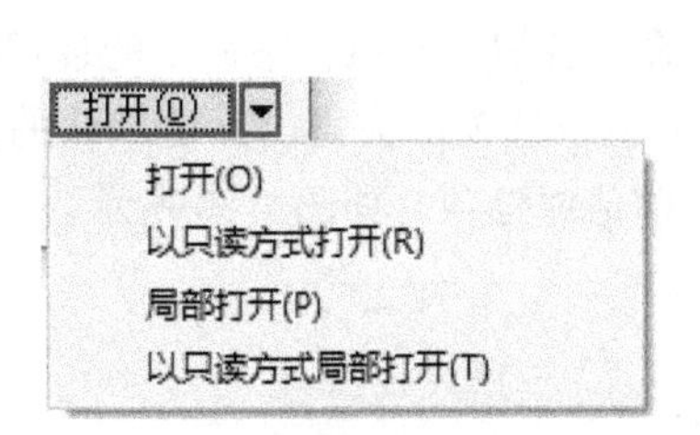

图 1-27　图形打开方式

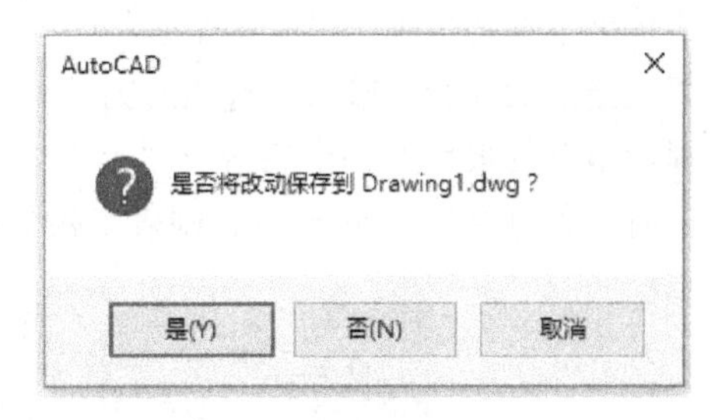

图 1-28　AutoCAD 提示对话框

知识模块 4　基本操作技能

绘制图形的要点在于快和准，即图形尺寸绘制准确并节省绘图时间。本知识模块主要介绍不同命令的操作方法，用户在后面学习绘图命令时，应尽可能地掌握多种方法，并从中找出适合自己的、快速的方法。

知识点 1　启动命令的方式

在用 AutoCAD 2018 绘图的过程中，必须输入必要的指令和参数。AutoCAD 2018 提供了多种方法来启动同一命令，具体如下：

1. 功能区启动命令

功能区是选项卡和面板的集合，提供了几乎所有的命令，单击功能区面板上的图标按钮，即可启动相应命令。如图 1-29 所示，单击“绘图”面板上的“直线”按钮，则启动“直线”命令。

2. 菜单栏启动命令

单击某个菜单，在其下拉菜单中单击所需的菜单命令，则启动相应命令。如图 1-29 所示，单击“绘图”菜单下的“直线”命令，则启动“直线”命令。

图 1-29　启动命令的方法

3. 在命令行输入

在命令行命令提示符“命令:”后，输入命令名并按<Enter>键或空格键执行命令。如在命令行输入<LINE>或命令简写<L>，然后按<Enter>键或空格键执行命令，即可启动“直线”命令。

在命令行中不仅需要输入命令，然后执行命令，还需要在绘制图形时输入指定的参数。在命令行中输入命令后，需要了解当前命令行出现的文字提示信息。在文字提示信息中，“[ ]”中的内容为可供选择的选项，具有多个选项时，各选项之间用“/”符号隔开，如要选择某个选项时，则需要在当前命令行中输入该选项后圆括号“（）”中的命令标识。在执行某命令的过程中，若命令提示信息的最后有一个尖括号“<>”，则该尖括号中的值或选项即为当前系统默认的值或选项，此时，若直接按<Enter>键，则表示接受系统默认的当前值或选项，如图 1-30 所示。

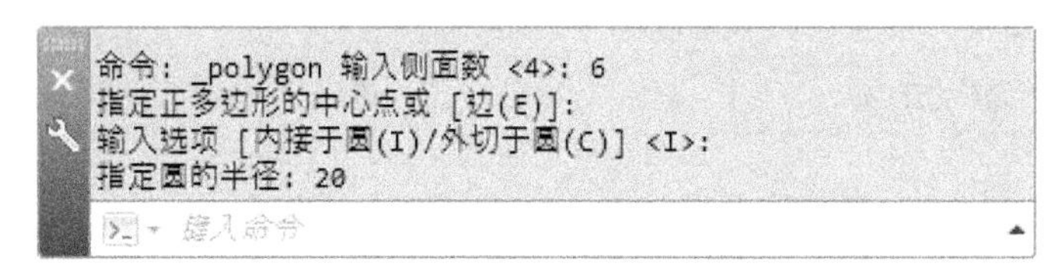

图 1-30　在命令行中输入命令及参数

知识点 2　命令的重复、终止、放弃和重做

在绘图过程中经常会重复使用相同的命令或者用错命令，下面介绍命令的重复和撤销操作。

1. 命令的重复执行

“重复执行”命令即再次调用刚执行完的命令，调用的方式如下：

1）键盘操作：按<Enter>键或空格键；

2）鼠标操作：单击鼠标右键选择“重复×××”（×××表示命令）。

2. 命令的终止

“终止”命令即中断正在执行的命令，回到等待命令状态，其调用方式如下：

1）键盘操作：按<Esc>键；

2）鼠标操作：单击鼠标右键选择“取消”。

3. 命令的放弃

“放弃”命令可以实现从最后一个命令开始，逐一取消前面已经执行了的命令。其调用方式如下：

1）快速访问工具栏：单击“放弃”按钮；

2）菜单栏：选择“编辑”菜单下的“放弃”命令；

3）键盘命令：输入 UNDO 或 U；

4）按组合键<Ctrl+Z>。

4. 命令的重做

“重做”命令可以恢复刚执行“放弃”命令所放弃的操作，调用方式如下：

1）快速访问工具栏：单击“重做”按钮；

2）菜单栏：选择“编辑”菜单下的“重做”命令；

3）键盘命令：输入 REDO。

知识点 3　数据输入方法

在 AutoCAD 2018 中，点坐标可以用直角坐标、极坐标、球面坐标和柱面坐标表示，每一种坐标都有两种坐标输入方式，即绝对坐标和相对坐标。其中直角坐标和极坐标最为常用，其具体输入方法如下：

1. 绝对直角坐标

绝对直角坐标是以原点为基点，来定义其他点位置的方法，坐标值间要用逗号隔开。绘制二维图形时，只输入 X、Y 坐标，即 X，Y，绘制三维图形时才有 X、Y、Z 坐标，即 X，Y，Z。

例如在图 1-31 中，点 *A* 的坐标值为（20，20），则应输入“20，20”，点 *B* 的坐标值为（50，50），则应输入“50，50”。

2. 绝对极坐标

绝对极坐标是以原点为极点，通过极半径和极角来确定点的位置。极半径是指该点与原点之间的距离，极角是极点与原点连线与 X 轴正半轴的夹角，逆时针方向为正方向，输入格式为：极半径<极角，即 L<α。

例如在图 1-32 中，*A* 点的绝对极坐标为“80<45”。

3. 相对直角坐标

在绘图过程中，仅使用绝对坐标并不方便。在实际工作中，图形对象的定位通常是通过相对位置来确定的。绘制一幅新图时，第一点的位置往往不重要，只需简单估计即可。一旦第一点确定后，以后每一点的位置都由相对于前面所绘制的点的位置确定。因此，相对坐标在实际绘图中更加实用。

相对直角坐标是指相对于某点的 X 轴和 Y 轴的位移。其表示方法是在绝对坐标前加上“@”，即@X，Y。

例如图 1-31 所示的 *B* 点相对于 *A* 点的相对坐标值为“@30，30”，而 *A* 点相对于 *B* 点的相对坐标值为“@−30，−30”。

4. 相对极坐标

相对极坐标是指以某一指定点为极点，通过相对的极长距离和角度来确定绘制点的位置。相对极坐标是以上一个操作点为极点，而不是以原点为极点。通常用“@L<α”的形式来表示

相对极坐标。

例如图 1-32 所示的 *B* 点相对于 *A* 点的相对坐标为“@ 50<60”，而 *A* 点相对于 *B* 点的相对坐标值为“@ 50<-120”。

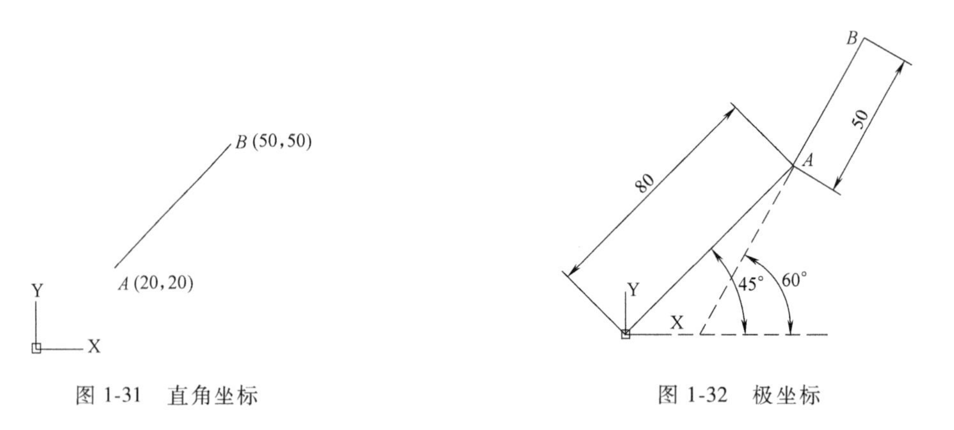

图 1-31　直角坐标　　　　图 1-32　极坐标

知识点 4　图形的显示控制

在 AutoCAD 中，常常需要对所绘制的图形进行显示控制。用户通过缩放与平移视图来控制图形显示，可以方便地观察图形的整体或局部效果，提高绘图的效率。

按一定比例、观察位置和角度显示的图形称为视图。改变视图最常用的方法是缩放和平移视图，此时不会改变图形中对象的位置或比例，只改变视图。通过缩放和平移视图，用户可以更快速、更准确、更详细地绘图。

1. 缩放视图

在 AutoCAD 2018 中，缩放视图有很多方法，包括实时缩放、窗口缩放、指定比例缩放和显示整个图形等。

执行缩放视图的命令如下：

1）菜单栏：选择“视图”/“缩放”命令；

2）命令行：输入 zoom 并按<Enter>键（快捷命令：z）。

执行缩放命令将显示如下提示信息。

```
命令:zoom
指定窗口的角点,输入比例因子(nX 或 nXP),或者
全部(A)/中心(C)/动态(D)/范围(E)/前一个(P)/比例(S)/窗口(W)/对象(O)〈实时〉:
```

可以选择输入的选项进行缩放，常用的缩放视图的方法如下：

（1）实时缩放 实时缩放应用最为普遍。进入实时缩放模式时，鼠标形状变为放大镜。按住鼠标左键，自下向上拖动，加号“+”出现，表示放大视图；自上向下拖动，减号“-”出现，表示缩小视图；释放鼠标左键，缩放停止。

（2）窗口缩放 窗口缩放通过指定的两角点定义一个需要缩放的窗口范围，快速放大该窗口内的图形至整个屏幕。

（3）范围缩放 范围缩放是指将所有图形全部显示在屏幕上，并最大限度地充满整个

屏幕。此种缩放方式与图形界限无关。

（4）缩放上一个 用户对视图进行调整后，以前视图的显示状态会被自动保存，使用“缩放上一个”功能可以恢复上一个视图显示状态。如果用户连续单击该工具按钮，系统将连续地恢复视图，直至退回到前 10 个视图。

技巧：

AutoCAD 2018 支鼠标滚轮缩放功能，向前滚动为放大图形，向后滚动为缩小图形，光标所在位置为缩放中心。

2. 平移视图

平移视图可以重新定位图形，在任何方向上移动观察图形，以便看清图形的其他部分。此时，不会改变图形中对象的位置或比例。

执行平移视图的命令如下：

1）菜单栏：选择“视图”/“平移”命令；

2）命令行：输入 pan 并按<Enter>键（快捷命令：p）。

选择该命令，光标将会变成一只小手，将其放在图形上需要移动的位置，按住鼠标左键，即可按光标移动的方向移动视图。

技巧：

AutoCAD 2018 支持鼠标滚轮平移功能，将光标移动到平移位置，按住鼠标滚轮，光标变成小手，移动小手图形就可以移动视图。

3. 视图重生成

当视图被放大之后，图形的分辨率将降低，许多弧线都成了直线，这就需要用视图的重生成来显示新的视图。视图重生成需要计算当前图形的尺寸，并将重新计算过的图形存储在显示内存中，当图形较复杂时，重生成需耗费较长的时间。

执行视图重生成的命令如下：

1）菜单栏：选择“视图”/“重生成”命令；

2）命令行：输入 regon 并按<Enter>键。

如果系统变量 Regenauto 的模式设置为“开”，用户执行视图重生成操作时，AutoCAD 2018 将自动重生成图形。

【综合训练】

1. 简答题

1）AutoCAD 2018 有哪些基本功能？

2）AutoCAD 2018 的“草图与注释”工作空间包括哪几部分？它们的主要功能是什么？

2. 操作题

练习新建、保存、打开图形文件及退出 AutoCAD 2018 的操作。

单元 2　AutoCAD 2018 基本绘图设置

学习目标：

1. 掌握系统参数、图形单位、图形界限的设置方法。

2. 掌握捕捉、栅格、正交、极轴追踪、对象捕捉、对象捕捉追踪等绘图辅助功能的设置和使用方法。

3. 了解图层的应用理念，能根据绘图需要设置图层。

知识模块 1　绘图环境的基本设置

启动 AutoCAD 2018 后就可以在其默认的绘图环境中绘图，但是有时为了保证图形文件的规范性、图形的准确性与绘图的效率，需要在绘制图形前对绘图环境和系统参数进行设置。

知识点 1　设置系统参数

设置系统参数是通过“选项”对话框进行的。图 2-1 所示为“选项”对话框，该对话框中包含了 10 个选项卡，可以在其中查看、调整 AutoCAD 2018 的设置。

可以通过以下两种方式设置系统参数：

1）菜单栏：选择“工具”/“选项”命令；

2）命令行：输入 options 并按<Enter>键。

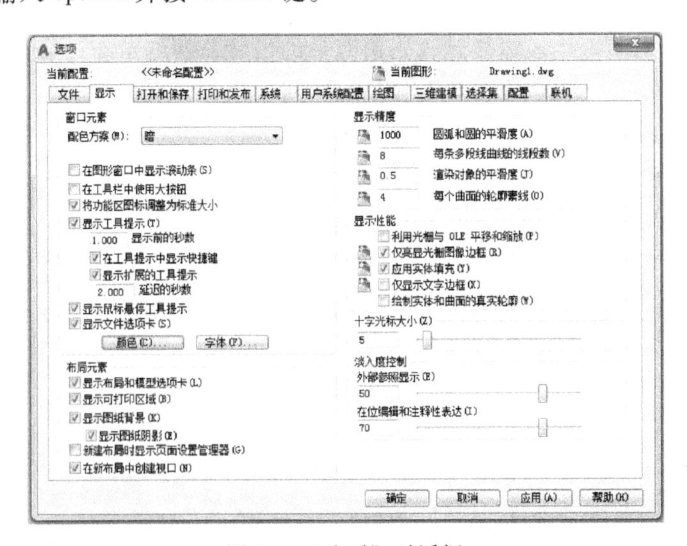

图 2-1　“选项”对话框

“选项”对话框中各选项卡的功能如下：

1）“文件”选项卡：用于确定 AutoCAD 2018 搜索支持文件、驱动程序文件、菜单文件和其他文件时的路径以及定义的一些设置。

2）“显示”选项卡：用于设置窗口元素、布局元素、显示精度、显示性能、十字光标大小和淡入度控制等显示属性。其中，经常执行的操作是改变绘图区窗口颜色。单击“颜色”按钮，弹出“图形窗口颜色”对话框，如图 2-2 所示，在该对话框中可设置各类背景颜色。

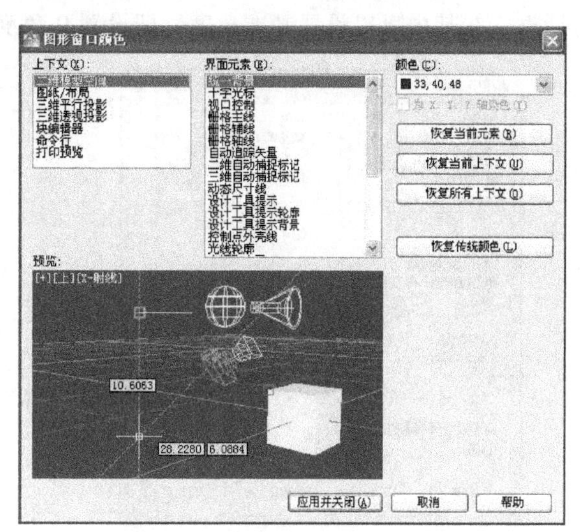

图 2-2　“图形窗口颜色”对话框

3）“打开和保存”选项卡：用于设置是否自动保存文件，以及自动保存文件时的时间间隔，是否维护日志，以及是否加载外部参照等。

4）“打印和发布”选项卡：用于设置 AutoCAD 2018 输出设备及相关输出选项。默认情况下，输出设备为 Windows 打印机，但在很多情况下，为了输出较大幅面的图形，也可能使用专门的绘图仪。

5）“系统”选项卡：用于设置当前三维图形的显示特性，设置定点设备，是否显示 OLE 特性对话框、是否显示所有警告信息、是否检查网络连接、是否显示启动对话框、是否允许长符号名等。

6）“用户系统配置”选项卡：用于设置是否使用快捷菜单和对象的排序方式。

7）“绘图”选项卡：用于设置自动捕捉、自动追踪、自动捕捉标记框颜色大小、靶框大小。

8）“三维建模”选项卡：用于对三维绘图模式下的三维十字光标、UCS 图标、动态输入、三维对象、三维导航等选项进行设置。

9）“选择集”选项卡：用于设置选择集模式、拾取框大小及夹点大小等。

10）“配置”选项卡：用于实现新建系统配置文件、重命名系统配置文件以及删除系统配置文件等操作。

11）“联机”选项卡：设置用于使用 Autodesk A360 联机工作的选项，并提供对存储在云账户中的设计文档的访问。

知识点 2　设置图形单位

设置绘图单位主要包括长度和角度的类型、精度和起始方向等内容。

设置图形单位主要有以下两种方法：

1）菜单栏：选择“格式”/“单位”命令；

2）命令行：输入 units 并按<Enter>键。

执行此命令后，弹出如图 2-3 所示的“图形单位”对话框。该对话框中各选项的含义如下：

1）长度：用于选择长度单位的类型和精确度。

2）角度：用于选择角度单位的类型和精确度。

3）顺时针：用于设置旋转方向。如选中此选项，则表示顺时针方向的角度为正方向；未选中此项，则表示逆时针方向旋转的角度为正方向。

4）插入时的缩放单位：用于选择插入图块时的单位，也是当前绘图环境的尺寸单位。

5）“方向”按钮：用于设置角度单位。单击该按钮，弹出如图 2-4 所示的“方向控制”对话框，在其中可以设置基准角度，即设置 0 角度。

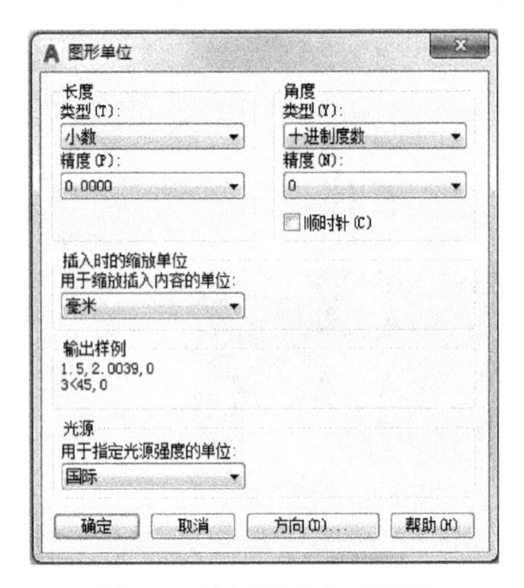

图 2-3 “图形单位”对话框

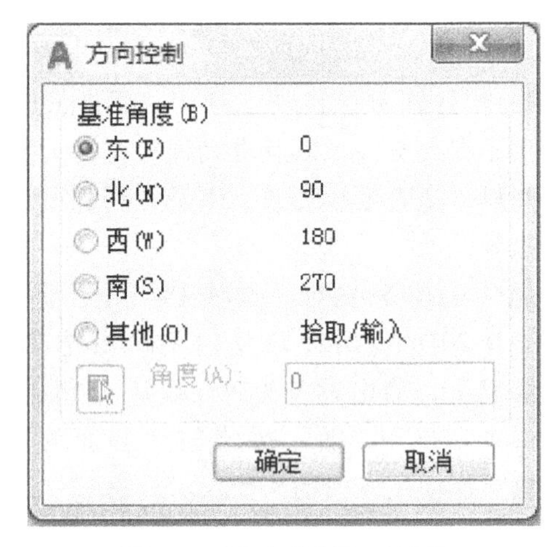

图 2-4 “方向控制”对话框

知识点 3 设置图形界限

绘图界限是在绘图空间中假想的一个绘图区，用可见栅格进行标示。图形界限相当于图纸的大小，一般根据国家标准关于图幅尺寸的规定设置。

可以通过以下两种方式设置图形界限：

1）菜单栏：选择“格式”/“图形界限”命令；

2）命令行：输入 limits 并按<Enter>键。

下面以设置一张 A4 横放图纸为例，具体介绍设置图形界限的方法。

命令：LIMITS ↙

重新设置模型空间界限：

指定左下角点或【开(ON)/关(OFF)】<0.0000、0.0000>；

//单击空格键或<Enter>键，默认坐标原点为图形界限的左下角点，此时若选择 ON 选项，则绘图时图形不能超出图形界限，如超出系统不予绘出，选择 OFF 选项则准予超出界限图形

指定右上角点：297.000，210.000

//输入图纸长度和宽度值，按<Enter>键确定，再按<Esc>键退出，完成图形界限设置

设置好图形界限后，一般要执行全部缩放命令，然后单击状态栏中的“栅格显示”按钮 ▦，即可直观地观察到图形界限范围。

知识模块 2 绘图辅助功能

在实际绘图中，用鼠标定位虽然方便快捷，但精度不高，为了解决快捷精确的定位问题，

AutoCAD 2018 提供了一些绘图辅助工具，如捕捉、栅格显示、正交、极轴追踪和对象捕捉，利用这些辅助工具，可以在不输入坐标的情况下精确绘图，以提高绘图速度。

知识点 1 设置栅格和捕捉

栅格的作用如同传统纸面制图中使用的坐标纸，按照相等的间距在屏幕上设置了栅格点，用户可以通过栅格点数目来确定距离，从而达到精确绘图的目的。栅格不是图形的一部分，打印时不会被输出。

捕捉功能经常和栅格功能联用。当捕捉功能打开时，光标只能停留在栅格点上，绘图时只能绘制出栅格间距整数倍的距离。

1. 栅格

控制栅格是否显示的方法如下：

1）按功能键<F7>，可以在开、关栅格状态间切换；

2）单击状态栏中的“栅格”按钮，可以在开、关栅格状态间进行切换。

将光标放在“栅格”按钮上，单击鼠标右键，选择“网格设置”选项，打开“草图设置”对话框，显示“捕捉和栅格”选项卡，如图 2-5 所示，可以设置栅格点在 X 轴方向（水平）和 Y 轴方向（垂直）上的距离。

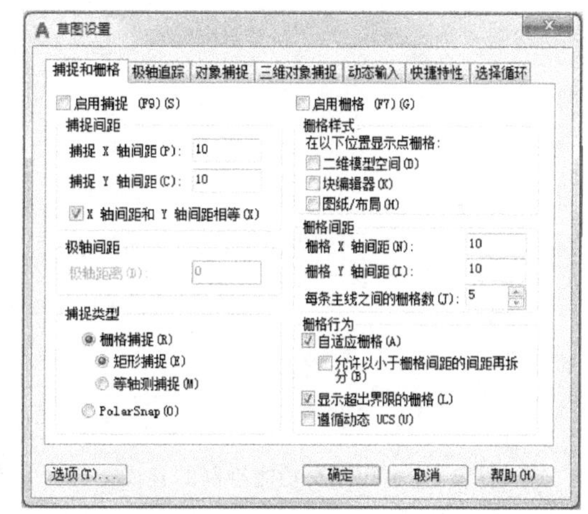

图 2-5 “捕捉和栅格”选项卡

2. 捕捉

捕捉功能可以控制光标移动的距离，打开和关闭捕捉功能的方法如下：

1）按功能键<F9>，可以在开、关捕捉功能状态间切换；

2）单击状态栏中的“捕捉”按钮，可以在开、关捕捉功能间进行切换。

在图 2-5 所示的“捕捉和栅格”选项卡中，设置捕捉属性的选项有：

1）“捕捉间距”选项组：可以设定 X 方向和 Y 方向的捕捉间距，以及整个栅格的旋转角度。

2）“极轴间距”选项组：使用“PolarSnap”，光标将沿极轴角度按指定增量移动。

3）“捕捉类型”选项组：可以选择“栅格捕捉”和“PolarSnap”两种类型。选择“栅格捕捉”时，光标只能停留在栅格点上。栅格捕捉又分为“矩形捕捉”和“等轴测捕捉”两种样式。两种样式的区别在于栅格的排列方式不同。“等轴测捕捉”常用于绘制轴测图。

知识点 2 设置正交和极轴追踪

1. 正交

机械图样中，有相当一部分直线是水平或垂直绘制的，此时要用到正交功能，打开和关闭，正交功能的方法如下：

1）按功能键<F8>，可以在开、关正交功能状态间切换；

2）单击状态栏中的“正交”按钮，可以在开、关正交功能间进行切换。

正交功能打开以后，系统就只能画出水平或竖直的直线，如图 2-6 所示。由于正交功能已经限制了直线的方向，所以要绘制一定长度的直线时，只需直接输入长度值，而不再需要输入完整的相对坐标了。

2. 极轴追踪

极轴追踪实际上是极坐标的一个应用。该功能可以使光标沿着指定角度的方向移动，从而很快找到需要的点。

可以通过下列方法打开、关闭极轴追踪功能：

1）按功能键<F10>，可以在开、关极轴追踪功能状态间切换；

2）单击状态栏中的“极轴追踪”按钮，可以在开、关极轴追踪功能间进行切换。

将光标放在“极轴追踪”按钮上，单击鼠标右键，选择“设置”选项，打开“草图设置”对话框，显示“极轴追踪”选项卡，如图 2-7 所示。

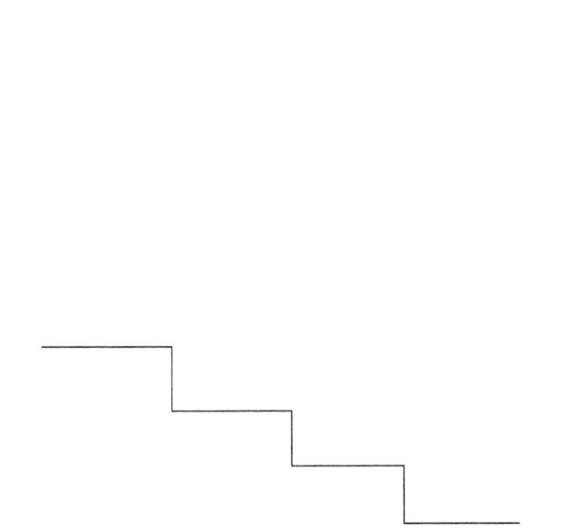

图 2-6　使用正交功能绘制的直线

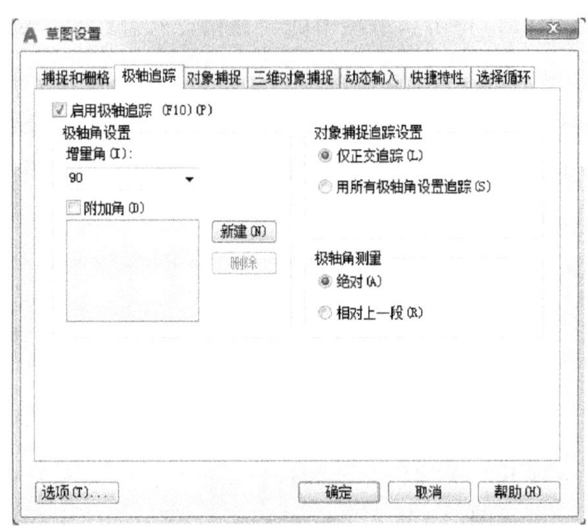

图 2-7　“极轴追踪”选项卡

1）极轴角设置。可以设置下列极轴追踪属性：

①“增量角”下拉列表：选择极轴追踪角度。当光标的相对角度等于该角，或者是该角的整数倍时，屏幕上将显示追踪路径。

②“附加角”复选框：增加任意角度值作为极轴追踪角度。选中“附加角”复选框，并单击“新建”按钮，然后输入所需追踪的角度值即可。

2）对象捕捉追踪设备。

①“仅正交追踪”单选按钮：当对象捕捉追踪打开时，仅显示已获得的对象捕捉点的正交（水平和垂直方向）对象捕捉追踪路径。

②“用所有极轴角设置追踪”单选按钮：当对象捕捉追踪打开时，将从对象捕捉点起沿任何极轴追踪角进行追踪。

3）“极轴角测量”选项组：设置极角的参照标准。

“绝对”选项表示使用绝对极坐标，以 X 轴正方向为 0°。“相对上一段”选项根据上一段绘制的直线确定极轴追踪角，以上一段直线所在的方向为 0°。

知识点 3　设置对象捕捉和对象捕捉追踪

1. 对象捕捉

使用对象捕捉可以精确定位现有图形对象的特征点，如直线的端点、圆的圆心等，从而为精确绘图提供条件。

可以通过下列方法打开、关闭对象捕捉功能：

1）按功能键<F3>，可以在开、关对象捕捉功能状态间切换；

2）单击状态栏中的“对象捕捉”按钮，可在开、关对象捕捉功能间进行切换。

将光标放在“对象捕捉”按钮上，单击鼠标右键，选择“对象捕捉设置”选项，打开“草图设置”对话框，显示“对象捕捉”选项卡，如图 2-8 所示。

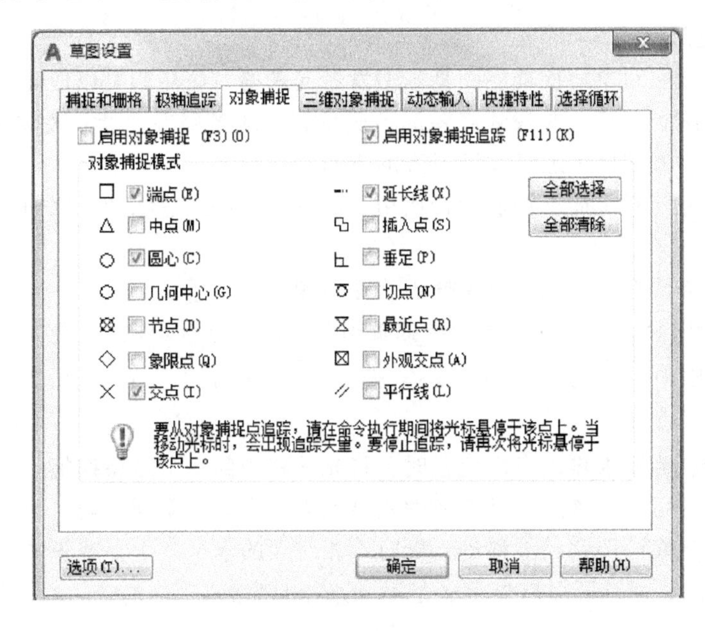

图 2-8　“对象捕捉”选项卡

该选项卡中共列出了 14 种对象捕捉点和对应的捕捉标记。需要捕捉哪些对象捕捉点，就选中这些点前面的复选框。设置完毕后，单击“确定”按钮关闭选项卡即可。

对象捕捉点的含义见表 2-1。

表 2-1　对象捕捉点的含义

对象捕捉点	含　义
端点	捕捉直线或曲线的端点
中点	捕捉直线或弧段的中间点
圆心	捕捉圆、椭圆或弧的圆心
几何中心	捕捉多段线、二维多段线和二维样条曲线的几何中心点
节点	捕捉用“点”命令绘制的点对象
象限点	捕捉位于圆、椭圆或弧段上 0°、90°、180°和 270°的点
交点	捕捉两条直线或弧段的交点

（续）

对象捕捉点	含　义
延长线	捕捉直线延长线路径上的点
插入点	捕捉图块，标注对象或外部参照的插入点
垂足	捕捉从已知点到已知直线的垂线的垂足
切点	捕捉圆、弧段及其他曲线的切点
最近点	捕捉处在直线、弧段、椭圆或样条线上，而且距离光标最近的特征点
外观交点	在三维视图中，从某个角度观察两个对象可能相交，但实际不一定相交，可以使用“外观交点”捕捉对象在外观相交的点
平行线	选定路径上的一点，使通过该点的直线与已知直线平行

2. 对象捕捉追踪

对象捕捉追踪是在对象捕捉功能的基础上发展起来的，该功能可以使光标从对象捕捉点开始，沿着对齐路径进行追踪，并找到需要的精确位置。对齐路径是指和对象捕捉点水平对齐、垂直对齐，或者按设置的极轴追踪角度对齐的方向。

对象捕捉追踪应与对象捕捉功能配合使用。使用对象捕捉追踪功能之前，必须先设置好对象捕捉点。

可以通过下列方法打开、关闭对象捕捉追踪功能：

1）按功能键<F11>，可在开、关对象捕捉追踪功能间进行切换；

2）单击状态栏中的“对象捕捉追踪”按钮，可在开、关对象捕捉追踪功能间进行切换。

在绘图过程中，当要求输入点的位置时，将光标移动到一个对象捕捉点附近，不要单击鼠标，只需暂时停顿即可获取该点。已获取的点显示为一个蓝色靶框标记。也可以同时获取多个点。获取点之后，当在绘图路径上移动光标时，相对点的水平、垂直或极轴对齐路径将会显示出来，如图 2-9 所示，而且还可以显示多条对齐路径的交点。

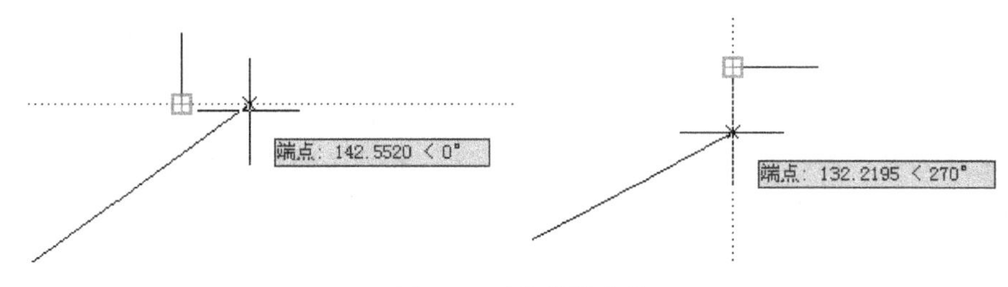

图 2-9　对象捕捉追踪

当对齐路径出现时，极坐标的极角就已经确定了，这时可在命令行中直接输入极径值，以确定点的位置。

临时追踪点并非真正确定一个点的位置，而是先临时追踪到该点的坐标，然后在该点的基础上再确定其他点的位置。当命令结束时，临时追踪点也随之消失。

知识点 4　设置动态输入

在状态栏中单击“动态输入”按钮或按功能键<F12>，可以打开或关闭动态输入模式。

动态输入模式包含 3 种工具，即指针输入、标注输入和动态提示。将光标放在“动态输入”按钮上，单击鼠标右键，选择“动态输入设置”选项，弹出“草图设置”对话框的“动态输入”选项卡，可以控制在启用“动态输入”时每种工具所显示的内容，如图 2-10 所示。

1. 指针输入

当启用指针输入且有命令在执行时，十字光标的位置将在光标附近的工具提示中显示坐标，用户可以在工具提示中输入坐标值，而不必在命令行中输入，如图 2-11 所示。在输入过程中第二点以及后续点的默认设置为相对坐标，不需要输入“@”符号。如果需要使用绝对坐标，则使用“#”作为前缀。

在“动态输入”选项卡的“指针输入”选项组中单击“设置”按钮，打开如图 2-12 所示的“指针输入设置”对话框，可以修改坐标的默认格式，以控制指针输入工具显示的方式。

2. 标注输入

选中“可能时启用标注输入”复选框，则启用标注输入功能。当命令提示输入第二点时，工具栏提示中的距离和角度值将随着光标的移动而改变，如图 2-13 所示，可以在工具栏提示中输入距离和角度值，并用<Tab>键在它们之间切换。

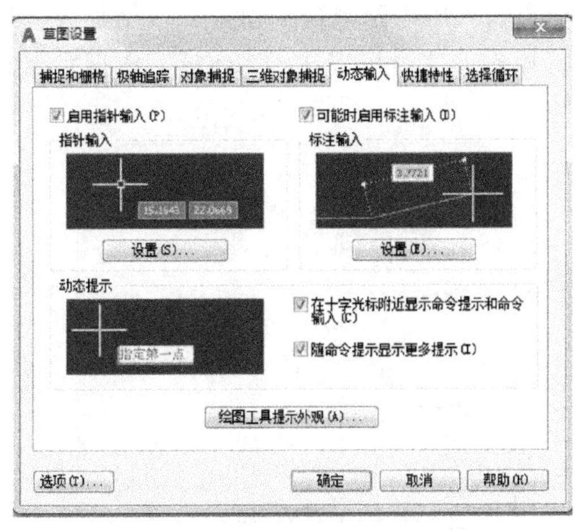

图 2-10　“动态输入”选项卡

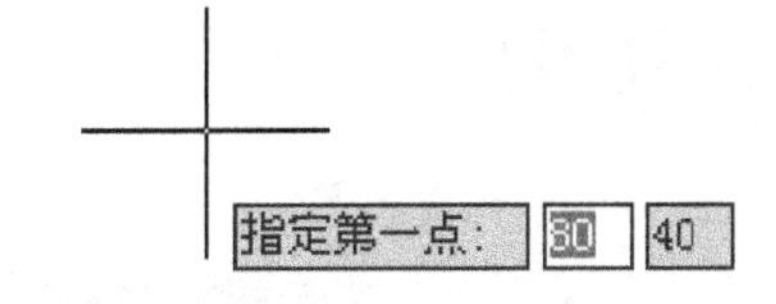

图 2-11　指针输入

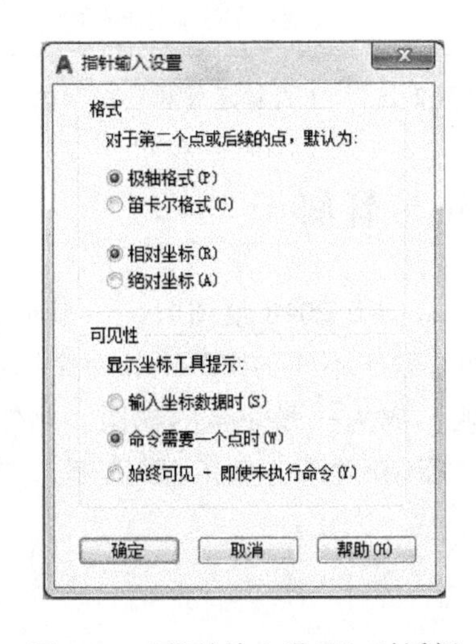

图 2-12　“指针输入设置”对话框

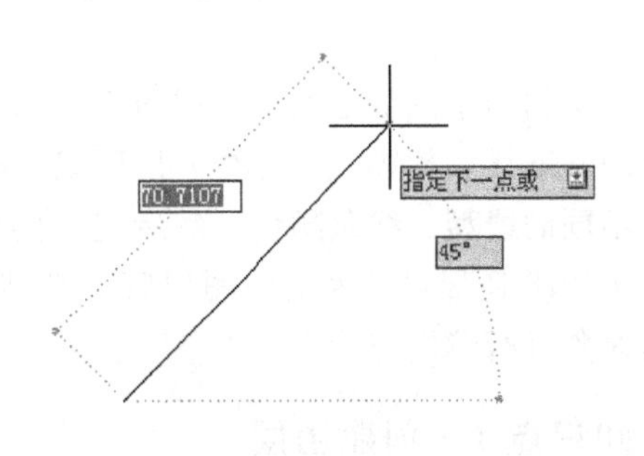

图 2-13　标注输入

在“动态输入”选项卡的“标注输入”选项组中，单击“设置”按钮，打开如图 2-14 所示的“标注输入的设置”对话框，可以设置夹点拉伸时标注输入的可见性等。

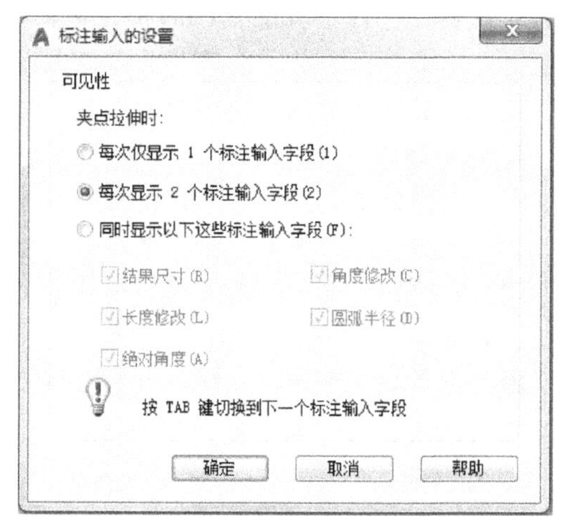

图 2-14 “标注输入的设置”对话框

3. 动态提示

选中“在十字光标附近显示命令提示和命令输入”复选框，则启动动态提示。在光标附近会显示命令提示，可使用键盘上的“↓”键显示命令的其他选项，如图 2-15 所示，然后在工具栏提示中对提示做出响应。

在“动态输入”选项卡的“动态提示”选项组中单击“绘图工具提示外观”按钮，弹出如图 2-16 所示的“工具提示外观”对话框，可进行颜色、大小、透明度等的设置。

动态输入不能取代窗口命令。在某些情况下，动态输入可以隐藏命令窗口，以增加绘图屏幕区域，但是有些操作还是需要显示命令窗口来进行操作，这时可以按<F12>键，根据需要显示和隐藏命令提示和错误信息。

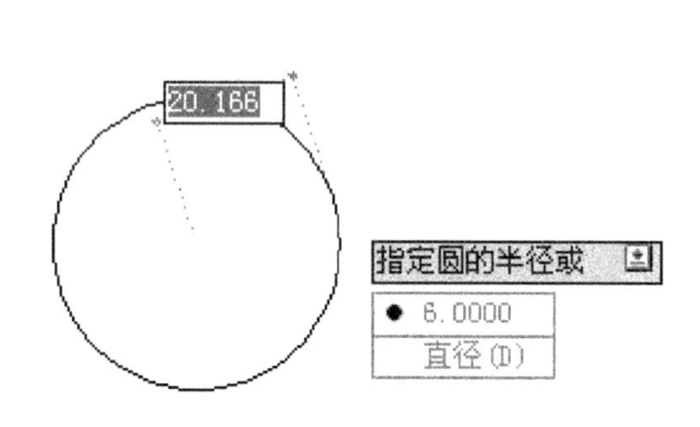

图 2-15 动态提示

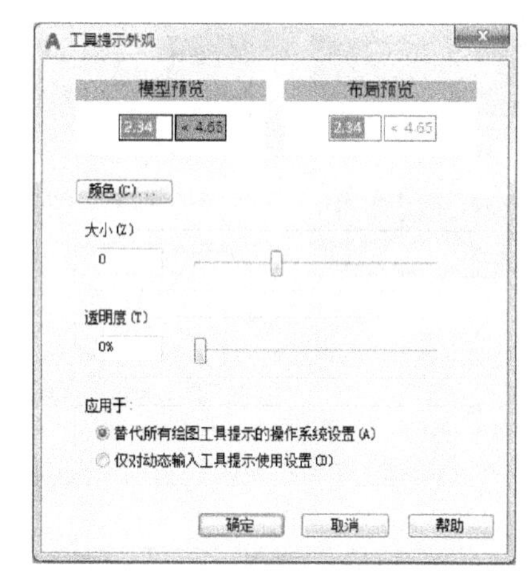

图 2-16 “工具提示外观”对话框

知识模块 3 图层的创建与管理

图层相当于图纸绘图中使用的重叠透明图纸。使用 AutoCAD 2018 绘图时，一般将工程图包含的基准线、轮廓线、虚线、剖面线、标注及文字说明等置于不同的图层上，每个图层可以设定不同的线型、线条颜色，然后把不同图层重叠在一起，成为一张完整的视图。此外，AutoCAD 2018 还提供了大量的图层管理功能（打开/关闭、冻结/解冻、锁定/解锁等），方便对图形对象进行编辑与管理。

知识点 1 创建图层

创建图层的命令如下：

1）功能区：单击“默认”选项卡“图层”面板中的“图层特性”按钮；

2）菜单栏：选择菜单栏中的“格式”/“图层”命令；

3）命令行：输入 layer 按<Enter>键。

系统弹出“图层特性管理器”对话框，如图 2-17 所示。

图 2-17　“图层特性管理器”对话框

单击“图层特性管理器”对话框中的“新建”按钮，可以新建一个图层；选择某个图层，单击“删除”按钮，可以删除图层；单击“置为当前”按钮，可以将图层置为当前图层。

默认的情况下，创建的图层会依次以“图层 1”“图层 2”“图层 N”命名。为了更直接地表现该图层上的图形对象，一般需要重命名图层。选择图层，单击鼠标右键，在弹出的快捷菜单中选择“重命名”，即可重命名图层。

AutoCAD 2018 规定，以下 4 类图层不能被删除。

1）0 层和 Defpoints 图层。

2）当前层。要删除当前层，可以先改变当前层到其他图层。

3）插入了外部参照的图层。要删除该图层，必须先删除外部参照。

4）包含了可见图形对象的图层。要删除该图层，必须先删除该图层中所有的图形对象。

小知识：

给新建图层命名时，在图层的名称中不能包含通配符（*和?）和空格，且图层不能重名。

1. 设置图层状态

每个图层都包括开/关、冻结/解冻、锁定/解锁、打印/不打印等状态。用户可以在图 2-17 所示的“图层特性管理器”对话框中单击某一图层上状态列表中的相应图标，改变所选图层相应的状态。

（1）开/关状态　图层“开”时，灯泡的颜色为黄色，图层上的对象可以显示，也可以在打印输出；图层“关”时，灯泡的颜色为蓝色，此时图层上的对象不能显示，也不能打印输出。

（2）冻结/解冻状态　图层“解冻”时显示太阳图标，此时可以显示、打印输出和编辑修改图层上的对象；图层“冻结”时显示雪花图标，此时不能显示、打印输出和编辑修改图层上的对象。

(3) 锁定/解锁状态　图层“锁定”时显示图标，此时图形对象能够显示，但是不能被编辑修改；图层“解锁”时显示图标，此时图形对象可以被编辑修改。

(4) 打印/不打印状态　“打印”显示图标，表示图层对象可以被打印；“不打印”显示图标，表示图层对象不能被打印。此打印设置只对打开和解冻的可见图层有效。

2. 设置图层颜色

在实际绘图中，为了区分不同的图层，可将不同的图层设置为不同的颜色。图层的颜色是指该图层上的图形对象的颜色。只能为每个图层设置一种颜色。

新建图层后，要改变图层的颜色，可在“图层特性管理器”对话框中单击“颜色”，弹出的对话框如图 2-18 所示。

根据需要选择相应的颜色，单击“确定”按钮，即完成图层颜色设置。

3. 设置图层线型

线型是指图形基本元素中线条的组成和显示方式，如中心线、实线等。在 AutoCAD 2018 中既有简单线型，也有由一些符号组成的特殊线型，以满足使用需要。

(1) 加载线型　单击“线型”列的对应图标，系统弹出“选择线型”对话框，在默认的状态下，“选择线型”对话框中只有一种已加载的线型 Continuous，如图 2-19 所示。

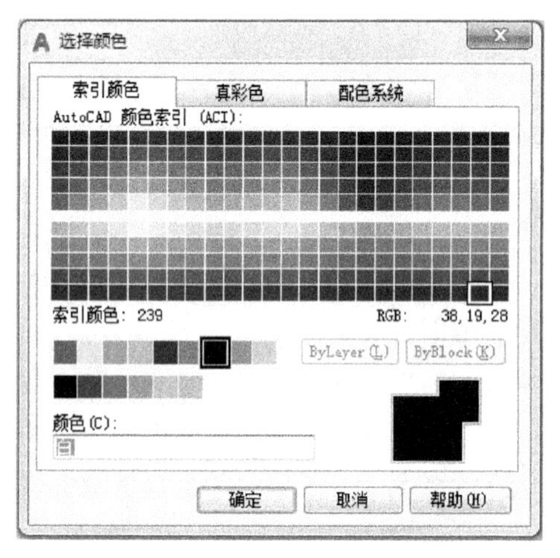

图 2-18 “选择颜色”对话框

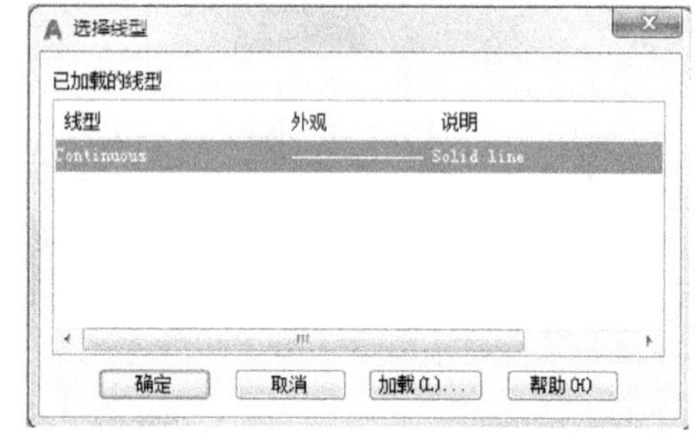

图 2-19 “选择线型”对话框

如果要使用其他线型，必须将其添加到“已加载的线型”列表框中。单击“加载”按钮，系统弹出“加载或重载线型”对话框，如图 2-20 所示，在对话框中选择相应的线型，单击“确定”按钮，完成线型加载。

(2) 设置线型比例　在菜单栏中选择“格式”/“线型”命令，弹出“线型管理器”对话框，如图 2-21 所示，可设置图形中的线型比例，从而改变非连续线型的外观。

在线型列表中选择需要修改的线型，单击“显示细节”按钮，在“详细信息”区域可以设置线型的“全局比例因子”和“当前对象缩放比例”。其中，“全局比例因子”用于设置图形中所有线型的比例，“当前对象缩放比例”用于设置当前选中线型的比例。

4. 设置图层线宽

设置线宽就是改变线条的宽度。在 AutoCAD 2018 中，使用不同宽度的线条表现对象的大小和类型，可以提高图形的表达能力。

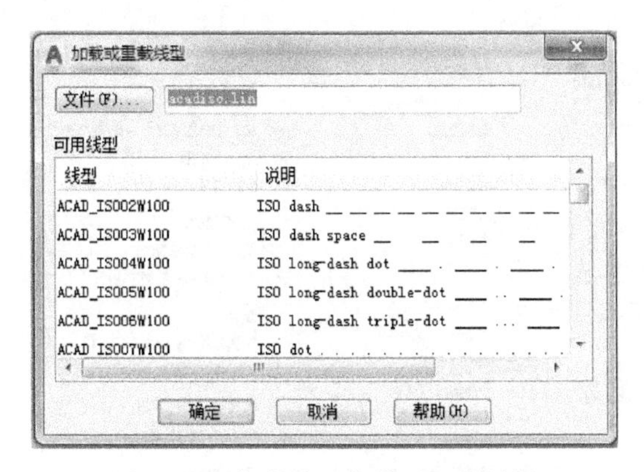

图 2-20　“加载或重载线型”对话框

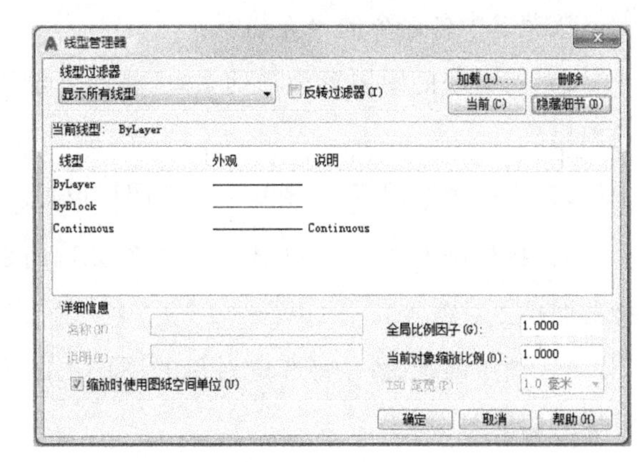

图 2-21　“线型管理器”对话框

图 2-22 所示为不同线宽的显示效果。

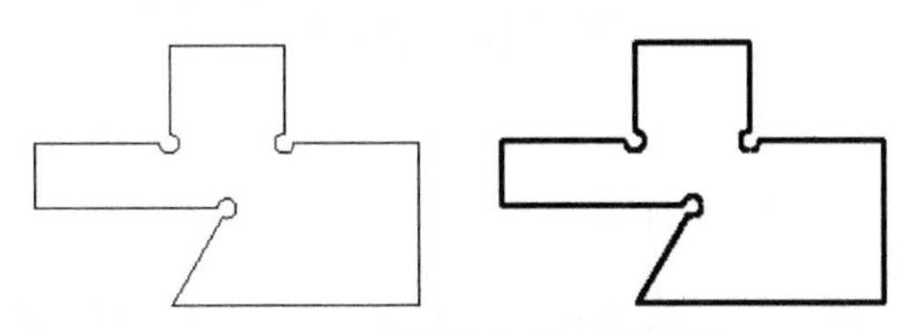

图 2-22　不同线宽的显示效果

要设置图层的线宽，可以单击“图层特性管理器”对话框中的“线宽”按钮，弹出“线宽”对话框，如图 2-23 所示，从中选择所需的线宽即可。

选择菜单栏中的“格式”/“线宽”命令，打开“线框设置”对话框，如图 2-24 所示，通过调整线宽比例，可使图形中的线宽显示得更宽或更窄。

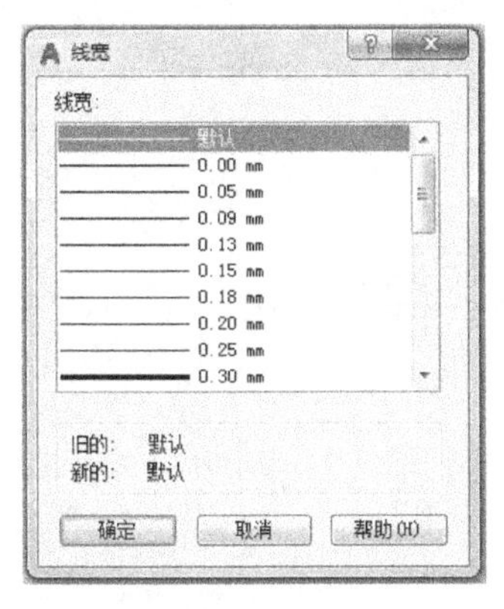

图 2-23　“线宽”对话框

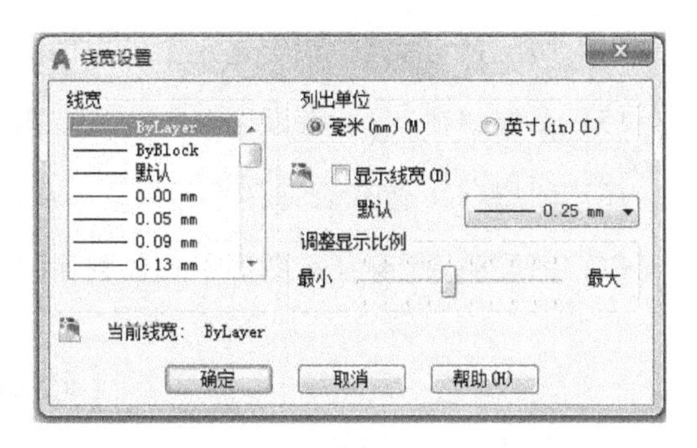

图 2-24　“线宽设置”对话框

知识点 2　管理图层

在 AutoCAD 2018 中，使用系统功能区“默认”选项卡提供的“图层”面板，如图 2-25 所示，可以方便快捷地设置图层状态和管理图层。

也可以使用菜单栏中的“格式”/“图层工具”菜单项下的图层工具子菜单对图层进行管理，如图 2-26 所示。

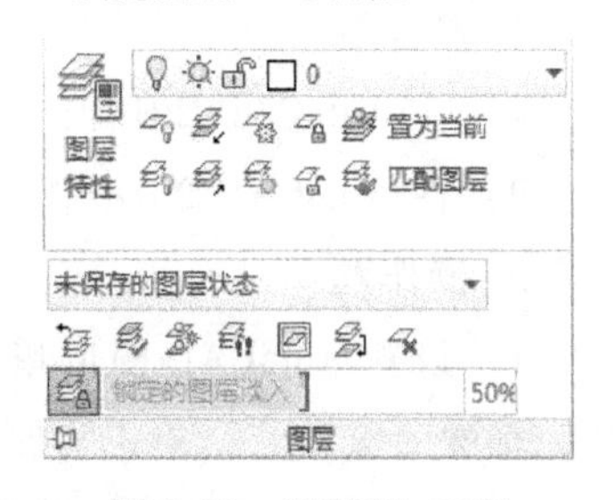

图 2-25　“图层”面板

该菜单中各命令的含义如下：

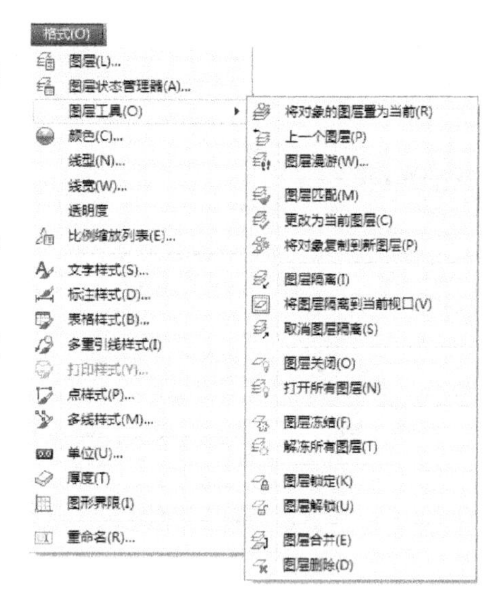

图 2-26　图层工具子菜单

1）将对象的图层置为当前：将图层设置为当前图层。

2）上一个图层：恢复上一个图层设置。

3）图层漫游：动态显示在“图层”列表中选择的图层上对象。

4）图层匹配：将选定对象的图层更改为选定目标对象的图层。

5）更改为当前图层：将选定的图层更改为当前图层。

6）将对象复制到新图层：将图形对象复制到不同的图层。

7）图层隔离：将选定对象的图层隔离。

8）将图层隔离到当前视口：将选定对象的图层隔离到当前视口。

9）取消图层隔离：恢复由“隔离”命令隔离的图层。

10）图层关闭：将选定对象的图层关闭。

11）打开所有图层：打开图层中的所有图层。

12）图层冻结：将选定对象的图层冻结。

13）解冻所有图层：解冻图形中的所有图层。

14）图层锁定：锁定选定图形中的图层。

15）图层解锁：解锁图形中的所有图层。

16）图层合并：合并两个图层，并从图层中删除第一个图层。

17）图层删除：从图形中永久删除图层。

【综合训练】

1. 简答题

1）在 AutoCAD 2018 中，如何设置绘图范围？

2）在 AutoCAD 2018 中，有哪些对象捕捉点及其含义？

2. 操作题

1）设置 AutoCAD 图形单位，要求长度单位为小数点后一位小数，角度单位为十进制度数，精度为整数位，单位为厘米。

2）参照表 2-2 所示的要求创建图层。

表 2-2　图层设置要求

图层名	线型	颜色	线宽
粗实线	Continuous	白色	0. 3mm
细实线	Continuous	蓝色	0. 15mm
点画线	CENTER	红色	0. 15mm
虚线	DASHED	黄色	0. 15mm
双点画线	DIVIDE	品红色	0. 15mm
文字	Continuous	绿色	默认
辅助线	Continuous	绿色	默认

单元3　绘制二维图形

学习目标：

1. 掌握直线类命令、圆类命令、矩形和正多边形等基本命令的使用方法。
2. 掌握创建点，定数等分、定距等分及修改点样式的方法。
3. 掌握多段线、多线、样条曲线等高级图形对象的使用方法。
4. 掌握创建图案填充、面域等命令的方法。

知识模块1　直线类命令

线的种类很多，包括直线、射线、构造线等，它们是图形中出现得最多的几何元素。在AutoCAD中，直线、射线和构造线是最简单的线性对象。

知识点1　绘制直线

绘制直线必须知道直线的位置和长度，换句话说，只要指定了起点和终点，即可绘制一条直线。AutoCAD中绘制的直线实际上是直线段，不同于几何学中的直线。

“直线”命令的执行方式如下：

1）功能区：单击“默认”选项卡“绘图”面板中的“直线”按钮；

2）命令行：输入line后按<Enter>键（快捷命令：L）；

3）菜单栏：选择“绘图”/“直线”命令。

```
“直线”命令提示信息如下：
命令:line 指定第一点:                  // 指定直线第一点
指定下一点或[放弃(U)]:                 // 指定直线端点
指定下一点或[放弃(U)]:                 // 指定其他线段的端点
指定下一点或[闭合(C)/放弃(U)]:// 指定端点或闭合直线或取消上一条直线
```

AutoCAD 2018用户可以根据自己的喜好选择输入点坐标的方式来确定直线，最常用的是相对坐标的输入方式。

绘图练习1：分别使用4种点坐标的输入方式，绘制图3-1所示直线图形。

操作步骤如下：

方法1：使用绝对直角坐标。

```
命令:
LINE 指定第一点:0,0                          // 指定第一点为坐标原点
```

```
指定下一点或［放弃(U)］:20,35↙            // 指定 B 点的绝对直角坐标,↙表示按<Enter>键
指定下一点或［放弃(U)］:40,25↙            // 输入 C 点的绝对直角坐标
指定下一点或［闭合(C)/放弃(U)］:C↙        // 闭合三角形
```

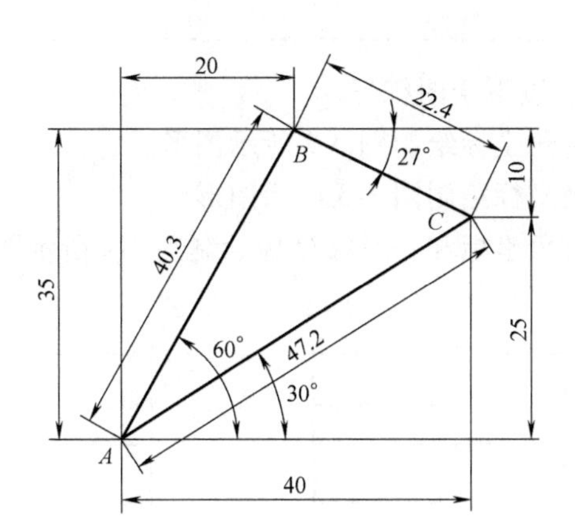

图 3-1　直线图形

方法 2：使用绝对极坐标。

```
命令:
LINE 指定第一点:0,0                        // 指定第一点为坐标原点
指定下一点或［放弃(U)］:40.3<60↙           // 指定 B 点的绝对极坐标
指定下一点或［放弃(U)］:47.2<30↙           // 输入 C 点的绝对极坐标
指定下一点或［闭合(C)/放弃(U)］:C↙         // 闭合三角形
```

方法 3：使用相对直角坐标。

```
命令:
LINE 指定第一点:                           // 任意指定一点
指定下一点或［放弃(U)］:@20,35↙            // 指定 B 点的相对直角坐标
指定下一点或［放弃(U)］:@20,-10↙           // 输入 C 点的相对直角坐标
指定下一点或［闭合(C)/放弃(U)］:C↙         // 闭合三角形
```

方法 4：使用相对极坐标。

```
命令:
LINE 指定第一点:                           // 任意指定一点
指定下一点或［放弃(U)］:@40.3<60↙          // 指定 B 点的绝对极坐标
指定下一点或［放弃(U)］:@22.4<-27↙         // 输入 C 点的绝对极坐标
指定下一点或［闭合(C)/放弃(U)］:C↙         // 闭合三角形
```

小知识：

极坐标计算角度是以 X 轴正方向为 0°，逆时针方向为正角度，顺时针方向为负角度。

请同学根据所学知识完成以下绘图练习。

绘图练习 2：利用相对直角坐标绘制图 3-2 所示图形。

绘图练习 3：利用相对极坐标绘制图 3-3 所示图形。

绘图练习 4：利用相对直角坐标和相对极坐标绘制图 3-4 所示图形。

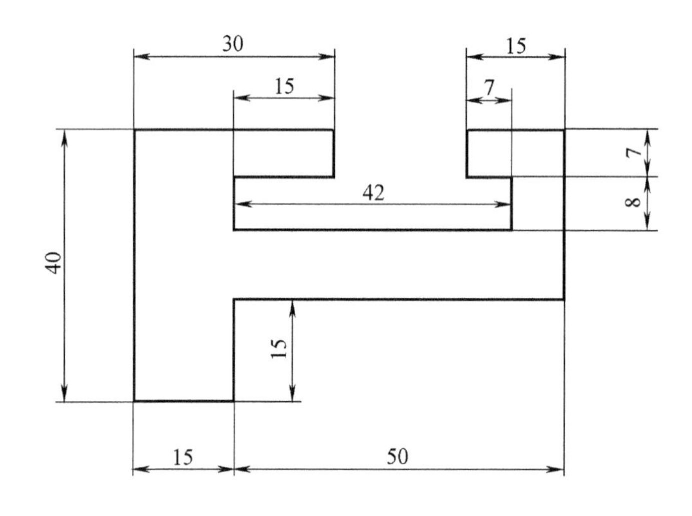

图 3-2　绘制图形（一）

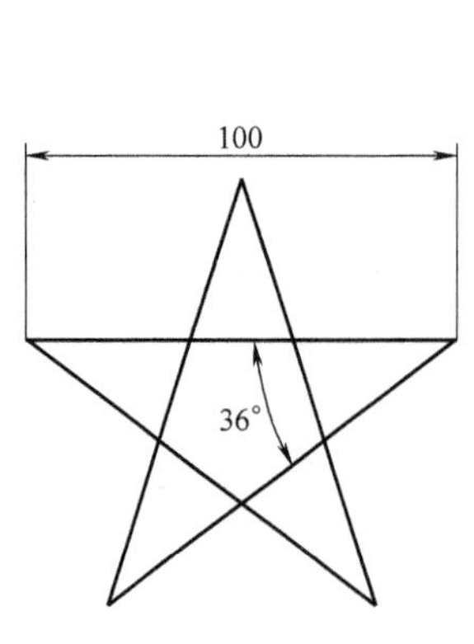

图 3-3　绘制图形（二）

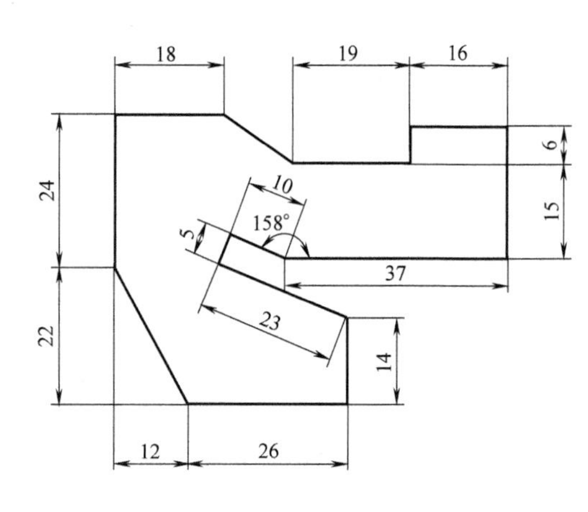

图 3-4　绘制图形（三）

知识点 2　绘制射线

射线是一端固定，另一端无限延伸的直线，有起点但没有终点。在 AutoCAD 2018 中，射线主要用于绘制辅助线。

“射线”命令的执行方式如下：

1）功能区：单击“默认”选项卡“绘图”面板中的“射线”按钮；

2）命令行：输入 ray 后按<Enter>键；

3）菜单栏：选择“绘图”/“射线”命令。

命令提示信息如下：

```
命令：
ray 指定起点：                    // 指定射线起点
指定通过点：                      // 指定射线通过点
指定通过点：                      // 指定其他射线通过点
```

指定射线的起点后，可在“指定通过点：”提示下指定多个通过点，来绘制以起点为端点的多条射线，直到按<Enter>键或<Esc>键结束射线绘制，如图 3-5 所示。

知识点 3　绘制构造线

构造线是向两端无限延长的直线，没有起点和终点，主要用于绘制辅助线。

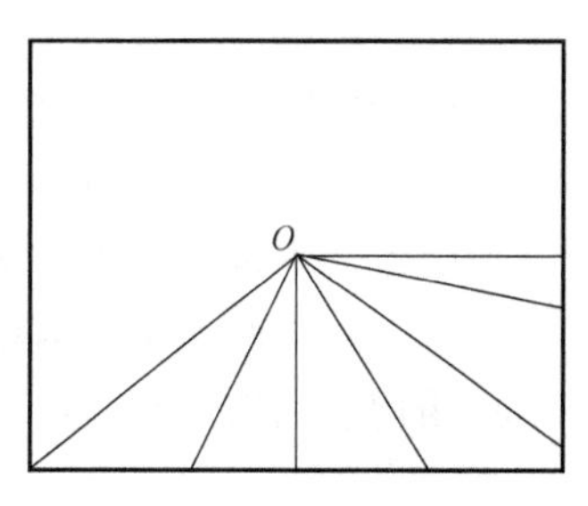

图 3-5　通过端点绘制的多条射线

“构造线”命令的执行方式如下：

1）功能区：单击“默认”选项卡“绘图”面板中的“构造线”按钮；

2）命令行：输入 xline 后按<Enter>键（快捷命令：xl）；

3）菜单栏：选择“绘图”/“构造线”命令。

命令提示信息如下：

```
命令：xline
指定点或[水平(H)/垂直(V)/角度(A)二等分(B)偏移(O)]：
指定通过点：
```

可以通过指定两点来定义构造线，第一点为构造线的中点，该命令提示中各选项的功能如下：

1）水平（H）/垂直（V）：选择该选项，创建经过指定点且平行 X 轴或 Y 轴的构造线。

2）角度（A）：创建与 X 轴成指定角度的构造线，可以先选择一条参考线，再指定直线与构造线的角度；也可以先指定构造线的角度，再设置必经的点。

3）二等分（B）：可以创建二等分指定角的构造线，这时需要指定等分角的顶点、起点和端点。

4）偏移（O）：通过指定偏移和距离或指定一点画平行的构造线。

知识模块 2　圆类命令

在 AutoCAD 2018 中，圆、圆弧、椭圆、椭圆弧和圆环都属于曲线对象，其绘制方法相对比较复杂。

知识点 1　绘制圆

“圆”命令的执行方式如下：

1）功能区：单击“默认”选项卡“绘图”面板中的“圆”按钮，如图 3-6 所示；

2）命令行：输入 circle 后按<Enter>键（快捷命令：C）；

3）菜单栏：选择“绘图”/“圆”命令。

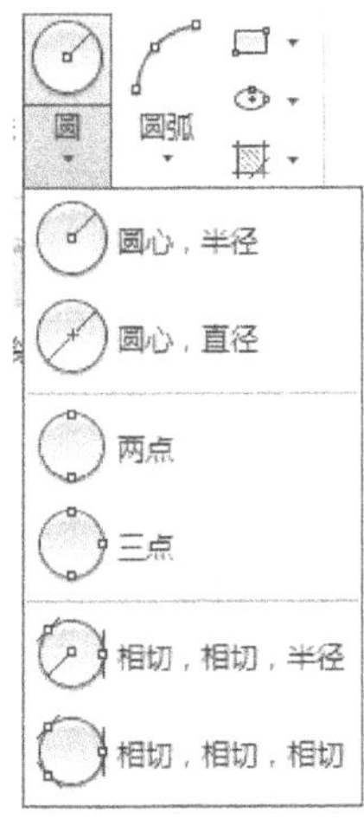

图 3-6 “圆”下拉菜单

命令提示信息如下：

```
命令:circle
指定圆的圆心或[三点(3P)/两点(2P)/相切、相切、半径(T)]:
指定圆的半径或[直径(D)]:
```

该命令提供了以下绘制圆的方式和选项：

1）圆心和半径（或直径）：通过指定圆心位置和圆的半径或直径创建圆。

2）两点：指定两点来定义一条直径创建圆，如图 3-7a 所示。

3）三点：与两点法基本相同，只是要指定圆周上的第三点，如图 3-7b 所示。

4）相切、相切、半径：以指定值为半径，绘制与两个对象相切的圆，如图 3-8 所示。

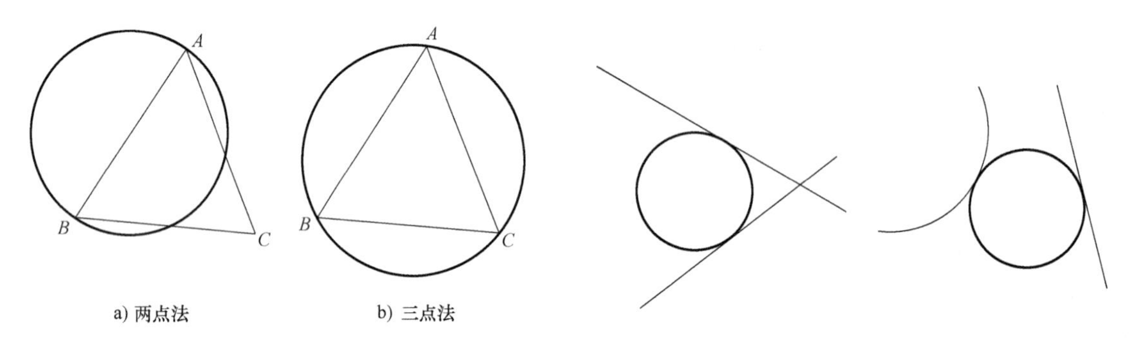

图 3-7 “两点”法和“三点”法绘制圆　　图 3-8 “相切、相切、半径”法绘制圆

5）相切、相切、相切：指定与圆相切的三个对象来绘制圆。该方法实际是三点法的具体应用，如图 3-9 所示。

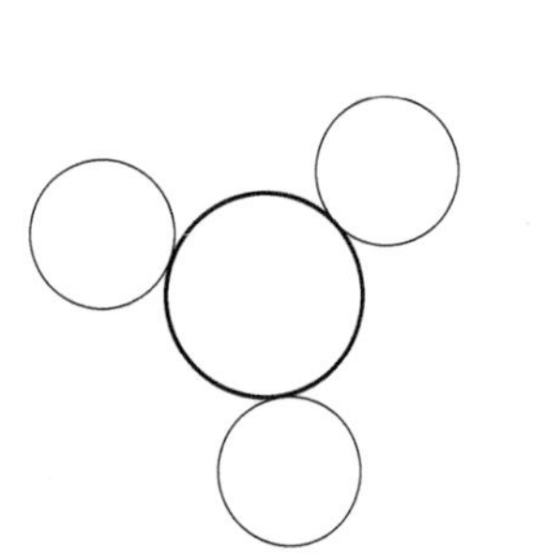

图 3-9 “相切、相切、相切”法绘制圆

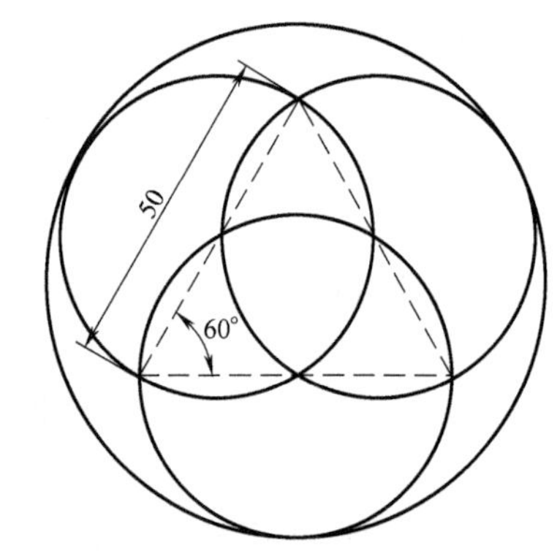

图 3-10　绘制圆对象

绘图练习 5：绘制图 3-10 所示图形。

操作步骤如下：

1）使用直线命令，绘制正三角形。

```
命令：line 指定第一点：
指定下一点或［放弃(U)］： @ 50<60
指定下一点或［放弃(U)］：@ 50<-60
指定下一点或［闭合(C)/放弃(U)］：c
```

2）使用“两点（2P）”命令绘制圆，并重复命令绘制其他圆。

```
命令：circle
指定圆的圆心或［三点(3P)/两点(2P)/相切、相切、半径(T)］：2p   // 使用两点法绘制圆
指定圆直径的第一个端点：                                      // 指定等边三角形的一个端点
指定圆直径的第二个端点：                                      // 指定等边三角形的另一个端点
```

3）使用“相切、相切、相切”命令绘制圆。

```
命令：circle
指定圆的圆心或［三点(3P)/两点(2P)/相切、相切、半径(T)］：3p   // 使用三点法绘制圆
指定圆上的第一个点：_tan 到          // 指定与第一个圆相切
指定圆上的第二个点：_tan 到          // 指定与第二个圆相切
指定圆上的第三个点：_tan 到          // 指定与第三个圆相切
```

知识点 2　绘制圆弧

“圆弧”命令的执行方式如下：

1）功能区：单击“默认”选项卡“绘图”面板中的“圆弧”按钮，如图 3-11 所示；

2）命令行：输入 arc 后按<Enter>键（快捷命令：a）；

3）菜单栏：选择“绘图”/“圆弧”命令。

命令提示信息如下：

```
命令：arc
指定圆弧的起点或［圆心(C)］；
指定圆弧的第二个点或［圆心(C)/端点(E)］；
指定圆弧的端点；
```

该命令提供了以下绘制圆的方式和选项：

1）三点（P）：通过三点来绘制圆弧，此时指定圆弧的起点、通过的第二点及端点。

2）起点、圆心、端点（S）：通过指定起点、圆心、端点来绘制圆弧。

3）起点、圆心、角度（T）：通过指定起点、圆心、角度来绘制圆弧。用户需要在“指定包含角”提示后输入相应的角度。若圆弧设置为逆时针方向，则输入正的角度值；相反，圆弧

设置为顺时针方向，则输入负的角度值。

4）起点、圆心、长度（A）：通过指定起点、圆心、长度来绘制圆弧。用户可以在“指定弦长”提示后输入相应的数值，但所给的弦长值不能超过起点到圆心距离的两倍。另外，如果在“指定弦长”的提示下输入了负值，则该值的绝对值将作为对应整圆的空缺部分的圆弧弦长。

5）起点、端点、角度（N）：通过指定起点、端点、角度来绘制圆弧。

6）起点、端点、方向（D）：通过指定起点、端点、方向来绘制圆弧。在“指定圆弧的起点切向”的提示后，可以通过拖动鼠标的方式动态地确定圆弧的起始点处的切线方向与水平方向的夹角。

7）起点、端点、半径（R）：通过指定起点、端点、半径来绘制圆弧。

8）圆心、起点、端点（C）：通过指定圆心、起点、端点来绘制圆弧。

9）圆心、起点、角度（E）：通过指定圆心、起点、角度来绘制圆弧。

10）圆心、起点、长度（L）：通过指定圆心、起点、长度来绘制圆弧。

图 3-11 “圆弧”下拉菜单

11）继续（O）：在“指定圆弧的起点或［圆心（C）］”的提示后按<Enter>键，系统将以最后绘制的线段或圆弧的最后一点作为新圆弧的起点，以最后绘制的圆弧终止点处的切线方向作为新圆弧在起始点处的切线方向然后再指定一点，绘制一个圆弧。

小知识：

在以上的方法中，当输入圆心角为正数时，圆弧沿逆时针方向绘制；当输入圆心角为负数时，圆弧沿顺时针方向绘制；当半径为正数时绘制劣弧，反之绘制优弧。

知识点 3　绘制椭圆和椭圆弧

“椭圆”命令的执行方式如下：

1）功能区：单击“默认”选项卡“绘图”面板中的“椭圆”按钮，如图 3-12 所示；

2）命令行：输入 ellipse 后按<Enter>键（快捷命令：el）；

3）菜单栏：选择“绘图”/“椭圆”命令。

命令提示信息如下：

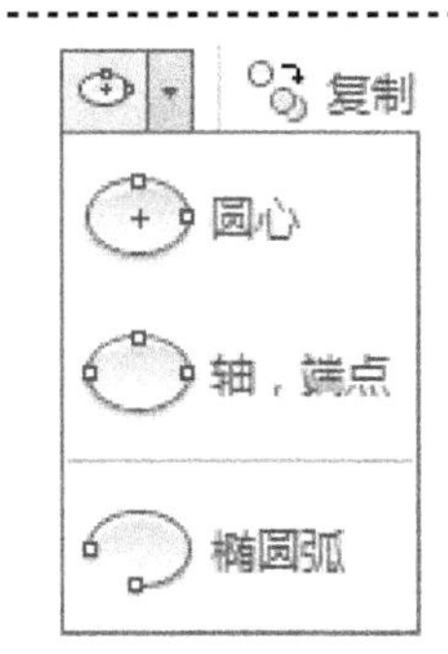

图 3-12 “椭圆”下拉菜单

```
命令:ellipse
指定椭圆的轴端点或[圆弧(A)/中心点(C)]:
指定轴的另一个端点:
指定另一条半轴长度或[旋转(R)]:
```

该命令提供了以下绘制椭圆和椭圆弧的方式。

1）椭圆的绘制有两种方式。第一种，指定一个轴的两个端点和另一个轴的半轴长度绘制椭圆；第二种，指定椭圆的中心、一个轴的端点以及另一个半轴的长度绘制椭圆。

绘制结果如图 3-13 所示。

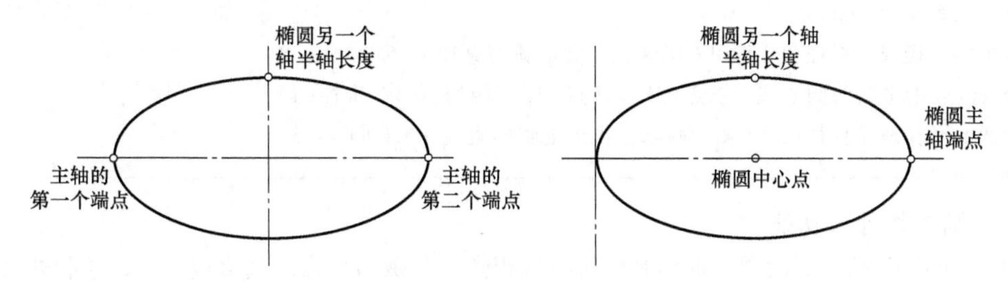

图 3-13　绘制椭圆

2）绘制椭圆弧首先是绘制椭圆，然后在椭圆上截取一部分，命令提示如下：

```
指定起始角度或[参数(P)]:                          // 指定椭圆弧的起始角度
指定终止角度或[参数(P)/包含角度(I)]:              // 指定椭圆弧的终止角度
```

所绘椭圆弧如图 3-14 所示。

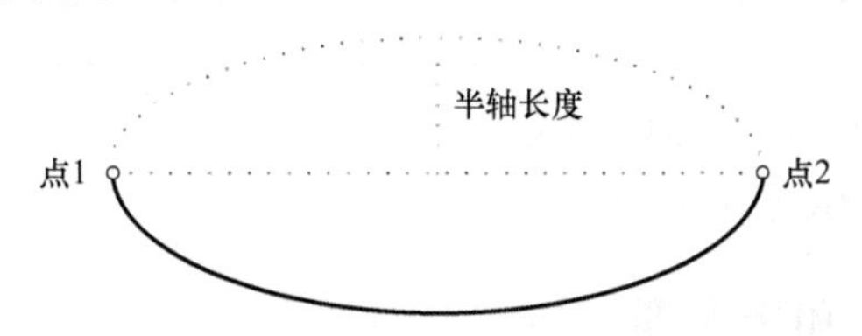

图 3-14　起始角度为 0°终止角度为 180°的椭圆弧

绘图练习 6：绘制图 3-15 所示的图形。

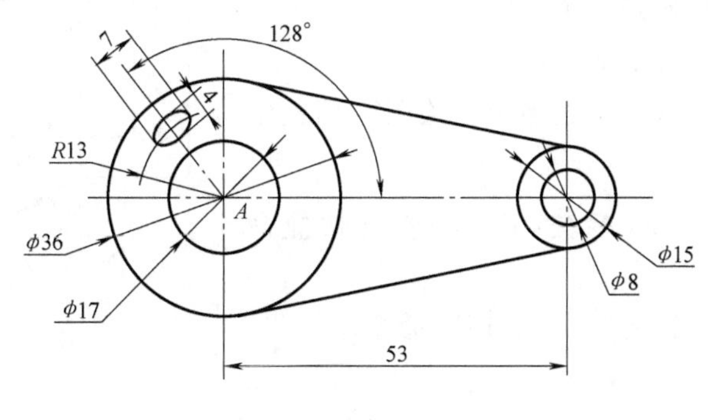

图 3-15　绘制圆和椭圆

操作步骤如下：

1）用鼠标右键单击状态栏中的“对象捕捉”按钮，设定对象捕捉点；绘制中心线，相交于 *A* 点，以 *A* 点为圆心绘制圆。

```
命令:circle 指定圆的圆心或 [三点(3P)/两点(2P)/相切、相切、半径(T)]:
```

```
指定圆的半径或 [直径(D)]:d 指定圆的直径:17
命令:circle 指定圆的圆心或 [三点(3P)/两点(2P)/相切、相切、半径(T)]:
指定圆的半径或 [直径(D)] <8.5000>:d 指定圆的直径 <17.0000>: 36
命令:circle 指定圆的圆心或 [三点(3P)/两点(2P)/相切、相切、半径(T)]:from
基点:<偏移>:@ 53,0
指定圆的半径或 [直径(D)] <18.0000>:d 指定圆的直径 <36.0000>: 8
命令:circle 指定圆的圆心或 [三点(3P)/两点(2P)/相切、相切、半径(T)]:
指定圆的半径或 [直径(D)] <4.0000>: d 指定圆的直径 <8.0000>:15
```

2）绘制图形外公切线。

打开“草图设置”对话框，取消其他对象捕捉点，只保留切点。选直线命令，绘制外公切线。

3）绘制椭圆。

```
命令:ellipse
指定椭圆的轴端点或 [圆弧(A)/中心点(C)]:c
指定椭圆的中心点:from 基点:                    //输入 from 选择 A 点
<偏移>:@ 13<128                               //输入椭圆中心相对 A 点的坐标
指定轴的端点:@ 2<128
指定另一条半轴长度或 [旋转(R)]:3.5              //设置极轴追踪角度 38°
```

请同学根据所学知识完成以下绘图练习。

绘图练习 7：绘制图 3-16 所示的图形。

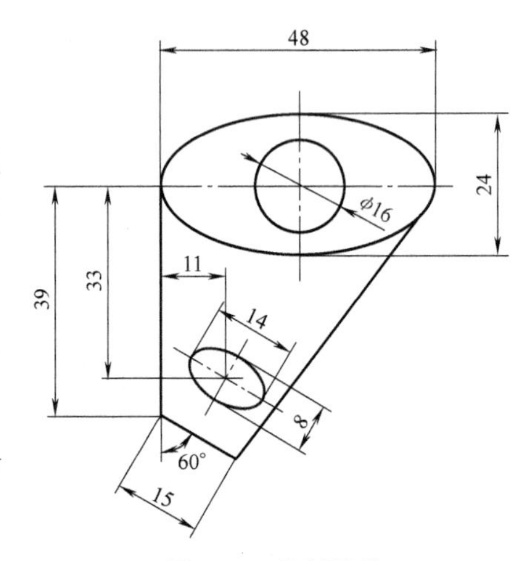

图 3-16　绘制图形

知识点 4　绘制圆环和填充圆

圆环是由一个圆心、不同直径的两个同心圆组成的，控制圆环的主要参数是圆心、内直径和外直径。如果圆环的内直径为 0，则圆环为填充圆。

“圆环”命令的执行方式如下：

1）功能区：单击“默认”选项卡“绘图”面板中的“圆环”按钮；

2）命令行：输入 donut 后按<Enter>键（快捷命令：do）；

3）菜单栏：选择“绘图”/“圆环”命令。

命令提示信息如下：

```
命令: donut
指定圆环的内径 <0.5000>:
指定圆环的外径 <1.0000>:
指定圆环的中心点或 <退出>:
```

AutoCAD 2018 在默认情况下所绘制的圆环为填充的实心图形。如果在绘制圆环前在命令行输入 fill 命令，则可以控制圆环或圆的填充可见性。执行命令后命令行提示如下：

```
命令：fill
输入模式［开(ON)/关(OFF)］<开>：
```

选择开（ON）模式，表示绘制的圆环和圆要填充，如图 3-17 所示。

选择关（OFF）模式，表示绘制的圆环和圆不予填充，如图 3-18 所示。

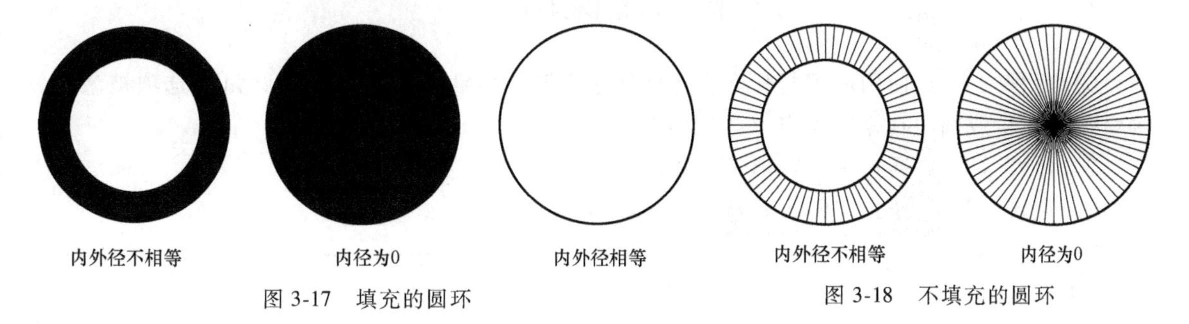

图 3-17　填充的圆环　　图 3-18　不填充的圆环

知识模块 3　绘制矩形和正多边形

在 AutoCAD 2018 中，矩形和正多边形的各边构成一个单独的对象。它们在绘制复杂图形时比较常用。

知识点 1　绘制矩形

“矩形”命令的执行方式如下：

1）功能区：单击“默认”选项卡“绘图”面板中的“矩形”按钮；

2）命令行：输入 rectang 后按<Enter>键（快捷命令：rec）；

3）菜单栏：选择“绘图”/“矩形”命令。

命令提示信息如下：

```
命令：rectang
指定第一个角点或［倒角(C)/标高(E)/圆角(F)/厚度(T)/宽度(W)］：
指定另一个角点或［面积(A)/尺寸(D)/旋转(R)］：
```

该命令提示中各选项的功能如下：

1）倒角（C）：用于指定矩形有倒直角距离，绘制带倒直角的矩形。

2）标高（E）：用于指定矩形离 XY 平面的高度。

3）圆角（F）：用于指定矩形有倒圆角距离，绘制带倒圆角的矩形。

4）厚度（T）：用于指定矩形的厚度。

5）宽度（W）：用于指定所画矩形的线宽。

图 3-19 所示为各种样式的矩形效果。

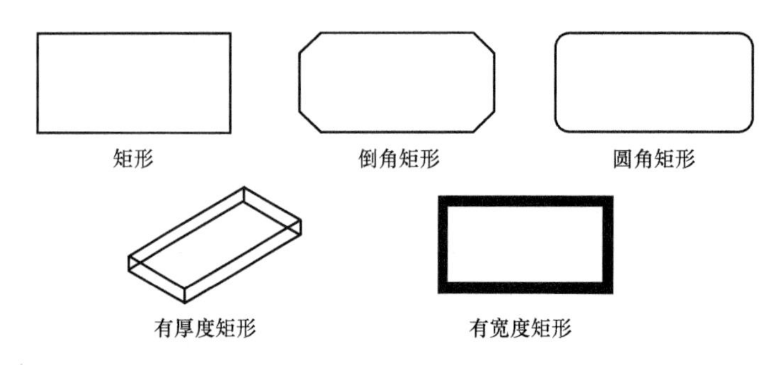

图 3-19 矩形的各种形式

6）面积（A）：使用面积与长度或宽度创建矩形。如果“倒角”或“圆角”选项被激活，则将包括倒角或圆角在矩形角点上产生的效果。

7）尺寸（D）：通过确定矩形长和宽创建矩形。

8）旋转（R）：按指定的旋转角度创建矩形。

小知识：

如果两个倒角距离之和大于矩形的边长，那么绘制的矩形没有倒角；如果圆角半径大于矩形的边长，那么绘制的矩形没有圆角。

绘图练习 8：绘制图 3-20 所示的矩形（宽度为 2mm）。

操作步骤如下：

```
命令:rectang
指定第一个角点或[倒角(C)/标高(E)/圆角(F)/厚度(T)/宽度(W)]:w↙
指定矩形的线宽 <0.0000>:2↙
指定第一个角点或[倒角(C)/标高(E)/圆角(F)/厚度(T)/宽度(W)]:f↙
指定矩形的圆角半径 <0.0000>:5↙
指定第一个角点或[倒角(C)/标高(E)/圆角(F)/厚度(T)/宽度(W)]:(在屏幕上指定一点)↙
指定另一个角点或[尺寸(D)]:@ 80,40↙
```

请同学根据所学知识完成以下绘图练习。

绘图练习 9：用绘制矩形的方法绘制图 3-21 所示的图形。

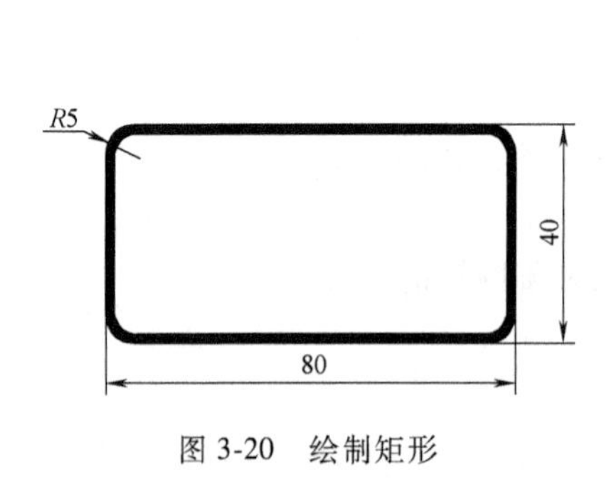

图 3-20 绘制矩形

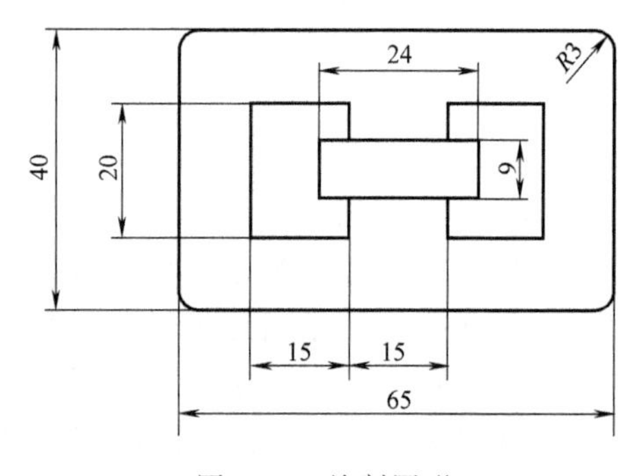

图 3-21 绘制图形

知识点 2　绘制正多边形

在 AutoCAD 2018 中，通过与假想的圆内接或外切的方法绘制正多边形，或通过指定正多边形某一边的两个端点绘制正多边形。其边数范围为 3~1024。

“正多边形”命令的执行方式如下：

1）功能区：单击“默认”选项卡“绘图”面板中的“正多边形”按钮；

2）命令行：输入 polygon 后按<Enter>键（快捷命令：pol）；

3）菜单栏：选择“绘图”/“正多边形”命令。

命令提示信息如下：

```
命令:polygon 输入侧面数<4>:6            //输入多边形边的数目
指定正多边形的中心点或[边(E)]:
输入选项[内接于圆(I)/外切于圆(C)]< I >:
指定圆的半径:                          //输入正多边形内接或外切圆的半径
```

该命令提示中各选项的功能如下：

1）中心点：通过指定正多边形中心点的方式来绘制正多边形。选择该选项后，会提示“输入选项［内接于圆（I）/外切于圆(C)］<I>:”，内接于圆表示以指定正多边形内接圆半径的方式来绘制正多边形，如图 3-22 所示；外切于圆表示以指定正多边形外切圆半径的方式来绘制正多边形，如图 3-23 所示。

2）边：通过指定正多边形边的数量和长度绘制正多边形。

绘图练习 10：绘制图 3-24 所示的图形。

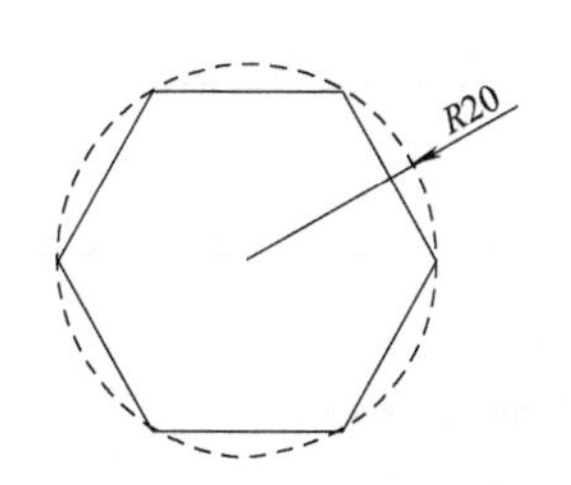

图 3-22　内接于圆画正多边形

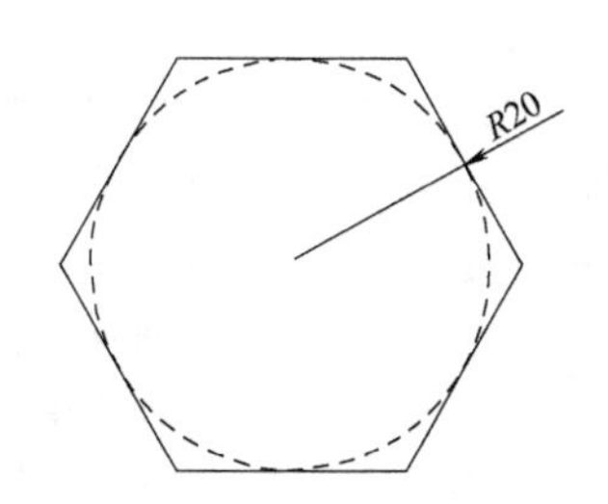

图 3-23　外切于圆画正多边形

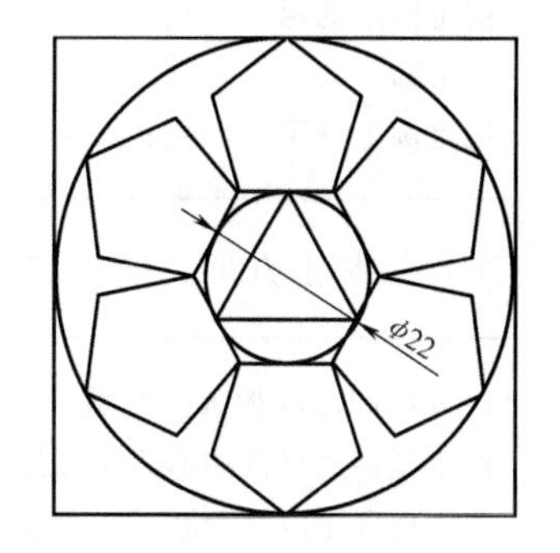

图 3-24　绘制图形

操作步骤如下：

1）绘制 ϕ22mm 的圆，选择“圆”命令。

```
命令: circle 指定圆的圆心或 [三点(3P)/两点(2P)/切点、切点、半径(T)]:
指定圆的半径或 [直径(D)] <11.0000>: d
指定圆的直径 <22.0000>: 22
```

2）绘制正三角形，选择“正多边形”命令。

```
命令：polygon 输入侧面数 <4>:3                       //创建正三角形
指定正多边形的中心点或［边(E)］：                    //指定中心点为 φ22mm 圆的圆心
输入选项［内接于圆(I)/外切于圆(C)］<I>：              //选择内接于圆
指定圆的半径：11                                     //输入半径 11mm
```

3）绘制正六边形，选择“正多边形”命令。

```
命令：polygon 输入侧面数 <3>：6                      //创建正六边形
指定正多边形的中心点或［边(E)］：                    //指定中心点为 φ22mm 圆的圆心
输入选项［内接于圆(I)/外切于圆(C)］<I>：C             //选择外切于圆
指定圆的半径：11                                     //输入半径 11mm
```

4）绘制正五边形，并重复命令，绘制出其他正五边形。

```
命令：polygon 输入侧面数 <6>：5                      //创建正五边形
指定正多边形的中心点或［边(E)］：e                   //以指定边长的方式创建正多边形
指定边的第一个端点：指定边的第二个端点：             //再重复 5 次此命令
```

5）绘制圆，使用“三点（3P）”方式，选择三个正五边形的顶点。

```
命令:circle 指定圆的圆心或［三点(3P)/两点(2P)/切点、切点、半径(T)］：3p
                                                     //创建外部的圆
指定圆上的第一个点：                                 //选择正五边形的顶点
指定圆上的第二个点：
指定圆上的第三个点：
```

6）绘制正方形，使边与圆相切。

```
命令：polygon 输入侧面数 <5>：4                      //创建正方形
指定正多边形的中心点或［边(E)］：                    //指定中心点为 φ22mm 圆的圆心
输入选项［内接于圆(I)/外切于圆(C)］<C>：C             //选择外切于圆
指定圆的半径：                                       //捕捉最大圆的象限点
```

知识模块 4　绘制点

点是最基本的绘图元素，任何复杂的平面图形都是由点、线、面组成的，本知识模块主要介绍点样式的设置及画法。

知识点 1　设置点样式

绘制点时，由于系统默认的点样式为小黑点，不容易在屏幕上区分，特别是在其他图形上绘制定位点时。因此，在绘制点之前一般要设置点样式，使其清晰可见。

单击菜单栏“格式”/“点样式”命令，打开“点样式”对话框，如图 3-25 所示，用户可根据需要任意选择 20 种点样式中的一种。

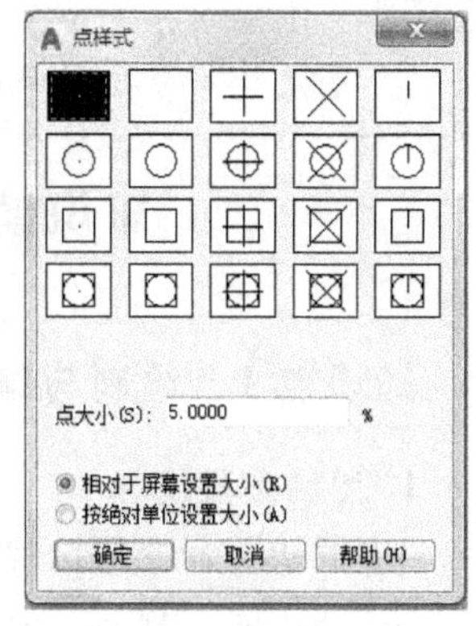

图 3-25　“点样式”对话框

现在就该对话框进行简单的说明：

1）点大小（S）：用于确定点大小的百分比。

2）相对于屏幕设置大小：按屏幕尺寸的百分比设置点显示的大小。当进行缩放时，点的显示大小并不改变，如图 3-26 所示，右侧图形为左侧图形缩放 1/2 的效果。

3）按绝对单位设置大小：按“点大小”下指定的实际单位设置点显示的大小。进行缩放时，点的显示大小随之改变，如图3-27 所示，右侧图形为左侧图形缩放 1/2 的效果。

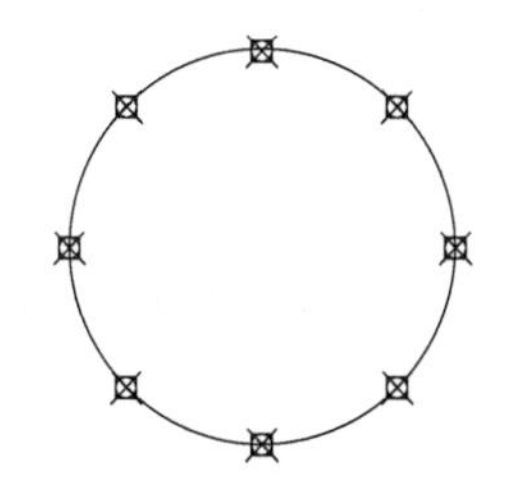
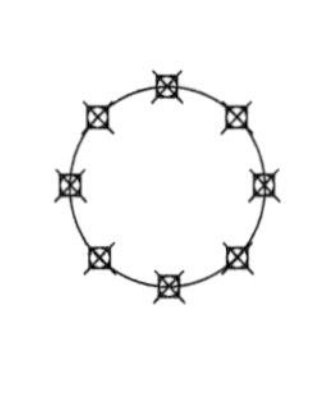

图 3-26　点的大小未变化

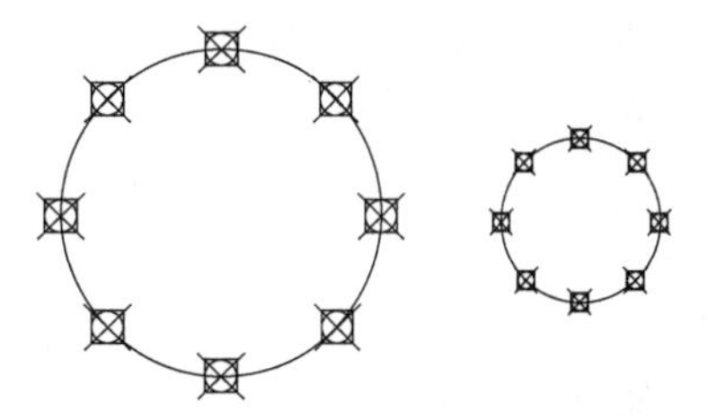

图 3-27　点的大小变化

知识点 2　绘制点对象

“点”命令的执行方式如下：

1）功能区：单击“默认”选项卡“绘图”面板中的“多点”按钮˚；

2）命令行：输入 point 后按<Enter 键>（快捷命令：po）；

3）菜单栏：选择“绘图”/“点”命令，如图 3-28所示。

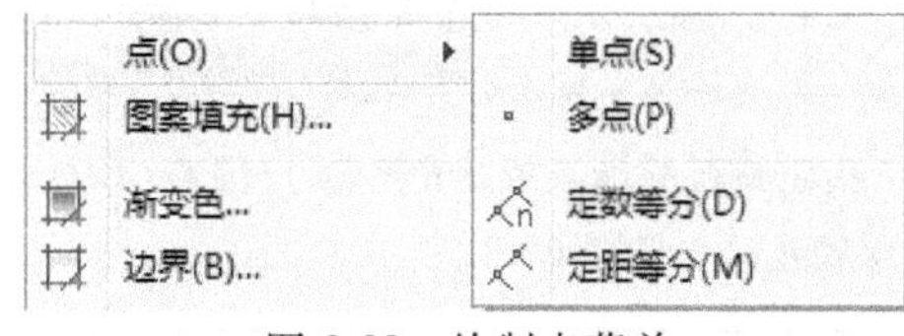

图 3-28　绘制点菜单

绘制点菜单中各项的含义如下：

① 单点：选择命令后，直接在指定位置单击就可以创建一个点。

② 多点：选择命令后，可以在绘图窗口中一次指定多个点，直到按<Esc>键结束。

③ 定数等分：选择该命令后，命令行将提示需要定数等分的对象，然后按要求输入对该对象进行等分的数目。例如对直线或圆进行定数等分，如图 3-29 所示。

④ 定距等分：选择该命令后，命令行将提示需要定距等分的对象，然后要求输入等分段的长度。例如将一段直线定距等分，如图 3-30 所示。

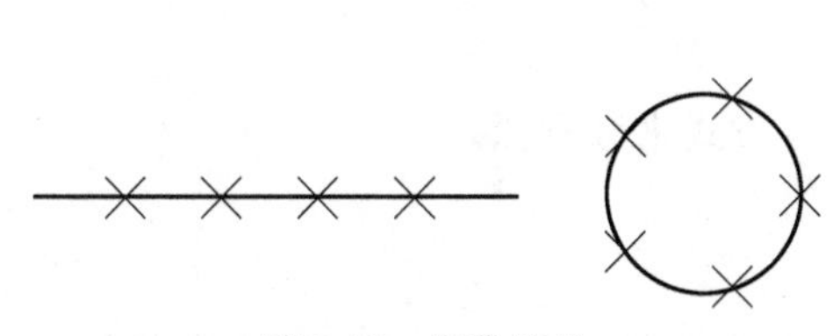

图 3-29　定数等分

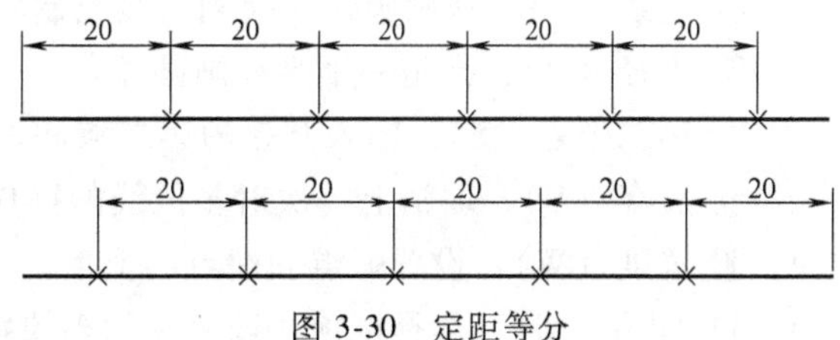

图 3-30　定距等分

小知识：
定距等分拾取对象时，放置点的起始位置从离对象选取点较近的端点开始。

知识模块5　绘制多段线、多线和样条曲线

知识点1　绘制与编辑多段线

1. 绘制多段线

“多段线”命令的执行方式如下：

1）功能区：单击“默认”选项卡“绘图”面板中的“多段线”按钮；

2）命令行：输入 pline 后按<Enter>键（快捷命令：pl）；

3）菜单栏：选择“绘图”/“多段线”命令。

命令提示信息如下：

```
命令:pline
指定起点:
当前线宽为 0.0000
指定下一点或[圆弧(A)/半宽(H)/长度(L)/放弃(U)/宽度(W)]://指定一点或选项
指定下一点或[圆弧(A)/闭合(C)/半宽(H)/长度(L)/放弃(U)/宽度(W)]:
```

下面就命令提示做简单介绍：

1）指定下一点：以当前线宽按直线方式画多段线。

2）圆弧（A）：选择该项，表示以圆弧的方式来绘制多段线，系统继续提示如下：

```
指定圆弧的端点或[角度(A)/圆心(CE)/闭合(CL)/方向(D)/半宽(H)/直线(L)/半径(R)/第二个点(S)/放弃(U)/宽度(W)]:
```

① 角度（A）：输入一个角度作为圆弧的内含角，若输入的角度为正，则接逆时针方向画圆弧，输入的角度为负，则按顺时针方向画圆弧。

② 圆心（CE）：为圆弧指定圆心，该圆弧与上一段多段线相切。

③ 闭合（CL）：该选项用来自动将多段线封闭。

④ 方向（D）：确定圆弧的起点切向。

⑤ 半宽（H）：确定圆弧多段线起点和端点的半宽。

⑥ 直线（L）：从画圆弧切换到直线绘制状态。

⑦ 半径（R）：指定一个半径画圆弧。

⑧ 第二个点（S）：输入圆弧的第二点和端点，用三点方式来画圆弧。

⑨ 放弃（U）：取消上一次对多段线的操作。

⑩ 宽度（W）：设置弧点和端点的宽度。

3）闭合（C）：选择该项，表示封闭多段线，即用一条直线将多段线最后一段的终点和第

一段的起点连起来。

4）半宽（H）：以实际输入宽度的一半来确定多段线的宽度。

5）长度（L）：画一条指定长度的直线。当指定长度后，直线将沿上一段线的方向绘制。

6）放弃（U）：取消上一次对多段线的操作。

7）宽度（W）：指定多段线的起点和端点的宽度来绘制多段线。

绘图练习 11：使用多段线命令绘制图 3-31 所示的图形。

图 3-31　箭头

操作步骤如下：

```
命令:pline
指定起点:                                          //起点是“箭尾”
当前线宽为:0.0000
指定下一点或[圆弧(A)/半宽(H)/长度(L)/放弃(U)/宽度(W)]:w
指定起点宽度<0.0000>:3                             //指定“箭尾”和“箭头”之间部分的宽度
指定端点宽度<3.0000>:                              //这部分是等宽的
指定下一点或[圆弧(A)/半宽(H)/长度(L)/放弃(U)/宽度(W)]:w
指定起点宽度<3.0000>:6                             //箭头三角形的“底边”长
指定端点宽度<6.0000>:0                             //宽度为0构成三角形的顶点
指定下一点或[圆弧(A)/半宽(H)/长度(L)/放弃(U)/宽度(W)]:
                                                   //指定箭头顶点的位置
```

请同学根据所学知识完成以下绘图练习。

绘图练习 12：使用多段线命令绘制二极管，如图 3-32 所示。

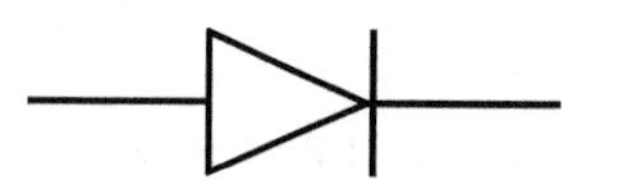

图 3-32　二极管

2. 编辑多段线

“编辑多段线”命令的执行方式如下：

1）功能区：单击“默认”选项卡“修改”面板中的“编辑多段线”按钮；

2）命令行：输入 pedit 后按<Enter 键>（快捷命令：pe）；

3）菜单栏：选择“修改”/“对象”/“多段线”命令。

命令提示信息如下：

```
命令:pedit
选择多段线或[多条(M)]:
输入选项[闭合(C)/合并(J)/宽度(W)/编辑顶点(E)/拟合(F)/样条曲线(S)/非曲线化(D)/线型生成
(L)/反转(R)/放弃(U)]:
```

该命令提示中主要选项的功能如下：

1）闭合：将所选的多段线闭合起来。

2）合并：将直线段、圆弧段或者多段线连接到指定的非闭合的多段线上。

3）宽度：将重新设置所选多段线的宽度。

4）拟合：可以对多段线上的拐角使用圆弧曲线拟合。

5）样条曲线：可以对多段线上的拐角使用样条曲线拟合。

6）非曲线化：可以对使用圆弧曲线和样条曲线拟合的多段线还原拐角。

知识点 2　绘制与编辑多线

多线是一种由多条平行线组成的组合对象，平行线之间的距离和平行线数目是可以调整的。多线常用于绘制建筑图中的墙体、电子线路图等平行线对象。

1. 绘制多线

“多线”命令的执行方式如下：

1）菜单栏：选择“绘图”/“多线”命令；

2）命令行：输入 mline 后按<Enter>键。

命令提示信息如下：

```
命令:mline
当前设置:对正=上,比例=20.00,样式=STANDARD
指定起点或[对正(J)/比例(S)/样式(ST)]:
```

下面就命令提示做简单介绍：

（1）对正（J）　当选择该项时，系统继续提示如下：

```
输入对正类型[上(T)/无(Z)/下(B)]<上>:
```

1）上（T）：该项为默认方式，在绘制多线时，多线的上端将会随着十字光标移动。如图 3-33A 所示。

2）无（Z）：该项为零偏移方式，在绘制多线时，多线的中心将会随着十字光标移动，如图 3-33B 所示。

3）下（B）：该项为下偏移方式，在绘制多线时，多线的下端将会随着十字光标移动，如图 3-33C 所示。

（2）比例（S）　用于控制绘制多线时的比例，也就是多线中两条平行经之间的间距，不同的比例绘制出来的图形完全不一样，如图 3-34 所示。

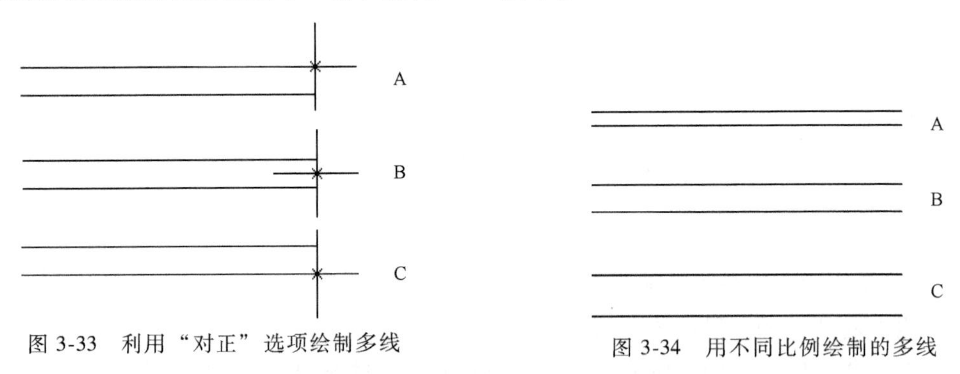

图 3-33　利用“对正”选项绘制多线　　图 3-34　用不同比例绘制的多线

（3）样式（ST）　用于确定多线的样式，默认样式为“STANDARD”。

2. 定义多线样式

定义多线样式的执行方式如下：

1）菜单栏：选择“格式”/“多线样式”命令；

2）命令行：输入 mlstyle 后按<Enter>键。

执行命令后可以打开图 3-35 所示的“多线样式”对话框。该对话框可以新建、修改、重命名、删除、保存和加载多线样式。

在“多线样式”对话框中单击“新建”按钮，弹出如图 3-36 所示的“创建新的多线样式”对话框，可以为创建的多线样式命名。

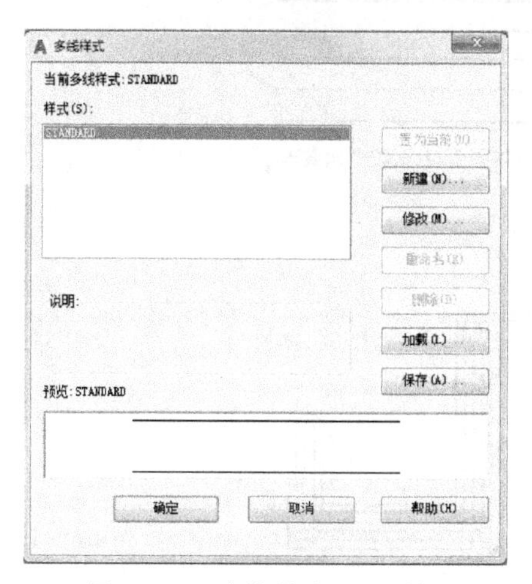

图 3-35　“多线样式”对话框

图 3-36　“创建新的多线样式”对话框

命名完毕后单击“继续”按钮，弹出如图 3-37 所示的“新建多线样式”对话框，在该对话框中可以创建多线样式的封口、填充和图元等特性。

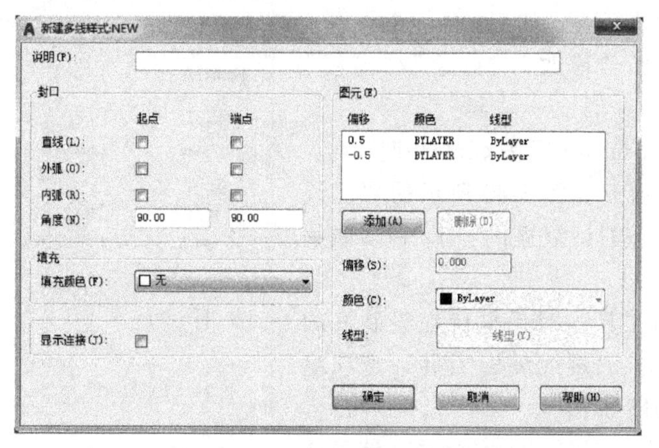

图 3-37　“新建多线样式”对话框

“新建多线样式”对话框中各选项的功能如下：

1）“封口”选项组：用来设置封口形式。其中“直线”选项是指使用一条穿过整个多线元素的直线；“外弧”选项是指使用弧线连接最外层元素的端点；“内弧”选项是指连接成对元素，若为奇数线元素，则中心线不连接，具体效果如图 3-38 所示。

2）“填充”选项组：用于设置在多线内部的填充颜色。

3）“显示连接”：用于控制多线线段连接处的连接线是否显示，如图 3-39 所示。

4）“图元”选项组：用来增加或删除多线元素。最多可设置 16 个多线元素，而且可以设

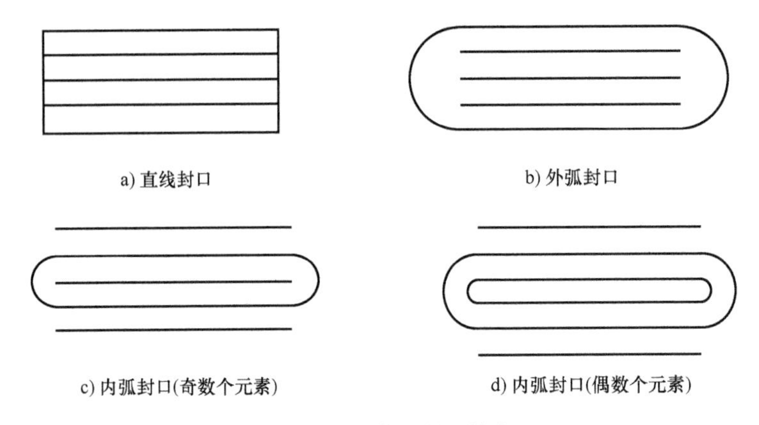

图 3-38　多线的封口样式

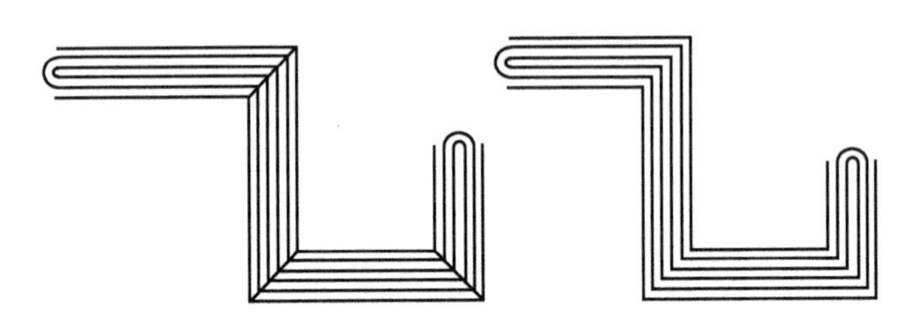

图 3-39　“显示连接”效果对比

置每条多线元素之间的距离。该选项组还可以设置每条多线元素的颜色和线型。

3. 编辑多线

编辑多线样式的执行方式如下：

1）菜单栏：选择“修改”/“对象”/“多线”命令；

2）命令行：输入 mledit 后按<Enter>键。

执行命令后可以打开如图 3-40 所示的“多线编辑工具”对话框。该对话框提供了 12 种多线编辑工具。

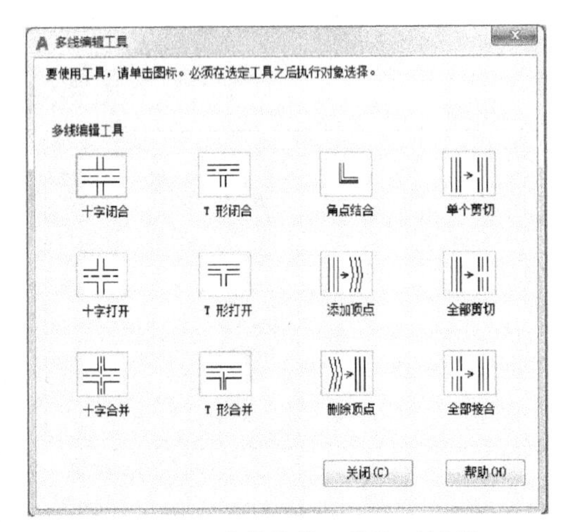

图 3-40　“多线编辑工具”对话框

通过“多线编辑工具”对话框可在绘制好的多线对象上进行编辑。“多线编辑工具”选项组中各个编辑工具的功能如下：

1）十字闭合、十字打开、十字合并：这三项编辑工具用于消除各种十字形相交线，具体效果如图 3-41 所示。

2）T 形闭合、T 形打开、T 形合并：这三项编辑工具主要用来消除各种 T 形相交线，具体效果如图 3-42 所示。

3）角点结合：用来消除多线一侧的延伸线而形成直角，如图 3-42 所示。

4）添加顶点、删除顶点：用于为多线增加和删除若干顶点。

5）单个剪切、全部剪切、全部接合：这三项编辑工具主要用来对多线进行切断和对已切

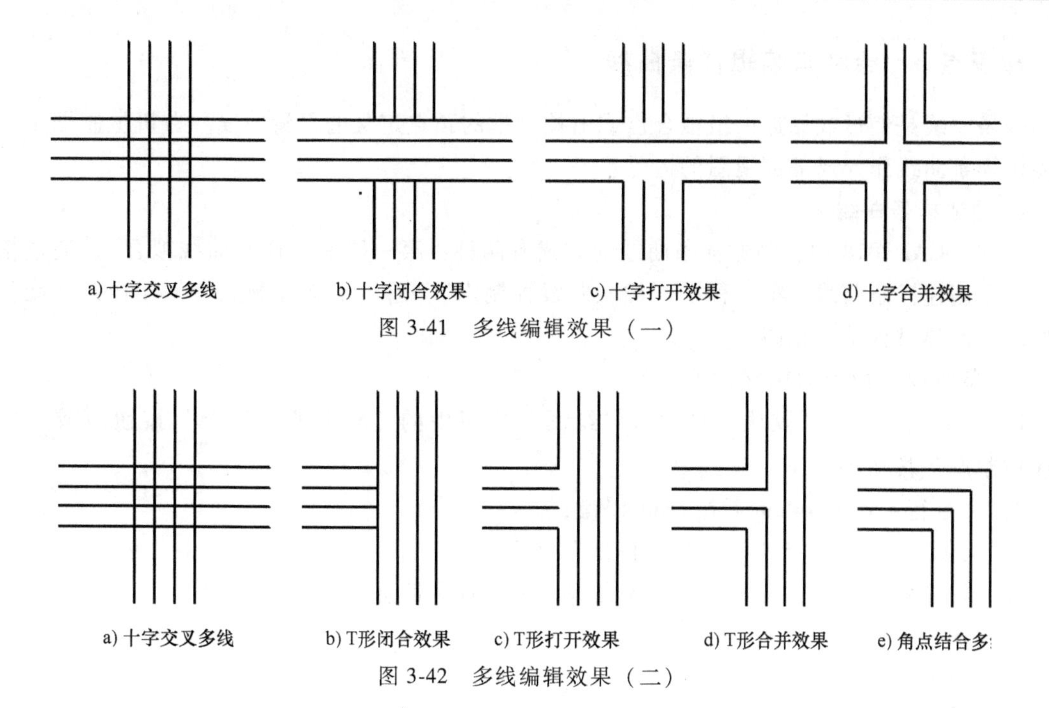

图 3-41　多线编辑效果（一）

图 3-42　多线编辑效果（二）

断的多线进行连接。

绘图练习 13：使用多线命令绘制图 3-43 所示图形。

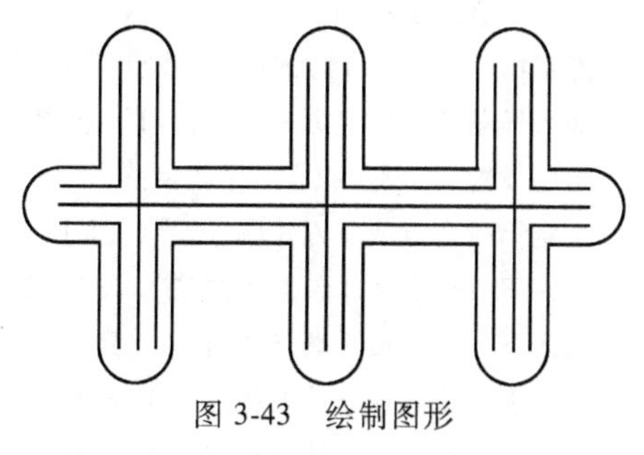

图 3-43　绘制图形

主要操作步骤如下：

1）选择“格式”/“多线样式”命令，打开“多线样式”对话框。新建一个多线样式，命名为“new”，在“新建多线样式”对话框中进行如图 3-44 所示的设置，并将新样式置为当前。

2）选择“绘图”/“多线”命令，绘制图形，如图 3-45 所示。

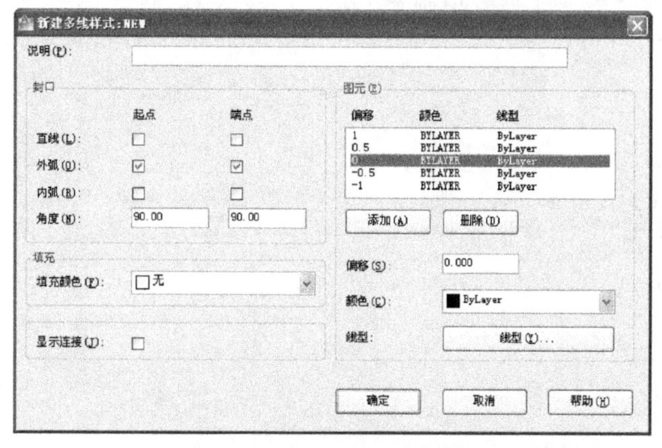

图 3-44　“新建多线样式”对话框的设置

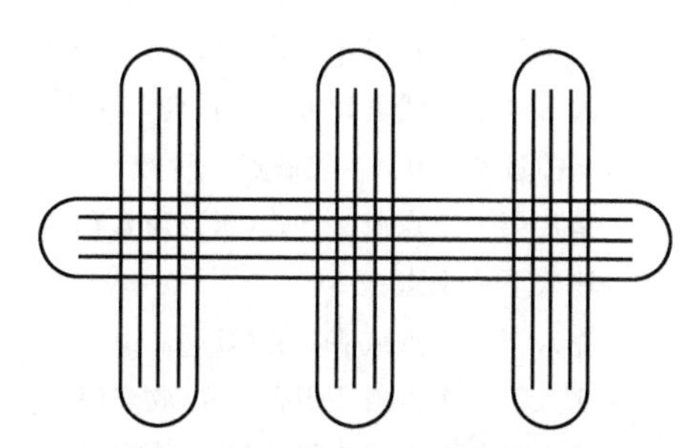

图 3-45　创建四个多线对象

3）选择“修改”/“对象”/“多线”命令，选择“十字合并”选项对图 3-45 所示的多线对象进行合并。

知识点 3　绘制与编辑样条曲线

样条曲线是经过或靠近一组拟合点或由控制框的顶点定义的平滑曲线。在机械制图中，经常使用样条曲线作为局部剖视图的边界。

1. 创建样条曲线

在 AutoCAD2018 中，创建样条曲线的方式有两种：第一种是“样条曲线拟合”，通过指定拟合点来创建样条曲线；第二种是“样条曲线控制点”，通过定义控制点来创建样条曲线。两种方法的创建过程基本相同。

“样条曲线”命令的执行方式如下：

1）功能区：单击“默认”选项卡“绘图”面板中的“样条曲线拟合”按钮或“样条曲线控制点”按钮；

2）命令行：输入 spline 后按<Enter>键；

3）菜单栏：选择“绘图”/“样条曲线”命令。

以“样条曲线拟合”方式创建样条曲线的命令提示信息如下：

```
命令：spline
当前设置：方式=拟合　节点=弦
指定第一个点或［方式(M)/节点(K)/对象(O)］：M
输入样条曲线创建方式［拟合(F)/控制点(CV)］<拟合>：FIT
当前设置：方式=拟合　节点=弦
指定第一个点或［方式(M)/节点(K)/对象(O)］：                          //指定第一点
输入下一个点或［起点切向(T)/公差(L)］：                              //指定第二点
输入下一个点或［端点相切(T)/公差(L)/放弃(U)］：                      //指定第三点
输入下一个点或［端点相切(T)/公差(L)/放弃(U)/闭合(C)］：              //指定第四点
输入下一个点或［端点相切(T)/公差(L)/放弃(U)/闭合(C)］：↙            //按<Enter>键
```

以“样条曲线控制点”方式创建样条曲线的命令提示信息如下：

```
命令：_spline
当前设置：方式=拟合　节点=弦
指定第一个点或［方式(M)/节点(K)/对象(O)］：m
输入样条曲线创建方式［拟合(F)/控制点(CV)］<拟合>：cv
当前设置：方式=控制点　阶数=3
指定第一个点或［方式(M)/阶数(D)/对象(O)］：
输入下一个点：
输入下一个点或［放弃(U)］：
输入下一个点或［闭合(C)/放弃(U)］：
输入下一个点或［闭合(C)/放弃(U)］：
```

下面就命令提示做简单介绍：

1）方式（M）：用于控制是使用拟合点还是控制点来创建样条曲线。使用拟合点创建样条曲线通过指定样条曲线必须经过的拟合点来创建3阶B样条曲线。在公差值大于0时，样条曲线必须在各个点的指定公差距离内。使用控制点创建样条曲线通过指定控制点来创建样条曲线，使用此方法创建1~10阶的样条曲线。通过移动控制点调整样条曲线的形状，可以提供比移动拟合点好的效果。

2）节点（K）：指定节点参数化，用来确定样条曲线中连续拟合点之间的零部件曲线如何过渡。

3）对象（O）：将多段线转换为样条曲线。

4）闭合（C）：可以使最后一点与起点重合，构成闭合的样条曲线。

5）公差（L）：可以修改当前样条曲线的拟合公差，根据新的公差值和现有点重新定义样条曲线。

6）端点相切（T）：指定在样条曲线终点的相切条件。

2. 编辑样条曲线

“编辑样条曲线”命令的执行方式如下：

1）功能区：单击“默认”选项卡“修改”面板中的“编辑样条曲线”按钮；

2）命令行：输入 splinedit 后按<Enter>键；

3）菜单栏：选择“修改”/“对象”/“样条曲线”命令。

命令提示信息如下：

命令：splinedit

选择样条曲线：

输入选项［闭合(C)/合并(J)/拟合数据(F)/编辑顶点(E)/转换为多段线(P)/反转(R)/放弃(U)/退出(X)］<退出>：

下面就命令提示做简单介绍：

1）合并（J）：将选定的样条曲线与其他样条曲线、直线、多段线和圆弧在重合端点处合并，从而形成一个较大的样条曲线。

2）拟合数据（F）：通过添加、删除、移动拟合点等来修改样条曲线。

3）转换为多段线（P）：将样条曲线转换为多段线。

4）反转（R）：反转样条曲线的方向。

知识模块6　填充与面域

知识点1　填充图形

在工程制图中，为了标识某一区域的意义或用途，通常需要将其填充为某种图案，以区别于图形中的其他部分。

填充命令包括图案填充、渐变色和边界三个命令，如图3-46所示。

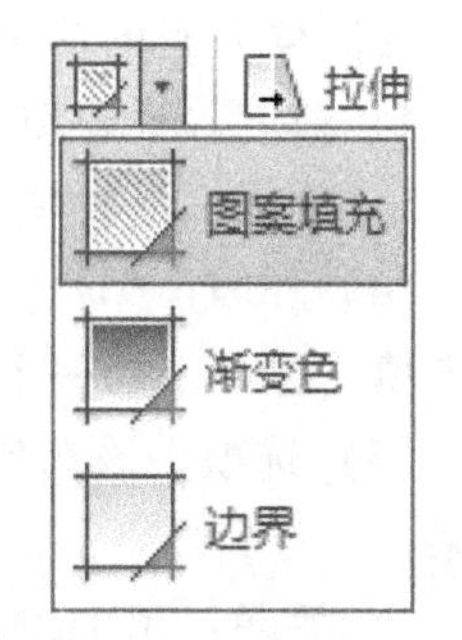

图3-46　“填充”命令下拉菜单

1. 图案填充

“图案填充”命令的执行方式如下：

1）功能区：单击“默认”选项卡“绘图”面板中的“图案填

充”按钮；

2）命令行：输入 bhatch 后按<Enter>键（快捷命令：h 或 bh）；

3）菜单栏：选择“绘图”/“图案填充”命令。

执行命令，打开如图 3-47 所示的“图案填充创建”选项卡 。

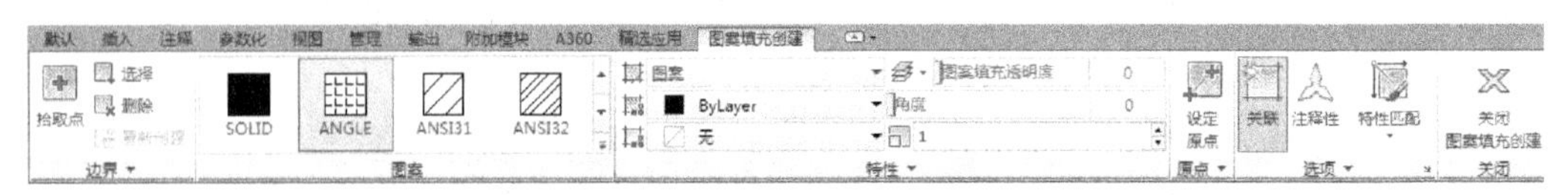

图 3-47 “图案填充创建”选项卡

该选项卡中各选项的功能如下：

（1）边界 “边界”选项组主要用于指定图案填充的边界，也可以通过进行边界的删除或重新创建等操作直接改变区域填充的效果，其常用的功能如下：

1）拾取点：通过给定封闭区域内一点，系统自动搜索绕该点最小的封闭区域。该方法灵活方便，是最常用的方法。

2）选择对象：直接选择对象作为填充边界，这要求事先精确绘制出边界。由于要先绘制边界，所以实际使用起来不是很方便。

3）删除边界：就是在创建好的边界集中去除不当的边界。

4）保留边界对象：指定如何处理图案填充边界对象。不保留边界是指不创建独立的图案填充边界对象；保留边界-多段线是指创建封闭图案填充对象的多段线（仅在图案填充创建期间可用）；保留边界-面域是指创建封闭图案填充对象的面域（仅在图案填充创建期间可用）。

（2）图案 “图案”选项组用于设置填充图案样式，可单击其右侧的按钮，并打开下拉表来选择填充类型和样式，如图 3-48 所示。

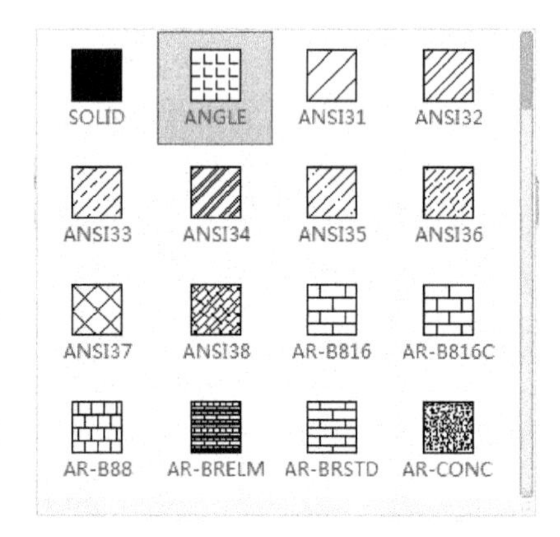

图 3-48 “图案”选项组

（3）特性 “特性”选项组用于设置图案填充颜色、背景色、透明度、填充角度、比例等参数。

1）图案填充颜色：给填充图案设置颜色，系统默认为随层。

2）背景色：给填充区域设置背景颜色，系统默认无背景色。

3）透明度：填充图案的透明度值，透明度值为 0～90，数值越大颜色越淡。

4）角度：设置填充图案的角度，默认情况下填充角度为 0°。

5）比例：设置填充图案的比例。

（4）原点 “原点”按钮用于设置填充图案生成的起始位置，因为许多图案填充时，需要对齐填充边界上的一个点，默认使用当前 UCS 的原点作为图案填充的原点。

（5）选项 该选项组用于设置图案填充的一些附属功能，它的设置间接影响填充图案的效果。

1）关联：用于控制填充图案与边界“关联”与“非关联”。关联图案随填充边界的变化而自动更新；非关联图案不会因为边界的变化而自动更新。

2）注释性比例：根据视口比例自动调整填充图案比例。

3）特性匹配：使用选定图案填充对象的特性设置图案填充特性，图案填充原点除外。

4）允许的间隙：指定要在几何对象之间桥接的最大间隙，这些对象经过延伸后将闭合边界。

5）创建独立的图案填充：当指定多个闭合边界时，控制创建单个图案填充对象还是多个图案填充对象。

6）孤岛检测：用于设置孤岛的填充方式，包括“普通”“外部”“忽略”三种方式。“普通”方式是指从最外边界向里面画填充线，遇到与之相交的内部边界时断开填充线，遇到下一个内部边界时继续绘制填充线，如图3-49a所示；“外部”方式是指从最外边界向里面画填充线，遇到与之相交的内部边界时断开填充线，不再往里绘制填充线，如图3-49b所示；“忽略”方式是指忽略边界内的对象，所有内部结构都被填充线覆盖，如图3-49c所示。

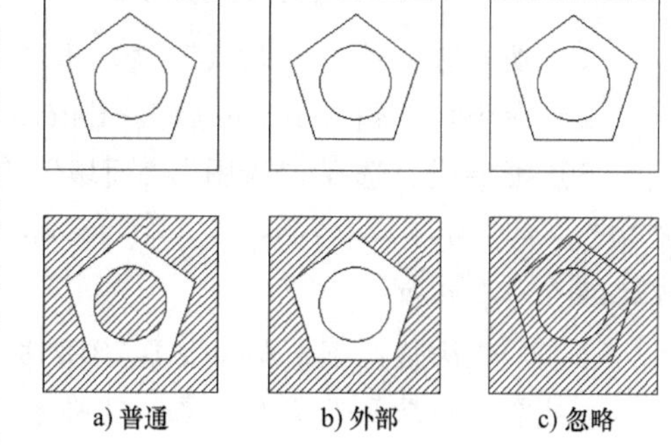

图3-49　孤岛的三种效果

7）绘图次序：主要为图案填充或填充指定绘图顺序，选项包括不更改、后置、前置、置于边界之后和置于边界之前。

2. 渐变色

渐变色是指一种颜色向另一种颜色的平滑过渡。渐变色能产生光的效果，可为图形添加视觉效果。可以将渐变色填充应用到实体填充图案中，以增强演示图形的效果。

“渐变色”命令的执行方式如下：

1）功能区：单击“默认”选项卡“绘图”面板中的“渐变色”按钮；

2）命令行：输入 gradient 后按<Enter>键；

3）菜单栏：选择“绘图”/“渐变色”命令。

执行命令，打开如图3-50所示的“图案填充创建”选项卡，其中各选项的功能与图案填充类似，这里不再赘述。

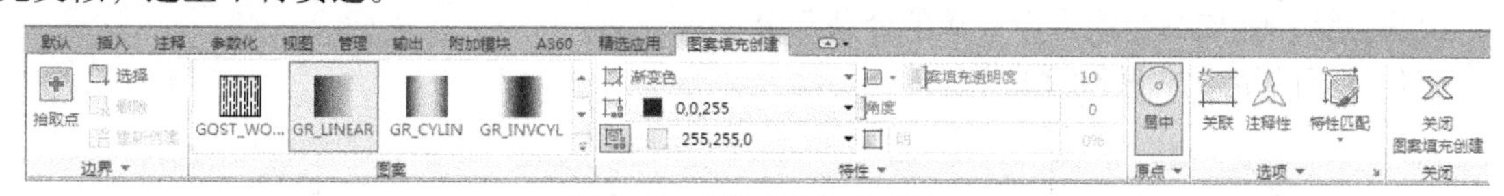

图3-50　“渐变色”选项卡

3. 边界

“边界”命令是指定封闭区域内部点使用周围的对象来创建单独的面域或多段线。选择“默认”选项卡“绘图”面板中的“边界”按钮，弹出如图3-51所示“边界创建”对话框，通过设置“对象类型”来选择创建多段线还是面域。

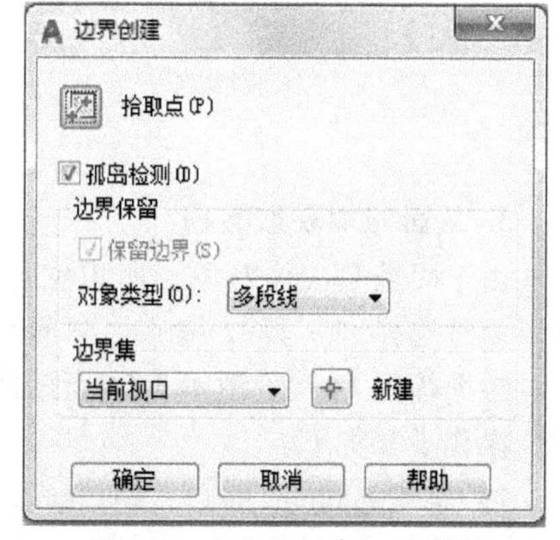

图3-51　“边界创建”对话框

知识点2　创建面域

1. 面域

面域是由封闭区域形成的2D实体对象，其边界可以由直线、多段线、圆、椭圆弧或圆弧等对象形成。

在 AutoCAD 2018 中，面域与矩形、圆等图形虽然都是封闭的，但本质不同。它们的区别在于：矩形和圆只包含边的信息，没有面的信息，属于线框模型；而面域既包含边的信息又包含面的信息，属于实体模型。创建面域的目的主要是建立三维模型的基础。

“面域”命令的执行方式如下：

1）功能区：单击“默认”选项卡“绘图”面板中的“面域”按钮；

2）命令行：输入 region 后按<Enter>键（快捷命令：reg）；

3）菜单栏：选择“绘图”/“面域”命令。

小知识：

默认情况下，AutoCAD 2018 进行面域转换时将用面域对象取代源对象，并删除源对象。如果要保留源对象，可将系统变量 DELOBJ 设置为 0。

2. 面域的布尔运算

布尔运算是数学上的逻辑运算，在应用 AutoCAD 2018 绘图时使用。布尔运算的对象只包括实体和与之共同的面域，对于普通的线条、图形对象，将无法进行布尔运算操作。

“布尔运算”命令的执行方式如下：

1）菜单栏：选择“修改”/“实体编辑”/“并集(差集、交集)”命令；

2）命令：并集 union（uni）、差集 subtract（su）、交集 intersect（in）；

3）功能区：在三维建模工作空间中选择“三维工具”选项卡“实体编辑”面板中的“并集”按钮、“差集”按钮、“交集”按钮。

布尔运算的含义如下：

并集运算：将两个或多个面域合并成一个面域。

差集运算：选择一个面域减去另一个面域，形成新的面域。

交集运算：形成两个或多个面域的公共部分。

布尔运算的结果如图 3-52 所示。

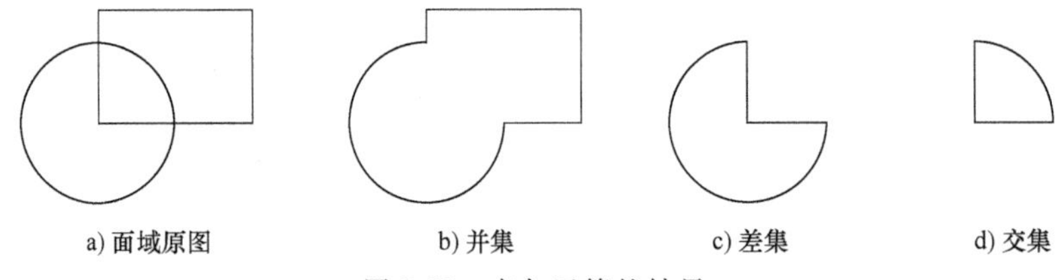

图 3-52　布尔运算的结果

3. 从面域中获取数据

由于面域是实体对象，所以它比对应的线框模型含有更多的信息。在 AutoCAD 2018 中，可以通过选择“工具”/“查询”/“面域/质量特性”菜单显示面域模型的信息，如图 3-53 所示。

绘图练习 14：绘制图 3-54 所示的图形，并计算质量数据。

操作步骤如下：

1）绘制 ϕ80mm 的圆，并以该圆的圆心为中心绘制一个外切于 R100mm 圆的正六边形，如图 3-55 所示。

2）设置对象捕捉，选中中点，以正六边形边的中点为圆心绘制 $R30$mm 的圆，如图 3-56 所示。

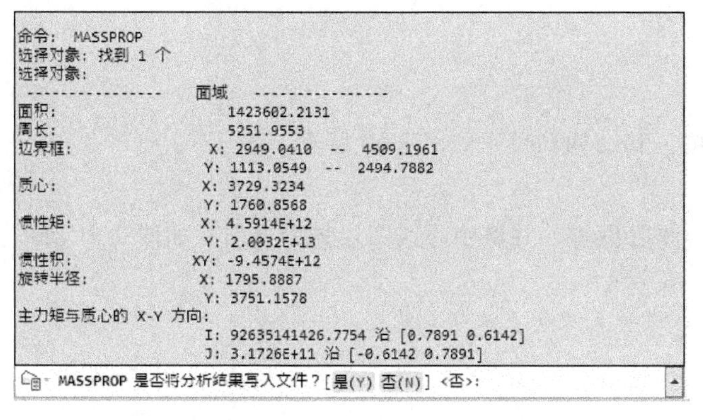

```
命令: MASSPROP
选择对象: 找到 1 个
选择对象:
 ----------------    面域   ----------------
面积:                   1423602.2131
周长:                   5251.9553
边界框:               X: 2949.0410  --  4509.1961
                      Y: 1113.0549  --  2494.7882
质心:                 X: 3729.3234
                      Y: 1760.8568
惯性矩:               X: 4.5914E+12
                      Y: 2.0032E+13
惯性积:              XY: -9.4574E+12
旋转半径:             X: 1795.8887
                      Y: 3751.1578
主力矩与质心的 X-Y 方向:
                      I: 92635141426.7754 沿 [0.7891 0.6142]
                      J: 3.1726E+11 沿 [-0.6142 0.7891]
MASSPROP 是否将分析结果写入文件？[是(Y) 否(N)] <否>:
```

图 3-53　“面域/质量特性”文本框

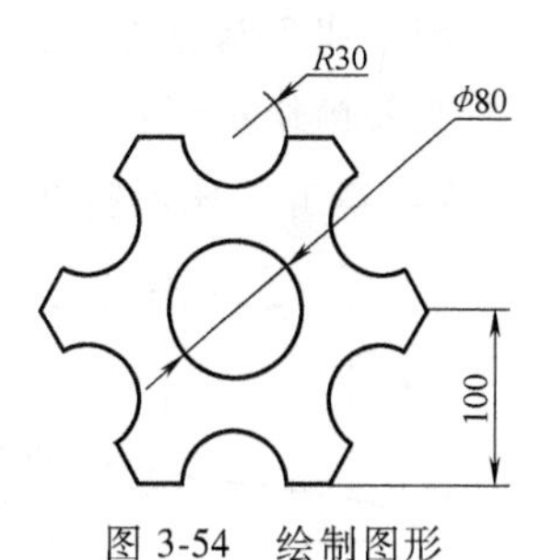

图 3-54　绘制图形

3）重复命令，绘制其他圆，结果如图 3-57 所示。

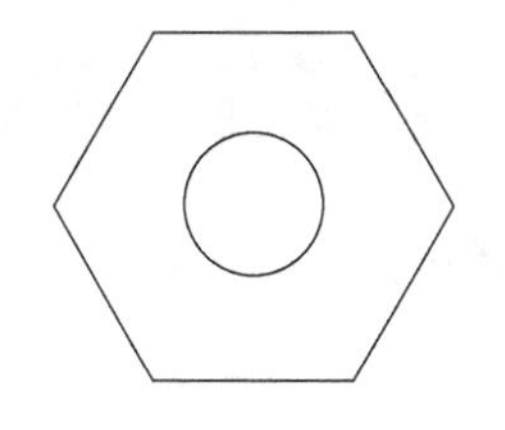

图 3-55　绘制圆和正六边形

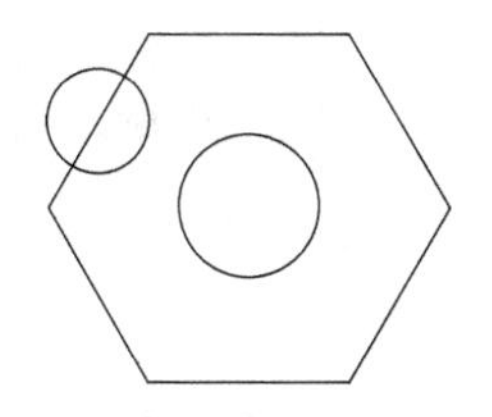

图 3-56　绘制圆

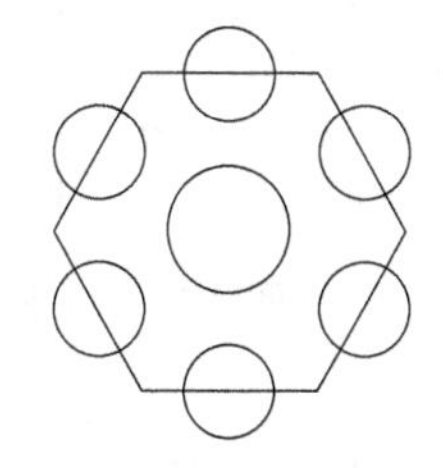

图 3-57　绘制其他圆

4）选择“绘图”/“面域”命令，框选绘图区中的正六边形和 6 个小圆，然后按<Enter>键，将其转化为面域。

5）选择“修改”/“实体编辑”/“差集”命令，并选择正六边形作为要从中减去的面域，按<Enter>键，然后依次单击 6 个小圆作为被剪去的面域，最后再按<Enter>键，即可获得差集运算后的新面域，如图3-58所示。

6）选择“工具”/“查询”/“面积/质量特性”命令，选择创建的面域，按<Enter>键，即可获得该面域的质量特性，如图 3-59 所示。

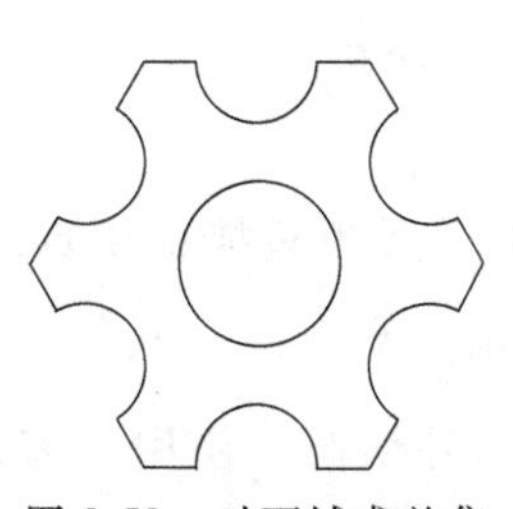

图 3-58　对面域求差集

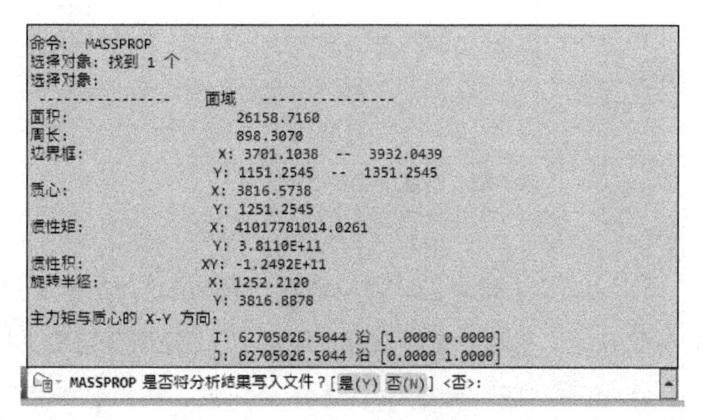

```
命令: MASSPROP
选择对象: 找到 1 个
选择对象:
 ----------------    面域   ----------------
面积:                   26158.7160
周长:                   898.3070
边界框:               X: 3701.1038  --  3932.0439
                      Y: 1151.2545  --  1351.2545
质心:                 X: 3816.5738
                      Y: 1251.2545
惯性矩:               X: 41017781014.0261
                      Y: 3.8110E+11
惯性积:              XY: -1.2492E+11
旋转半径:             X: 1252.2120
                      Y: 3816.8878
主力矩与质心的 X-Y 方向:
                      I: 62705026.5044 沿 [1.0000 0.0000]
                      J: 62705026.5044 沿 [0.0000 1.0000]
MASSPROP 是否将分析结果写入文件？[是(Y) 否(N)] <否>:
```

图 3-59　显示图形的数据特性

知识模块 7　典型范例

知识点　绘制扳手图形

扳手属于常见工具，结构比较简单，其结构和尺寸如图 3-60 所示。

主要操作步骤：

1）单击“图层特性”按钮进行图层设置，并将中心线图层置为当前，如图 3-61 所示。

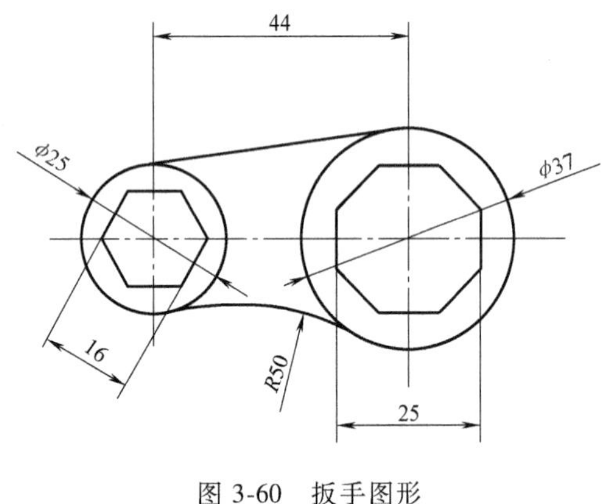

图 3-60　扳手图形

状.	名称	开	冻结	锁..	颜色	线型
	0				白	Contin...
	实线				白	Contin...
✓	中心线				红	CENTER

图 3-61　图层设置

2）使用“直线”命令绘制中心线，如图 3-62 所示。

3）切换图层到实线图层，使用“圆”命令绘制 ϕ25mm 和 ϕ37mm 的两个圆，如图 3-63 所示。

4）使用“正多边形”命令，绘制正六边形和正八边形，使用“外切于圆”选项，圆的半径分别为 8mm 和 12. 5mm，如图 3-64 所示。

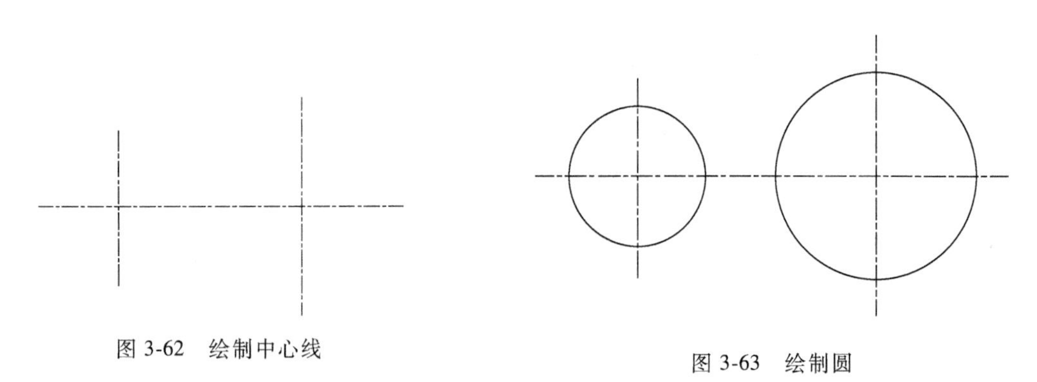

图 3-62　绘制中心线

图 3-63　绘制圆

5）用鼠标右键单击“对象捕捉”按钮，在弹出的快捷菜单中设置为只捕捉切点，如图 3-65 所示，然后单击“直线”命令，绘制公切线，如图 3-66 所示。

6）单击“圆”命令，选择“切点、切点、半径”命令，绘制外切圆。使用“修剪”命令修剪多余的线，完成图形，如图 3-67 所示。

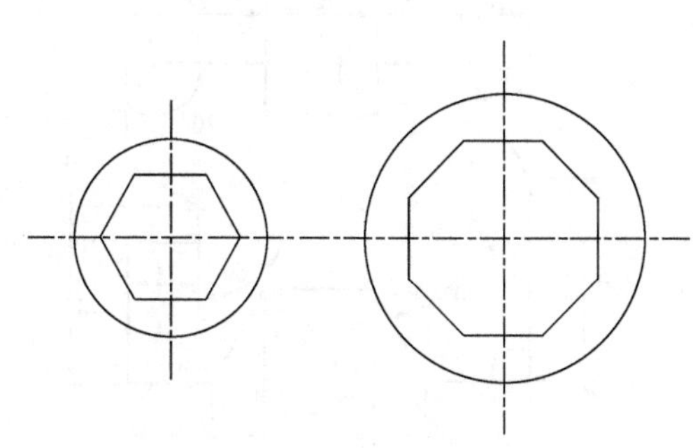

图 3-64　绘制正多边形

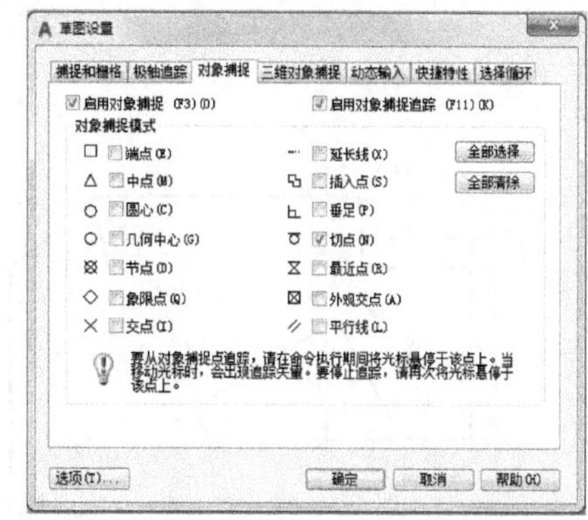

图 3-65　设置对象捕捉点

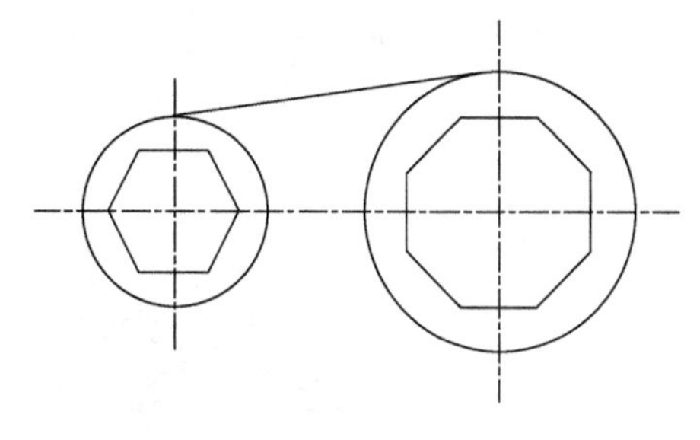

图 3-66　绘制公切线

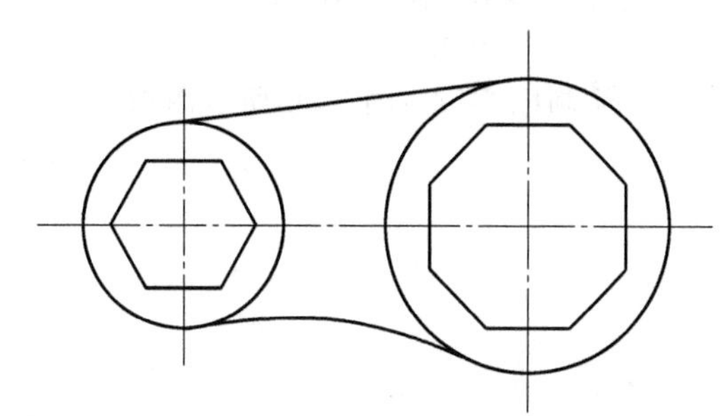

图 3-67　完成图形

【综合训练】

1）绘制图 3-68~图 3-73 所示图形。

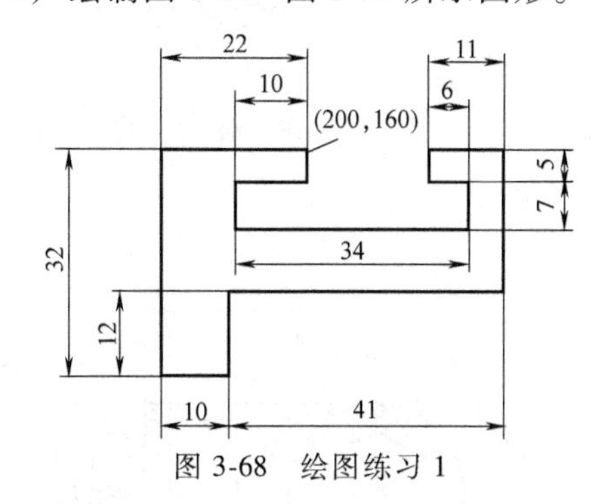

图 3-68　绘图练习 1

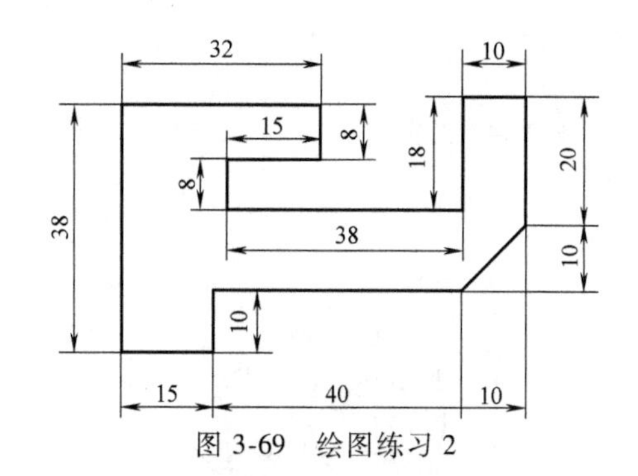

图 3-69　绘图练习 2

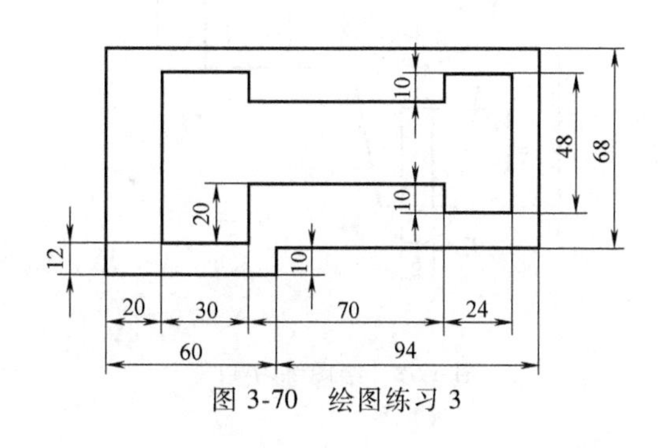

图 3-70　绘图练习 3

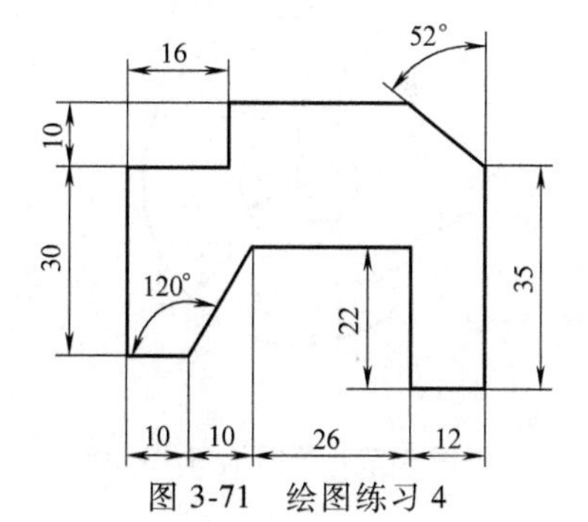

图 3-71　绘图练习 4

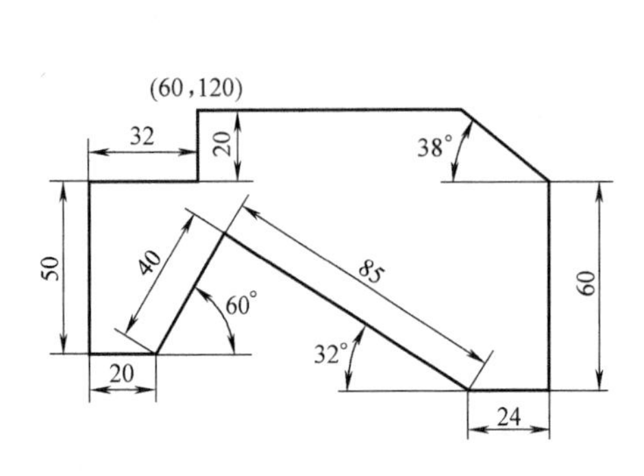

图 3-72　绘图练习 5

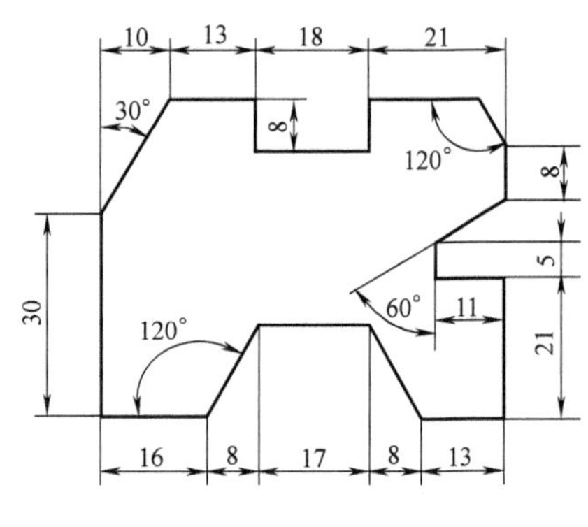

图 3-73　绘图练习 6

2）绘制图 3-74~图 3-80 所示图形。

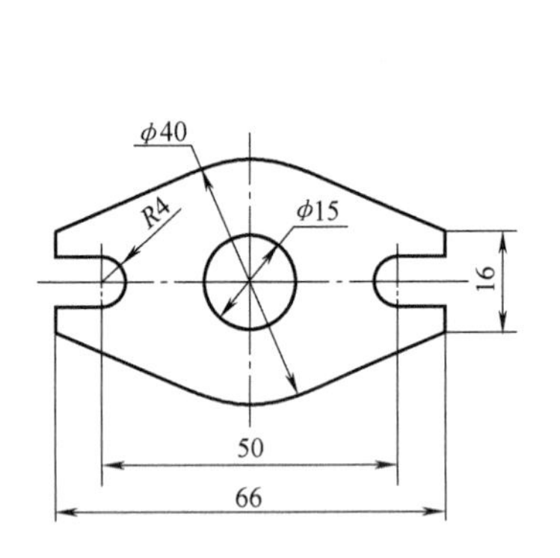

图 3-74　绘图练习 7

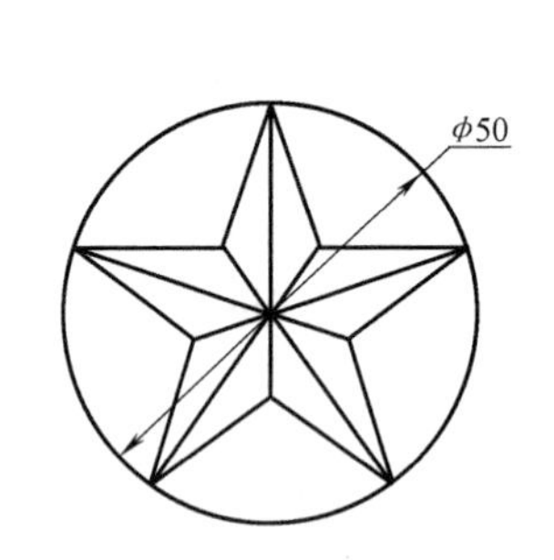

图 3-75　绘图练习 8

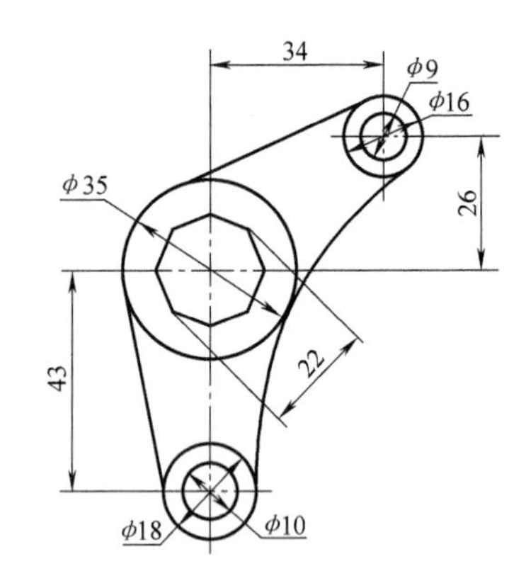

图 3-76　绘图练习 9

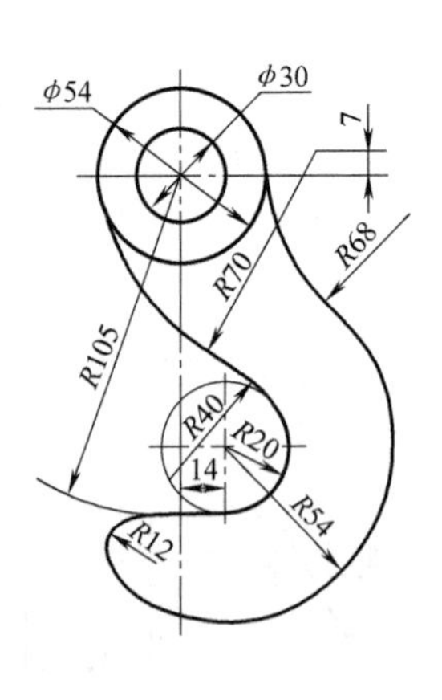

图 3-77　绘图练习 10

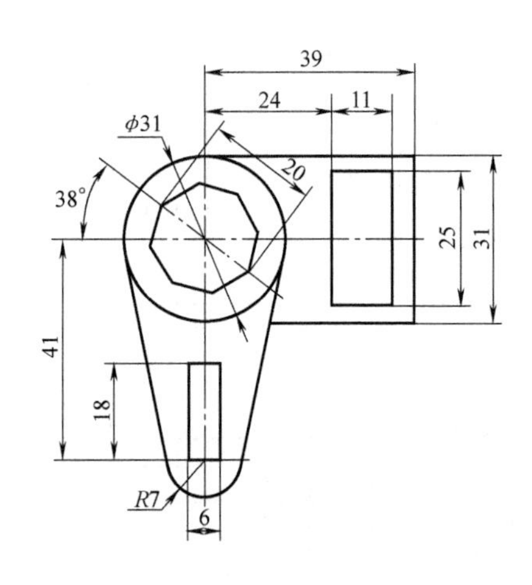

图 3-78　绘图练习 11

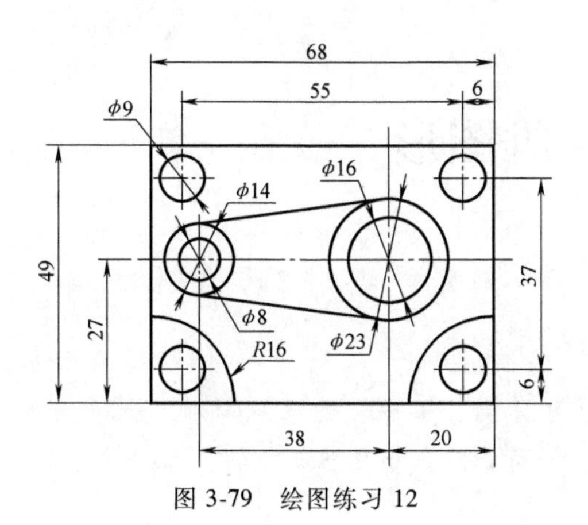

图 3-79　绘图练习 12

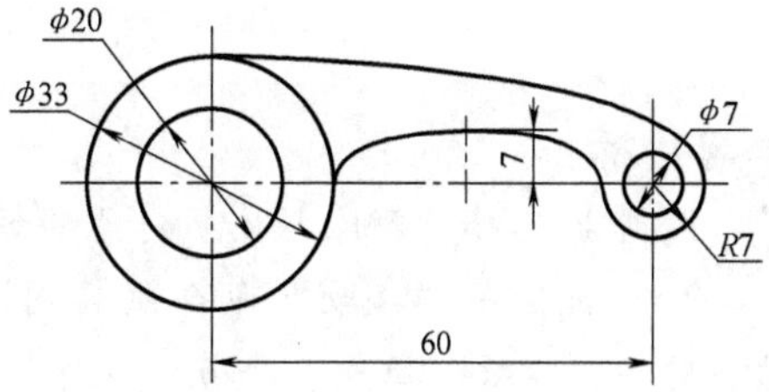

φ20
φ33
φ7
7
R7
60

图 3-80　绘图练习 13

单元4 编辑二维图形

学习目标：

1. 掌握选择、删除与恢复对象的方法。

2. 掌握使用“修改”命令编辑图形的方法，包括复制、偏移、镜像、阵列、旋转、移动、对齐、缩放、拉伸、修剪、延伸、打断与合并、倒角、圆角和分解等命令。

3. 掌握使用夹点命令编辑二维图形的方法。

4. 掌握对象特性查询、编辑和匹配的方法。

知识模块1 对象的选取和删除

选择对象是进行编辑的前提。AutoCAD 2018 提供了多种对象选择方法，如点取方法、用选择窗口选择对象、用选择线选择对象、用对话框选择对象和用套索选择工具选择对象。

AutoCAD 2018 提供两种编辑图形的途径。

1）先执行编辑命令，然后选择要编辑的对象。

2）先选择要编辑的对象，然后执行编辑命令。

这两种途径的执行效果是相同的。AutoCAD 2018 可以编辑单个选择对象，也可以把选择的多个对象组成整体，如选择集和对象组，进行整体编辑与修改。

知识点1 选取对象的方法

AutoCAD 2018 选取对象的方法大致分为以下几种。

1. 点选对象

“点选”是最基本、最简单的一种选取方法，此方式一次只能选择一个对象。将十字光标移动到被选取的对象上，单击该对象即可完成选取操作，选取后的对象以灰色虚线显示。在命令行“选取对象”的提示下，系统会自动进入点选模式，此时光标指针切换为矩形选择框状态，将选择框放在对象上，单击该对象即可完成选取操作，被选择的对象以灰色虚线显示。

2. 窗口选择

“窗口选择”也是一种常用的选择方式，此方式一次可以选择多个对象。首先在预选取图形的左上方单击，然后再向右下角拖动光标，直到将选取的图形框在一个矩形框内后，单击确定范围，所有出现在矩形框内的对象都被选中，如图 4-1 所示。

3. 窗交选择

“窗交选择”也是一种常用的选择方式，此方式一次可以选择多个对象。首先在预选取图形的右下方单击，然后再向左上角拖动光标。当确定选取范围后，所有完全或部分包含在交叉选择窗口中的对象均被选中，如图 4-2 所示。

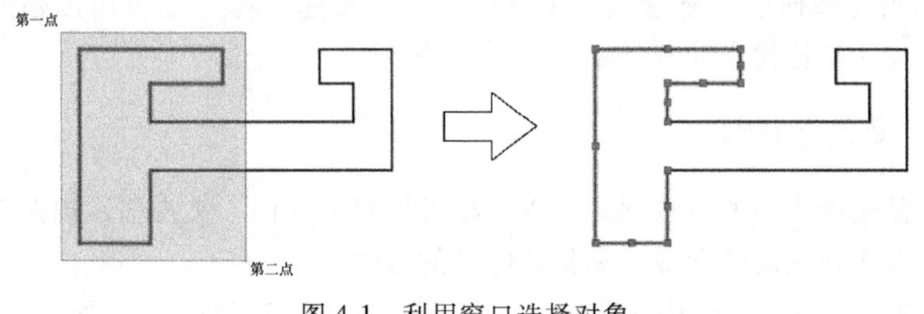

图 4-1　利用窗口选择对象

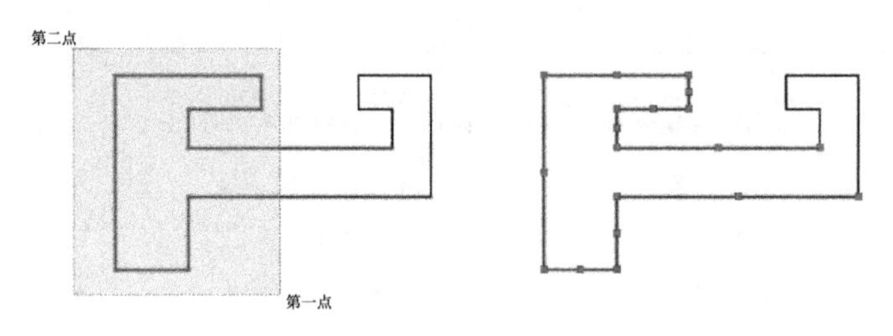

图 4-2　利用交叉窗口选择对象

4. 快速选择

当用户需要选择具有某些共同特性的对象时，可利用“快速选择”对话框，根据对象的图层、线型、颜色、图案填充等特性和类型，创建选择集。选择“工具”/“快速选择”命令，可打开“快速选择”对话框，如图 4-3 所示，其中各选项的功能如下：

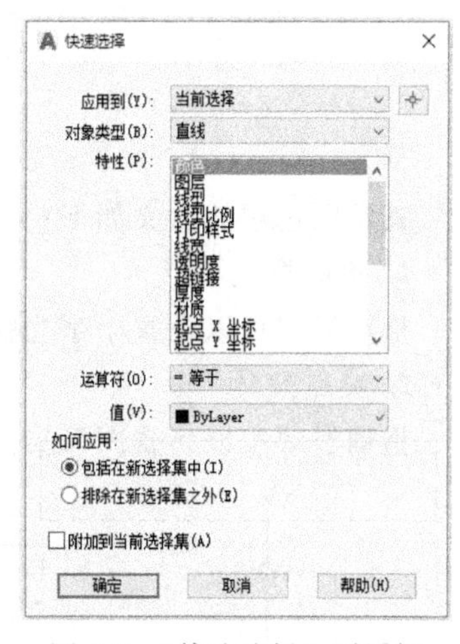

图 4-3　“快速选择”对话框

1）“应用到”下拉列表：用于选择过滤条件的应用范围，可以应用于整个图形，也可以应用到当前选择集中。如果有当前选择集，则“当前选择”选项为默认选项；如果没有当前选择集，则“整个图形”选项为默认选项。

2）“选择对象”按钮：单击该按钮将切换到绘图窗口，用户可以根据当前所指定的过滤条件来选择对象。选择完毕后，按<Enter>键结束选择并回到“快速选择”对话框，同时 AutoCAD 2018 会将“应用到”下拉列表中的选项设置为“当前选择”。

3）“对象类型”下拉列表：用于指定要过滤的对象类型，如果当前没有选择集，在该下拉列表中将包含 AutoCAD 2018 所有可用的对象类型；如果已有一个选择集，则包含所选对象的对象类型。

4）“特性”列表框：用于指定作为过滤条件的对象特性。

5）“运算符”下拉列表：用于控制过滤的范围。运算符包括=、〈〉、>、<、＊、全部选择等。其中>和<操作符对某些对象特性是不可用的；而＊操作符仅对可编辑的文本起作用。

6）“值”下拉列表：用于输入过滤的特性值。

7）“如何应用”选项组：包含两个单选按钮。如果选中“包括在新选择集中”单选按钮，则由满足过滤条件的对象构成选择集；如果选中“排除在新选择集之外”单选按钮，则由不满足过滤条件的对象构成选择集。

8）“附加到当前选择集”复选框：用于指定由“快速选择”命令所创建的选择集是追加到当前选择集中，还是替代当前选择集。

知识点 2　设置选择集

用户通过设置选择集中的各选项，可以根据习惯对拾取框、夹点显示以及选择视觉效果等方面进行设置，以达到提高绘图效率和精确绘图的目的。

单击菜单栏中的“工具”/“选项”命令，弹出“选项”对话框，选择“选择集”选项卡，如图 4-4 所示。

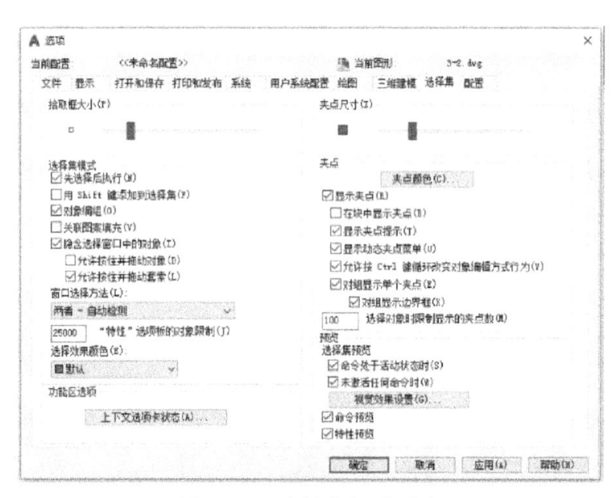

图 4-4　“选择集”选项卡

其常用选项的含义如下：

1. 拾取框大小

拖动滑块可以设置十字光标中部的方形图框大小，如图 4-5 所示。

2. 夹点尺寸

拖动滑块可以设置图形夹点尺寸，如图 4-6 所示。

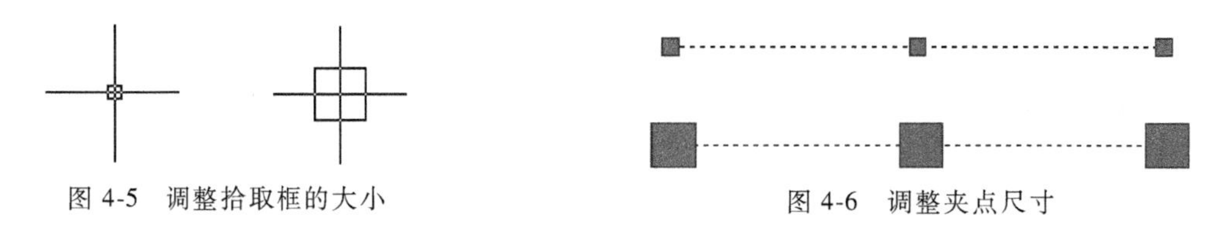

图 4-5　调整拾取框的大小　　图 4-6　调整夹点尺寸

3. 选择集模式

该选项包括 6 种情况，以定义选择集与命令之间的先后执行顺序、选择集的添加方式以及在定义与组或填充对象有关的选择集时的各类详细设置。

4. 选择集预览

当拾取框移动到图形对象上时，图形对象以加粗或虚线显示为预览效果。其各选项的含义如下：

1）命令处于激活状态时：选择该复选框时，只有当某个命令处于激活状态，并在命令提示行中显示“选取对象”提示时，将拾取框移动到图形对象上，该对象才会显示选择预览。

2）未激活任何命令时：该复选框的作用与命令处于激活状态时相反，即选择该复选框时，只有没有任何命令处于激活状态时，才可以显示选择预览。

3）视觉效果设置：选择集的视觉效果包括被选择对象的线型、线宽以及选择区颜色、透明度等。

知识点 3　对象的删除

“删除”命令的执行方式如下：

1）功能区：单击“默认”选项卡“修改”面板中的“删除”按钮；

2）命令行：输入 erase 后按<Enter>键（快捷命令：e）；

3）菜单栏：选择“修改”/“删除”命令。

选择删除命令，选择对象，按<Enter>键确认，对象被删除。也可以先选对象，再选命令。

知识模块 2　修整图形对象

使用修剪和延伸命令可以缩短或拉长对象，以与其他对象的边相接。也可以使用缩放、拉伸命令，在一个方向上调整对象的大小或按比例增大或缩小对象。

知识点 1　修剪对象

修剪对象就是利用指定的边界修剪指定对象。修剪的对象可以是直线、多段线、矩形、圆弧、圆等。

“修剪”命令的执行方式如下：

1）功能区：单击“默认”选项卡“修改”面板中的“修剪”按钮；

2）命令行：输入 trim 后按<Enter>键（快捷命令：tr）；

3）菜单栏：选择“修改”/“修剪”命令。

命令行提示信息如下：

```
命令:trim
当前设置:投影=UCS,边=无
选择剪切边...
选择对象或 <全部选择>:                    //选择修剪边界
选择对象:
选择要修剪的对象,或按住<Shift>键选择要延伸的对象,或[栏选(F)/窗交(C)/投影(P)/边(E)/删除(R)/放弃(U)]:
```

该命令中主要选项的功能如下：

（1）按住<Shift>键选择要延伸的对象　在按下<Shift>键后，单击图形对象使它延伸到修剪边界。

（2）投影（P）　用于确定执行修剪的空间。选择该项，系统给出如下提示：

```
输入投影选项[无(N)/UCS(U)视图/(V)]〈UCS〉:
```

1）无（N）：指定无投影。该命令只修剪与三维空间中的剪切边相交的对象。

2）UCS（U）：指定在当前用户坐标系 XY 平面上的投影。该命令将修剪不与三维空间中的剪切边相交的对象。

3）视图（V）：指定沿当前观察方向的投影。该命令将修剪与当前视图中的边界相交的对象。

（3）边（E） 用于确定修剪方式，选择该项，系统给出如下提示：

```
输出隐含边延伸模式[延伸(E)/不延伸(N)]<不延伸>:
```

1）延伸（E）：按延伸方式进行修剪。

2）不延伸（N）：只是按边的实际相交情况进行修剪。

图形修剪前、后的效果如图 4-7 所示。

a) 修剪前　　b) 修剪后

图 4-7　图形修剪前、后的效果

知识点 2　延伸对象

延伸对象用于将指定的对象延伸到指定的边界上，延伸对象包括圆弧、椭圆弧、直线等非封闭的线。

“延伸”命令的执行方式如下：

1）功能区：单击“默认”选项卡“修改”面板中的“延伸”按钮；

2）命令行：输入 extend 后按<Enter>键（快捷命令：ex）；

3）菜单栏：选择“修改”/“延伸”命令。

命令行提示信息如下：

```
命令:extend
当前设置:投影=UCS,边=无
选择边界的边...
选择对象或 <全部选择>:                //选择延伸边界
选择对象:
选择要延伸的对象,或按住<Shift>键选择要修剪的对象,或[栏选(F)/窗交(C)/投影(P)/边(E)/放弃(U)]:
```

此命令中提示选项的功能与修剪命令中提示选项的功能相似，延伸效果如图 4-8 所示。

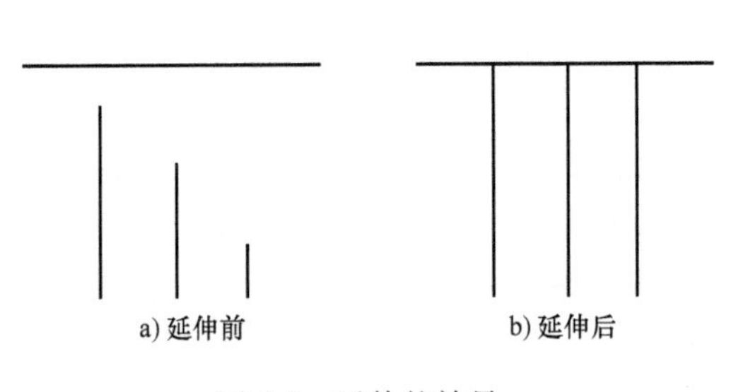

图 4-8　延伸的效果

知识点 3　拉长对象

“拉长”命令主要用于将图线拉长或缩短。在拉长的过程中，不仅可以改变线对象的长度，还可以更改弧对象的角度，如图 4-9 所示。

“拉长”命令的执行方式如下：

1）功能区：单击“默认”选项卡“修改”面板中的“拉长”按钮；

2）命令行：输入 lengthen 后按<Enter>键（快捷命令：len）；

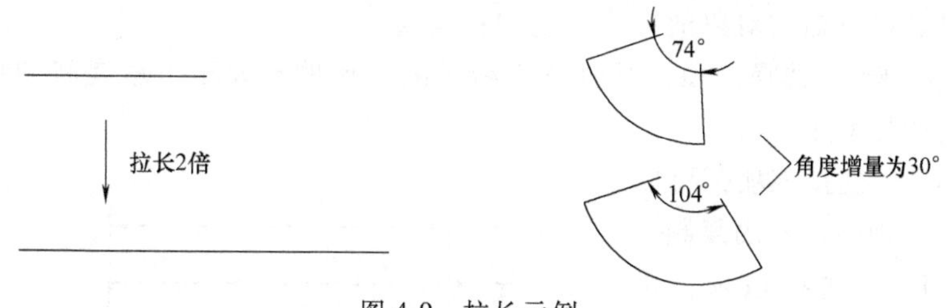

图 4-9　拉长示例

3）菜单栏：选择“修改”/“拉长”命令。

命令行提示信息如下：

```
命令：lengthen
选择要测量的对象或［增量(DE)/百分比(P)/总计(T)/动态(DY)］<总计(T)>：
指定总长度或［角度(A)］<0.0000>：
选择要修改的对象或［放弃(U)］：
```

该命令中主要选项的功能如下：

1）增量（DE）：指按照实现指定的长度增量或角度增量拉长或缩短对象。增量值为正值，系统将拉长对象；增量值为负值，系统将缩短对象。

2）百分比（P）：按照百分比拉长或缩短对象，长度的百分数值必须为正值。当长度百分比小于 100 时，将缩短对象；大于 100 时，将拉长对象。

3）总计（T）：根据指定的总长度或总角度拉长或缩短对象。如果源对象的总长度大于指定的总长度或总角度，源对象将被缩短；反之，被拉长。

4）动态（DY）：根据图形对象的端点位置动态改变其长度。

知识点 4　缩放对象

缩放对象是将选择的图形对象按指定比例进行缩放变换。缩放对象实际改变了图形的尺寸。使用缩放命令时需要指定一个基点，该基点在缩放图形时不移动。缩放对象后默认为删除原图，也可以设定保留原图。

“缩放”命令的执行方式如下：

1）功能区：单击“默认”选项卡“修改”面板中的“缩放”按钮；

2）命令行：输入 scale 后按<Enter>键（快捷命令：sc）；

3）菜单栏：选择“修改”/“缩放”命令。

命令行提示信息如下：

```
命令：scale
选择对象：指定对角点：找到 1 个              // 选择需缩放的对象
选择对象：                                  // 右键、空格或回车确认选择结束
指定基点：                                  // 指定缩放基点
指定比例因子或［复制(C)/参照(R)］<1.0000>：  // 确定缩放比例因子
```

该命令提供了以下缩放对象的方式和选项：

1）指定比例因子：选择该项，可以直接给定缩放比例，大于 1 就是将图形放大，大于 0 而小于 1 就是将图形缩小。

2）复制（C）：选择该项，可以在缩放对象的同时创建对象的复制。

3）参照（R）：选择该项，可以通过已知图形对象获取所需比例。该选项可拾取任意两个点以指定新的角度或比例，而不再局限于将基点作为参照点。

比例因子为 0.5 的缩放前、后对比如图 4-10 所示。

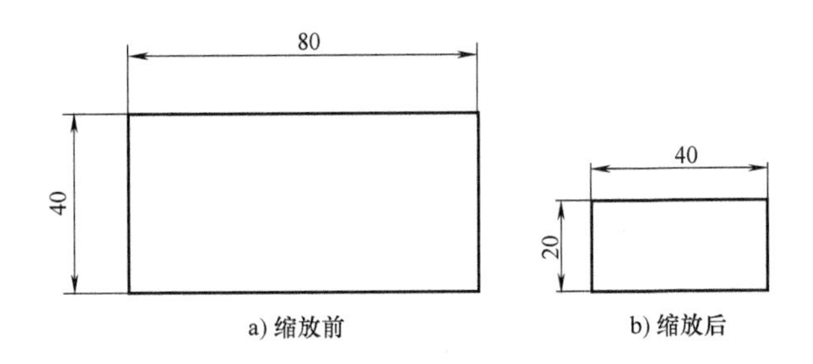

图 4-10　比例因子为 0.5 的缩放前、后对比

知识点 5　拉伸对象

拉伸命令通常用于多个对象的拉伸，使其在一个方向上按比例增大或缩小。

“拉伸”命令的执行方式如下：

1）功能区：单击“默认”选项卡“修改”面板中的“拉伸”按钮；

2）命令行：输入 stretch 后按<Enter>键（快捷命令：str）；

3）菜单栏：选择“修改”/“拉伸”命令。

命令行提示信息如下：

```
命令:stretch
以交叉窗口或交叉多边形选择要拉伸的对象...
选择对象: 指定对角点: 找到 1 个                  // 选择需拉伸的对象
选择对象:                                        // 右键、空格或回车确认选择结束
指定基点或 [位移(D)] <位移>:                     // 指定拉伸基点
指定第二个点或 <使用第一个点作为位移>:           // 指定拉伸距离
```

该命令中主要选项的功能如下：

位移（D）：选择该项，可以给定位移坐标作为图形的拉伸量。

执行拉伸命令时，使用交叉窗口或交叉多边形的方式来选择对象，该命令会移动所有位于选择窗口之内的图形对象，而对于选择窗口边界相交的对象则进行拉伸操作。对于直线、圆弧、区域填充和多段线等对象，拉伸规则见表 4-1。

表 4-1　不同对象的拉伸规则

类型	拉伸规则
直线	在选择窗口之外的端点不动，在选择窗口之内的端点移动
圆弧	在圆弧的拉伸过程中，圆心位置和圆弧起始角、终止角的值发生变化，但圆弧的弦高保持不变
区域填充	在选择窗口之外的端点不动，在选择窗口之内的端点移动
多段线	多段线两端的宽度、切线方向及曲线拟合信息均不改变
其他对象	如果对象的定义点在选择窗口之内，则对象移动，否则对象不移动。这里圆的定义点为圆心，块的定义点为插入点，文本的定义点为字符串的基线端点

以交叉窗口方式选择图形的拉伸效果如图 4-11 所示。

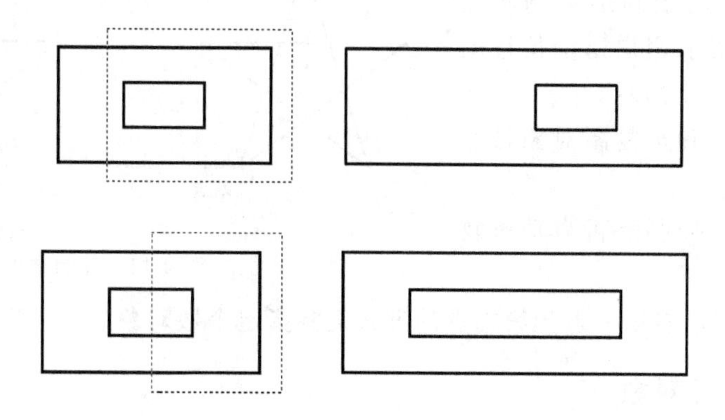

图 4-11　以交叉窗口方式选择图形的拉伸效果

知识模块 3　复制图形对象

在任何图形中都有许多相同或相似的结构，使用 AutoCAD 2018 提供的复制、镜像、偏移和阵列工具，可以快速创建这些对象。

知识点 1　复制命令

适用复制命令，可以从源对象以指定的角度和方向创建对象副本。AutoCAD 2018 的复制命令默认多重复制，也就是选定图形并指定基点后，可以通过定位不同的目标点复制出多份。

“复制”命令的执行方式如下：

1）功能区：单击“默认”选项卡“修改”面板中的“复制”按钮；

2）命令行：输入 copy 后按<Enter>键（快捷命令：co）；

3）菜单栏：选择“修改”/“复制”命令。

命令行提示信息如下：

```
命令:copy
选择对象:              //选择需要复制的对象
```

选择对象后，可以继续选择，如果按<Enter>键或“空格”键，则结束选择，系统继续提示如下信息：

```
当前设置:  复制模式 = 多个
指定基点或 [位移(D)/模式(O)] <位移>:
指定第二个点或[阵列(A) ] <使用第一个点作为位移>:
指定第二个点或 [阵列(A)/退出(E)/放弃(U)] <退出>:
```

下面就选项做简单介绍：

1）指定基点：用于确定复制图元基点，执行之后，要求用户指定位移的第二点，结果如图 4-12 所示。

2）位移（D）：确定复制对象与原始对象之间的位移量。

3）模式（O）：控制是否自动重复该命令。

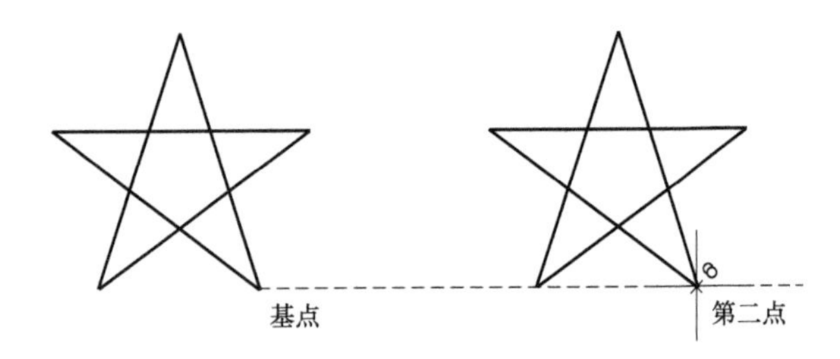

图 4-12　复制结果

4）阵列（A）：沿着第一点到第二点的方式复制指定个数对象。

知识点 2　镜像对象

镜像对象用于复制具有对称性的图形对象。

“镜像”命令的执行方式如下：

1）功能区：单击“默认”选项卡“修改”面板中的“镜像”按钮；

2）命令行：输入 mirror 后按<Enter>键（快捷命令：mi）；

3）菜单栏：选择“修改”/“镜像”命令。

命令行提示信息如下：

```
命令:mirror
选择对象:                //选择需要镜像的对象
```

选择对象后，可以继续选择，如果按<Enter>键或“空格”键，则结束选择，系统继续提示如下信息：

```
选择对象:指定镜像线的第一点:           //指定镜像线的第一点
指定镜像线的第二点:                    //指定镜像线的第二点
是否删除源对象? [是(Y)/否(N)]:<N>:
```

是否删除源对象：系统默认为“N”，即不删除源对象，如果选择“Y”，则删除源对象，如图 4-13 所示。

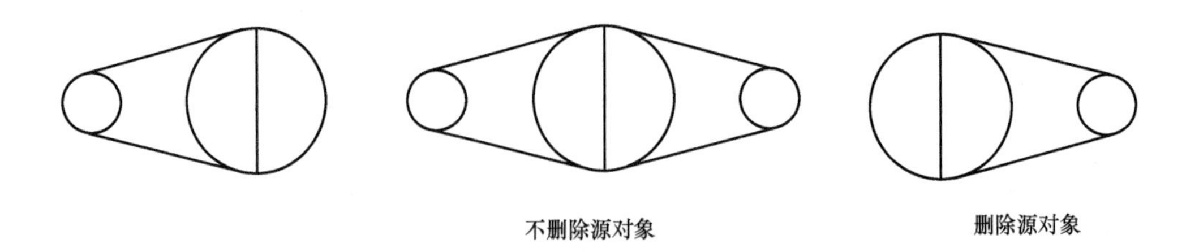

图 4-13　删除与不删除源对象的镜像效果

在 AutoCAD 2018 中，使用系统变量 mirrtext 可以控制文字对象的镜像方向。如果 mirrtext

的值为 0，则文字对象方向不镜像，如图 4-14a 所示；如果 mirrtext 的值为 1，则文字对象完全镜像，镜像出来的文字变为不可读，如图 4-14b 所示。

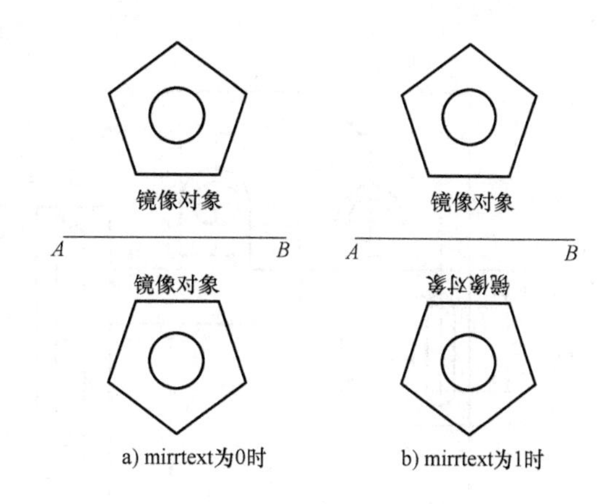

图 4-14　系统变量影响文字镜像

知识点 3　偏移对象

偏移对象是对图形进行复制，并将复制的图形对象同心偏移一定距离，如图 4-15 所示。

“偏移”命令的执行方式如下：

1）功能区：单击“默认”选项卡“修改”面板中的“偏移”按钮；

2）命令行：输入 offset 后按<Enter>键（快捷命令：o）；

3）菜单栏：选择“修改”/“偏移”命令。

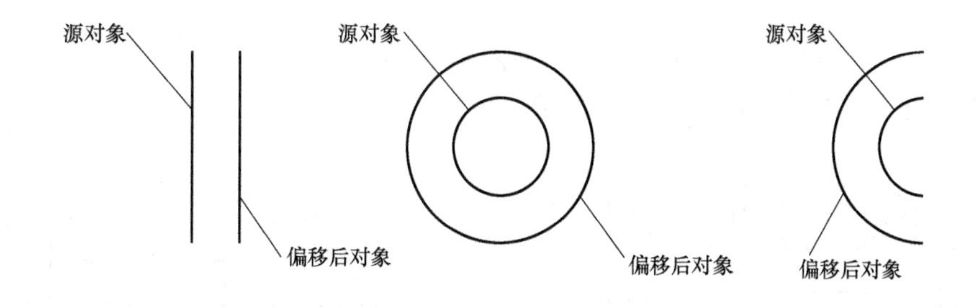

图 4-15　图形偏移效果

命令行提示信息如下：

```
命令:offset
当前设置: 删除源=否　图层=源　OFFSETGAPTYPE=0
指定偏移距离或［通过(T)/删除(E)/图层(L)］<通过>:　　　　　//指定偏移的距离
选择要偏移的对象,或［退出(E)/放弃(U)］<退出>:
指定要偏移的那一侧上的点,或［退出(E)/多个(M)/放弃(U)］<退出>:
```

偏移命令是一个对一个单一对象的编辑命令，只能通过直接选取方式选择对象。若是通过指定偏移距离的方式来复制对象，偏移距离必须大于 0。

1）通过（T）：可指定一个偏移点，偏移复制的图形对象将通过此点。

2）删除（E）：可以选择在偏移后是否删除源对象。

3）图层（L）：可指定新的对象是在当前图形中创建还是在与源对象相同的图层中创建。

绘图练习 1：绘制图 4-16 所示的图形。

操作步骤如下：

1）用“直线”命令画出图形外轮廓线，如图 4-17 所示。

2）绘制线框 A、B，如图 4-18 所示。

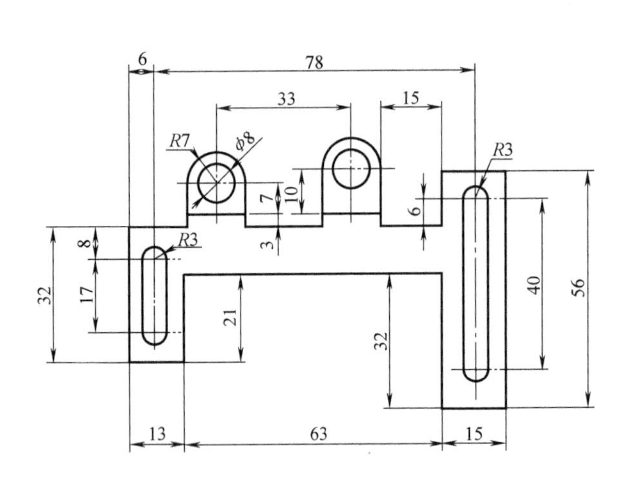

图 4-16 复制与拉伸图形

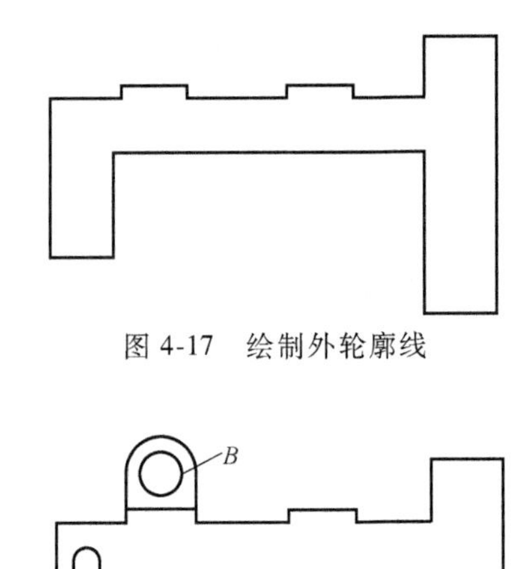

图 4-17 绘制外轮廓线

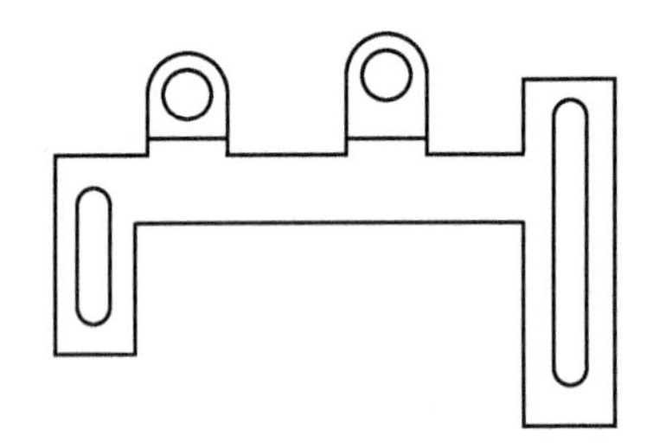

图 4-18 绘制线框

3）将线框 *A*、*B* 分别复制到 *C*、*D* 处，如图 4-19 所示。

4）拉伸线框 *C*、*D*，结果如图 4-20 所示。

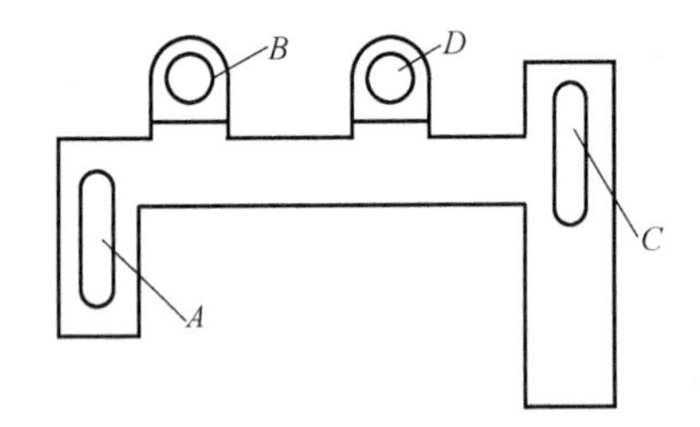

图 4-19 复制线框

图 4-20 拉伸线框

绘图练习 2：绘制图 4-21 所示直线图形。

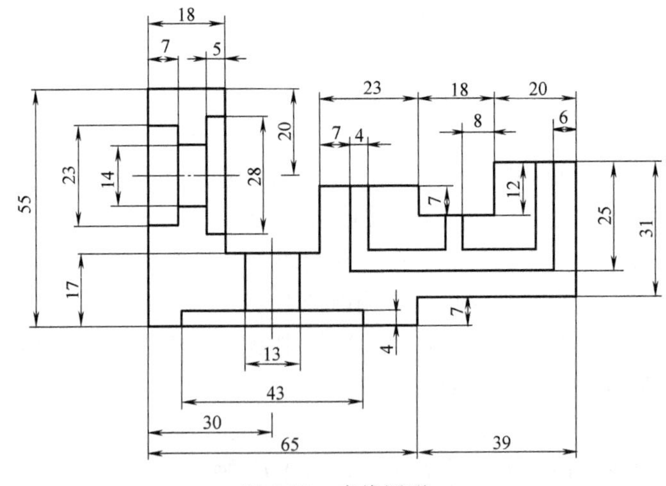

图 4-21 直线图形

主要操作步骤如下：

1）设置图层、绘图空间、绘图单位。

2）绘制作图基准线 A、B，如图 4-22 所示。

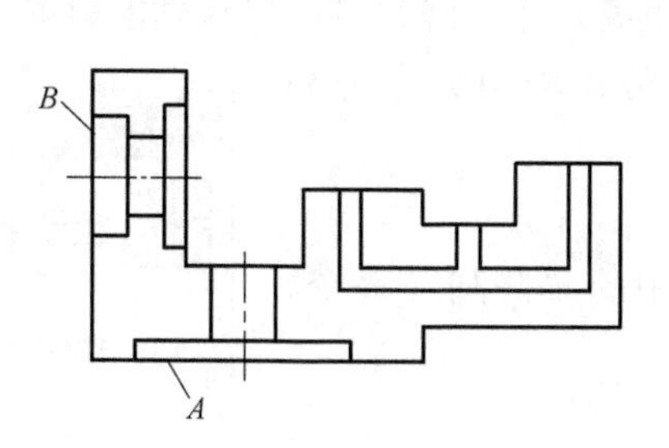

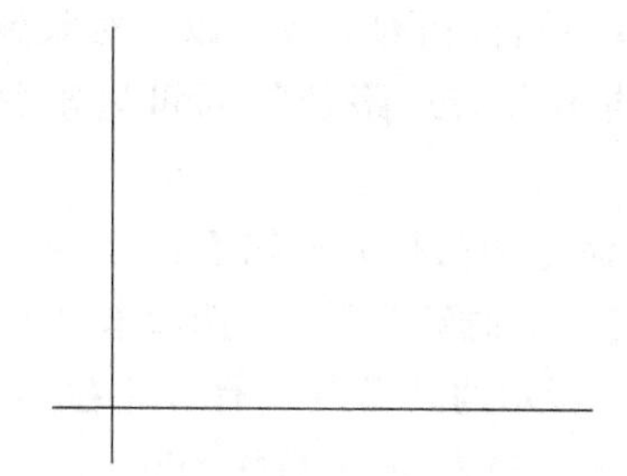

图 4-22　绘制作图基准线

3）用“偏移”命令平移直线 A、B，以形成图形细节 E，如图 4-23 所示。

4）偏移直线 A、B 以形成局部细节 F，如图 4-24 所示。

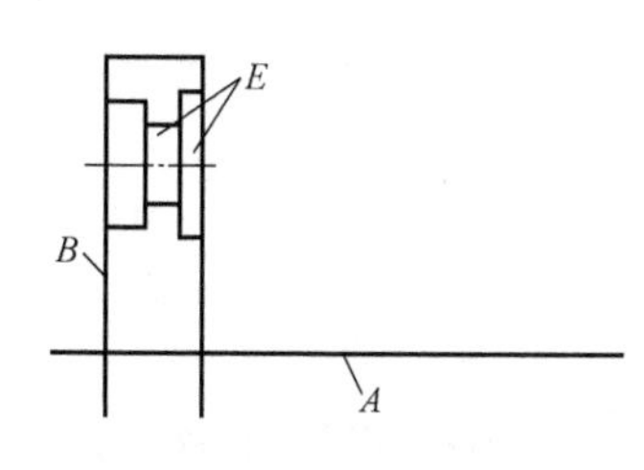

图 4-23　绘制图形细节 E

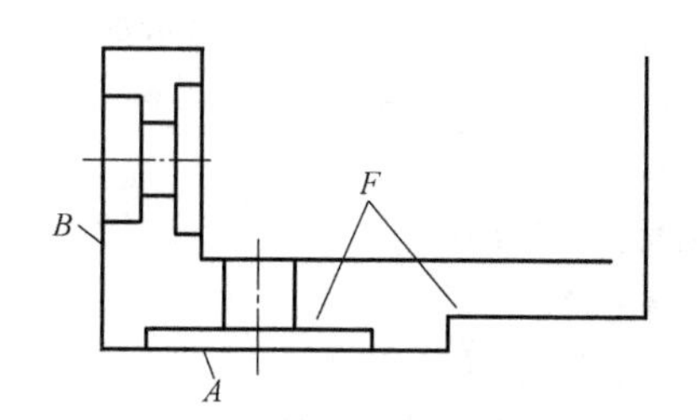

图 4-24　绘制图形细节 F

5）用“偏移”命令偏移直线 C、D，以形成图形细节 G，然后修改线型，结果如图 4-25 所示。

请同学根据所学知识完成以下绘图练习。

绘图练习 3：绘制图 4-26 所示图形。

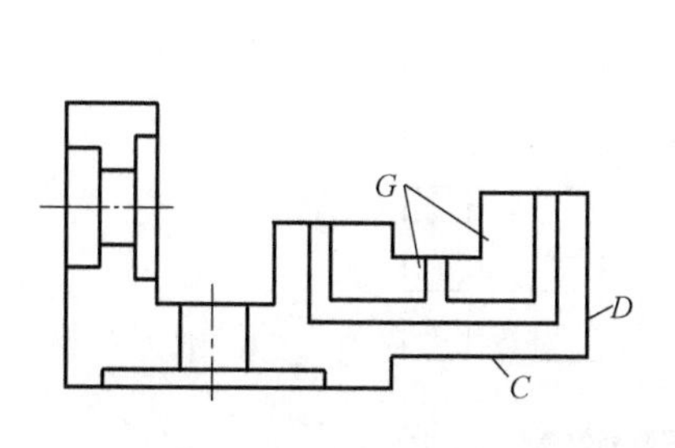

图 4-25　绘制图形细节 G

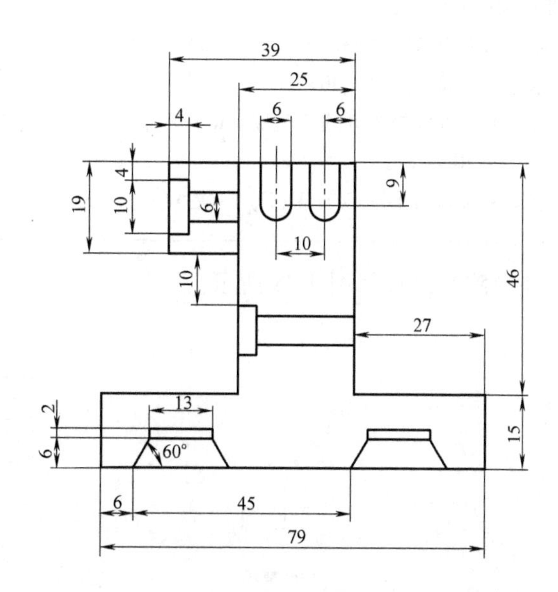

图 4-26　绘制图形

知识点 4　阵列对象

阵列命令实际上是一种特殊的复制方法，包括矩形阵列、路径阵列和环形阵列三种方式。矩形阵列可以控制行和列的数目以及对象副本之间的距离；环形阵列可以控制对象副本围绕中心点呈圆周均匀分布；路径阵列可以沿路径或部分路径均匀分布阵列对象。

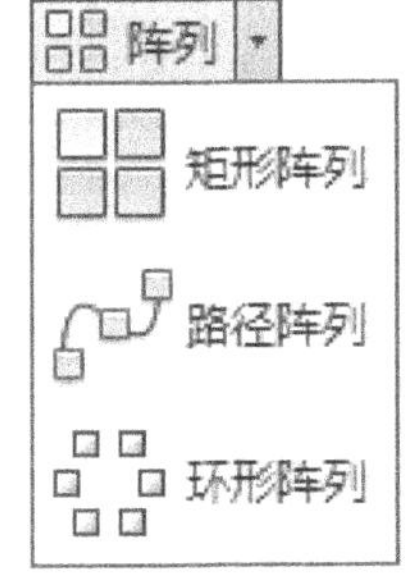

图 4-27 “阵列”命令下拉列表

“阵列”命令的执行方式如下：

1）功能区：选择“默认”选项卡“修改”面板中的“阵列”命令，弹出如图 4-27 所示的“阵列”命令下拉列表；

2）命令行：输入 array 后按<Enter>键；

3）菜单栏：选择“修改”/“阵列”/“矩形阵列、路径阵列、环形阵列”命令。

1. 矩形阵列

创建 20mm×10mm 的矩形并对其实施矩形阵列。

执行矩形阵列命令，命令行提示如下：

命令：arrayrect

选择对象：找到 1 个

选择对象：↙

类型 = 矩形　关联 = 是

选择夹点以编辑阵列或［关联(AS)/基点(B)/计数(COU)/间距(S)/列数(COL)/行数(R)/层数(L)/退出(X)］<退出>：cou↙

输入列数数或［表达式(E)］<4>：4↙

输入行数数或［表达式(E)］<3>：5↙

选择夹点以编辑阵列或［关联(AS)/基点(B)/计数(COU)/间距(S)/列数(COL)/行数(R)/层数(L)/退出(X)］<退出>：s↙

指定列之间的距离或［单位单元(U)］<15>：40↙

指定行之间的距离 <30>：20↙

选择夹点以编辑阵列或［关联(AS)/基点(B)/计数(COU)/间距(S)/列数(COL)/行数(R)/层数(L)/退出(X)］<退出>：as↙

创建关联阵列［是(Y)/否(N)］<是>：n↙

矩形阵列结果如图 4-28 所示。

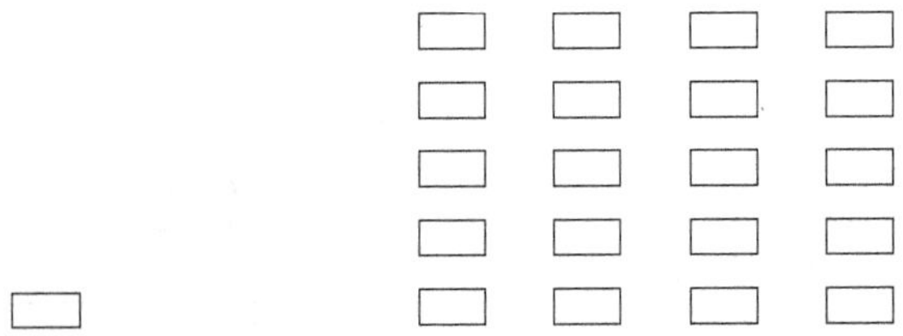

a) 原图　　b) 矩形阵列效果

图 4-28　矩形阵列

下面就选项做简单介绍：

1）基点（B）：阵列的基点。

2）计数（COU）：分别指定行和列的值。

3）表达式（E）：使用数学公式或方程式获取值。

4）行数（R）：设置阵列的行数。

5）列数（COL）：设置阵列的列数。

6）层数（L）：设置阵列的层数。

7）间距（S）：设置对象行偏移或列偏移的距离。

8）关联（AS）：指定是否在阵列中创建项目作为关联阵列对象，或作为独立对象。是：包含单个阵列对象中的阵列项目，类似于块；否：创建阵列项目作为独立对象，更改一个项目不影响其他项目。

在选择“矩形阵列”命令，选中被阵列对象之后，在功能区会显示如图 4-29 所示的“阵列创建”选项卡。在选项卡中可以设置列数、列间距、行数、行间距等参数。通常而言，在功能区中进行操作，相关参数和选项的设置会更加直观。

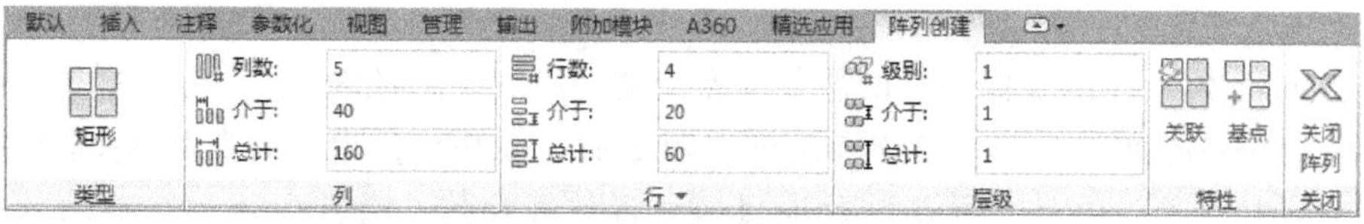

图 4-29　“阵列创建”选项卡（一）

2. 路径阵列

创建 10mm×10mm 的矩形和阵列路径，对其实施路径阵列。

执行路径阵列命令，命令行提示如下：

```
命令：arraypath
选择对象：指定对角点：找到 1 个
选择对象：↙                                    //选择阵列对象
类型 = 路径　关联 = 否
选择路径曲线：                                  //选择二维多段线
选择夹点以编辑阵列或［关联(AS)/方法(M)/基点(B)/切向(T)/项目(I)/行(R)/层(L)/对齐项目(A)/z 方向(Z)/退出(X)］<退出>：m↙
输入路径方法［定数等分(D)/定距等分(M)］<定距等分>：d↙
选择夹点以编辑阵列或［关联(AS)/方法(M)/基点(B)/切向(T)/项目(I)/行(R)/层(L)/对齐项目(A)/z 方向(Z)/退出(X)］<退出>：i↙
输入沿路径的项目数或［表达式(E)］<22>：10↙
选择夹点以编辑阵列或［关联(AS)/方法(M)/基点(B)/切向(T)/项目(I)/行(R)/层(L)/对齐项目(A)/z 方向(Z)/退出(X)］<退出>：as↙
创建关联阵列［是(Y)/否(N)］<否>：n↙
选择夹点以编辑阵列或［关联(AS)/方法(M)/基点(B)/切向(T)/项目(I)/行(R)/层(L)/对齐项目(A)/z 方向(Z)/退出(X)］<退出>：↙
```

路径阵列结果如图 4-30 所示。

下面就选项做简单介绍：

1）方法（M）：设置阵列对象沿路径的排列方式，有定数等分和定距等分两种。

2）切向（T）：设置切向矢量。

3）对齐项目（A）：设置阵列对象是否与阵列路径对齐，如图 4-31 所示。

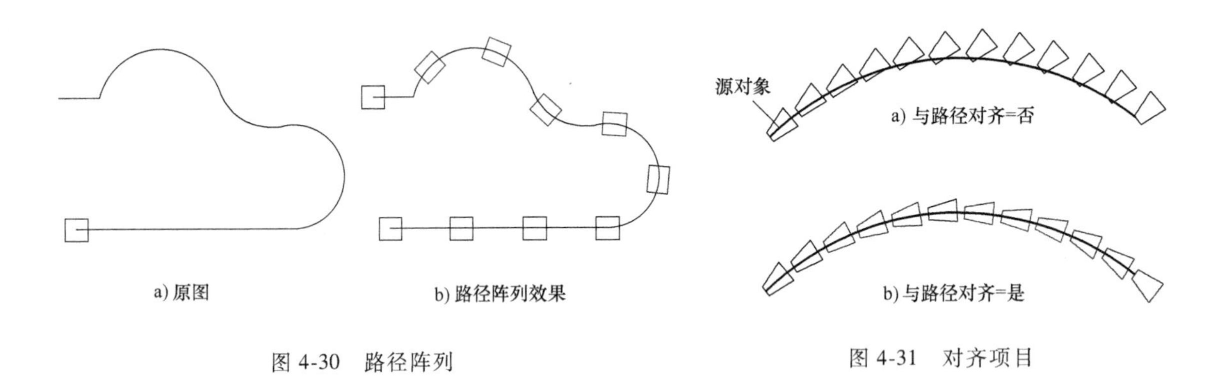

图 4-30 路径阵列　　　　图 4-31 对齐项目

4）z 方向（Z）：控制是保持项的原始 z 方向还是沿三维路径倾斜。

在选择“路径阵列”命令，选中被阵列对象之后，在功能区会显示如图 4-32 所示的“阵列创建”选项卡，在选项卡中可以设置项目数、行数等参数。通常而言，在功能区中进行操作，相关参数和选项的设置会更加直观。

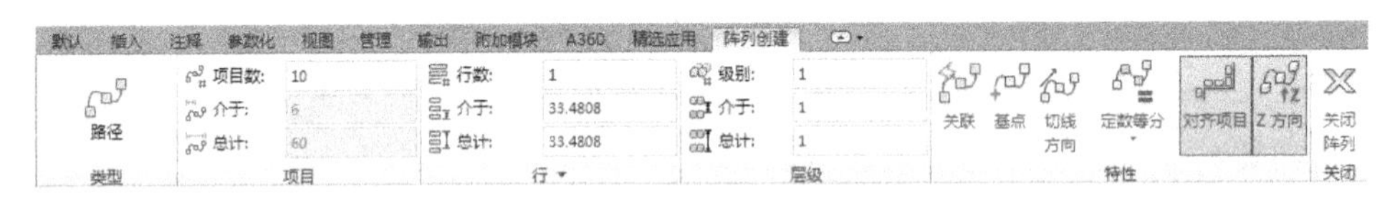

图 4-32 “阵列创建”选项卡（二）

3. 环形阵列

执行环形阵列命令，命令行提示如下：

命令：arraypolar

选择对象：找到 1 个

选择对象：

类型 = 极轴　关联 = 否

指定阵列的中心点或［基点(B)/旋转轴(A)］：

选择夹点以编辑阵列或［关联(AS)/基点(B)/项目(I)/项目间角度(A)/填充角度(F)/行(ROW)/层(L)/旋转项目(ROT)/退出(X)］<退出>：

环形阵列结果如图 4-33 所示。

在选择“环形阵列”命令，选中被阵列对象之后，在功能区会显示如图 4-34 所示的“阵列创建”选项卡。在选项卡中可以设置项目数、行数等参数。通常而言，在功能区中进行操作，相关参数和选项的设置会更加直观。

请同学根据所学知识完成以下绘图练习。

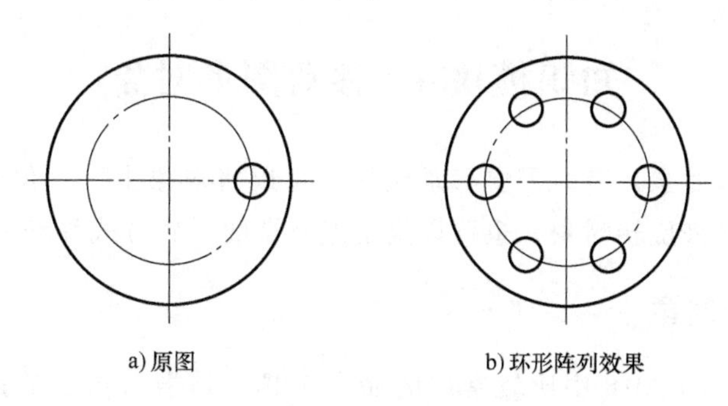

a) 原图　　　b) 环形阵列效果

图 4-33　环形阵列

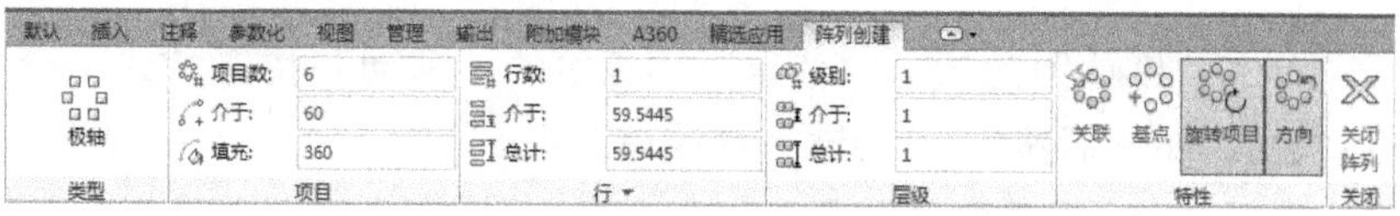

默认 插入 注释 参数化 视图 管理 输出 附加模块 A360 精选应用 阵列创建
极轴
类型
项目数: 6
介于: 60
填充: 360
项目
行数: 1
介于: 59.5445
总计: 59.5445
行
级别: 1
介于: 1
总计: 1
层级
关联 基点 旋转项目 方向
特性
关闭阵列
关闭

图 4-34　“阵列创建”选项卡（三）

绘图练习 4：绘制图 4-35a 所示图形。

绘图练习 5：绘制图 4-35b 所示的图形。

75
69
61
38
30
44
R6
10×φ4

a)

140°
R36
8
2
7
R10
48

b)

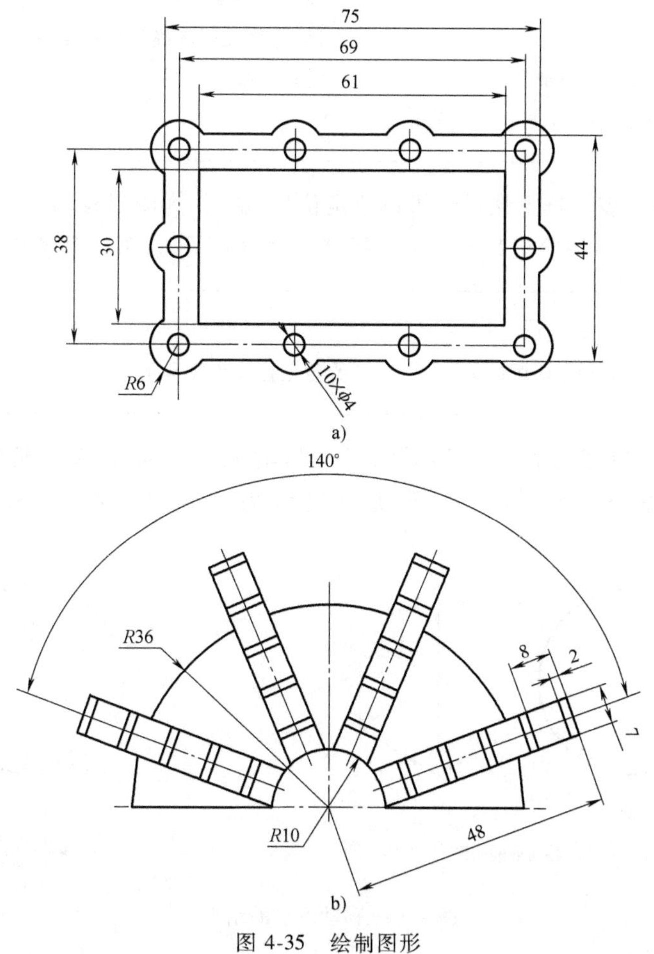

图 4-35　绘制图形

知识模块 4　移动图形对象

已经绘制好的图像对象，有时需要移动位置。可以将对象由一个位置移动到另一个位置，可以围绕某个点按角度来旋转对象，也可以指定点对点的对齐方式移动图形。

知识点 1　移动对象

移动对象是 AutoCAD 2018 中比较常用的命令工具，是指以指定的角度和方向移动对象。使用坐标、栅格捕捉、对象捕捉和其他工具可以精确地移动对象。

“移动” 命令的执行方式如下：

1）功能区：单击“默认”选项卡“修改”面板中的“移动”按钮；

2）命令行：输入 move 后按<Enter>键（快捷命令：m）；

3）菜单栏：选择“修改”/“移动” 命令。

命令行提示信息如下：

```
命令:move
选择对象: 指定对角点: 找到 1 个            // 选择需要移动的对象
选择对象:                                  // 右键、空格或回车确认选择结束
指定基点或 [位移(D)] <位移>:               // 指定移动基点
指定第二个点或 <使用第一个点作为位移>:
```

其中，位移（D）表示选择该项，可以给定位移坐标作为图形移动量。

如果在选择对象后不是给定基点而是选择“位移（D）”选项，系统将提示如下信息：

```
指定基点或 [位移(D)] <位移>: d
指定位移 <0.0000, 0.0000, 0.0000>:        // 给定坐标作为位移量
```

此时输入位移坐标即可移动图形对象。这里输入的坐标默认是相对坐标，无须包含“@”符号。例如输入“30，40”，系统直接认为“@30，40”。移动图形的结果如图 4-36所示。

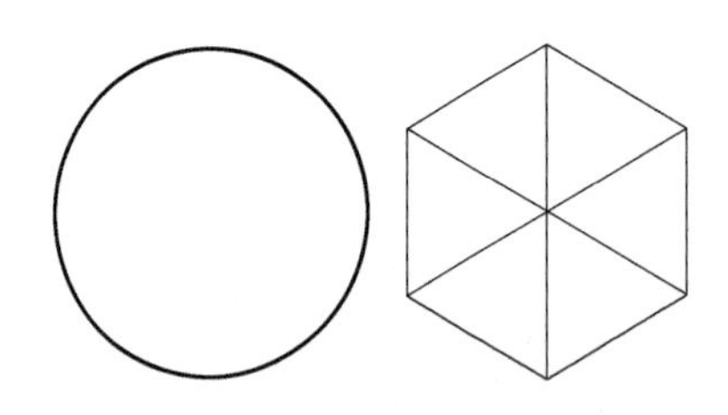

a) 移动前的图形

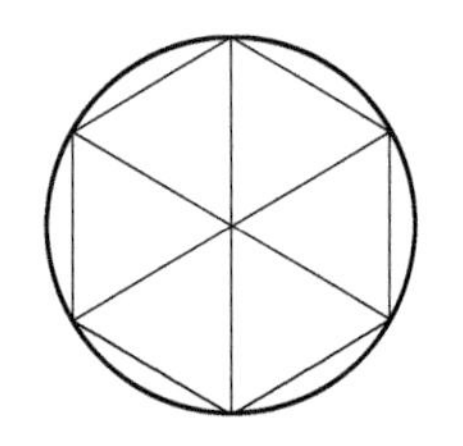

b) 移动后的图形

图 4-36　移动图形的结果

知识点 2　旋转对象

旋转命令用于将所选择的对象围绕指定的基点旋转一定的角度。

“移动” 命令的执行方式如下：

1）功能区：单击 “默认” 选项卡 “修改” 面板中的 “旋转” 按钮；

2）命令行：输入 rotate 后按<Enter>键（快捷命令：ro）；

3）菜单栏：选择 “修改”/“旋转” 命令。

命令行提示信息如下：

```
命令:rotate
UCS 当前的正角方向： ANGDIR=逆时针　ANGBASE=0
选择对象:指定对角点：找到 1 个　　　　　// 选择需要移动的对象
选择对象：　　　　　　　　　　　　　　　// 右键、空格或回车确认选择结束
指定基点：　　　　　　　　　　　　　　　// 指定旋转中心
指定旋转角度,或［复制(C)/参照(R)］<0>：
```

下面就选项做简单说明：

1）复制（C）：旋转图形对象的同时进行复制。

2）参照（R）：将图形对象按参照方式进行旋转，系统将出现如下提示：

```
指定旋转角度,或［复制(C)/参照(R)］<0>:r
指定参照角 <0>:指定第二点：
指定新角度或［点(P)］<0>：
```

旋转图形的结果如图 4-37 所示。

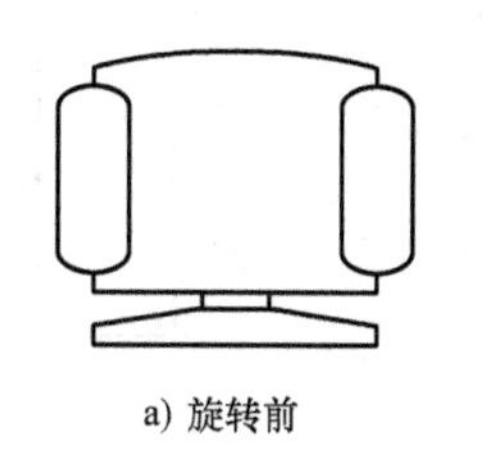

a）旋转前

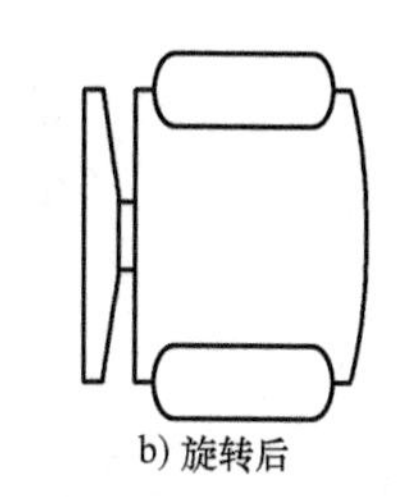

b）旋转后

图 4-37　旋转图形的结果

知识点 3　对齐对象

对齐可以使当前对象与其他对象对齐，既适用于二维对象，也适用于三维对象。

“对齐” 命令的执行方式如下：

1）功能区：单击 “默认” 选项卡 “修改” 面板中的 “对齐” 按钮；

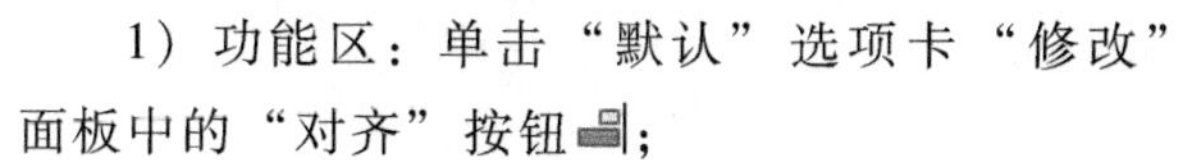

2）命令行：输入 align 后按<Enter>键（快捷命令：al）；

3）菜单栏：选择 “修改”/“三维操作”/“对齐” 命令。

在对齐二维对象时，可以指定 1 对或 2 对对齐点（源点和目标点）；在对齐三维对象时，则需指定 3 对对齐点，如图 4-38 所示。

在对齐对象时，如果命令行显示 “是否基于对齐点缩放对象？［是（Y）/否（N）］<否>:” 提示信息，选择 “否（N）” 选项，对象改变位置，且对象的第一源点与第一目标点重合，第二源点位于第一目标点与第二目标点的连线上，即对象先平移，后旋转；选择 “是（Y）” 选项，则对象除平移和旋转外，还基于对齐点进行缩放。由此可见，“对齐” 命令是

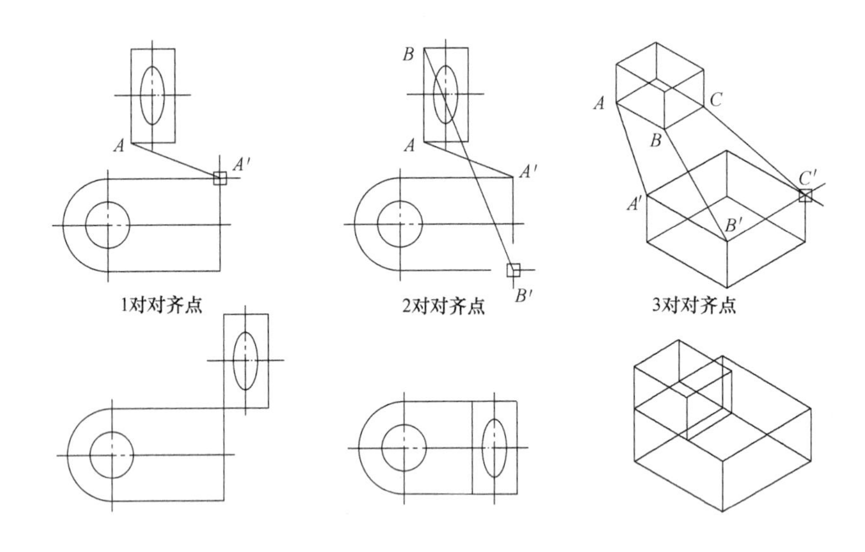

图 4-38　对齐对象

“移动”命令和“旋转”命令的组合。

绘图练习 6：绘制图 4-39a 所示图形，利用对齐命令绘制图 4-39b、c 所示图形。

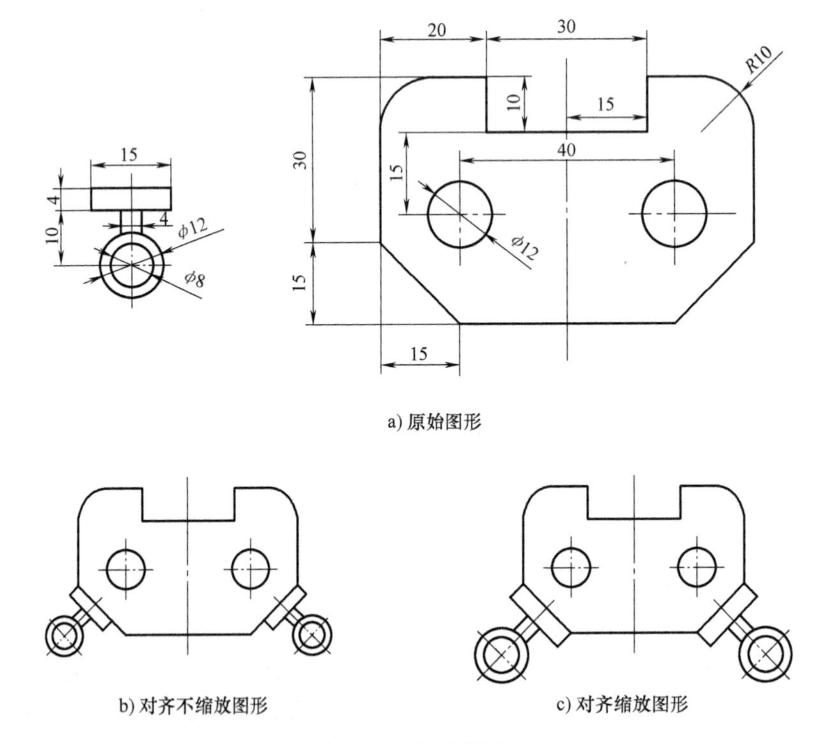

图 4-39　绘制图形

操作步骤如下：

1）绘制原始图形。

2）对齐不缩放图形。

选择“修改”/“三维操作”/“对齐”命令，命令提示如下：

```
选择对象：                                    //选择位于左侧的图形
指定第一个源点：                              //拾取 1 点
指定第一个目标点：                            //拾取 2 点
指定第二个源点：                              //拾取 3 点
指定第二个目标点：                            //拾取 4 点
指定第三个源点或 <继续>：
是否基于对齐点缩放对象？[是(Y)/否(N)] <否>：
```

第一个源点（1 点）对应第一个目标点（2 点），第二个源点（3 点）对应第二个目标点（4 点），如图 4-40 所示。执行结果如图 4-41 所示。

3）对齐缩放图形。执行对齐操作时，当在“是否基于对齐点缩放对象？[是（Y）/否（N）] <否>:”提示下用“是（Y）”响应，会得到如图 4-42 所示的结果。

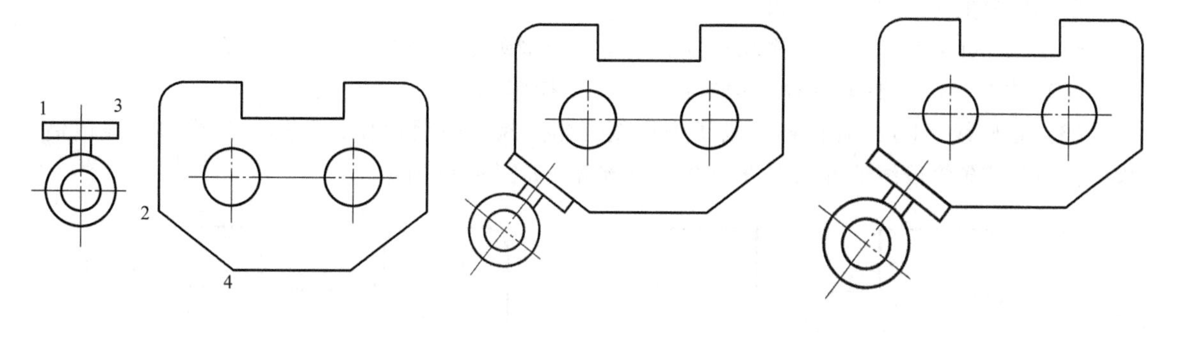

图 4-40　对应点示意图　　图 4-41　对齐操作结果　　图 4-42　操作结果

4）镜像。执行“镜像”命令，对图 4-41 和图 4-42 中的对应图形进行镜像操作，即可得到所要的结果。

知识模块 5　倒角和圆角

倒角和圆角是机械设计中常用的工艺，可使工件相邻两表面在相交处以斜面或圆弧面过渡。以圆弧面形式过渡的称为圆角，如图 4-43 所示。以斜面形式过渡的称为倒角，如图 4-44 所示。在二维平面上，圆角和倒角分别用圆弧和直线过渡表示。

知识点 1　圆角

“圆角”命令的执行方式如下：

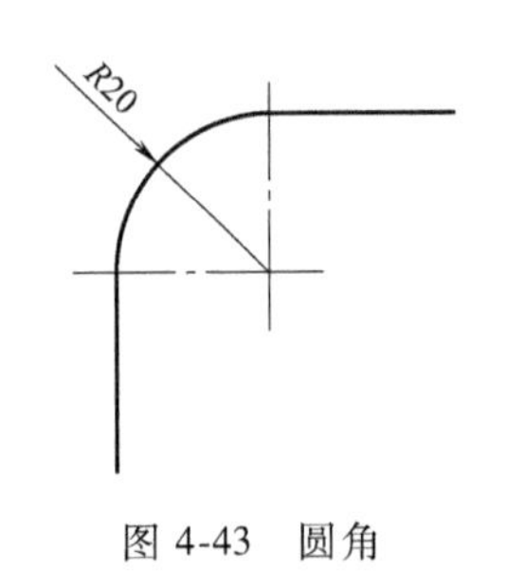

图 4-43　圆角

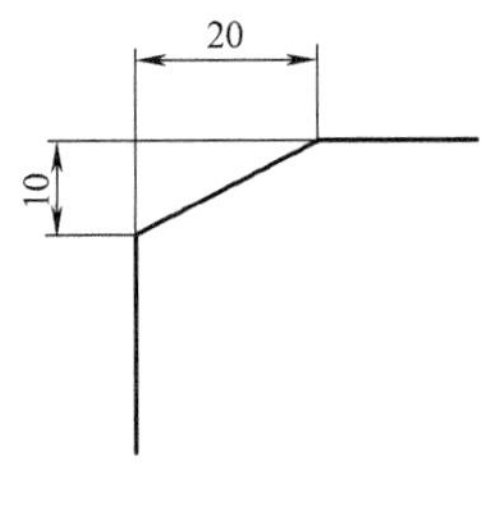

图 4-44　倒角

1）功能区：单击“默认”选项卡“修改”面板中的“圆角”按钮；

2）命令行：输入 fillet 后按<Enter>键（快捷命令：f）；

3）菜单栏：选择“修改”/“圆角”命令。

命令行提示信息如下：

```
命令:fillet
当前设置:模式=修剪,半径=0.0000                    //当前圆角模式和半径设置
选择第一个对象或[放弃(U)/多段线(P)/半径(R)/修剪(T)/多个(M)]:
选择第二个对象,或按住<Shift>键选择对象以应用角点或[半径(R)]:
```

该命令中主要选项的功能如下：

（1）第一个对象　此项为默认选项，指定用于倒圆角的两条线中的第一条。

（2）放弃（U）　恢复在命令中执行的上一个操作。

（3）多段线（P）　对整条多段线进行倒圆角。执行该项操作，选择了二维多段线以后，系统就会对整条多段线的各顶点进行直线倒圆角，如图 4-45 所示。

图 4-45　对多段线进行圆角操作

（4）半径（R）　定义圆弧的半径。

（5）修剪（T）　用于决定圆角后是否对相应的边进行修剪。执行该项操作，系统提示如下信息：

```
输入修剪模式选项[修剪(T)/不修剪(N)]<修剪>:
```

1）修剪（T）：此项为默认选项，表示倒圆角后对应的圆角边进行修剪。

2）不修剪（N）：选择该项，表示倒圆角后对应的圆角边不进行修剪，如图 4-46 所示。

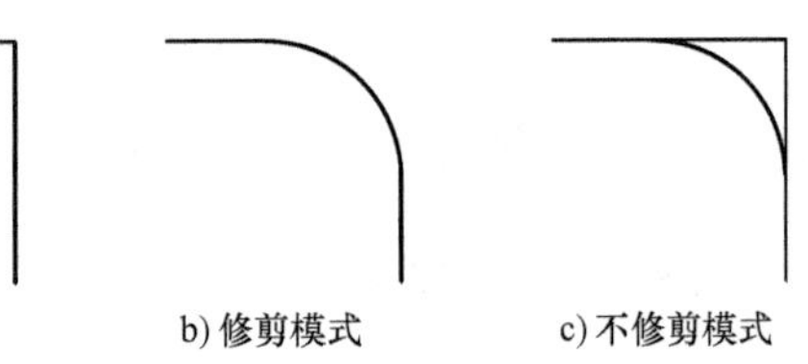

a)原图形　　b)修剪模式　　c)不修剪模式

图 4-46　圆角边的效果

（6）多个（M）　给多个对象添加圆角。

技巧：

直接按住<Shift>键选择两个倒角或圆角的直线，则倒角距离或圆角半径为 0，在修剪模式下可以对两条不平行的直线倒圆角，将自动延伸或修剪使它们相交。允许对两条平行线倒圆角，不需要指定半径，圆角半径为两条平行线距离的一半，如图 4-47 所示。

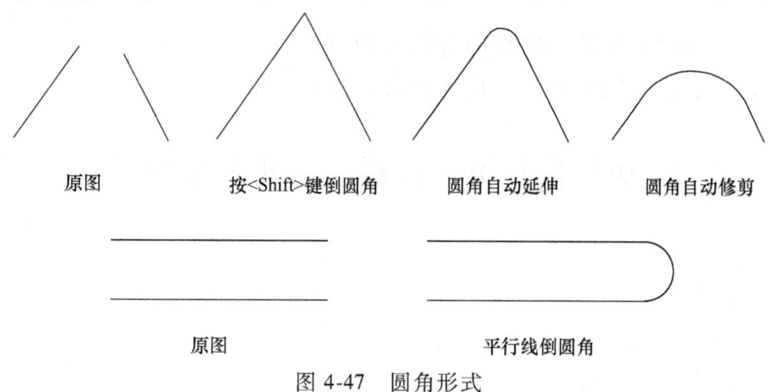

图 4-47　圆角形式

知识点 2　倒角

“倒角”命令的执行方式如下：

1）功能区：单击“默认”选项卡“修改”面板中的“倒角”按钮；
2）命令行：输入 chamfer 后按<Enter>键（快捷命令：cha）；
3）菜单栏：选择“修改”/“倒角”命令。

命令行提示信息如下：

```
命令:chamfer
("修剪"模式)当前倒角距离 1=0.0000,距离 2=0.0000
选择第一条直线或［放弃(U)/多段线(P)/距离(D)/角度(A)/修剪(T)/方式(E)/多个(M)］:
选择第二条直线,或按住<Shift>键选择直线以应用角点或［距离(D)/角度(A)/方法(M)］:
```

该命令中主要选项的功能与圆角命令相似，其他选项功能如下：

（1）距离（D）　用于确定两条线的倒角距离，执行该项操作，系统提示如下信息：

```
指定第一个倒角距离<0.0000>            //指定第一条线的倒角距离
指定第二个倒角距离<0.0000>            //指定第二条线的倒角距离
```

确定了倒角距离后，倒角时将按照新距离倒角。倒角过程中先选择的那条线对应第一个倒角距离。

（2）角度（A）　用于设置第一条线的倒角距离和第一条线的倒角角度。执行该项操作，系统提示如下信息：

```
指定第一条直线的倒角长度<0.0000>:
指定第二条直线的倒角角度<0>:
```

（3）方式（E） 用于确定按什么方式倒角。执行该项操作，系统提示如下信息：

```
输入修剪方法［距离(D)/角度(A)］<距离>:
```

1）距离（D）：表示采用倒角边长的方式来倒角。

2）角度（A）：表示按边距离与倒角角度设置进行倒角。

知识模块 6　打断、合并和分解

知识点 1　打断

打断对象用于将对象从某一点处断开或删除对象的一部分。

“打断”命令的执行方式如下：

1）功能区：单击“默认”选项卡“修改”面板中的“打断于点”按钮（从某一点处断开对象）或“打断对象”按钮（删除对象的一部分）；

2）命令行：输入 break 后按<Enter>键；

3）菜单栏：选择“修改”/“打断”命令。

命令行提示信息如下：

```
命令:break 选择对象:
指定第二个打断点或[第一点(F)]:
```

该命令中主要选项的功能如下：

1）指定第二个打断点：确定第二个断点，则以拾取时的点为第一点，AutoCAD 2018 将第一点和第二点的对象删除。

2）第一点（F）：表示重新定义第一点。选择此项，则系统提示如下信息：

```
指定第一个打断点:    //重新指定第一个打断点
指定第二个打断点:
```

打断图形对象的结果如图 4-48 所示。

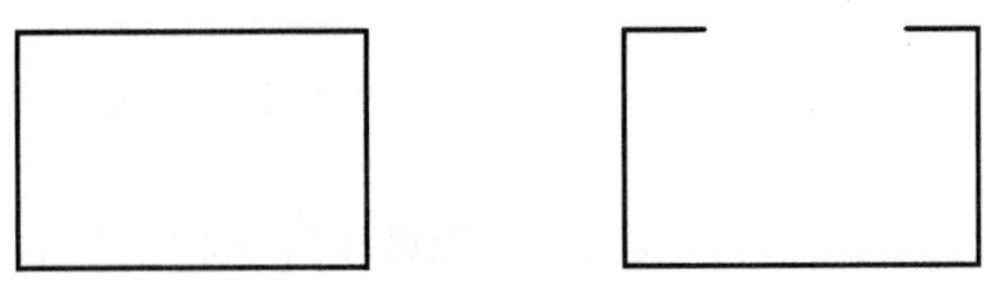

图 4-48　打断图形对象的结果

知识点 2　合并

合并对象是指将同类多个对象合并为一个对象，即将位于同一条直线上的两条或多条直线合并为一条直线，将同心、同半径的多个圆弧（椭圆弧）合并为一个圆弧或整圆（椭圆），或将一条多段线和与其首尾相连的一条或多条直线、多段线、圆弧或样条曲线合并在一起。

“合并”命令的执行方式如下：

1）功能区：单击“默认”选项卡“修改”面板中的“合并”按钮 ；

2）命令行：输入 join 后按<Enter>键；

3）菜单栏：选择“修改”/“合并”命令。

执行合并图形操作的步骤如下：

1. 合并直线

```
命令:join
选择源对象:                          //选择直线对象
选择要合并到源的直线:                //选择要合并的对象
```

合并结果如图 4-49 所示。

2. 合并圆弧

```
命令:join
选择源对象:                                  //选择圆弧对象
选择圆弧,以合并到源或进行[闭合(L)]:          //选择要合并的圆弧或输入 L 闭合圆
```

将两段同心且半径相同的圆弧合并起来，结果如图 4-50 所示。

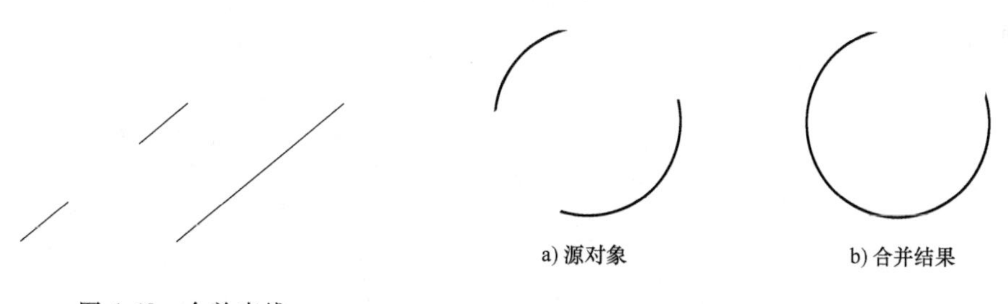

图 4-49　合并直线

图 4-50　合并圆弧结果

使用“合并”命令还可以用圆弧或椭圆弧创建完整的圆和椭圆，命令提示如下：

```
命令: join 选择源对象:                          //选择圆弧
选择圆弧,以合并到源或进行[闭合(L)]:  L          //选择“合并”选项
已将圆弧转换为圆。
```

使用合并命令创建整圆的结果如图 4-51 所示。

知识点 3　分解

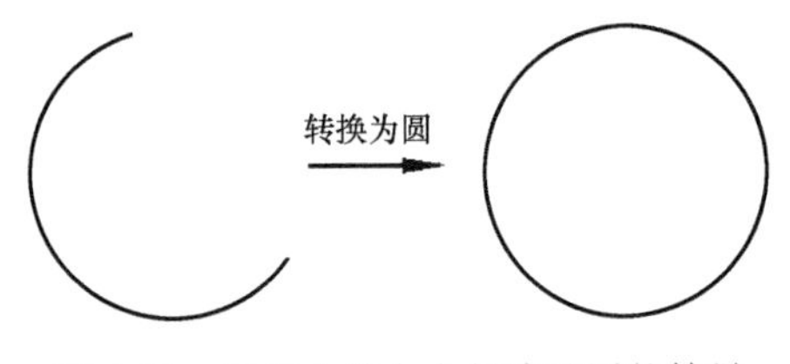

图 4-51　使用合并命令创建整圆的结果

分解命令是将一个合成图形分解为其部件工具。例如，一个矩形被分解后就会变成 4 条直线。

“分解”命令的执行方式如下：

1）功能区：单击“默认”选项卡“修改”面板中的“分解”按钮；

2）命令行：输入 explode 后按<Enter>键；

3）菜单栏：选择“修改”/“分解”命令。

命令行提示信息如下：

```
命令:explode
选择对象:                //选择要分解的对象
```

选择对象后，可以继续选择，如果按<Enter>键或“空格”键，则结束选择，并分解所选的对象。

知识模块 7　使用夹点编辑图形

夹点实际上就是对象上的特征点，如端点、中点、圆心等。图形的形状和位置通常是由夹点的位置决定的。在 AutoCAD 2018 中，夹点是一种集成的编辑模式。利用夹点可以编辑图形的大小、位置、方向以及对图形进行移动、镜像等操作。

知识点 1　夹点模式概述

在选择对象时，图形上会出现若干个小方框，这些小方框用来标记被选中对象的夹点，如图 4-52 所示。

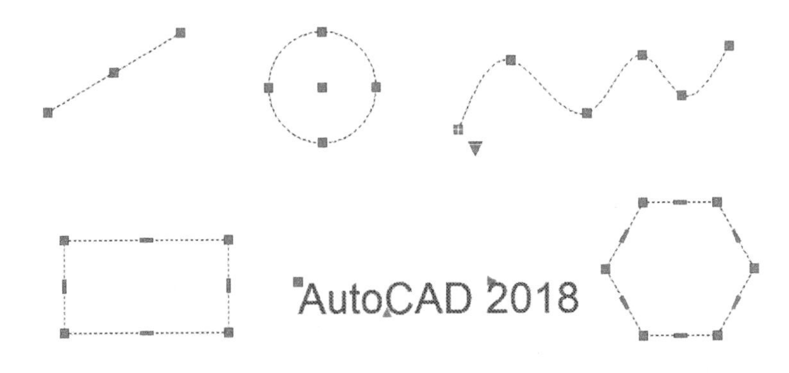

图 4-52　各对象上的夹点显示

夹点有未激活和激活两种状态。蓝色小方框显示的夹点处于未激活状态，单击某个未激活夹点，该夹点以红色小方框显示，处于激活状态。被激活的夹点称为暖夹点。以暖夹点为基点可以对图形进行拉伸、移动、旋转及缩放等操作。

默认情况下，夹点始终是打开的。用户可以通过“工具”/“选项”对话框中的“选择集”选项卡设置夹点的显示和大小。

知识点2　使用夹点编辑模式

当出现“暖夹点”时，单击鼠标右键，可在弹出的如图4-53所示的菜单中选择命令。

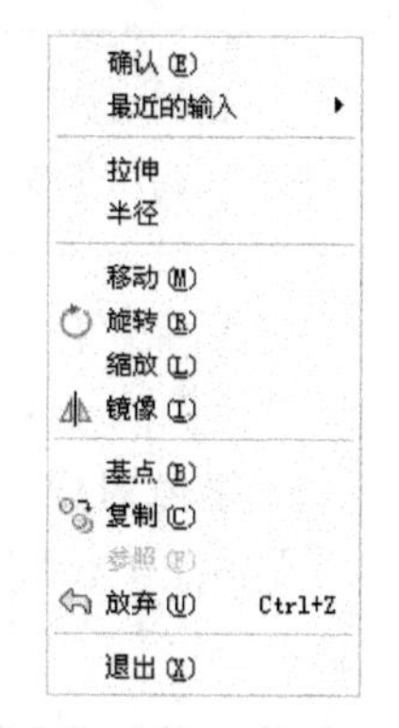

图4-53　夹点编辑对象命令菜单

1. 拉伸对象

选择要拉伸的对象，这时会显示该图形对象的夹点。在对象中单击其中一个夹点作为拉伸基点，命令行提示如下信息：

```
* * 拉伸 * *
指定拉伸点或[基点(B)/复制(C)/放弃(U)/退出(X)]:
```

其中各选项的功能如下：

1）指定拉伸点：用于指定拉伸目标点。

2）基点（B）：重新确定拉伸基点。

3）复制（C）：允许用户确定一系列的拉伸点，以实现多次拉伸。

4）放弃（U）：取消上一次操作。

5）退出（X）：退出当前操作。

2. 移动对象

移动对象仅仅是位置上的平移，而对象的方向和大小并不会被改变。要非常精确地移动对象，可使用捕捉模式、坐标、夹点和对象捕捉模式，命令行提示信息如下：

```
* * 移动 * *
指定移动点或[基点(B)/复制(C)/放弃(U)/退出(X)]:
```

3. 旋转对象

在夹点编辑模式下，确定基点后，选择“旋转”选项后进入旋转模式，命令行提示如下信息：

```
* * 旋转 * *
指定旋转角度或[基点(B)/复制(C)/放弃(U)/参照(R)/退出(X)]:
```

其中，参照（R）表示选择该选项，可以以参照方式旋转对象，要依次指定参照方向的角度和相对于参照方向的角度。

4. 缩放对象

在夹点编辑模式下，确定基点后，选择“缩放”选项后进入缩放模式，命令行提示如下信息：

```
* * 比例缩放 * *
指定比例因子或[基点(B)/复制(C)/放弃(U)/参照(R)/退出(X)]:
```

默认情况下，当确定了缩放的比例因子后，AutoCAD 2018 将相对于基点进行缩放对象操作。当比例因子>1 时，放大对象；当 0<比例因子<1 时，缩小对象。

5. 镜像对象

在夹点编辑模式下，确定基点后，选择“镜像”选项后进入镜像模式，命令行提示如下信息：

```
* * 镜像 * *
指定第二点或[基点(B)/复制(C)/放弃(U)/退出(X)]:
```

AutoCAD 2018 将以基点作为镜像线上的第 1 点，新指定的点为镜像线上的第 2 点，对对象进行镜像操作，并删除源对象。

技巧：

在使用夹点缩放、旋转及镜像命令时，在命令行输入 C 或再次单击鼠标右键选择复制，可以在编辑操作时复制图形。

绘图练习 7：使用夹点控制命令绘制图 4-54 所示的图形。

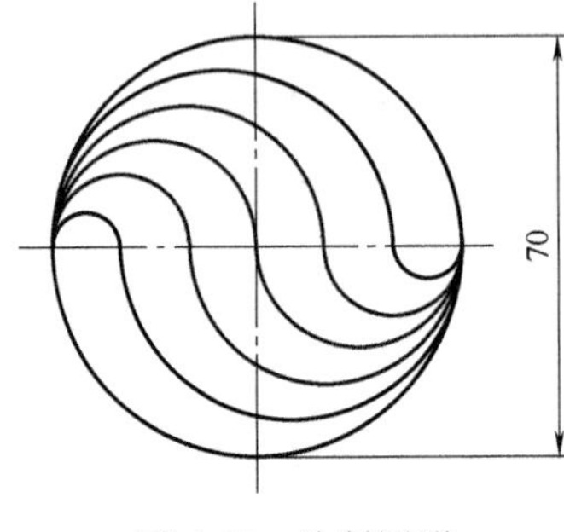

图 4-54　绘制图形

主要操作步骤如下：

1）绘制长度为 70mm 的直线，以直线的两个端点通过“两点（2P）”的方式绘制圆。

```
命令: line 指定第一点:
指定下一点或 [放弃(U)]: 70
命令: circle 指定圆的圆心或 [三点(3P)/两点(2P)/切点、切点、半径(T)]: 2P
指定圆直径的第一个端点:
指定圆直径的第二个端点:                    //直线的端点
```

2）定数等分直线，等分为 12 份。

```
命令：divide
选择要定数等分的对象：
输入线段数目或[块(B)]：12                    //等分对象 12 份
```

3）打开对象捕捉中的“节点”，以左起第一个等分点为圆心绘制圆弧，起点为第二个等分点，端点为直线的左端点。

```
命令：arc 指定圆弧的起点或[圆心(C)]：C 指定圆弧的圆心：  //选择第一个等分点
指定圆弧的起点：                                          //选择第二个等分点
指定圆弧的端点或[角度(A)/弦长(L)]：                       //选择直线端点
```

4）选择圆弧左端夹点，单击鼠标右键选择缩放，然后在命令行中输入 C 或再次单击鼠标右键选择复制，输入缩放的倍数，完成 5 段圆弧。

```
** 拉伸 **
指定拉伸点或[基点(B)/复制(C)/放弃(U)/退出(X)]：_scale            //选择缩放命令
** 比例缩放 **
指定比例因子或[基点(B)/复制(C)/放弃(U)/参照(R)/退出(X)]：C
** 比例缩放（多重）**
指定比例因子或[基点(B)/复制(C)/放弃(U)/参照(R)/退出(X)]：2
** 比例缩放（多重）**
指定比例因子或[基点(B)/复制(C)/放弃(U)/参照(R)/退出(X)]：3
** 比例缩放（多重）**
指定比例因子或[基点(B)/复制(C)/放弃(U)/参照(R)/退出(X)]：4
** 比例缩放（多重）**
指定比例因子或[基点(B)/复制(C)/放弃(U)/参照(R)/退出(X)]：5      //输入缩放倍数
```

5）选择 5 段圆弧，并选择圆心处夹点，做旋转、复制。

```
** 拉伸 **
指定拉伸点或[基点(B)/复制(C)/放弃(U)/退出(X)]：rotate            //选择旋转命令
** 旋转 **
指定旋转角度或[基点(B)/复制(C)/放弃(U)/参照(R)/退出(X)]：C      //复制对象
```

6）绘制中心线，删除等分点，完成图形。

知识模块 8　对象特性查询、编辑和匹配

对象特性包含一般特性和几何特性，一般特性包括对象的颜色、线型、图层及线宽等，几何特性包括对象的尺寸和位置。可以直接在“特性”选项板中设置和修改对象的特性。

知识点 1　对象“特性”

“特性”选项板的执行方式如下：

1）功能区：单击“默认”选项卡“特性”面板中的按钮 ↘；

2）菜单栏：选择“修改”/“特性”命令。

执行命令，打开“特性”选项板，如图 4-55 所示。

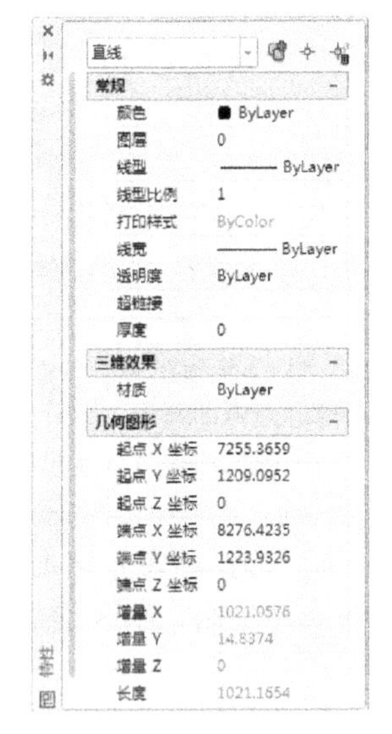

图 4-55 “特性”选项板

在绘图区选择对象，“特性”选项板中就会显示该对象的类别、特性和特性值。如果同时选择多个对象，会显示其共有特性和特性值。单击某个特性项，选项板下部的信息栏中会显示对该特性的说明信息。可以在选项板中直接修改对象的特性值。

在同时修改多个对象属性时，“特性”选项板的功能更加强大。例如，需要把属于不同图层的文本、尺寸、图形等多个对象全部放到某个指定的图层中，可以先选定这些对象，然后将“图层”特性值修改为指定层的层名即可。

知识点 2 对象“快捷特性”

快捷特性是“特性”选项板的简化形式。选择对象，单击鼠标右键，选择“快捷特性”命令，可以打开快捷特性命令对话框，如图 4-56 所示。

在“草绘设置”对话框的“快捷特性”选项卡中，可以设置快捷特性选项板的显示状态、位置等，如图 4-57 所示。

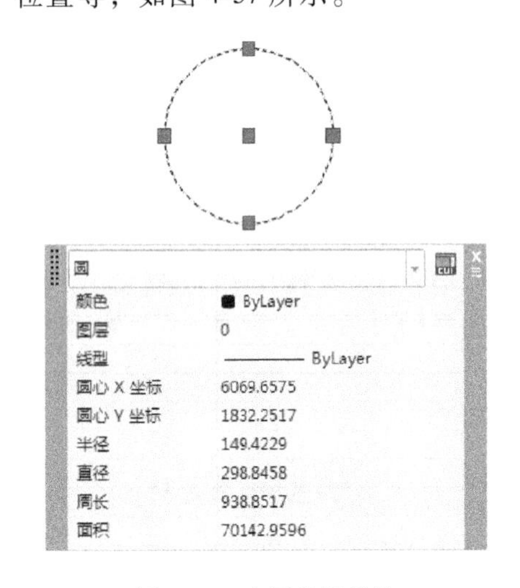

图 4-56 启用快捷特性

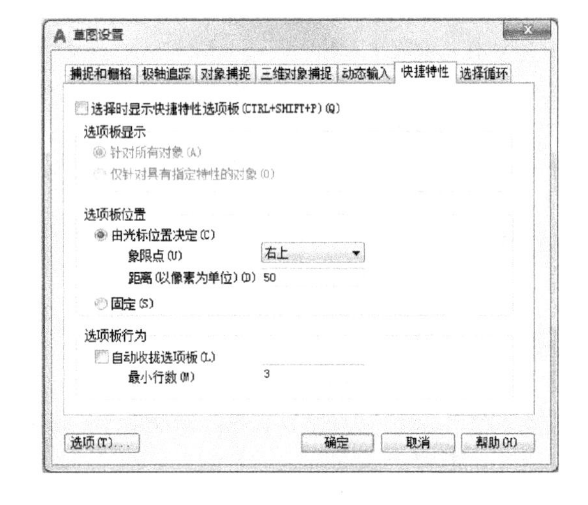

图 4-57 “快捷特性”选项卡

知识点 3 对象“特性匹配”

特性匹配可将一个对象的某些或所有特性都复制到其他一个或多个对象中。可以复制的特性包括颜色、层、线型、线性比例、线宽、厚度和打印样式等。

“特性匹配”命令的执行方式如下：

1）功能区：单击“默认”选项卡“特性”面板中的“特性匹配”按钮；

2）菜单栏：选择“修改”/“特性匹配”命令。

执行“特性匹配”命令的过程中，需要选择两类对象：源对象和目标对象，命令行提示如下：

命令:matchprop

选择源对象:

当前活动设置: 颜色 图层 线型 线型比例 线宽 厚度 打印样式 标注 文字 填充图案 多段线 视口 表格材质 阴影显示 多重引线

选择目标对象或[设置(S)]:

选择源对象之后，鼠标指针将变成刷子形状，选择哪个目标对象，此对象就具有源对象的属性。源对象可供匹配的特性很多，选择“设置”备选项，弹出如图 4-58 所示的“特性设置”对话框。在该对话框中，可以设置允许匹配的特性。

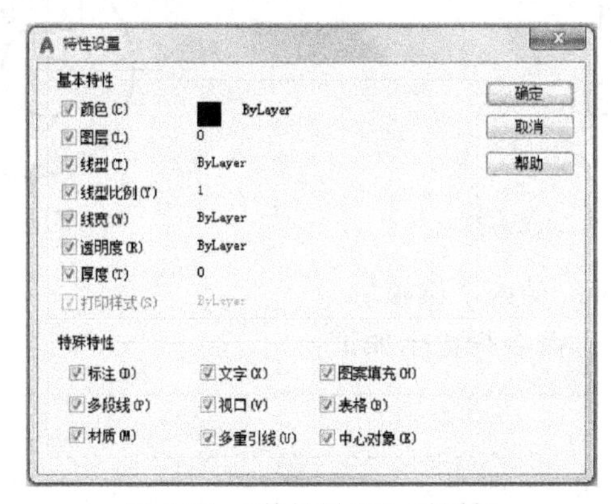

图 4-58 “特性设置”对话框

知识模块 9 典型范例

知识点 综合实例——绘制吊钩图形

吊钩的轮廓及尺寸如图 4-59 所示。

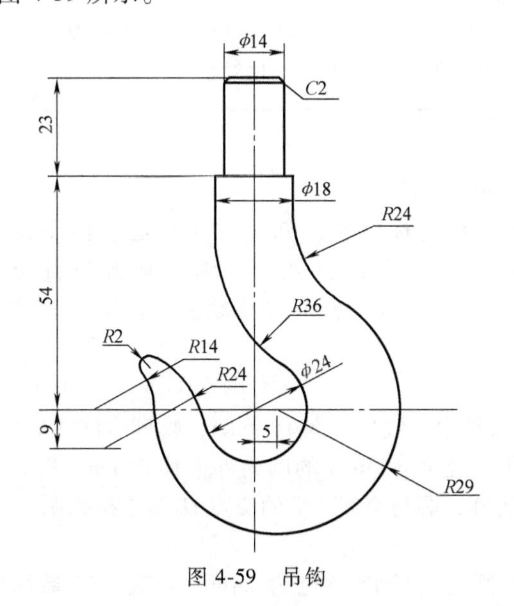

图 4-59 吊钩

主要操作步骤如下：

1）设置图层、绘图空间、绘图单位。

2）选择“直线”命令，绘制直线部分，如图 4-60 所示。

3）绘制 ϕ24mm 和 R29mm 的圆，如图 4-61 所示。

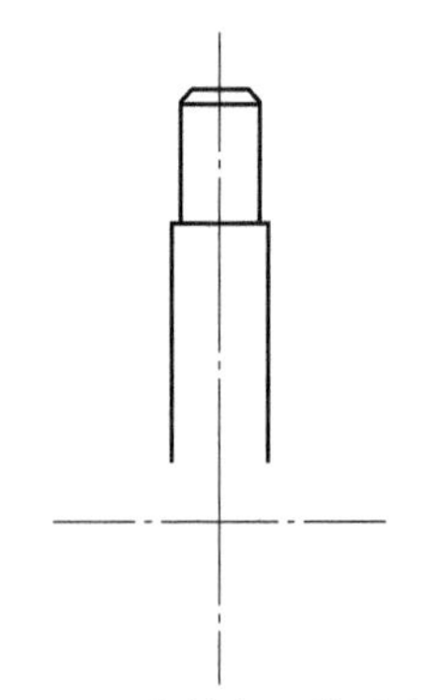

图 4-60　绘制中心线及直线

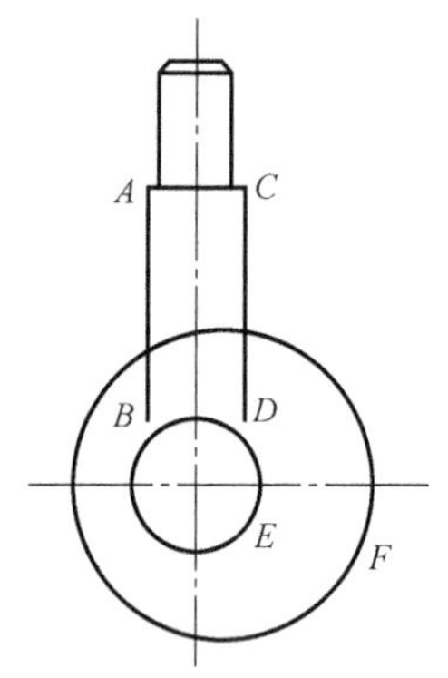

图 4-61　绘制圆

4）绘制 R24mm 和 R36mm 的两个圆弧。

选择“圆角”命令绘制，命令行提示如下：

```
命令:fillet
当前设置:模式=修剪,半径=0.0000
选择第一个对象或[放弃(U)/多段线(P)/半径(R)/修剪(T)/多个(M)]:r
指定圆角半径<0.0000>:24                                          //确定圆的半径
选择第一个对象或[放弃(U)/多段线(P)/半径(R)/修剪(T)/多个(M)]:      //选择右侧直线
选择第二个对象,或按住 Shift 键选择要应用角点的对象:              //选择 R29mm 的圆
命令:fillet
当前设置:模式=修剪,半径=24.0000
选择第一个对象或[放弃(U)/多段线(P)/半径(R)/修剪(T)/多个(M)]:r
指定圆角半径<24.0000>:36                                         //确定圆的半径
选择第一个对象或[放弃(U)/多段线(P)/半径(R)/修剪(T)/多个(M)]:      //选择左侧直线
选择第二个对象,或按住<Shift>键选择要应用角点的对象:              //选择 φ24mm 的圆
```

结果如图 4-62 所示。

5）绘制 R24mm 和 R14mm 的圆。

因为 R24mm 圆弧的圆心纵坐标轨迹已知（水平中心线向下偏移 9mm），另一坐标未知，所以属于中间圆弧。又因该圆弧与直径为 ϕ24mm 的圆外切，可以用外切原理求出圆心坐标轨迹。两圆心轨迹的交点即是圆心。

① 确定圆心。

选择“偏移”命令，水平中心线向下偏移 9mm，得到直线 XY。

选择“偏移”命令，将直径为 ϕ24mm 的圆向外偏移 24mm，得到与 ϕ24mm 圆相切的圆的圆心轨迹，圆与直线 XY 的交点 O_3为连接弧圆心。

② 绘制连接圆弧。

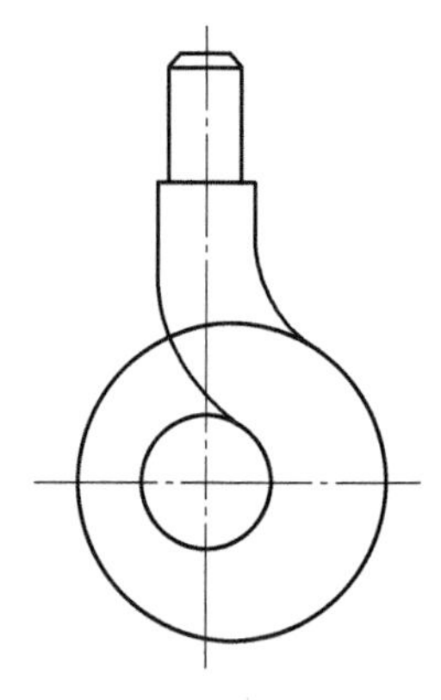

图 4-62　绘制连接圆弧

选择圆命令，以 O_3为圆心，绘制半径为 24mm 的圆，结果如图

4-63所示。

用同样的方法绘制 R14mm 的圆，结果如图 4-64 所示。

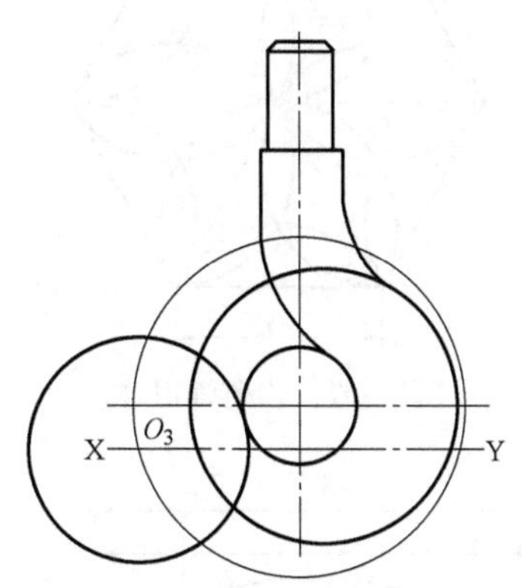

图 4-63　运用辅助圆绘制连接圆弧

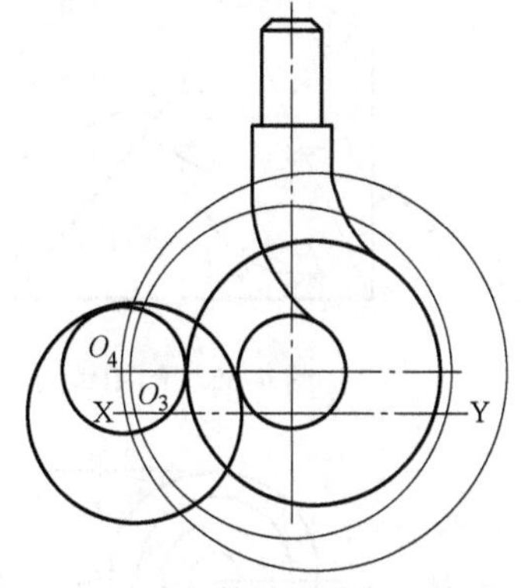

图 4-64　运用辅助圆绘制连接圆弧

6）绘制钩尖处半径为 R2mm 的圆弧。

圆弧 R2mm 与圆弧 R14mm 外切，与圆弧 R24mm 内切，因此可以用圆角命令绘制。命令行提示如下：

```
命令:fillet
当前设置:模式=修剪,半径=0.0000
选择第一个对象或[放弃(U)/多段线(P)/半径(R)/修剪(T)/多个(M)]:r
指定圆角半径<0.0000>:2                                    //确定圆的半径
选择第一个对象或[放弃(U)/多段线(P)/半径(R)/修剪(T)/多个(M)]://选择圆弧 R14mm
选择第二个对象,或按住<Shift>键选择要应用角点的对象:          //选择圆弧 R24mm
```

7）编辑修建图形。

删除两个辅助圆；修剪各圆和圆弧成合适的长度；用夹点编辑方法调整中心线的长度，完成的图形如图 4-65 所示。

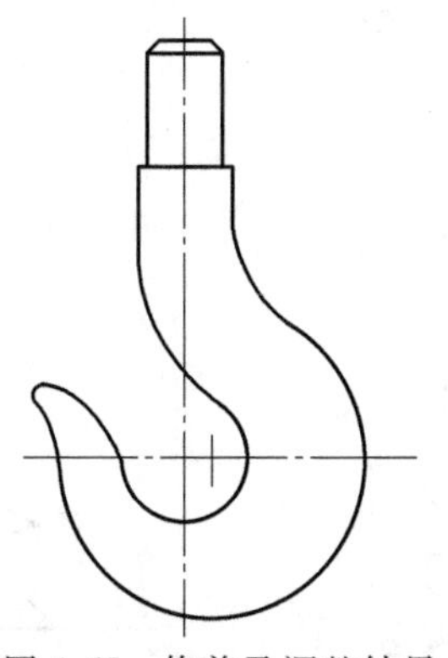

图 4-65　修剪及调整结果

【综合训练】

1）绘制图 4-66～图 4-73 所示图形。

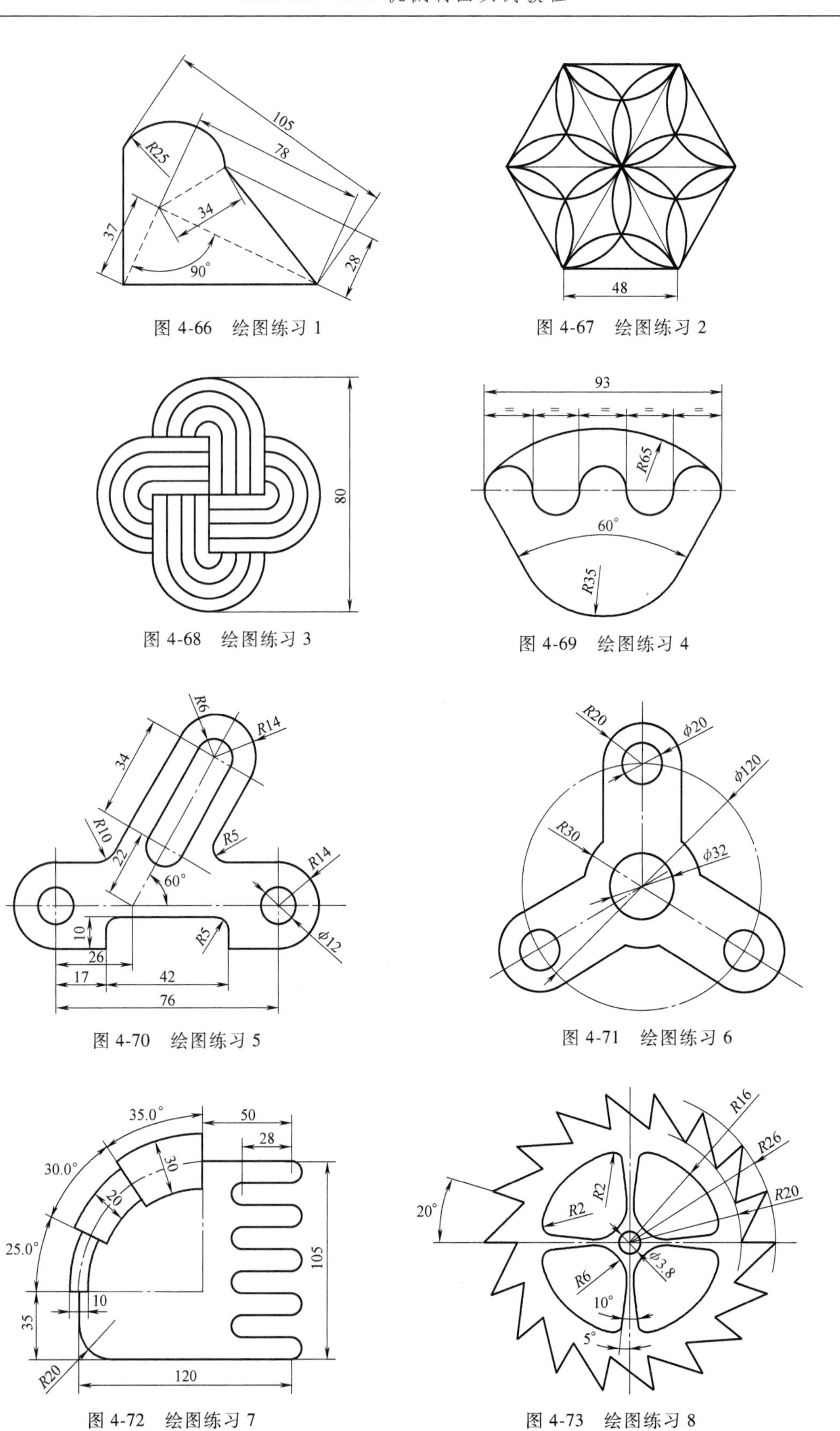

图 4-66 绘图练习 1

图 4-67 绘图练习 2

图 4-68 绘图练习 3

图 4-69 绘图练习 4

图 4-70 绘图练习 5

图 4-71 绘图练习 6

图 4-72 绘图练习 7

图 4-73 绘图练习 8

2）绘制图 4-74 ~ 图 4-81 所示图形。

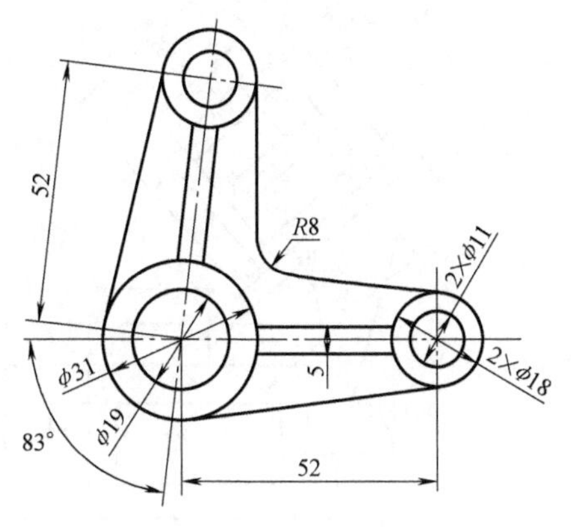

图 4-74　绘图练习 9

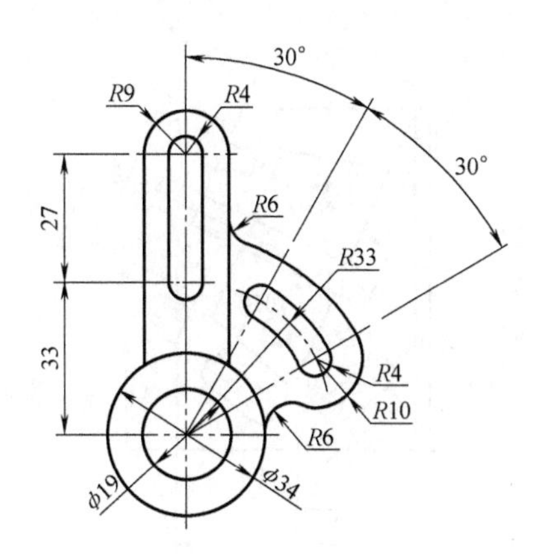

图 4-75　绘图练习 10

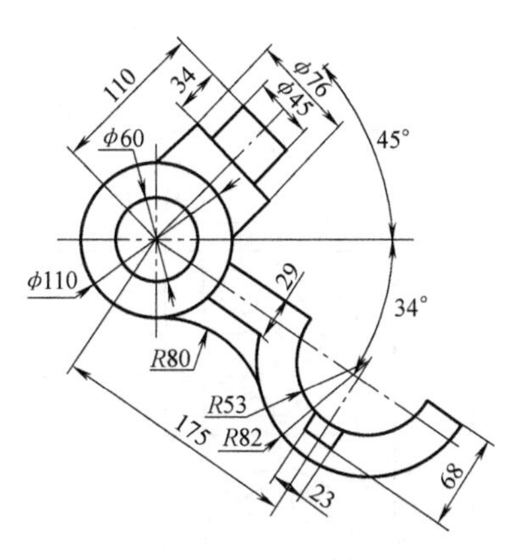

图 4-76　绘图练习 11

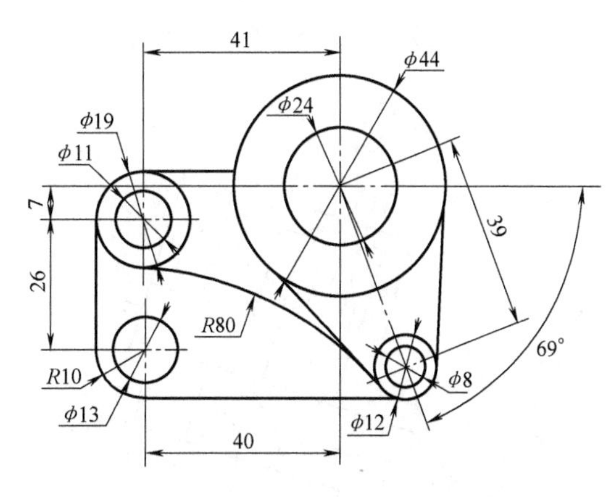

图 4-77　绘图练习 12

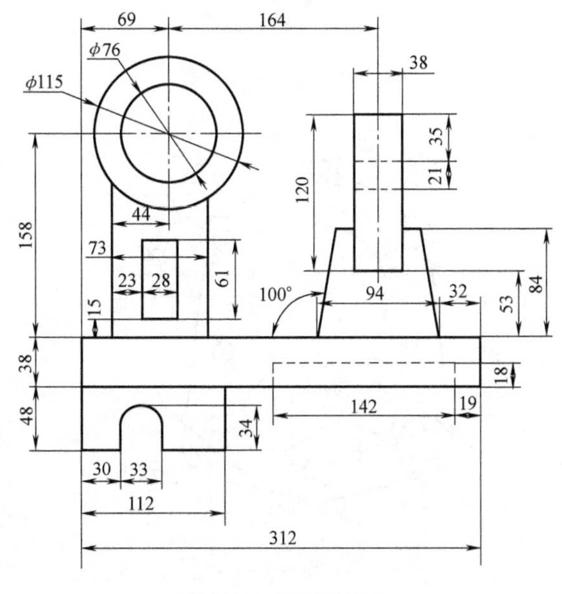

图 4-78　绘图练习 13

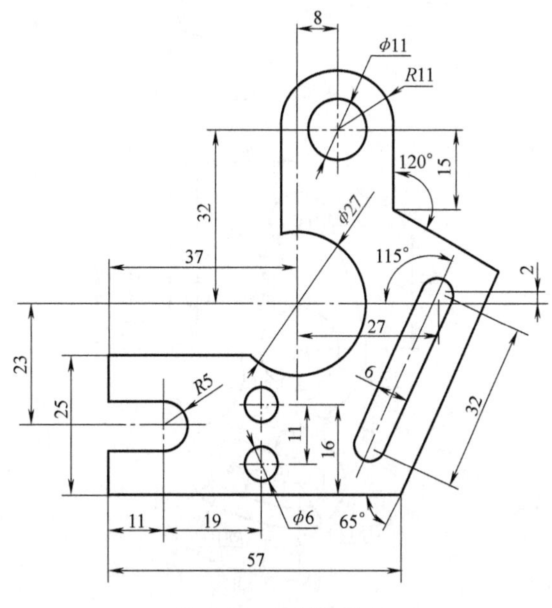

图 4-79　绘图练习 14

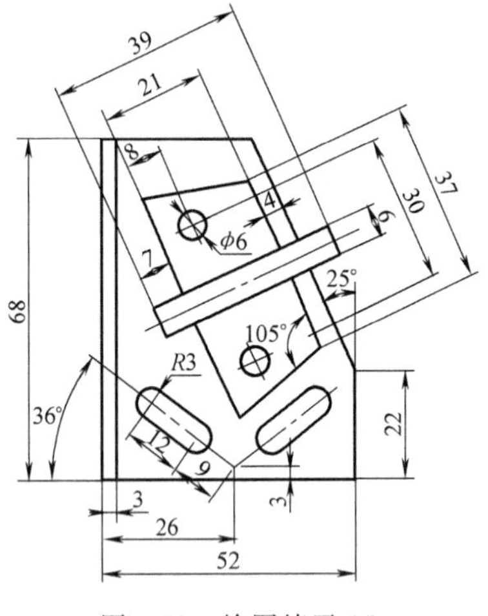

图 4-80　绘图练习 15

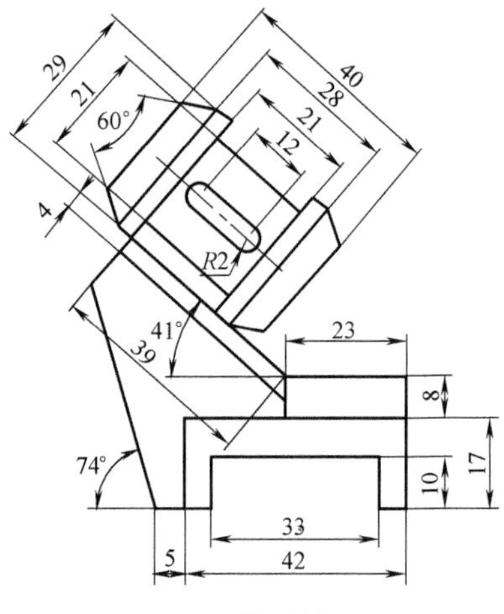

图 4-81　绘图练习 16

3）绘制图 4-82～图 4-89 所示图形。

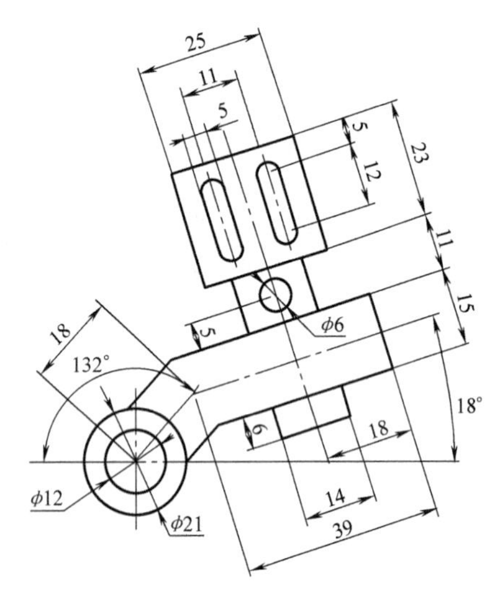

图 4-82　绘图练习 17

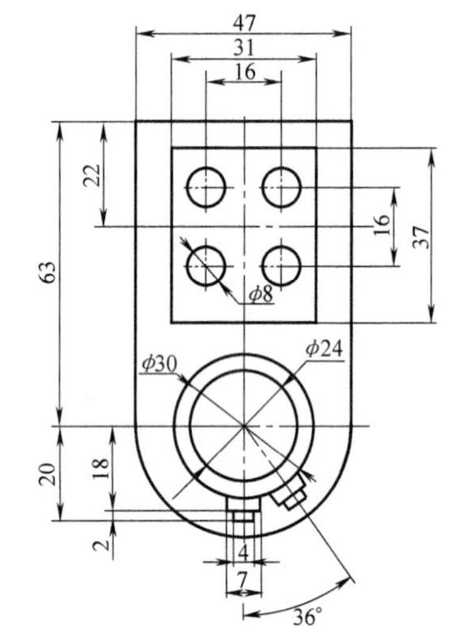

图 4-83　绘图练习 18

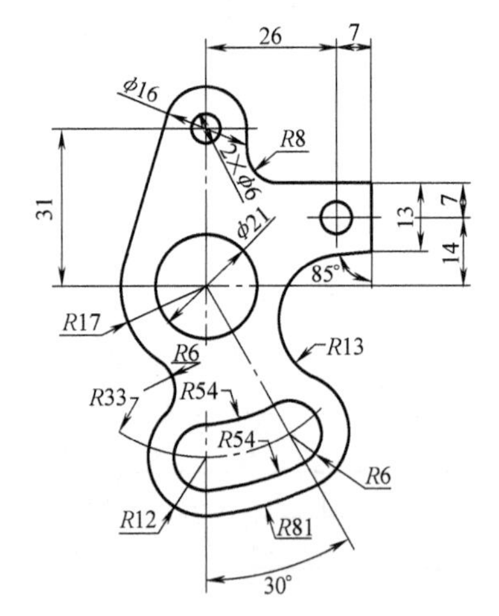

图 4-84　绘图练习 19

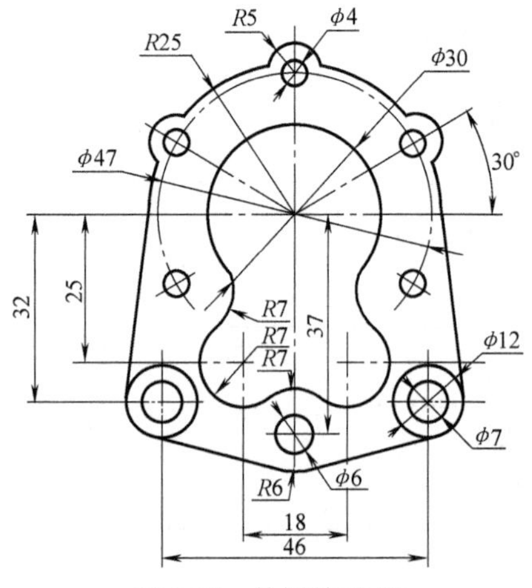

图 4-85　绘图练习 20

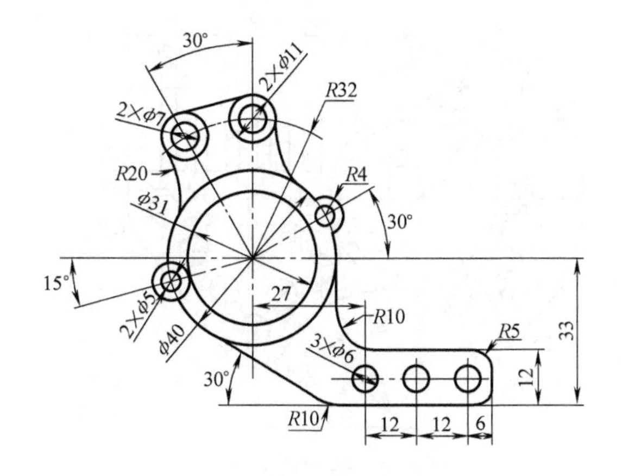

图 4-86　绘图练习 21

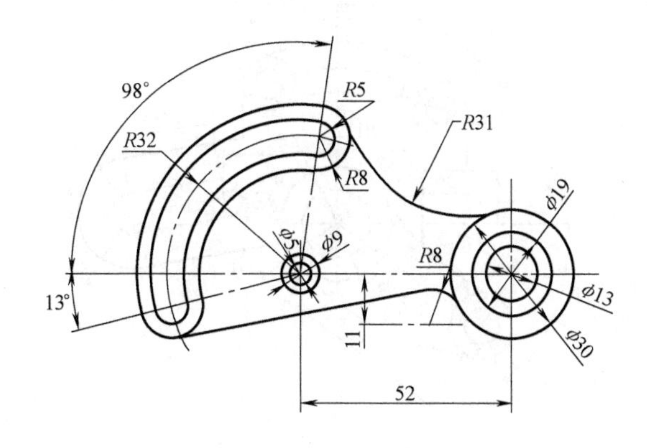

图 4-87　绘图练习 22

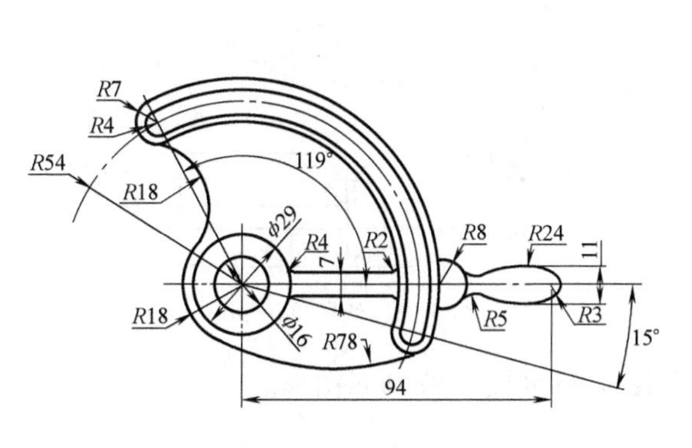

图 4-88　绘图练习 23

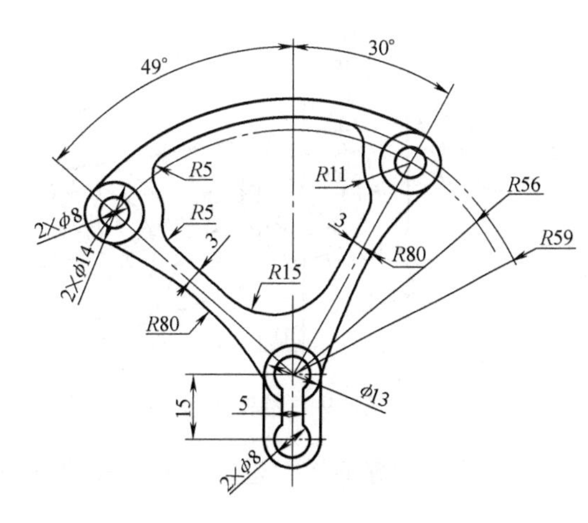

图 4-89　绘图练习 24

4）绘制图 4-90～图 4-95 所示图形。

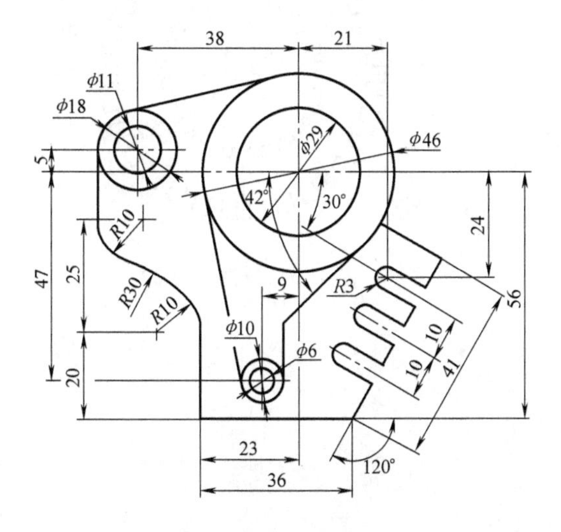

图 4-90　绘图练习 25

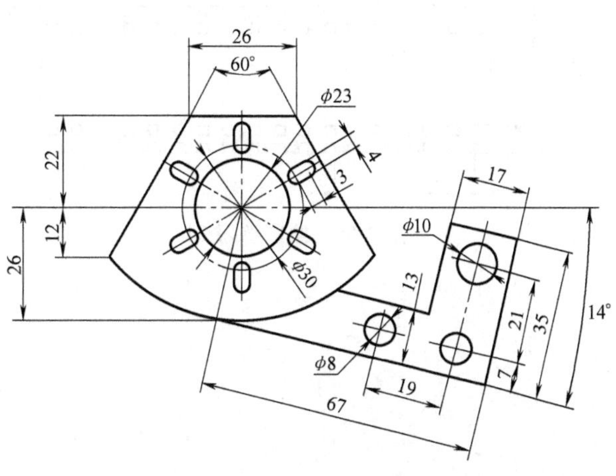

图 4-91　绘图练习 26

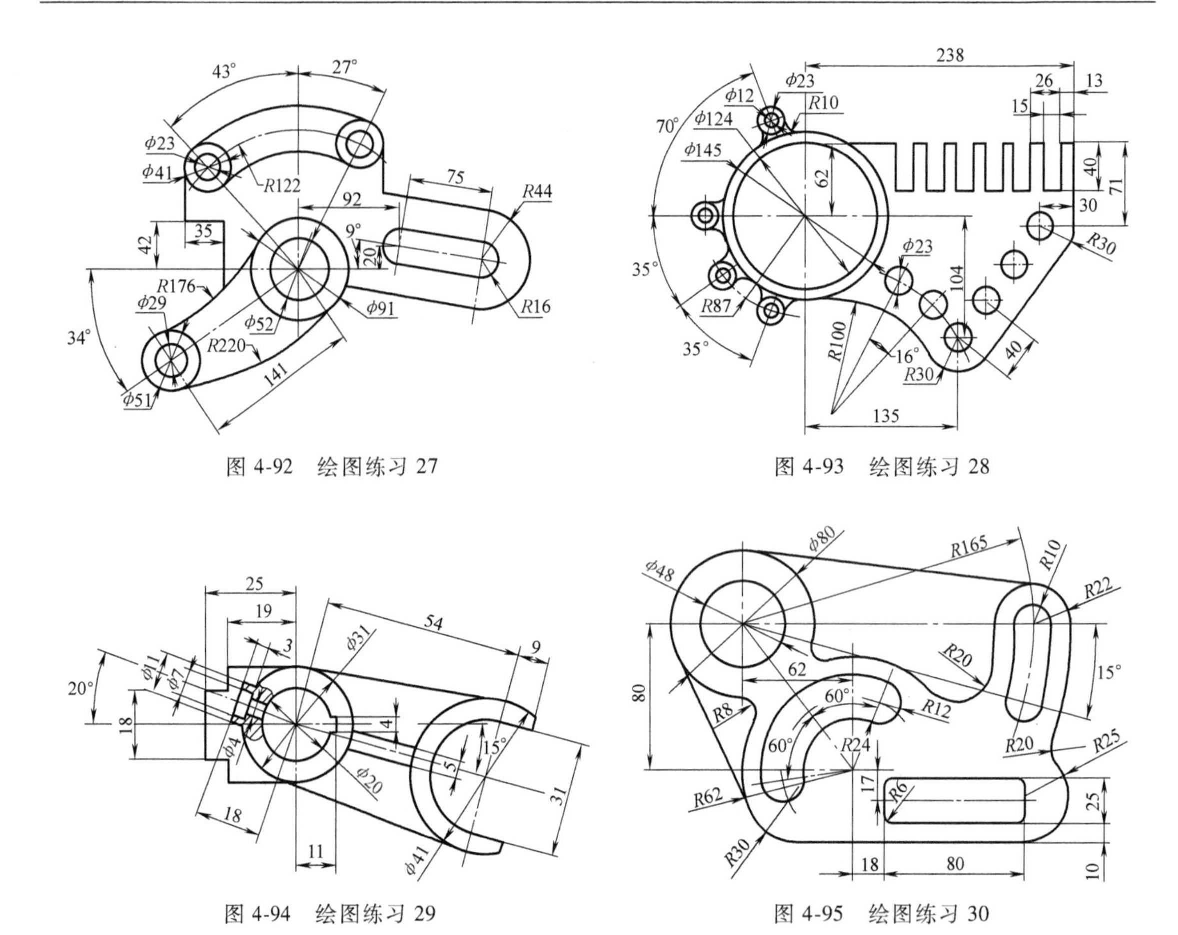

图 4-92　绘图练习 27

图 4-93　绘图练习 28

图 4-94　绘图练习 29

图 4-95　绘图练习 30

5）采用创建面域、进行布尔运算的方法绘制图 4-96 和图 4-97 所示图形。

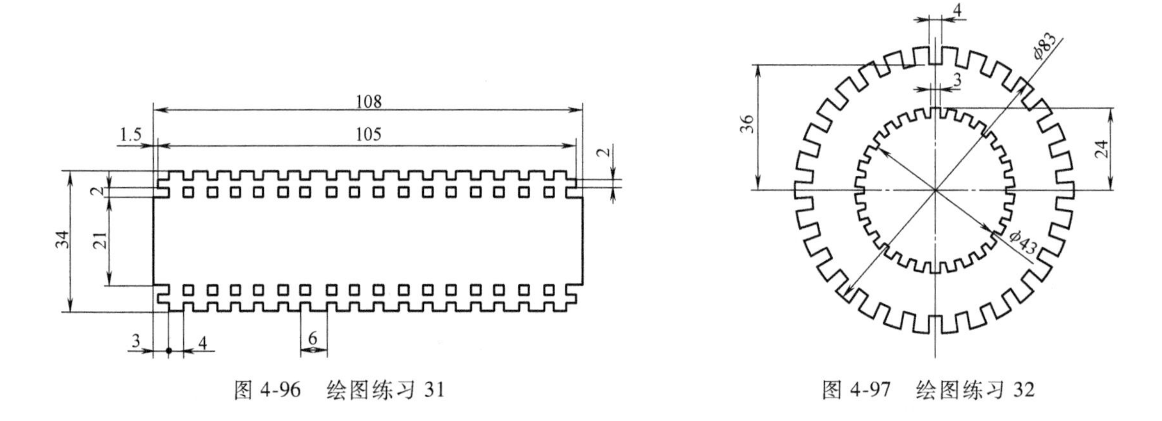

图 4-96　绘图练习 31

图 4-97　绘图练习 32

单元5　文字与表格

学习目标：

1. 掌握创建和修改文字样式的方法。
2. 掌握创建与编辑单行文字和多行文字的方法。
3. 掌握文字查找、替换和拼写检查的方法。
4. 掌握创建与管理表格样式的方法。
5. 掌握创建表格与编辑表格的方法。

知识模块1　文字样式

在 AutoCAD 2018 中，所有文字都有与其相关的文字样式。在创建文字注释和尺寸标注时，AutoCAD 2018 通常使用当前的文字样式。用户可以根据具体要求重新设置文字样式，或创建新的文字样式。文字样式包括“字体”“字型”“高度”“宽度系数”“倾斜角”“反向”“倒置”“垂直”等参数。

知识点1　新建文字样式

新建文字样式的执行方式如下：

1）功能区：单击“默认”选项卡“注释”面板中的“文字样式”按钮；

2）命令行：输入 style 后按<Enter>键（快捷命令：st）；

3）菜单栏：选择“格式”/“文字样式”命令。

执行命令，打开“文字样式”对话框，如图 5-1 所示。

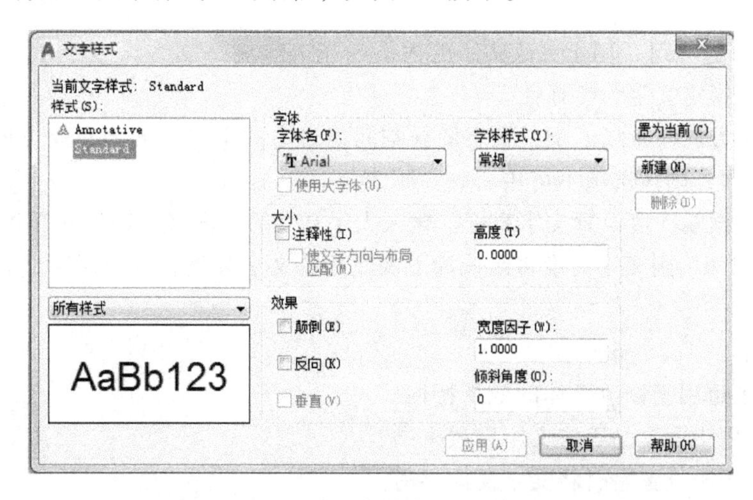

图 5-1　“文字样式”对话框

默认情况下，文字样式为 Standard，字体为 Arial，高度为 0，宽度因子为 1。

1. 设置样式名

(1) 样式列表

1) 样式：显示图形中的样式列表。列表包括已定义的样式名并默认显示当前样式。样式名可长达 255 个字符，包括字母、数字以及特殊字符，如美元符号（$）、下划线（_）和连字符（-）。

2) 样式列表过滤器：位于“样式列表”下方，可以从中选择“所有样式”或“正在使用的样式”。

(2) “新建”按钮　单击该按钮，打开“新建文字样式”对话框，可在“样式名”文本框中输入文字样式名称，如图 5-2 所示。

(3) “置为当前”按钮　将在“样式”下选定的样式设置为当前文字样式。

(4) “删除”按钮　单击该按钮，可以删除所选的文字样式，但是不能删除系统默认的文字样式，以及当前文字样式，或者已经使用过的文字样式。

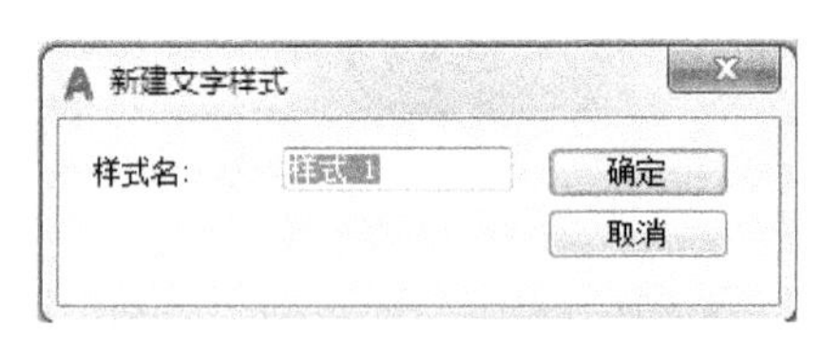

图 5-2 “新建文字样式”对话框

2. 设置字体和大小

(1) “字体”选项组　用于更改样式的字体。

1) 字体名：列出 Fonts 文件夹中所有注册的 TrueType 字体和编译的形（SHX）字体的字体族名。

2) 字体样式：指定字体格式，如斜体、粗体或者常规字体。选定“使用大字体”后，该选项变为“大字体”，用于大字体文件。

3) 使用大字体：指定亚洲语言的大字体文件。

小知识：

只有在“字体名”中指定 SHX 文件，才能使用“大字体”，即只有 SHX 文件可以创建“大字体”。

(2) “大小”选项组　用于更改文字的大小。

1) 注释性：指定文字为注释性。

2) 使用文字方向与布局匹配：指定图样空间视口中的文字方向与布局方向匹配。如果未选“注释性”选项，则该选项不可用。

3) 高度：根据输入值设置文字高度。输入大于 0.0 的高度将自动为此样式设置文字高度。如果使用默认值 0.0，则文字高度将默认为上次使用的文字高度，或使用存储在图形样板文件中的值。

3. 文字效果

“效果”选项组用于修改字体的效果特性。

(1) 颠倒　用于设置是否将文字倒过来书写。

(2) 反向　用于设置是否将文字反向书写。

(3) 垂直　用于设置是否将文字垂直书写。

(4) 宽度因子　用于设置文字字符的高度和宽度之比。当“宽度因子”等于1时，将按系统定义的高宽比书写文字；当“宽度因子”小于1时，字符会变窄；当“宽度因子”大于1时，字符会变宽。

(5) 倾斜角度　用于设置文字的倾斜角度，角度值在-85°~85°范围内。角度为0°时不倾斜；角度为正值时向右倾斜；为负值时向左倾斜，如图5-3所示。

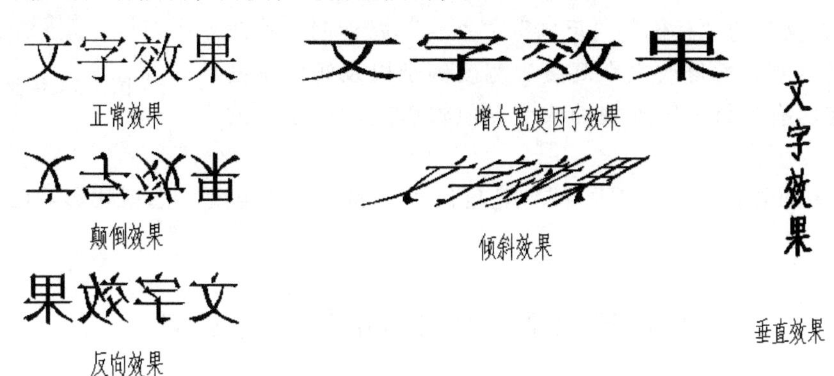

图5-3　文字的各种样式

绘图练习1：定义新文字样式Newtext，字高为3.5，宽度因子为1.2，向右倾斜10°。

主要操作步骤如下：

1) 选择“格式”/“文字样式”命令，打开“文字样式”对话框。

2) 单击“新建”按钮，打开“新建文字样式”对话框，在“样式名”文本框中输入“Newtext”，单击“确定”按钮。

3) 在“字体”选项区的“SHX字体”下拉列表中选择gbenor.shx；勾选“使用大字体”复选框，接着在“大字体”下拉列表中选择gbcbig.shx。

4) 在“大小”选项组中，设置字体高度为3.5。

5) 在“效果”选项组中，设置倾斜角度为10°，宽度因子为1.2，如图5-4所示。

6) 单击“应用”按钮应用该文字样式，将文字样式置为当前，单击“关闭”按钮关闭对话框。

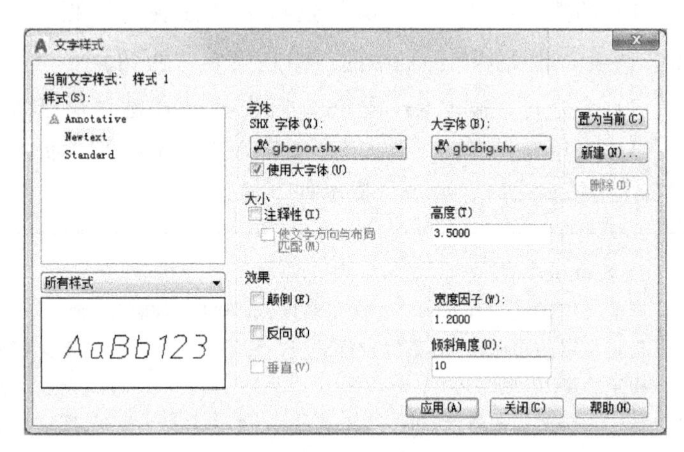

图5-4　设置文字样式

知识点2　修改文字样式

修改文字样式也是在“文字样式”对话框中进行的，其过程与创建文字样式类似。可以修改文字样式的名称、字体名、大小以及其他设置。

从“样式”列表框中选中要修改的文本样式，单击鼠标右键，在弹出的快捷菜单中选择“重命名”命令，可以修改样式名称，如图5-5所示。

也可修改样式的字体名、大小、效果等选项。修改完成后，单击“应用”按钮即可。

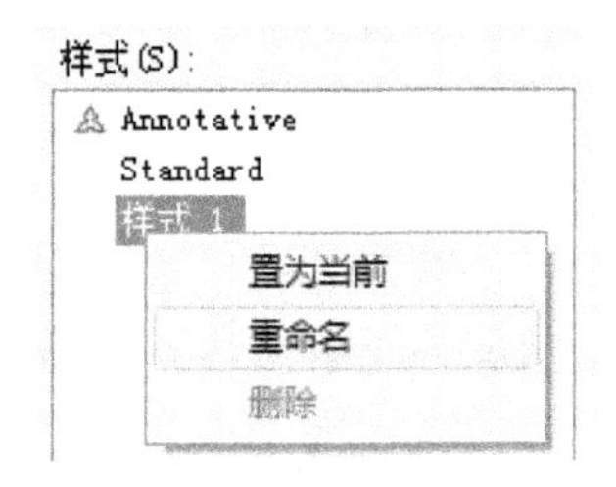

图 5-5　快捷菜单

修改文字样式时，需要注意以下几点：

1）修改完成时，单击“应用”按钮，则修改生效，AutoCAD 2018 立即更新图样中与此文字样式关联的文字。

2）当修改文字的“颠倒”“反向”“垂直”特性时，将改变单行文字的外观；而修改文字高度、宽度因子以及倾斜角度时，不会引起已有单行文字外观的改变，但将影响此后创建的文字对象。

3）对于多行文字，只有“垂直”“宽度因子”和“倾斜角度”选项才影响已有多行文字的外观。

知识模块 2　创建与编辑单行文字

在绘制图形的过程中，文字传递了很多设计信息。当需要标注的文本不太长时，可以利用 TEXT 命令创建单行文字；当需要标注很长、很复杂的文字信息时，可以利用 MTEXT 命令创建多行文字。

知识点 1　创建单行文字

创建单行文字的执行方式如下：

1）功能区：单击“默认”选项卡“注释”面板中的“单行文字”按钮 A 或选择“注释”选项卡“文字”面板中的“单行文字”按钮 A；

2）命令行：输入 text 或 dtext 后按<Enter>键（快捷命令：dt）；

3）菜单栏：选择“绘图”/“文字”/“单行文字”命令。

执行该命令时，命令行提示如下信息：

```
命令:dtext
当前文字样式:"Standard"  文字高度:2.5000  注释性:否    对正:左
指定文字的起点或[对正(J)/样式(S)]:            //指定文字起点
指定高度<2.5000>:                             //指定文字高度
指定文字的旋转角度<0>:                         //绘图窗口显示文字编辑器,输入相应的文字
```

命令提示的含义如下：

1. 指定文字的起点

在默认情况下，通过指定单行文字行基线的起点位置创建文字，在指定起点位置后，继续输入文字的旋转角度即可进行文字输入。

在输入完成后，按两次<Enter>键或<Ctrl+Enter>组合键，即可结束单行文字的输入。

2. 设置对正方式

在“指定文字的起点或［对正（J）/样式（S）］:”提示后输入 J，可以设置文字的排列方式。此时命令行提示如下信息：

```
[对齐(A)/布满(F)/居中(C)/中间(M)/右对齐(R)/左上(TL)/中上(TC)/右上(TR)/左中(ML)/正中(MC)/右中(MR)/左下(BL)/中下(BC)/右下(BR)]:
```

在 AutoCAD 2018 中，系统为文字提供了多种对正方式，显示效果如图 5-6 所示。

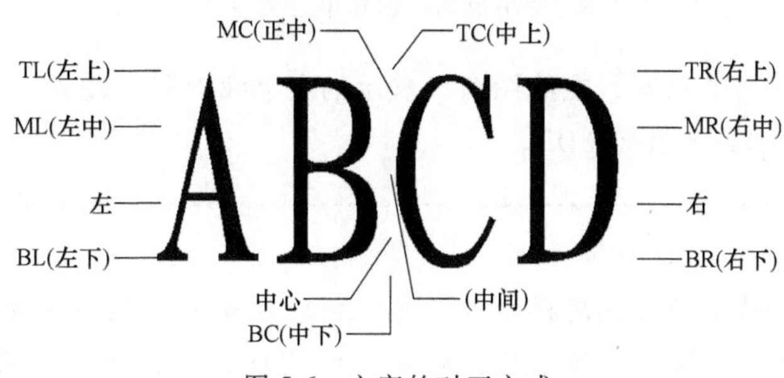

图 5-6　文字的对正方式

知识点 2　使用文字控制符

在实际绘图中，经常需要标注一些特殊的字符，例如，在文字上方或下方加划线、标注度(°)、±、ϕ 等符号。由于这些特殊字符不能由键盘直接输入，因此 AutoCAD 2018 提供了相应的控制符，以实现这些标注要求。

AutoCAD 2018 的控制符由两个百分号（%%）及一个字符构成，常用控制符见表 5-1。

表 5-1　AutoCAD 2018 常用的标注控制符

控制符	功　能	控制符	功　能
%%O	打开或关闭文字上划线	%%P	标注极限偏差(±)符号
%%U	打开或关闭文字下划线	%%C	标注直径(ϕ)
%%D	标注度(°)符号		

在 AutoCAD 2018 的控制符中，%%O 和%%U 分别是上划线和下划线的开关。第一次出现此符号时，可打开上划线或下划线。第二次出现该符号时，则关闭上划线或下划线。

在“输入文字:”提示下输入控制符时，这些控制符也临时显示在屏幕上。当结束文本创建命令时，这些控制符将从屏幕上消失，转换为相应的特殊符号。

绘图练习 2：使用文字样式 Newtext 创建图 5-7 所示的单行文字。

计算机辅助设计

图 5-7　使用控制符创建单行文字（一）

主要操作步骤如下：

1）将先前创建的文字样式“Newtext”置为当前。

2）单击“单行文字”按钮 A 创建单行文字，命令行提示如下：

```
命令：dtext
当前文字样式:"Newtext"当前的文字高度:3.5000　注释性：否
指定文字的起点或[对正(J)/样式(S)]：　　　　//在绘图窗口任意处单击
指定文字的旋转角度<0>：　　　　　　　　　　//指定文字的旋转角度
```

在绘图窗口显示的文字编辑器中输入“%%U 计算机%%U%%O 辅助%%U 设计”。

绘图练习 3：使用文字样式 Newtext 创建图 5-8 所示的单行文字。

直径Φ300，间距300±1.0，角度α=β=γ=30°

图 5-8　使用控制符创建单行文字（二）

操作步骤与绘图练习 2 相同，在绘图窗口显示的文字编辑器中输入“直径%%C300，间距300%%P1.0，角度 $\alpha=\beta=\gamma=30$%%D”。

技巧：

α、β 和 γ 等特殊字符是怎样输入的呢？将输入法切换到中文输入法，在中文输入法工具栏的软键盘上单击鼠标右键，从弹出的快捷菜单中选择“希腊字母”菜单项，如图 5-9 所示。

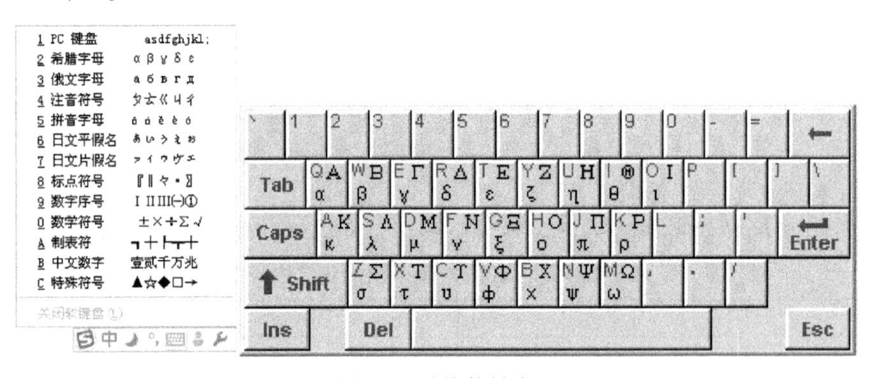

图 5-9　系统软键盘

知识点 3　编辑单行文字

编辑单行文字的执行方式如下：

1）菜单栏：选择“修改”/“对象”/“文字”/“编辑、比例、对正”命令，如图 5-10 所示；

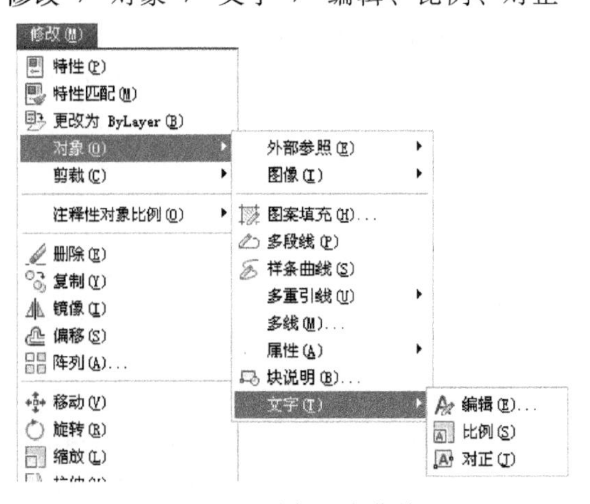

图 5-10　编辑文字菜单

2）命令行：输入 ddedit 后按<Enter>键（快捷命令：ed）。

各选项含义说明如下：

1）编辑（E）：对单行文字的内容进行编辑。

2）比例（S）：用于修改文字的大小。

3）对正（J）：用于修改文字的对正位置。

也可以在文字上双击对文字内容进行编辑。

知识模块 3　创建与编辑多行文字

“多行文字”又称为段落文字，是一种更易管理的文字对象，可以由两行以上的文字组成，而且各行文字都是一个整体。在机械制图中，常使用多行文字功能创建较为复杂的文字说明，例如技术要求等。

知识点 1　创建多行文字

创建多行文字的执行方式如下：

1）功能区：单击“默认”选项卡“注释”面板中的“多行文字”按钮 A 或选择“注释”选项卡“文字”面板中的“多行文字”按钮 A ；

2）命令行：输入 mtext 后按<Enter>键（快捷命令：mt）；

3）菜单栏：选择“绘图”/“文字”/“多行文字”命令。

执行该命令后在绘图窗口中指定一个用来放置多行文字的矩形区域，这时将会打开多行文字编辑器，利用它们可以设置多行文字的样式、字体及大小等属性，如图 5-11 所示。

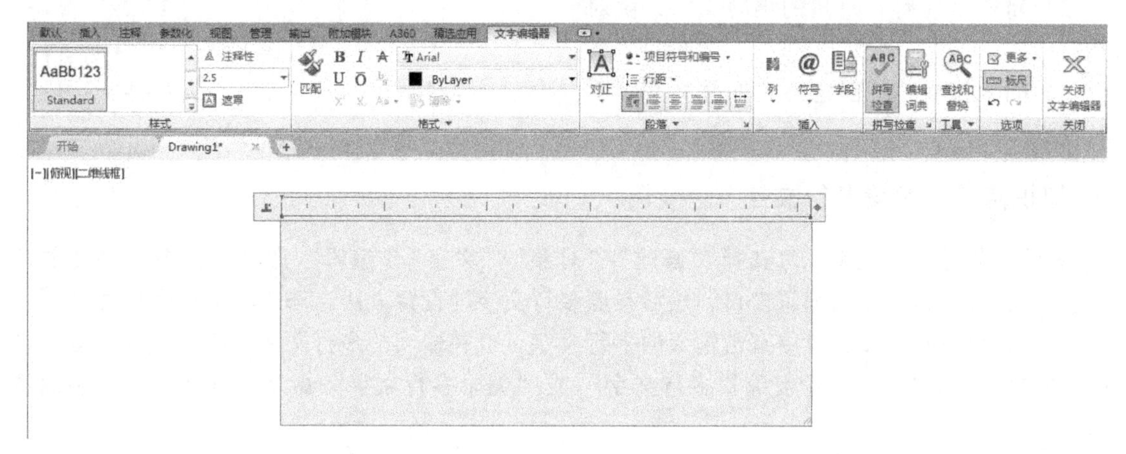

图 5-11　多行文字编辑器

小知识：

矩形边界宽度即为段落文本的宽度，多行文字对象每行中的单字可以自动换行，以适应文字边界的宽度。矩形框底部向下的箭头说明整个段落文本的高度可根据文字的多少自动伸缩，如图 5-12 所示，不受边界高度的限制。

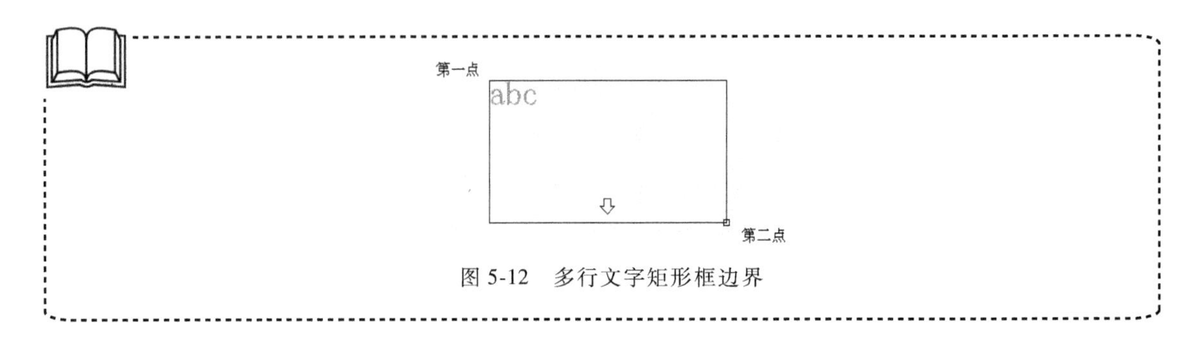

图 5-12　多行文字矩形框边界

在“文字编辑器”选项卡中选择“更多”/“编辑器设置”/“显示工具栏”，可以打开“文字格式”编辑器，如图 5-13 所示。

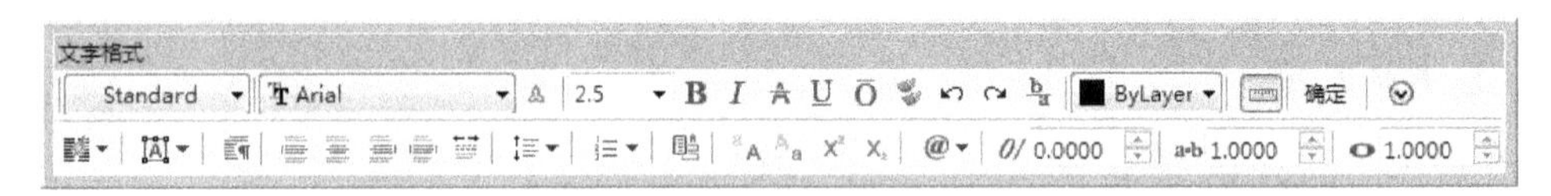

图 5-13　“文字格式”编辑器

创建堆叠文字（一种垂直对齐的文字或分数）。可以先输入要堆叠的数字或字母，然后使用/、#或^分隔。选中要堆叠的字符，单击“文字格式”编辑器中的“堆叠”按钮，文字按照要求自动堆叠，如图 5-14 所示。

堆叠符号的含义如下：

1）斜杠（/）：垂直的堆叠文字，由水平线分隔。

2）磅符号（#）：对角的堆叠文字，由对角线分隔。

3）插入符（^）：创建公差堆叠文字，不用直线分隔。

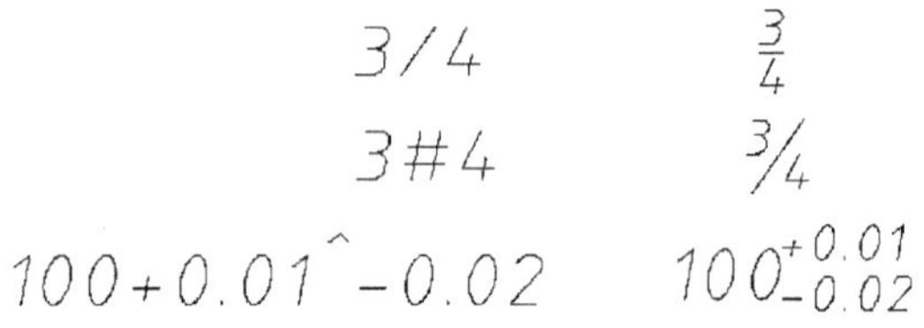

3/4　　$\frac{3}{4}$

3#4　　3/4

100+0.01^-0.02　　$100^{+0.01}_{-0.02}$

图 5-14　文字堆叠效果

知识点 2　编辑多行文字

要编辑创建多行文字，可选择“修改”/“对象”/“文字”/“编辑”命令，并单击创建的多行文字，打开多行文字的编辑窗口，然后参照多行文字的设置方法，修改并编辑多行文字。

用户也可以在绘图窗口中双击输入的多行文字，或在输入的多行文字上单击鼠标右键，在弹出的快捷菜单中选择“重复编辑多行文字”或“编辑多行文字”命令，打开多行文字编辑窗口。

绘图练习 4：使用“Newtext”样式创建图 5-15 所示的多行文字。

主要操作步骤如下：

1）将文字样式“Newtext”置为当前。

2）选择“绘图”/“文字”/“多行文字”命令 A，然后拖动光标，创建一个用来放置多行文字的矩形区域。

3）在文本输入窗口中输入多行文字的内容，如

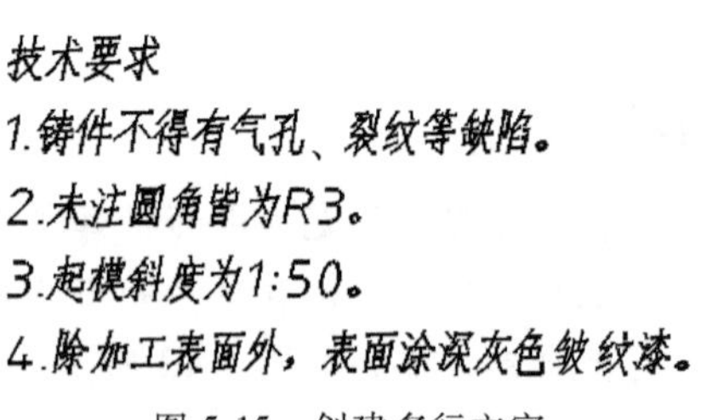

技术要求

1.铸件不得有气孔、裂纹等缺陷。

2.未注圆角皆为R3。

3.起模斜度为1:50。

4.除加工表面外，表面涂深灰色皱纹漆。

图 5-15　创建多行文字

图 5-16所示。

4）单击“确定”按钮，输入的文字将显示在绘图窗口。

知识点 3　文字的查找和替换

单击“文字编辑器”选项卡中的“查找和替换”按钮，弹出图 5-17 所示的“查找和替换”对话框。通过该对话框可以快速地查找和替换文字内容。

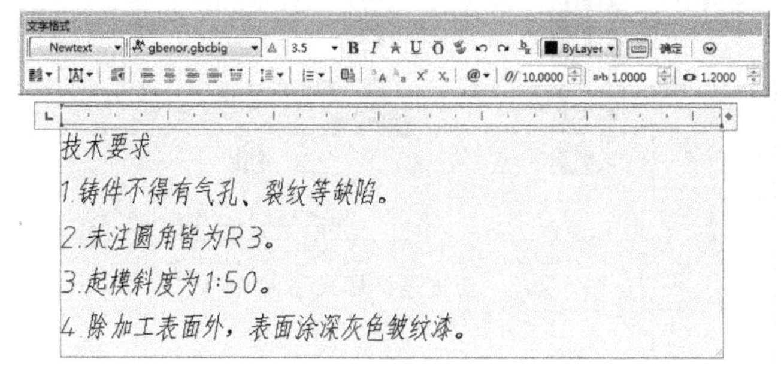

图 5-16　输入多行文字内容

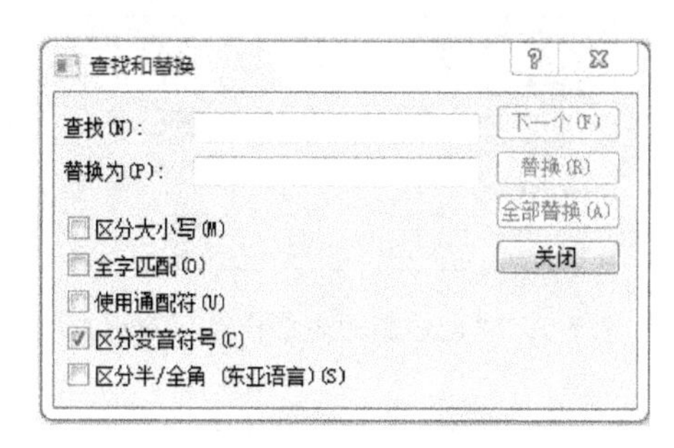

图 5-17　“查找和替换”对话框

知识模块 4　创 建 表 格

表格是在行和列中包含数据的对象。在绘图过程中会大量使用表格，如标题栏和明细表都属于表格的应用。

知识点 1　定义表格样式

和文字样式一样，所有 AutoCAD 2018 图形中的表格都有与其相对应的表格样式。当插入表格对象时，系统使用当前设置的表格样式。表格样式是用来控制表格基本形状的一组设置。

定义表格样式的执行方式如下：

1）功能区：单击“默认”选项卡“注释”面板中的“表格样式”按钮；

2）命令行：输入 tablestyle 后按<Enter>键；

3）菜单栏：选择“格式”/“表格样式”命令。

执行命令，系统弹出“表格样式”对话框，如图 5-18 所示。

通过该对话框可以对表格样式进行新建、修改、删除以及置为当前等操作。单击“新建”按钮，系统弹出“创建新的表格样式”对话框，如图 5-19 所示。

在“创建新的表格样式”对话框中输入新的表格样式名称，在“基础样式”下拉列表中选择一种表格样式作为新的表格样式的默认设置，单击“继续”按钮，弹出“新建表格样式”对话框，如图5-20 所示。

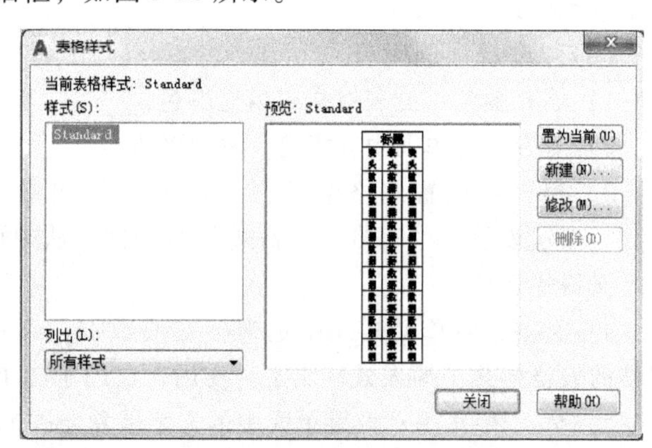

图 5-18　“表格样式”对话框

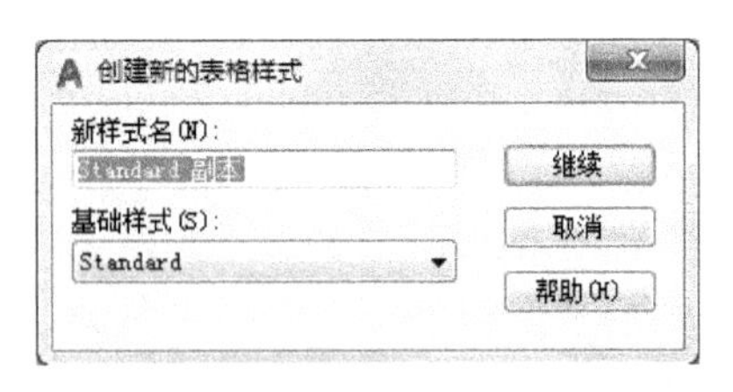

图 5-19 “创建新的表格样式”对话框

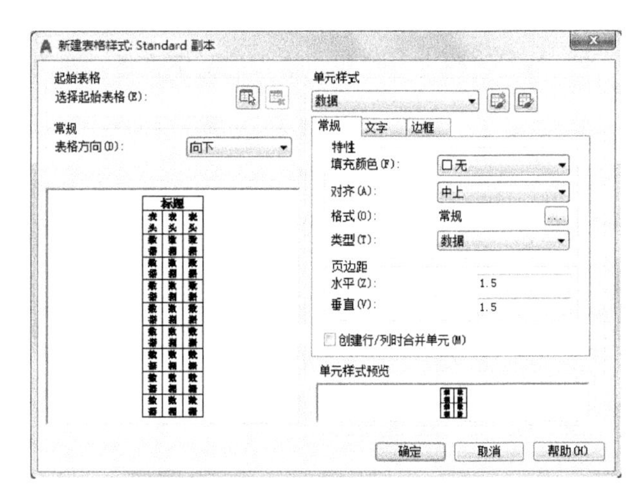

图 5-20 “新建表格样式”对话框

各选项组的含义如下：

(1) “起始表格”选项组　该选项组允许用户在图形中指定一个表格用作样例来设置新的表格样式。单击“选择表格”按钮，进入绘图区选择已有表格。单击“删除表格”按钮，删除已经选择的表格。

(2) “常规”选项组　该选项组用于更改表格的方向，通过“表格方向”下拉列表选择“向下”或“向上”来设置表格方向。“向下”创建由上而下读取的表格，标题行在表格的顶部；“向上”创建的表格与其相反。设置的效果会在预览框中显示。

(3) “单元样式”选项组　该选项组用于定义新的单元样式或修改现有的单元样式。AutoCAD 2018 提供了数据、标题和表头三种单元样式，用户可以根据需要创建新的单元样式。单击“创建新单元样式”按钮，系统弹出“创建新单元样式”对话框，如图 5-21 所示。

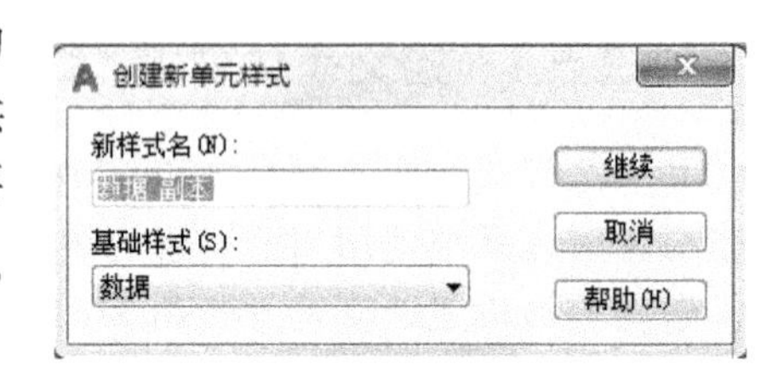

图 5-21 “创建新单元样式”对话框

用户还可以通过“管理单元样式”按钮对单元格式进行新建、删除和重命名操作，如图 5-22 所示。

(4) “单元样式预览”选项组　在预览框中显示创建的表格单元样式。

图 5-22 “管理单元样式”对话框

(5) “常规”选项卡

1) 填充颜色：给表格指定填充颜色。

2) 对齐：为单元内容指定一种对齐方式。

3) 格式：设置表格中各行的数据类型和格式。单击“...”按钮以显示“表格单元格式”对话框，从中可以进一步定义格式选项。

4) 类型：将单元样式指定为标签或数据，在包含起始表格的表格样式中插入默认文字时使用，也用于在工具选项板上创建表格工具的情况。

5) 页边距-水平：设置单元中的文字或块与左右单元边界之间的距离。

6) 页边距-垂直：设置单元中的文字或块与上下单元边界之间的距离。

7）创建行/列时合并单元：将使用当前单元样式创建的所有新行或列合并到一个单元中。

（6）“文字”选项卡

1）文字样式：指定文字样式。选择文字样式，或单击“...”按钮打开“文字样式”对话框并创建新的文字样式。

2）文字高度：指定文字高度。此选项仅在选定文字样式的字高为 0 时可用。如果选定的文字样式指定了固定的文字高度，则此选项不可用。

3）文字颜色：指定文字的颜色。

4）文字角度：设置文字角度。默认的文字角度为 0°，可以输入-359°~359°的任何角度。

（7）“边框”选项卡

1）线宽：设置用于显示边界的线宽。如果使用加粗的线宽，必须修改单元边距才能看到文字。

2）线型：设置线型以应用到指定的边框上。

3）颜色：指定颜色以应用于显示的边界。

4）双线：指定选定的边框为双线型。可以通过在“间距”框中输入值来更改行距。

5）边框显示按钮：可以控制边框线的显示。单击该按钮，对话框中的预览将更新以显示设置后的效果。

知识点 2　新建表格

表格样式创建完成之后，即可使用该样式或系统默认样式来新建表格。

创建表格的执行方式如下：

1）功能区：单击“默认”选项卡“注释”面板中的“表格”按钮；

2）命令行：输入 table 后按<Enter>键（快捷命令：tb）；

3）菜单栏：选择“绘图”/“表格”命令。

执行命令，系统弹出“插入表格”对话框，如图 5-23 所示。

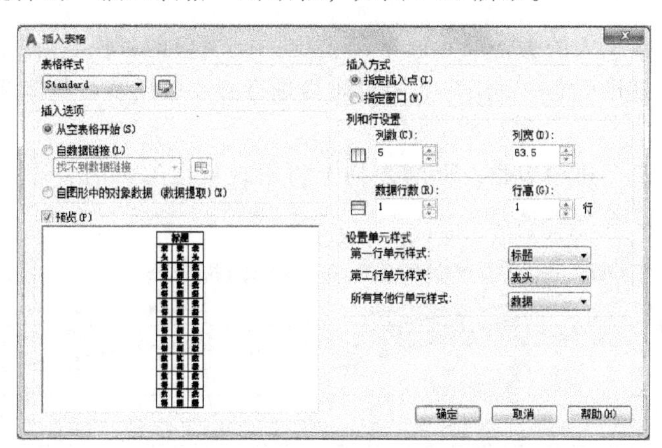

图 5-23　“插入表格”对话框

该对话框中各选项的含义如下：

（1）“表格样式”选项组　用于选择表格样式，也可以单击右侧的按钮新建或修改表格样式。

（2）“插入选项”选项组　指定插入表格的方式。该选项组包含三个单选按钮，说明如下：

1）从空表格开始：创建可以手动填充数据的空表格。

2）自数据链接：使用外部电子表格中的数据创建表格。

3）自图形中的对象数据（数据提取）：可以从输出到表格或外部图形中提取数据来创建表格。

（3）“插入方式”选项组　用于指定插入表格的方式。

1）指定插入点：可以在绘图区中的某点插入固定大小的表格。

2）指定窗口：可以在绘图区中通过指定表格两对角点来创建任意大小的表格。

（4）“列和行设置”选项组　可以通过改变“列数”“列宽”“数据行数”“行高”文本框中的数值来调整表格外观的大小。

（5）“设置单元样式”选项组　对于不包含起始表格的表格样式，可以通过设置“第一行单元样式”“第二行单元样式”和“所有其他行单元样式”选项来指定新表格中行的单元格式。

设置好各项数据后，单击“确定”按钮，并在绘图区指定插入点，即可插入一个表格，然后在此表格中添加相应的文本信息，即完成表格的创建，如图 5-24 所示。

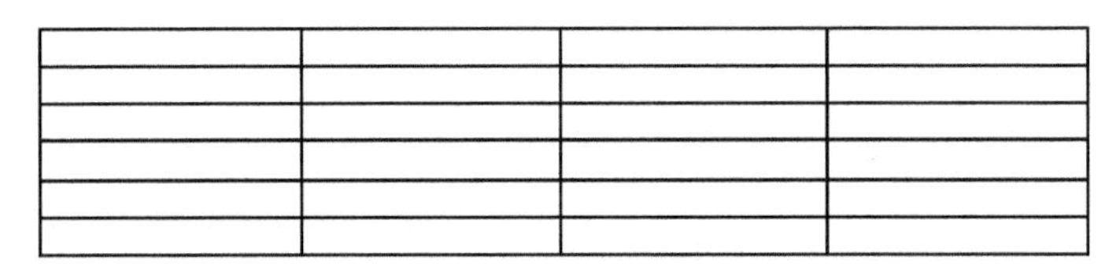

图 5-24　插入表格效果

知识点 3　编辑表格

在添加完表格后，用户可以根据需要对表格整体或表格单元执行拉伸、合并或添加等编辑操作。

1. 编辑表格整体

通过“表格”工具插入的表格尺寸通常都是统一、规整的，但实际上所需要的表格在添加文字内容和其他方面并不统一，用户需要对表格进行必要的调整。整体调整、编辑表格主要有以下两种方法。

（1）表格夹点工具　选中表格，同时表格上将出现用以编辑的夹点，拖动相应的夹点即可对表格进行编辑，如图 5-25 所示。

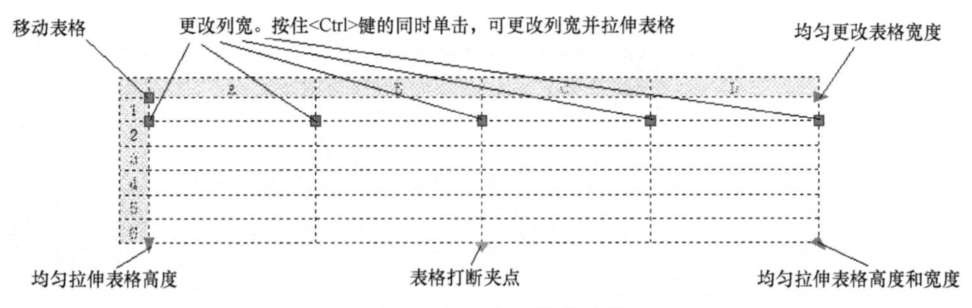

图 5-25　使用夹点编辑表格

（2）表格右键菜单　当选中整个表格时，单击鼠标右键将弹出表格对象的快捷菜单，如

图 5-26 所示。利用弹出的菜单可以对表格进行复制、移动、缩放、均匀调整行列大小等操作。

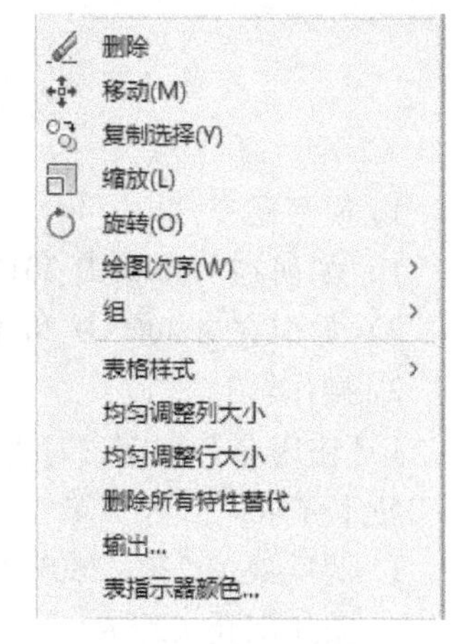

图 5-26　快捷菜单

2. 编辑表格单元

在任意一个表格单元内单击，则打开如图 5-27 所示的表格单元选项板。使用该选项板可以进行如下操作：编辑行和列；合并和取消合并单元；改变单元边框的外观；编辑数据格式和对齐；锁定和解锁编辑单元；插入块、字段和公式；创建和编辑单元样式；将表格链接至外部数据。

进行合并单元操作时，需要选择要合并的多个单元。如果要选择多个单元，可以在单击选中的第一个单元后，按住<Shift>键并在另一个单元内单击，则可以同时选中这两个单元以及它们之间所有的单元。

3. 添加表格内容

完成表格的创建后，需要在表格中添加相应的数据。表格中的内容都是通过表格单元来完成的，表格单元除了可以包含常见的文本信息外，在有些情况下为了更好地表达设计者的意图需要添加一些图片，所以表格单元也可以包含不同的块。

（1）添加数据　创建表格完成后，系统会自动加亮第一个表格单元，此时可以开始输入文字，而且单元的行高会随着文字的高度而改变。按<Tab>键进入下一个单元或使用方向键向上、向下、向左和向右移动选择单元，双击单元格可以编辑文字内容。

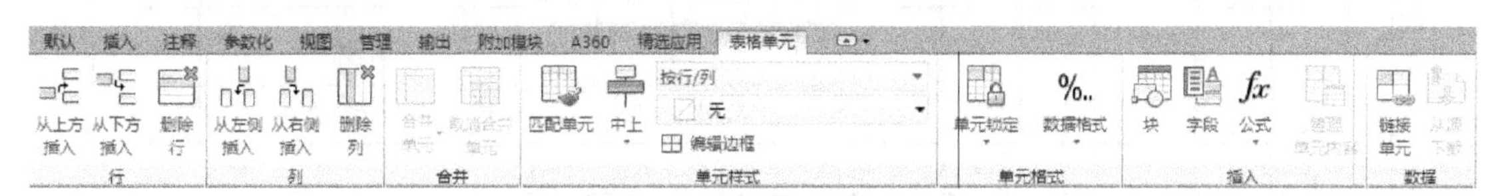

图 5-27　表格单元选项板

（2）添加块　当选中表格单元后，在展开的表格单元选项板中单击“插入块”按钮，将弹出“在表格单元中插入块”对话框，可进行块的插入操作，如图 5-28 所示。在表格单元中插入块时，可以通过特性来控制，使块可以自动使用表格单元的大小，也可以调整单元以适应块的大小，并且可以将多个块插入到同一个表格单元中。

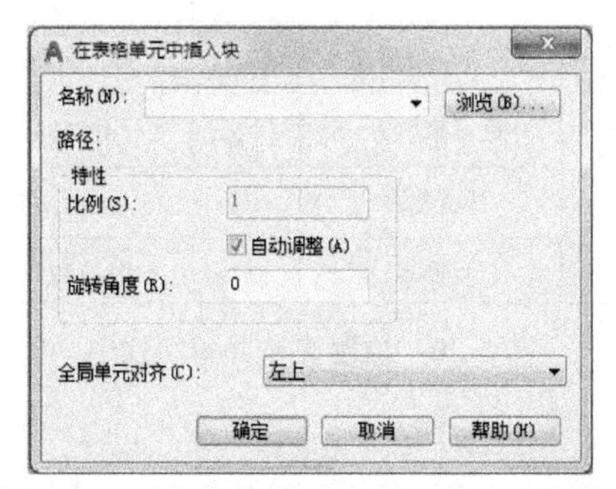

图 5-28　“在表格单元中插入块”对话框

技巧：

要编辑单元格内容，只需双击要修改的文字即可。

【综合训练】

1. 简答题

1）如何在 AutoCAD 2018 中输入 α、β、γ、δ 和 ε 等特殊字符？

2）如何在 AutoCAD 2018 中输入 m^2 符号？

2. 操作题

1）使用多行文字书写以下技术要求。

技术要求

1. 调质处理 230～280HBW。

2. 未注圆角 $R2$～$R3$。

2）创建如图 5-29 所示的标题栏。

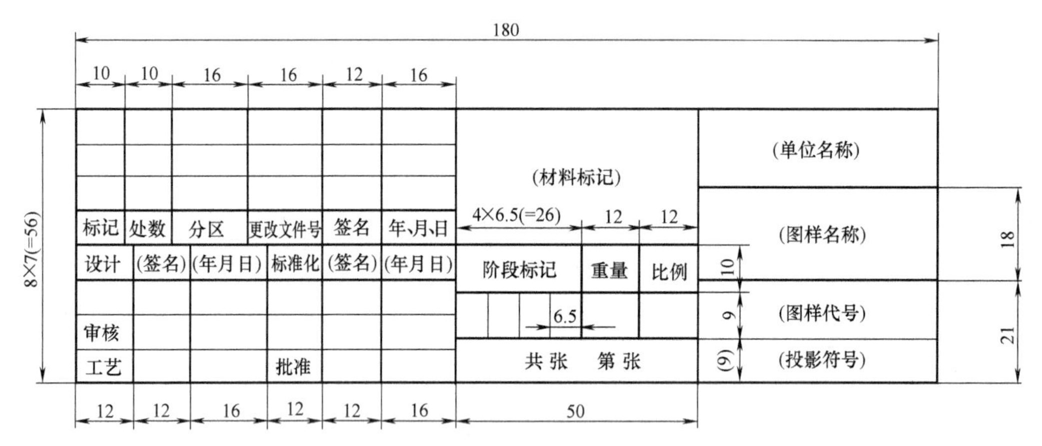

图 5-29 创建标题栏

3）绘制如图 5-30 所示的表格并填写文字，字体为“仿宋体”，字高为 5 和 3。

技术性能	物料堆积密度	γ	2400kg/m^3
	物料最大块度	α	580mm
	许可环境温度	t	−30～45℃
	许可牵引力	F_X	45000N
	调速范围	v	≤120r/min
	生产率	η	110～180m^3/h

图 5-30 绘制表格并填写文字

单元6　尺 寸 标 注

学习目标：

1. 了解尺寸标注的组成和规定。
2. 掌握尺寸标注样式的设置方法。
3. 掌握基本尺寸⊖标注、公差标注和特殊尺寸标注等尺寸的创建方法。
4. 掌握编辑标注、编辑标注文字、设置标注间距的方法。

知识模块1　尺寸标注的组成和规定

尺寸标注是一项极为重要、严肃的工作，必须严格遵守国家相关标准和规范，了解尺寸标注的规则和尺寸的组成元素以及尺寸的标注方法。

知识点1　尺寸标注的组成

一个完整的尺寸标注由尺寸界线、尺寸线、标注文字、箭头等部分组成，如图6-1所示。

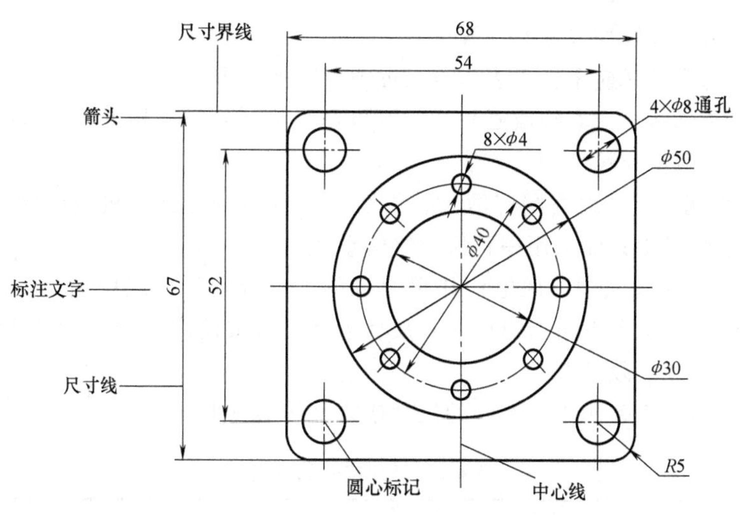

图6-1　尺寸标注的组成

各选项含义如下：

1）标注文字：表明图形的实际测量值。文字还可以包含前缀、后缀和公差。

2）尺寸线：用于指示标注的方向和范围。对于角度标注，尺寸线是一段圆弧。

3）箭头：在尺寸线两端，用以表明尺寸线的起始位置。

4）尺寸界线：从图形的轮廓线、轴线或对称中心线引出，有时也可以利用轮廓线代替，

⊖　在GB/T 1800. 1—2009中，应为公称尺寸，为与软件一致，本单元采用基本尺寸。

用以表示尺寸起始位置。一般情况下，尺寸界线应与尺寸线垂直。

5）圆心标记：标注圆或圆弧的中心位置。

6）中心线：是标记圆或圆弧的圆心的打断线。

在 AutoCAD 2018 中，标注通常独立设置为标注图层。所有标注线统一设置在一个图层中。

知识点 2　尺寸标注的规定

在《机械制图》国家标准中，对尺寸标注的基本规则、尺寸线、尺寸界线、标注尺寸的符号等都有详细的规定。

1. 尺寸标注规定

1）机件的真实大小应以图样上所注的尺寸数值为依据，与图形的大小及绘图的准确度无关。

2）图样中（包括技术要求和其他说明）的尺寸，以 mm 为单位时，不需标注计量单位的代号或名称，如采用其他单位，则必须注明相应计量单位的代号或名称。

3）图样中所标注的尺寸，为该图样所示机件的最后完工尺寸，否则应另加说明。

4）机件的每一尺寸一般只标注一次，并应标注在反映该结构最清晰的图形上。

5）尺寸的配置要合理，功能尺寸应该直接标注。同一要素的尺寸要尽可能集中标注，如槽的深度和宽度等。尽量避免在不可见的轮廓线上标注尺寸，不允许任何图线穿过数字，必要时可以将图线断开。

2. 尺寸标注要素的规定

（1）尺寸线和尺寸界线

1）尺寸线和尺寸界线均以细实线画出。

2）线性尺寸的尺寸线应平行于表示其长度或距离的线段。

3）图形中的轮廓线、中心线或延长线，可以作为尺寸界线但是不能用作尺寸线。

4）尺寸界线一般应与尺寸线垂直。

（2）尺寸线终端　尺寸线终端有箭头、斜线、点等多种形式。机械制图中使用较多的是箭头和斜线。一个图形中只能采用一种尺寸终端形式。

（3）标注文字　标注文字一般标注在尺寸线的上方或者尺寸线中断处。一个图形中尺寸数字的字号应一致，位置不够可引出标注。尺寸数字不可被任何线穿过，当尺寸数字不可避免被图线穿过时，此图线必须断开。

标注文字的前缀用来表示不同类型的尺寸或含义见表 6-1。

表 6-1　尺寸符号的意义

符号	意义	举例	符号	意义	举例
ϕ	表示直径	ϕ20	×	参数分隔符	3×ϕ12
R	表示半径	R10	±	表示正负偏差	±0. 18
S	表示球面	SR10	□	表示正方形	□15×15
M	表示螺纹	M16	⊔	沉孔或锪平	⊔ϕ26
t	薄板件厚度	t2	∨	埋头孔	∨ϕ13×90°
C	45°倒角	C1. 5	↧	深度	↧5

知识模块 2　尺寸标注样式

在 AutoCAD 2018 中，使用标注样式可以控制标注的格式和外观，建立强制执行的绘图标准，并有利于对标注格式及用途进行修改。

知识点 1　设置尺寸标注样式

“标注样式”命令的执行方式如下：

1）功能区：单击“默认”选项卡“注释”面板中的“标注样式”按钮；

2）命令行：输入 dimstyle 后按<Enter>键（快捷命令：d）；

3）菜单栏：选择“格式”/“标注样式”命令。

执行上述操作后，系统打开“标注样式管理器”对话框，如图 6-2 所示。

该对话框中各选项的含义如下：

1）当前标注样式：显示当前标注样式的名称。默认标注样式为 ISO-25。

2）“样式”列表：列出图形中的标注样式。在列表中选择样式，单击鼠标右键，弹出快捷菜单，可用于置为当前、重命名和删除样式，但是不能删除当前样式或当前图形使用的样式。

3）“列出”下拉列表：在列表中控制样式的显示。

4）“不列出外部参照中的样式”复选框：如果选择此选项，在“样式”列表中将不显示外部参照图形的标注样式。

5）“置为当前”按钮：将在“样式”下选定的标注样式设置为当前样式。当前样式将应用于所创建的标注。

6）“新建”按钮：单击此按钮，显示“创建新标注样式”对话框，从中可以定义新的标注样式。

7）“修改”按钮：单击此按钮，显示“修改标注样式”对话框，从中可以修改标注样式。

8）“替代”按钮：单击此按钮，显示“替代当前样式”对话框，从中可以设置标注样式的临时替代值。

9）“比较”按钮：单击此按钮，显示“比较标注样式”对话框，从中可以比较两个标注样式或列出一个标注样式的所有特性。

在“标注样式管理器”对话框中单击“新建”按钮，在打开的“创建新标注样式”对话框中创建新标注样式，如图 6-3 所示。

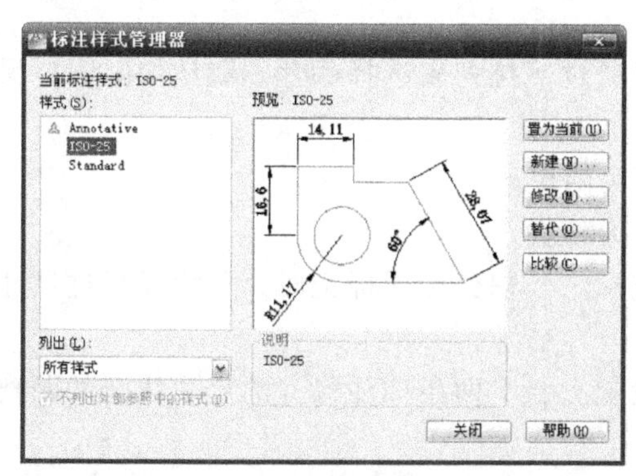

图 6-2　“标注样式管理器”对话框

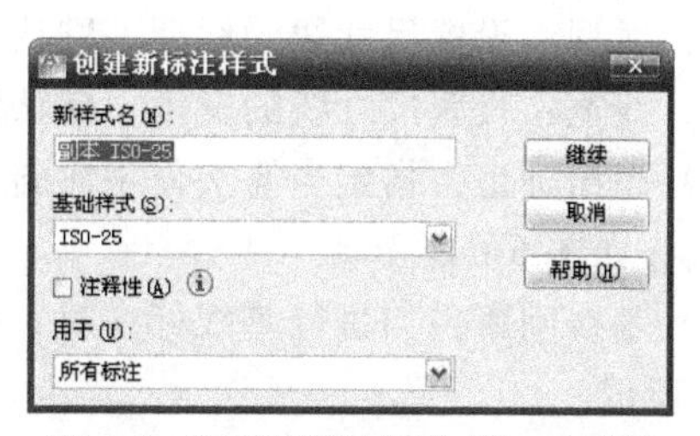

图 6-3　“创建新标注样式”对话框

该对话框中各选项的含义如下：

1）“新样式名”文本框：用于输入所要创建的新标注样式的名称。

2）“基础样式”下拉列表：用于选择一种基础样式，新样式将在该样式的基础上进行修改。

3）“注释性”复选框：设置是否创建注释行标注。

4）“用于”下拉列表：指定该新建标注样式的使用范围，默认为“所有标注”，在该下拉列表框中列出了当前所有可适用的范围，如图 6-4 所示。

设置好新样式名、基础样式和使用范围后，单击“继续”按钮，就会弹出“新建标注样式”对话框，如图 6-5 所示。

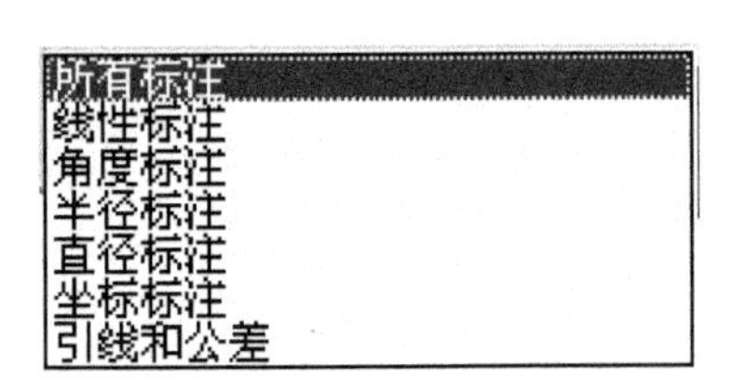

图 6-4　新标注样式的适用范围

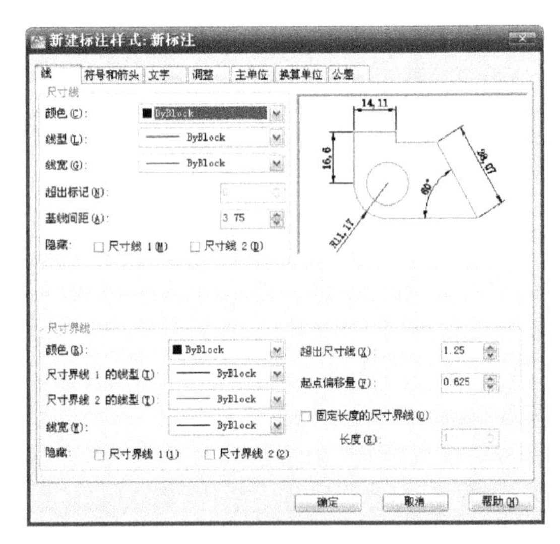

图 6-5　“新建标注样式”对话框

利用该对话框，用户可以对新建的标注样式进行具体的设置。

知识点 2　设置线

在“新建标注样式”对话框中，使用“线”选项卡，可以设置尺寸标注的尺寸线和尺寸界线的特性，如图 6-5 所示。

1. 设置尺寸线

在“尺寸线”选项组中，可以设置尺寸线的颜色、线型、线宽、超出标记和基线间距等属性。

1）颜色：显示并设置尺寸线的颜色。可以通过下拉列表选择颜色。默认情况下，尺寸线的颜色随块。

2）线型：设置尺寸线的线型，默认情况下为随块。

3）线宽：设置尺寸线的宽度，默认情况下为随块。

4）超出标记：指定当箭头使用倾斜、建筑标记、积分和无标记时，尺寸线超过尺寸界线的距离，如图 6-6 所示。

5）基线间距：当进行基线标注时，用于设置上、下两条标注尺寸的尺寸线间的距离，如图 6-7 所示。

6）隐藏：用于控制是否显示第一条和第二条尺寸线，如图 6-8 所示。

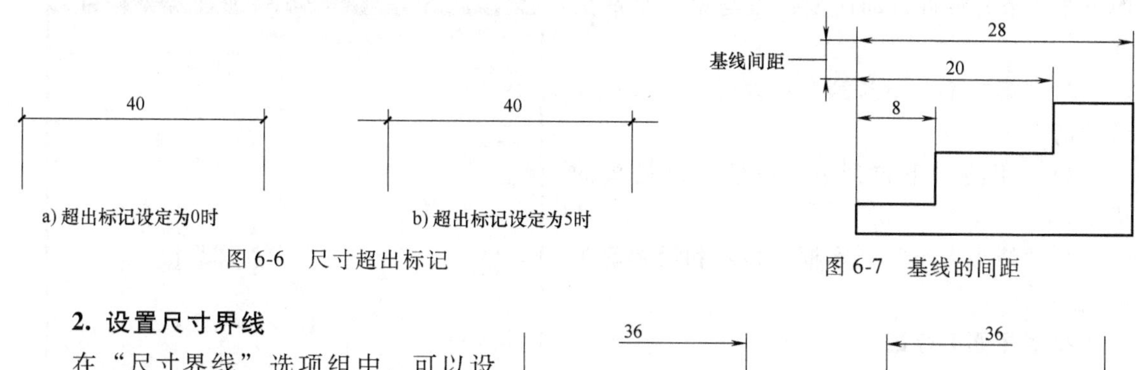

图 6-6 尺寸超出标记

图 6-7 基线的间距

2. 设置尺寸界线

在“尺寸界线”选项组中，可以设置尺寸界线的颜色、线型、线宽、超出尺寸线的长度和起点偏移量，以及隐藏控制等属性。

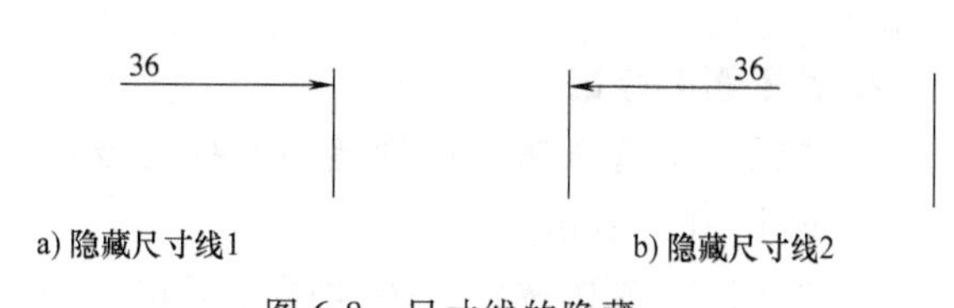

图 6-8 尺寸线的隐藏

1）颜色：显示并设置尺寸界线的颜色。可以通过下拉列表选择颜色，默认情况下，尺寸线的颜色随块。

2）尺寸界线 1 的线型/尺寸界线 2 的线型：用于设置尺寸界线 1、2 的线型。

3）超出尺寸线：用于设置尺寸界线超出尺寸线的距离，如图 6-9 所示。

4）起点偏移：用于设置尺寸界线的起点与标注图形之间的距离，如图 6-9 所示。

5）线宽：设置尺寸界线的线宽。

6）隐藏：用于控制是否显示标注线两侧的尺寸界线，如图 6-10 所示。

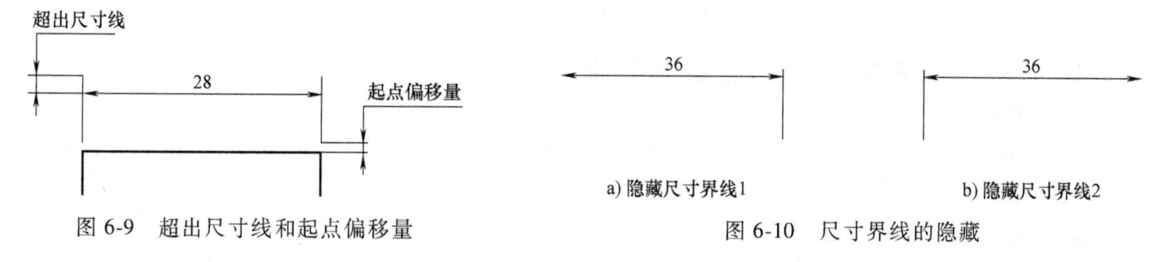

图 6-9 超出尺寸线和起点偏移量

图 6-10 尺寸界线的隐藏

7）固定长度的尺寸界线：用于设置一个数值，以固定尺寸界线的长度，如图 6-11 所示。

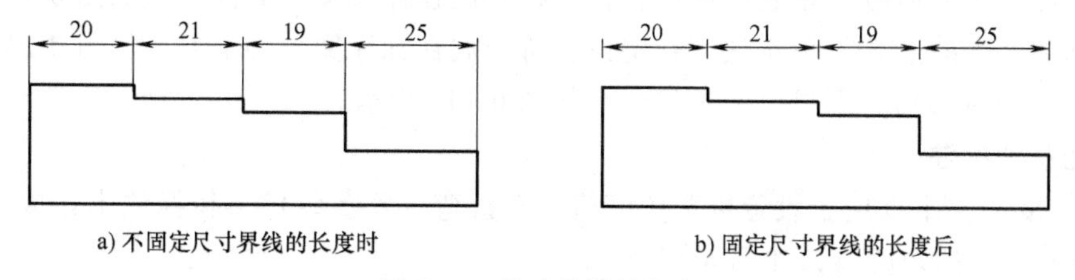

图 6-11 尺寸界线的长度

知识点 3 设置符号和箭头

单击“符号和箭头”按钮，切换到“符号和箭头”选项卡中，如图 6-12 所示。

1. 设置箭头

1）“第一个”下拉列表：设置第一条尺寸线的箭头。为了满足不同类型的图形标注需要，AutoCAD 2018 设置了 20 多种箭头样式，可以从下拉列表中选取。当改变第一个箭头的类型时，第二个箭头将自动改变，以与第一个箭头匹配。

2）“第二个”下拉列表：设置第二条尺寸线的箭头。

3）“引线”下拉列表：设置引线箭头的类型。

4）“箭头大小”文本框：显示和设置箭头的大小。

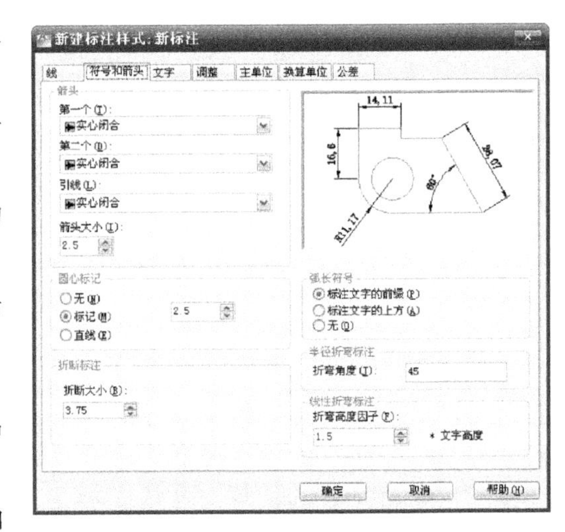

图 6-12 “符号和箭头”选项卡

2. 设置圆心标记

1）“无”单选按钮：不创建圆心标记或中心线，如图 6-13a 所示。

2）“标记”单选按钮：创建圆心标记，如图 6-13b 所示。

3）“直线”单选按钮：创建中心线，如图 6-13c 所示。

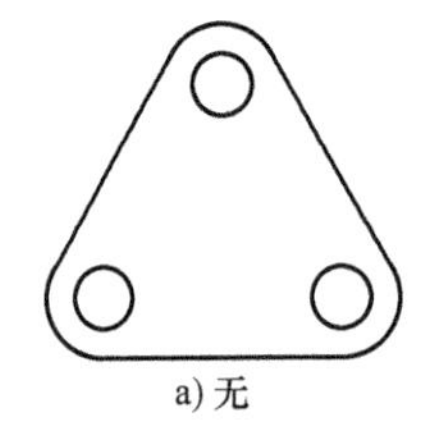

a) 无

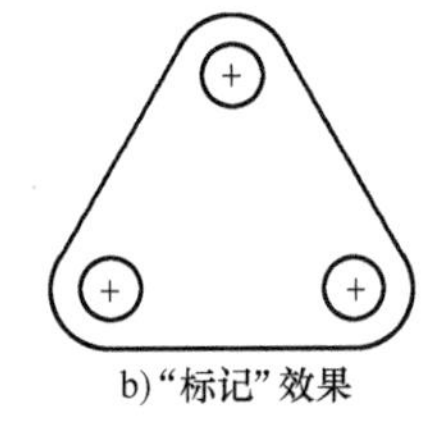

b)“标记”效果

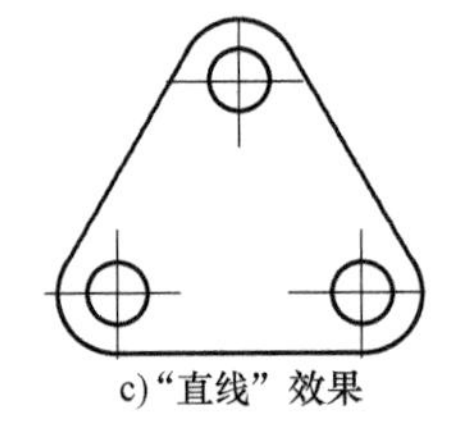

c)“直线”效果

图 6-13 设置圆心标记

4）数值：显示和设置圆心标记或中心线的大小。

3. 折断标注

“折断标注”选项区用于控制折断标注的间距宽度。“折断大小”下拉列表用于显示和设置折断标注的大小。

4. 弧长符号

“弧长符号”用于控制弧长标注中圆弧符号的显示。

1）“标注文字的前缀”单选按钮：将弧长符号放在标注文字的前面，如图 6-14a 所示。

2）“标注文字的上方”单选按钮：将弧长符号放在标注文字的上面，如图 6-14b 所示。

3）“无”单选按钮：不显示弧长符号，如图 6-14c 所示。

5. 半径折弯标注

“折弯角度”文本框用于设置折弯角度值，即折弯（Z 字型）半径标注中连接尺寸界线和尺寸线的横向直线的角度值，如图 6-15 所示。

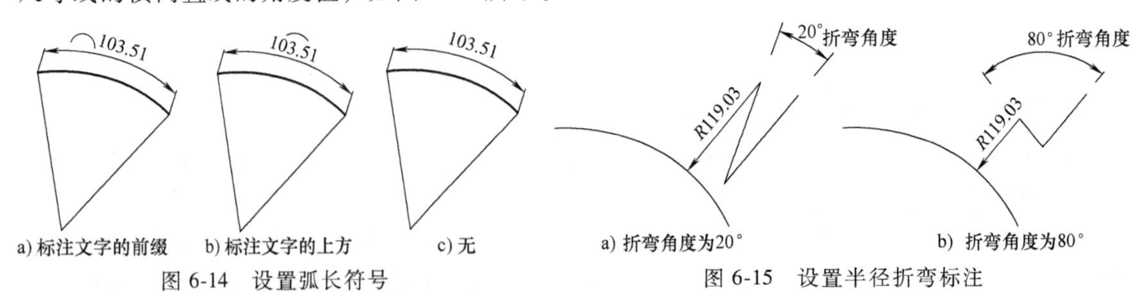

a) 标注文字的前缀 b) 标注文字的上方 c) 无

图 6-14 设置弧长符号

a) 折弯角度为20° b) 折弯角度为80°

图 6-15 设置半径折弯标注

6. 线性折弯标注

用于设置线性标注折弯的高度，在“折弯高度因子”文本框中输入折弯符号的高度因子，则该值与尺寸数字高度的乘积即为折弯高度。线性尺寸的折弯标注表示图形中的实际测量值与标注的实际尺寸不同，如图6-16所示。

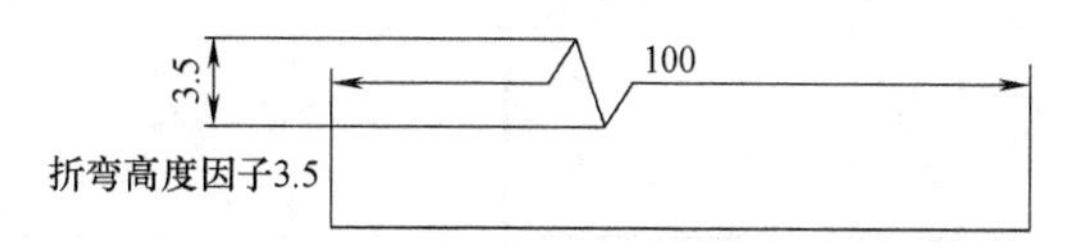

图6-16　设置线性折弯标注

知识点4　设置文字

在“新建标注样式”对话框中，使用“文字”选项卡，用户可以设置文字外观、文字位置和文字对齐方式，如图6-17所示。

1. 文字外观

1）“文字样式”下拉列表：显示和设置当前文字样式。从下拉列表中可以选择一种样式。若要创建和修改文字样式，可以单击列表旁的[...]按钮，打开“文字样式”对话框进行选择。

2）“文字颜色”下拉列表：设置标注文字的颜色。

3）“填充颜色”下拉列表：设置标注文字背景的颜色。

4）“文字高度”文本框：设置当前标注文字样式的高度，在文本框中输入值。如果在“文字样式”中将文字高度设置为固定值，文字样式高度大于0，则该高度将替代此处设置的文字高度。

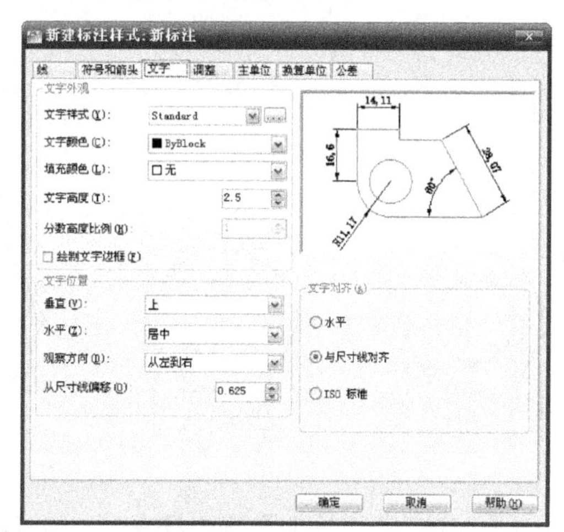

图6-17　“文字”选项卡

如果要使用在“文字”选项卡中设置的高度，应确保将“文字样式”中的文字高度设置为0。

5）“分数高度比例”文本框：设置相对于标注文字的分数比例。仅当在“主单位”选项卡中选择“分数”作为“单位格式”时，此选项才可用。在此处输入的值乘以文字高度，可确定标注分数相对于标注文字的高度。

6）“绘制文字边框”复选框：选择此选项，将在标注文字周围绘制一个边框。

2. 文字位置

1）“垂直”下拉列表：用于控制标注文字相对尺寸线的垂直位置，包括“上”“居中”“外部”“JIS”和“下”选项，如图6-18所示。

小知识：

“JIS”表示参照JIS（日本工业标准）放置文字，即总是把文字水平放于尺寸线上方，不考虑标注文字是否与尺寸线平行。

2）“水平”下拉列表：用于控制标注文字在尺寸线上相对于尺寸界线的水平位置，包括“居中”“第一条尺寸界线”“第二条尺寸界线”“第一条尺寸界线上方”“第二条尺寸界线上方”选项，如图6-19所示。

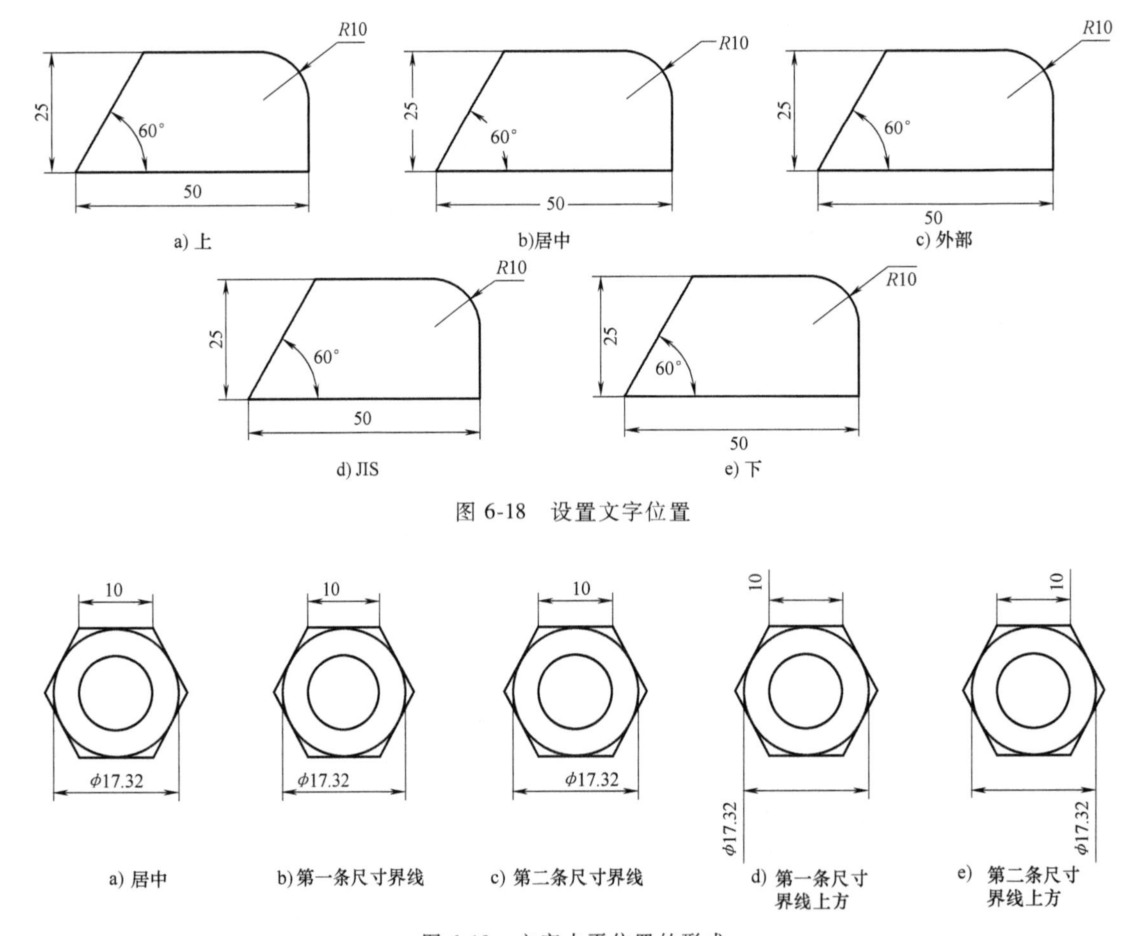

图 6-18　设置文字位置

图 6-19　文字水平位置的形式

3）“观察方向”下拉列表：控制标注文字的观察方向。

4）“从尺寸线偏移”文本框：用于设置标注文字与尺寸线之间的距离。若标注文字位于尺寸线的中间，则表示尺寸线断开处的端点与标注文字间的距离，如图 6-20 所示。

3. 文字对齐

1）“水平”单选按钮：无论尺寸线为何种方向，文字均水平放置，如图 6-21a 所示。

2）“与尺寸线对齐”单选按钮：文字方向与尺寸线方向一致，如图 6-21b 所示。

3）“ISO 标准”单选按钮：当文字在尺寸界线内时，文字与尺寸线平行；当文字在尺寸界线外时，文字水平排列，如图 6-21c 所示。

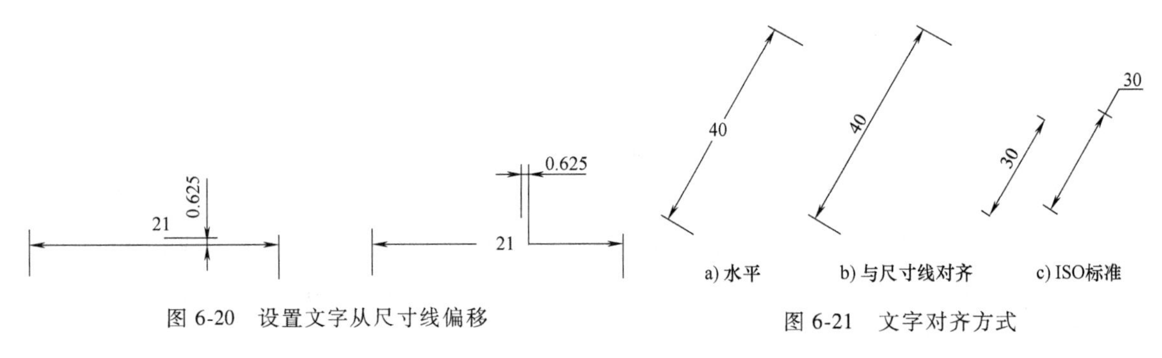

图 6-20　设置文字从尺寸线偏移

图 6-21　文字对齐方式

知识点5　设置调整

使用“调整”选项卡，用户可以设置标注文字、尺寸线和箭头的位置，如图6-22所示。

1. 调整选项

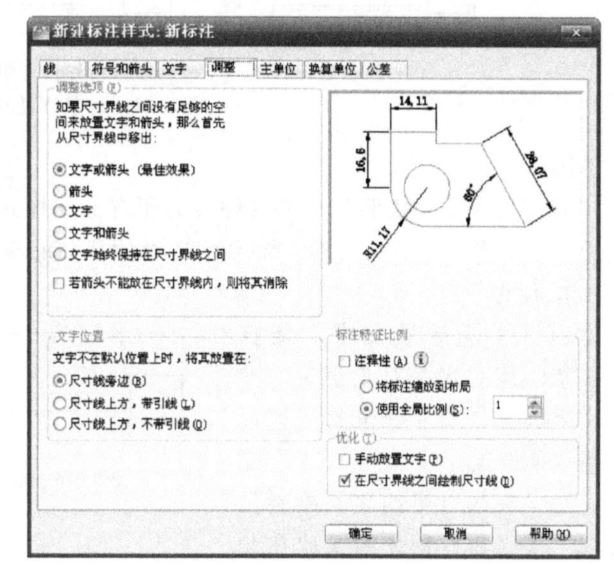

图6-22　“调整”选项卡

1）“文字或箭头（最佳效果）”单选按钮：按最佳布局将文字或箭头移动到尺寸界线外部。当尺寸界线间的距离足够放置文字和箭头时，文字和箭头都放在尺寸界线内。否则，将按照最佳效果移出文字或箭头，如图6-23a所示。

2）“箭头”单选按钮：当尺寸界线间的空间不足时，首先将箭头移动到尺寸界线外部，然后移动文字，如图6-23b所示。

3）“文字”单选按钮：当尺寸界线间的空间不足时，首先将文字移动到尺寸界线外部，然后移动箭头，如图6-23c所示。

4）“文字和箭头”单选按钮：当尺寸界线间的距离不足以放下文字和箭头时，文字和箭头都将移动到尺寸界线外，如图6-23d所示。

5）“文字始终保持在尺寸界线之间”单选按钮：始终将文字放在尺寸界线之间，如图6-23e所示。

6）“若箭头不能放在尺寸界线内，则将其消除”复选框：如果尺寸界线内没有足够的空间，则隐藏箭头。

2. 文字位置

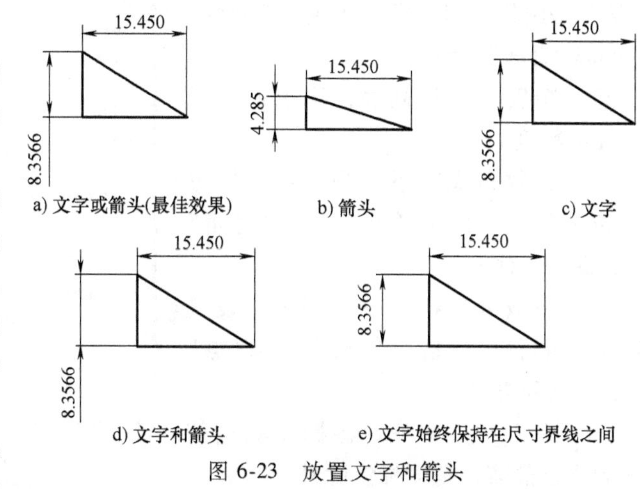

a) 文字或箭头(最佳效果)　b) 箭头　c) 文字　d) 文字和箭头　e) 文字始终保持在尺寸界线之间

图6-23　放置文字和箭头

1）“尺寸线旁边”单选按钮：如果选定，只要移动标注文字，尺寸线就会随之移动，如图6-24a所示。

2）“尺寸线上方，带引线”单选按钮：如果选定，移动文字，尺寸线将不会移动。如果将文字从尺寸线上移开，将创建一条连接文字和尺寸线的引线，如图6-24b所示。当文字非常靠近尺寸线时，将省略引线。

3）“尺寸线上方，不带引线”单选按钮：如果选定，移动文字时尺寸线不会移动。远离尺寸线的文字不与带引线的尺寸线相连，如图6-24c所示。

3. 标注特性比例

1）“注释性”复选框：可以将该标注定义成可注释对象。

2）“将标注缩放到布局”单选按钮：根据当前模型空间视口和图纸空间之间的比例确定

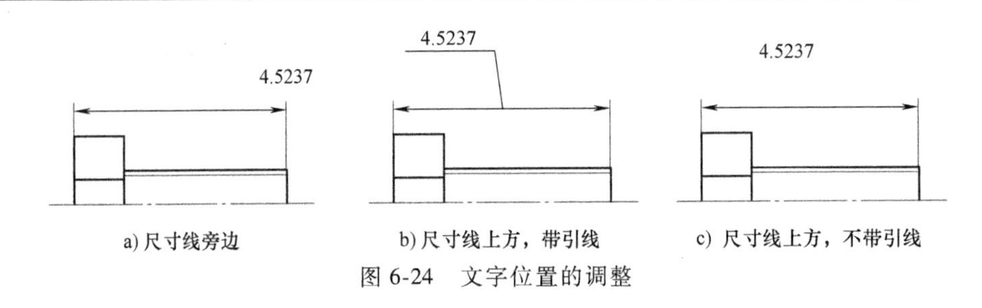

图 6-24　文字位置的调整

比例因子。

3）“使用全局比例”单选按钮：为所有标注样式设置一个比例，这些设置指定了大小或间距，包括文字和箭头大小，如图 6-25 所示。该缩放比例并不改变标注的测量值。

4. 优化

1）“手动放置文字”复选框：忽略所有水平对正设置，并把文字放在“尺寸线位置”提示下指定的位置。

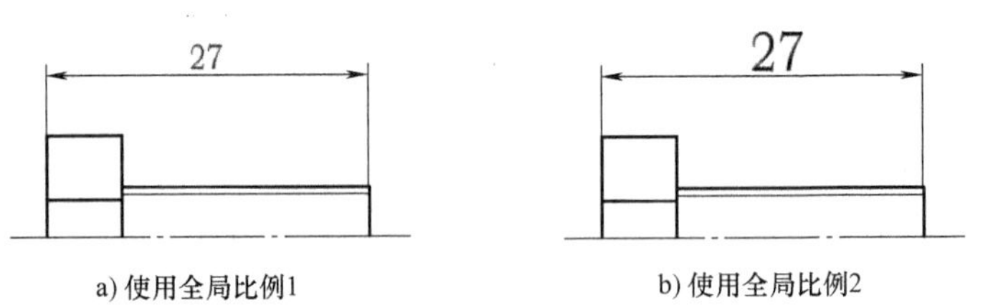

图 6-25　标注特征比例

2）“在尺寸界线之间绘制尺寸线”复选框：即使箭头放在测量点之外，也在测量点之间绘制尺寸线。

知识点 6　设置主单位

使用“主单位”选项卡，用户可以设置主单位的格式与精度等属性，如图 6-26 所示。

1. 线性标注

1）“单位格式”下拉列表：用于选择线性标注所采用的单位格式，包括“科学”“小数”“工程”“建筑”“分数”“Windows 桌面”选项。

2）“精度”下拉列表：用于选择线性标注的精度。

3）“分数格式”下拉列表：设置分数单位的格式，包括“水平”“对角”“非堆叠”三种方式。

4）“小数分隔符”下拉列表：设置小数的分隔符，包括“句点”“逗点”“空格”三种方式。

5）“舍入”文本框：将标注测量值舍入到指定的值，角度标注除外。

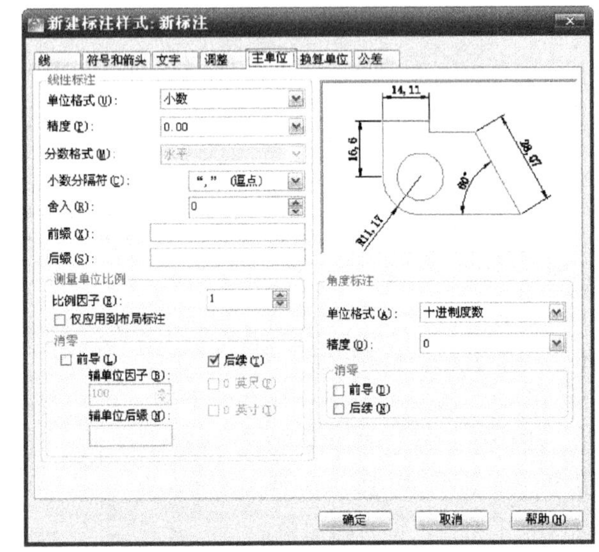

图 6-26　“主单位”选项卡

6）“前缀”“后缀”文本框：设置标注文字的前缀或后缀，用户在相应的文本框中输入字符即可。

2. 测量单位比例

1）“比例因子”文本框：设置线性标注测量值的比例因子，AutoCAD 2018 将标注测量值与此处输入的值相乘。例如：如果输入 2，AutoCAD 2018 将把 1mm 的测量值显示为 2mm。该值不应用到角度标注。

2）“仅应用到布局标注”复选框：仅将线性比例因子应用于布局视口中创建的标注。除特殊情形外，此设置应保持关闭状态。

3. 消零

“消零”选项用于控制是否禁止输出前导零和后续零。

1）“前导”复选框：禁止输出所有十进制标注中的前导零，如 0. 5000 输出 . 5000。

2）“后续”复选框：禁止输出所有十进制标注中的后续零，如 0. 5000 输出 0. 5。

3）“辅单位因子”文本框：将辅单位的数量设置为一个单位。它用于在距离小于一个单位时以辅助单位为单位计算标注距离。

4）“辅单位后缀”文本框：在标注文字辅单位中包含后缀，可以输入文字或使用控制代码显示特殊符号。例如输入 cm，可将 0. 96m 显示为 96cm。

5）“0 英尺”复选框：当距离为英尺整数时，不输出英尺-英寸型标注中的英寸部分。例如，1ft-0in 输出 1ft。

6）“0 英寸”复选框：当距离小于 1ft 时，不输出英尺-英寸型标注中的英尺部分。例如，0ft-6 1/2in 输出 6 1/2in。

4. “角度标注”选项组

1）“单位格式”下拉列表：设置角度标注的单位格式，如十进制角度、度/分/秒、百分度、弧度等。

2）“精度”下拉列表：设置角度标注的尺寸精度。

3）“消零”选项组：控制不输出前导零或后续零。

知识点 7 设置换算单位

在“新建标注样式”对话框中，使用“换算单位”选项卡可以设置换算单位的格式，如图 6-27 所示。

在 AutoCAD 2018 中，通过换算标注单位，可以转换使用不同测量单位制的标注，通常是显示公制标注的等效英制标注，或英制标注的等效公制标注。在标注文字中，换算标注单位显示在主单位旁边的“[ ]”中，如图 6-28 所示。

设置换算单位的格式、精度、舍入、前缀、后缀和消零的方法与设置主单位的方法相同。换算单位的位置可以在主单位的后面和下方。

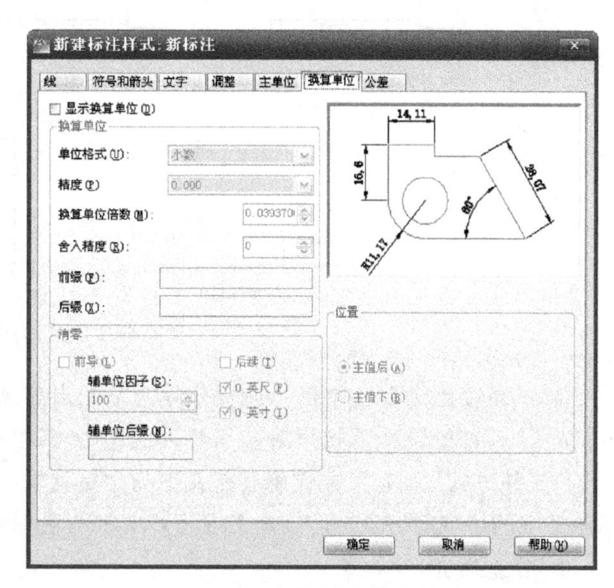

图 6-27 “换算单位”选项卡

知识点 8 设置公差

在“新建标注样式”对话框中，使用“公差”选项卡可以设置是否在尺寸标注中标注公差，如图 6-29 所示。

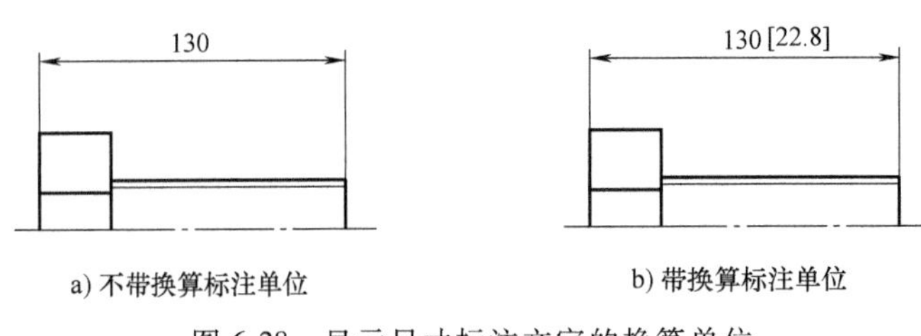

a) 不带换算标注单位　　b) 带换算标注单位

图 6-28　显示尺寸标注文字的换算单位

1. 公差格式

1）“方式”下拉列表：设置标注公差的类型。“无”方式将关闭公差显示；公差的上、下极限偏差值相同时，使用“对称”的方式；公差的上、下极限偏差值不同时，使用“极限偏差”方式；“极限尺寸”方式将显示上极限尺寸和下极限尺寸；使用“基本尺寸”方式时，在标注文字周围绘制一个框，这种方式常用于理论上精确的尺寸，如图 6-30 所示。

2）“精度”下拉列表：设置公差值的小数位数。

3）“上偏差”文本框：设置尺寸的最大公差或上极限偏差。

4）“下偏差”文本框：设置尺寸的最小公差或下极限偏差。

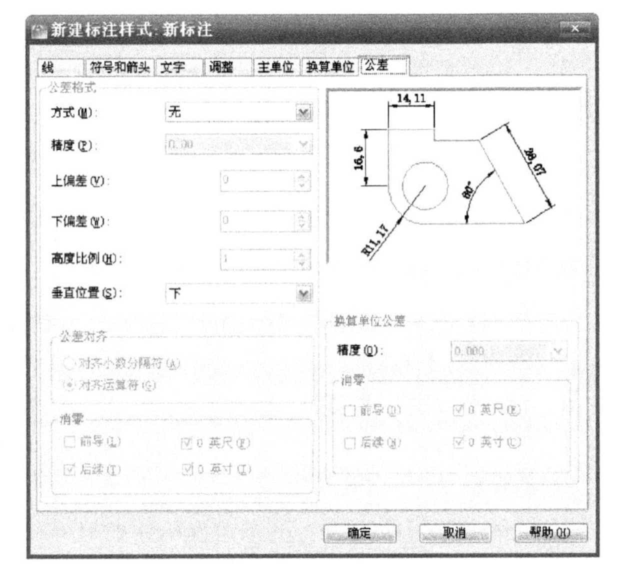

图 6-29　“公差”选项卡

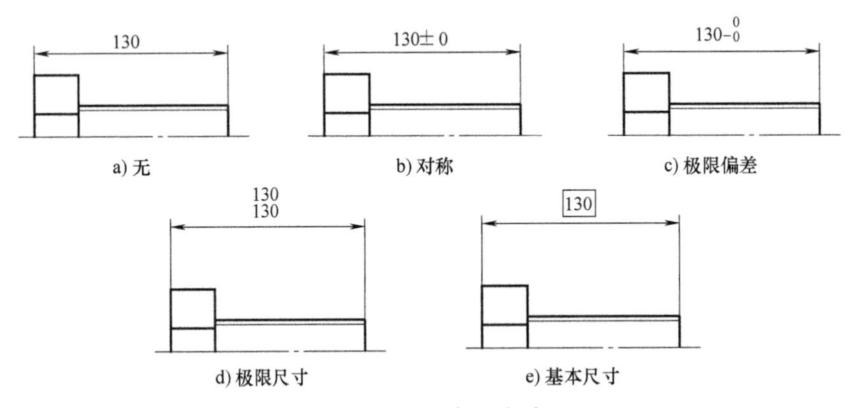

a) 无　　b) 对称　　c) 极限偏差

d) 极限尺寸　　e) 基本尺寸

图 6-30　公差标注方式

5）“高度比例”文本框：设置公差文字的当前高度。

6）“垂直位置”下拉列表：可控制公差文字相对于尺寸文字的位置，包括“上”“中”“下”三种方式。“上”方式将公差文字与主标注文字的顶部对齐；“中”方式将公差文字与主标注文字的中间对齐；“下”方式将公差文字与主标注文字的底部对齐，如图 6-31 所示。

2. 公差对齐

用于在堆叠时，控制上极限偏差值和下极限偏差值的对齐。

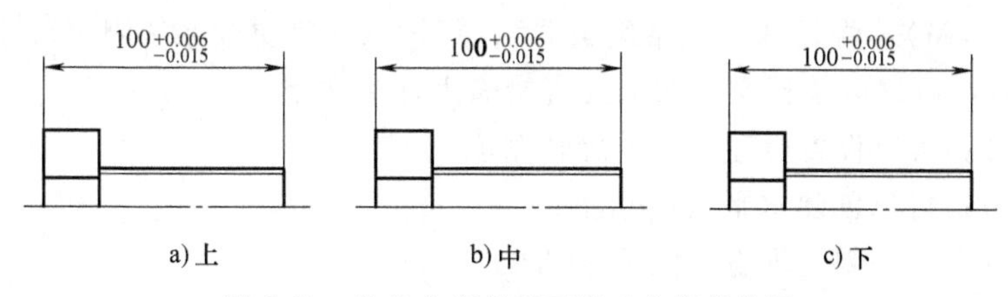

a) 上　　b) 中　　c) 下

图 6-31　公差文字相对于尺寸文字的位置

1）“对齐小数分隔符”单选按钮：选中该单选按钮，通过值的小数分割符堆叠值。

2）“对齐运算符”单选按钮：选中该单选按钮，通过值的运算符堆叠值。

知识模块 3　尺寸标注的创建

根据工程实际情况，AutoCAD 2018 为用户提供了多种类型的尺寸标注方法，主要包括基本尺寸标注、尺寸公差标注、形位公差⊖标注和表面粗糙度标注。本知识模块讲解前三种尺寸标注方法，表面粗糙度标注将在本书后续内容中介绍。

知识点 1　标注基本尺寸

基本尺寸是指一些常见的尺寸，例如线性尺寸、对齐尺寸、半径尺寸、直径尺寸等。这些尺寸都位于“标注”菜单中，如图 6-32a 所示；或在功能区“默认”选项卡“注释”面板中，如图 6-32b 所示。

1. 线性标注

线性标注用于标注两点之间的水平尺寸或垂直尺寸。

创建“线性标注”的方式如下：

1）功能区：单击“默认”选项卡“注释”面板中的“线性”按钮 ；

2）命令行：输入 dimlinear 后按<Enter>键（快捷命令：dimlin）；

3）菜单栏：选择“标注”/“线性”命令。

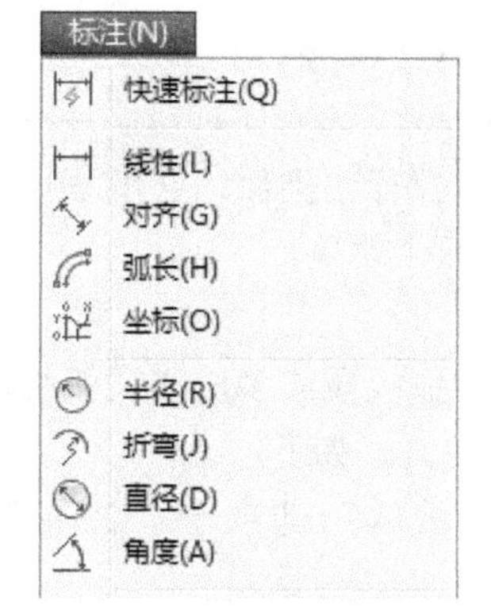

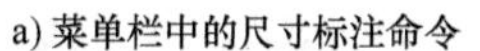

a) 菜单栏中的尺寸标注命令

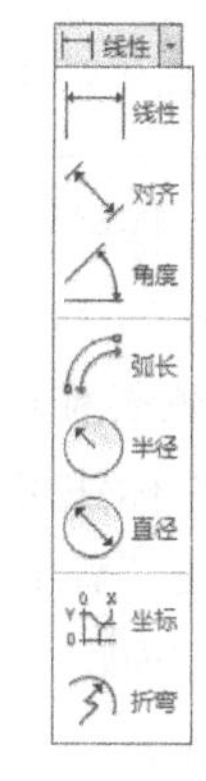

b) 功能区尺寸标注命令

图 6-32　基本尺寸命令

创建线性标注后，命令行提示信息如下：

```
命令:dimlinear
指定一条尺寸界线原点或<选择对象>:
指定第二条尺寸界线原点:
指定尺寸线位置[多行文字(M)/文字(T)/角度(A)/水平(H)/垂直(V)/旋转(R)]:
```

各提示选项的含义如下：

1）指定尺寸线位置：用于确定尺寸线的标注位置。

⊖ 在 GB/T 1182—2008 中，应为几何公差，为与软件一致，本书采用形位公差。

2）多行文字（M）：将显示“文字编辑器”，可输入文字更改系统测定尺寸数值。

3）文字（T）：可以以单行文字的形式直接输入标注文字。

4）角度（A）：可以设置标注文字的旋转角度。

5）水平（H）：可以创建水平线性标注。

6）垂直（V）：可以创建垂直线性标注

7）旋转（R）：可以指定尺寸线的旋转角度。

图 6-33 所示为线性标注效果。

2. 对齐标注

对齐标注用于标注两点之间的实际距离，此命令适合标注倾斜图线的尺寸。

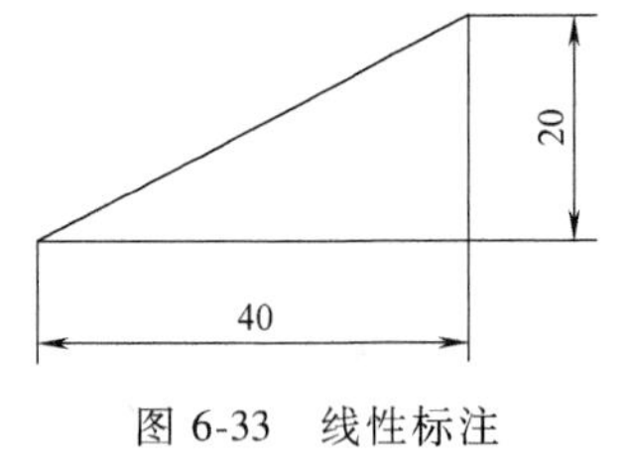

图 6-33　线性标注

创建“对齐标注”的方式如下：

1）功能区：单击“默认”选项卡“注释”面板中的“对齐”按钮；

2）命令行：输入 dimaligned 后按<Enter>键（快捷命令：dimali）；

3）菜单栏：选择“标注”/“对齐”命令。

创建对齐标注后，命令行提示信息如下：

```
命令:dimaligned
指定第一条尺寸界线原点或〈选择对象〉:
指定第二条尺寸界线原点:
指定尺寸界线位置或[多行文字(M)/文字(T)/角度(A)]:标注文字=44.72
```

对齐标注的过程和线性标注类似，这里不再赘述。

图 6-34 所示为对齐标注效果。

3. 弧长标注

弧长标注可以标注圆弧线段或多段线圆弧线段部分的弧长。

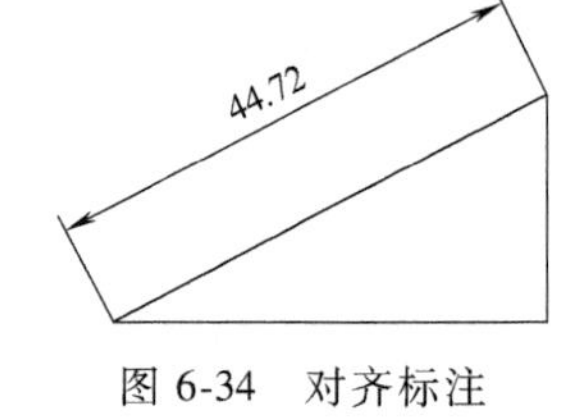

图 6-34　对齐标注

创建“弧长标注”的方式如下：

1）功能区：单击“默认”选项卡“注释”面板中的“弧长”按钮；

2）命令行：输入 dimarc 后按<Enter>键；

3）菜单栏：选择“标注”/“弧长”命令。

创建弧长标注后，命令行提示信息如下：

```
命令:dimarc
选择弧线段或多段线弧线段:
指定弧长标注位置或[多行文字(M)/文字(T)/角度(A)/部分(P)/]:
```

当指定了尺寸线的位置后，系统将按实际测量值标注出圆弧的长度。也可以利用“多行文字（M）”“文字（T）”“角度（A）”选项，确定尺寸文字或尺寸文字的旋转角度。另外，如果选择“部分（P）”选项，可以标注选定圆弧某一部分的弧长。

图 6-35 所示分别为选择不同标注选项的弧长标注效果。

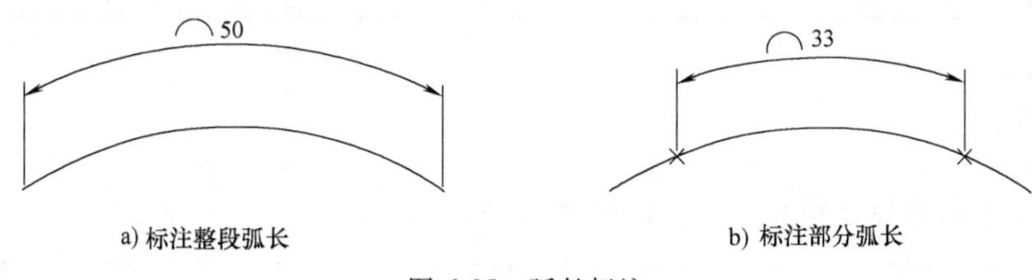

a) 标注整段弧长　　b) 标注部分弧长

图 6-35　弧长标注

4. 坐标标注

坐标标注是一类特殊的引注，用于标注某些点相对于 UCS 坐标原点的 X 或 Y 坐标。坐标标注命令需要确定的参数包括需要标注的点对象和注释文字的位置。常用拖动引线的方法动态确定是标注 X 坐标还是标注 Y 坐标。若沿垂直方向拖动引线，则标注 X 坐标；沿水平方向拖动引线，则标注 Y 坐标。

创建“坐标标注”的方式如下：

1）功能区：单击“默认”选项卡“注释”面板中的“坐标”按钮；

2）命令行：输入 dimordinate 后按<Enter>键（快捷命令：dimord）；

3）菜单栏：选择“标注”/“坐标”命令。

创建坐标标注后，命令行提示信息如下：

```
命令:dimordinate
指定点坐标:
指定引线端点或[X 基准(X)/Y 基准(Y)/多行文字(M)/文字(T)/角度(A)]:
标注文字=xx
```

5. 半径标注

创建“半径标注”的方式如下：

1）功能区：单击“默认”选项卡“注释”面板中的“半径”按钮；

2）命令行：输入 dimradius 后按<Enter>键（快捷命令：dimrad）；

3）菜单栏：选择“标注”/“半径”命令。

创建半径标注后，命令行提示信息如下：

```
命令:dimradius
选择圆弧或圆:
标注文字=10
指定尺寸线位置[多行文字(M)/文字(T)/角度(A)]:
```

6. 直径标注

创建“直径标注”的方式如下：

1）功能区：单击“默认”选项卡“注释”面板中的“直径”按钮；

2）命令行：输入 dimdianeter 后按<Enter>键（快捷命令：dimdia）；

3）菜单栏：选择“标注”/“直径”命令。

创建直径标注后，命令行提示信息如下：

```
命令:dimdianeter
选择圆或圆弧:
标注文字=20
指定尺寸线位置或[多行文字(M)/文字(T)/角度(A)]:
```

7. 折弯标注

当圆弧或圆的圆心位于布局外并且无法在其实际位置显示时，可以创建折弯标注，也称为缩放的半径标注。用户可以在更方便的位置指定标注的原点，称为中心位置替代，如图 6-36 所示。

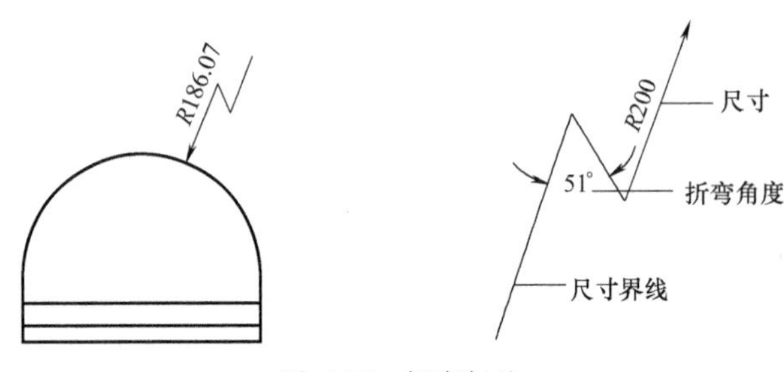

图 6-36 折弯标注

在“标注样式管理器”对话框的“符号和箭头”选项卡中可以控制折弯的默认角度。

创建“折弯标注”的方式如下：

1）功能区：单击“默认”选项卡“注释”面板中的“折弯”按钮；

2）命令行：输入 dimjogged 后按<Enter>键；

3）菜单栏：选择“标注”/“折弯”命令。

创建折弯标注后，命令行提示信息如下：

```
命令:dimjogged
选择圆弧或圆:              //选择一个圆弧、圆或多段线弧线段
指定图示中心位置:          //指定折弯半径标注的新中心点,以用于替代弧或圆的实际中心点
标注文字=50
指定尺寸线位置或[多行文字(M)/文字(T)/角度(A)]:
指定折弯位置               //指定标注折弯位置的另一个点
```

创建折弯标注后，若要修改折弯和中心位置替代，可以通过三种方式实现：使用夹点来移动部件；使用“特性”选项板修改部件的位置；使用拉伸命令。

8. 角度标注

角度标注用于测量两条直线间的角度、圆和圆弧的角度或三个点之间的角度。在绘制图形的过程中，经常会遇到角度的标注，如图 6-37 所示。

创建“角度标注”的方式如下：

1）功能区：单击“默认”选项卡“注释”面板中的“角度”按钮；

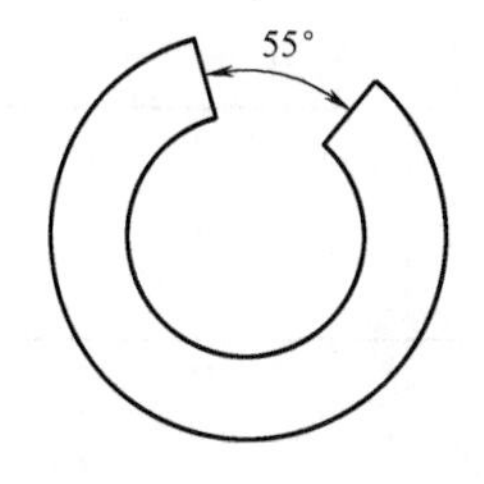

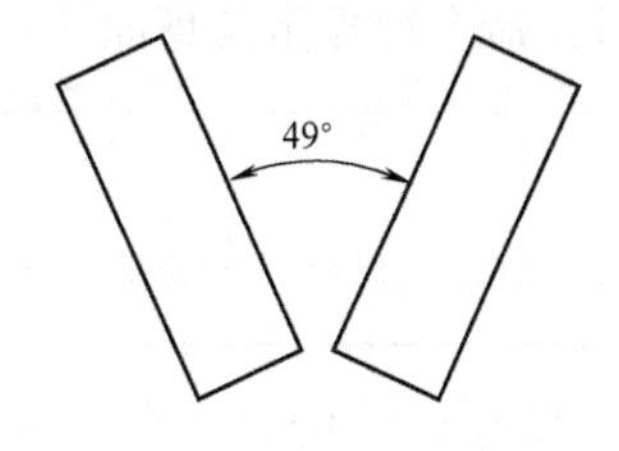

图 6-37　角度标注

2）命令行：输入 dimangular 后按<Enter>键；

3）菜单栏：选择“标注”/“角度”命令。

创建角度标注后，命令行提示信息如下：

命令:dimangular

选择圆弧、圆、直线或<指定顶点>:

在该提示下，可以选择需要标注的对象，各功能说明如下：

1）选择圆弧：选择圆弧时，系统将提示：

指定标注弧线位置或[多行文字(M)/文字(T)/角度(A)/象限点(Q)]:

此时可直接指定标注线的位置，系统将按照实际测量值标注出圆弧的角度。若有足够的空间放置角度值，就将其放于选定圆弧两端点间，否则要求指定文本放置位置。用户可使用括号中的选项设置尺寸文字和它的旋转角度。

2）选择圆：选择圆时，可以标注圆的两条半径之间的角度，此时系统提示：

指定角的第二个端点:

指定标注弧线位置或[多行文字(M)/文字(T)/角度(A)/象限点(Q)]:

指定点可以在圆上，也可以不在圆上，然后再确定标注弧线的位置。

3）选择直线：选择两条直线后，再指定尺寸线的位置。若有足够的空间放置角度值，就将其放于选定两直线间，否则要求指定文本旋转位置。

4）根据三点标注角度：按<Enter>键，然后指定角的顶点、角起始线的一个端点、角终止线的一个端点，最后指定标注弧线的位置。

知识点 2　标注复合尺寸

AutoCAD 2018 提供了“基线”“连续”“快速标注”三个复合标注命令。

1. 基线标注

创建“基线标注”的方式如下：

1）功能区：单击“注释”选项卡“标注”面板中的“基线”按钮；

2）命令行：输入 dimbaseline 后按<Enter>键；

3）菜单栏：选择“标注”/“基线”命令。

创建基线标注后，命令行提示信息如下：

```
命令:dimbaseline
指定第二条尺寸界线原点或[放弃(U)/选择(S)]<选择>:
```

系统默认将上次尺寸标注的第一条尺寸界线作为这次标注的第一条尺寸界线，选项“选择（S）”可以选择基线标注的起点。基线标注样式如图 6-38 所示。

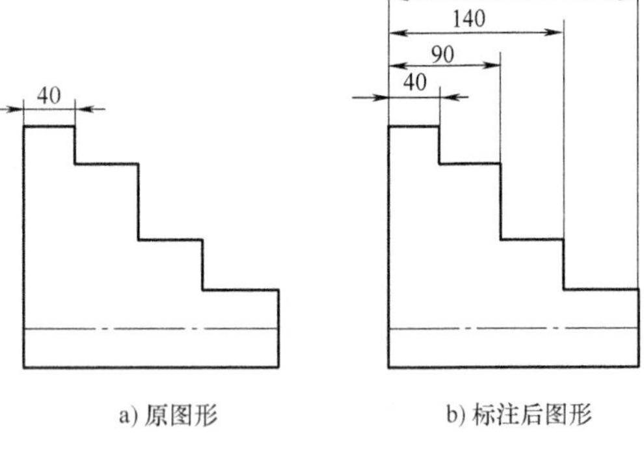

图 6-38　基线标注

2. 连续标注

创建“连续标注”的方式如下：

1）功能区：单击“注释”选项卡“标注”面板中的“连续”按钮；

2）命令行：输入 dimcontinue 后按<Enter>键；

3）菜单栏：选择“标注”/“连续”命令。

创建连续标注后，命令行提示信息如下：

```
命令:dimcontinue
选择连续标注:
指定第二条尺寸界线原点或[放弃(U)/选择(S)]<选择>:
```

系统默认将上次尺寸标注的第二条尺寸界线作为这次标注的第一条尺寸界线，选项“选择（S）”可以选择连续标注的起点。连续标注样式如图 6-39 所示。

3. 快速标注

创建“快速标注”的方式如下：

1）功能区：单击“注释”选项卡“标注”面板中的“快速标注”按钮；

2）命令行：输入 qdim 后按<Enter>键；

3）菜单栏：选择“标注”/“快速标注”命令。

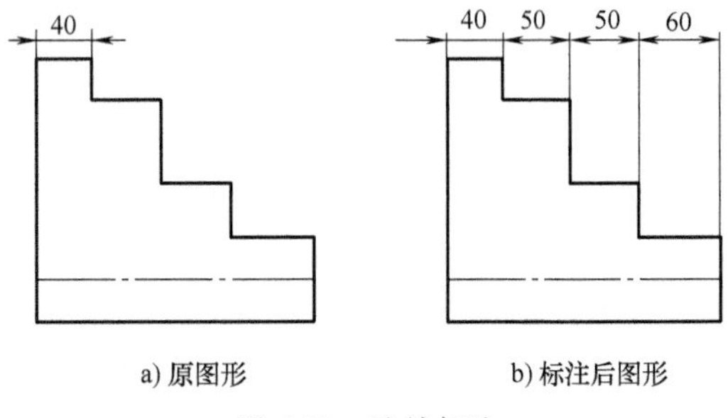

图 6-39　连续标注

创建快速标注后，命令行提示信息如下：

```
命令:qdim
关联标注优先级=端点
选择要标注的几何图形:
指定尺寸线位置或[连续(C)/并列(S)/基线(B)/坐标(O)/半径(R)/直径(D)/基准点(P)/编辑(E)/设置(T)]<连续>:
```

各提示选项的含义如下：

1）连续（C）：用于标注连续尺寸。

2）并列（S）：用于标注并列尺寸。

3）坐标（O）：用于标注绝对坐标。

4）半径（R）：用于标注圆或圆弧的半径尺寸。

5）直径（D）：用于标注圆或圆弧的直径尺寸。

6）基准点（P）：用于设置新的标注点。

7）编辑（E）：用于添加或删除标注点。

知识点3 公差标注与圆心标记

1. 尺寸公差

尺寸公差是指实际生产中尺寸可以上下浮动的数值。在机械制图中，尺寸公差可以通过标注文字附加公差的形式表示出来。

1）通过“标注样式”对话框中的“公差”选项卡设置公差的类型和公差值，包括对称公差、极限偏差、极限尺寸和基本尺寸，如图6-40所示。

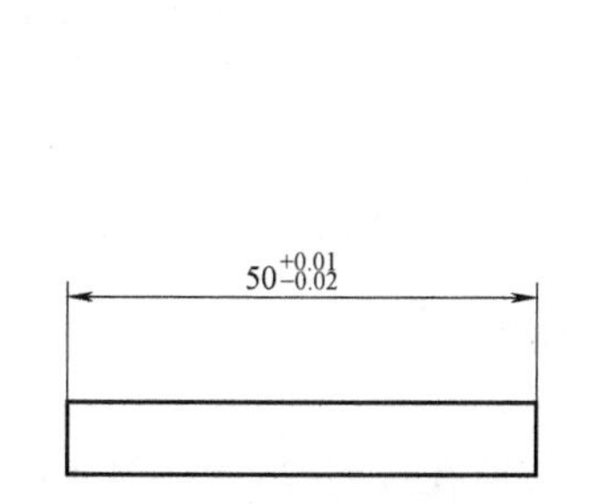

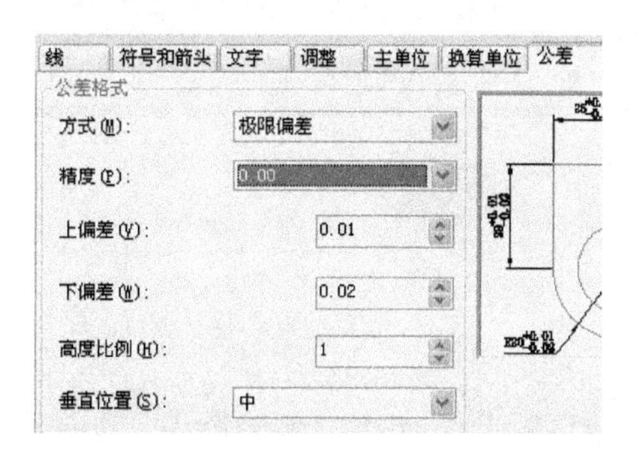

图6-40 标注公差及公差选项卡设置

虽然“公差”选项卡设置很方便，但是每种样式只能设置一种公差和一组数值。如果图形中公差数目很多，就需要设置很多样式。

小知识：

国家标准GB/T 1800.1—2009中上偏差、下偏差、基本尺寸分别更改为上极限偏差、下极限偏差、公称尺寸，但AutoCAD 2018仍显示为旧名称。

2）通过文字控制符和多行文字编辑器创建公差。

在标注的过程中，可以通过“多行文字（M）/文字（T）”更改标注文字。对称公差设置可以使用%%p表示±。极限公差和极限尺寸可以使用多行文字中的堆叠命令来实现。

绘图练习：创建图6-41所示的尺寸公差。

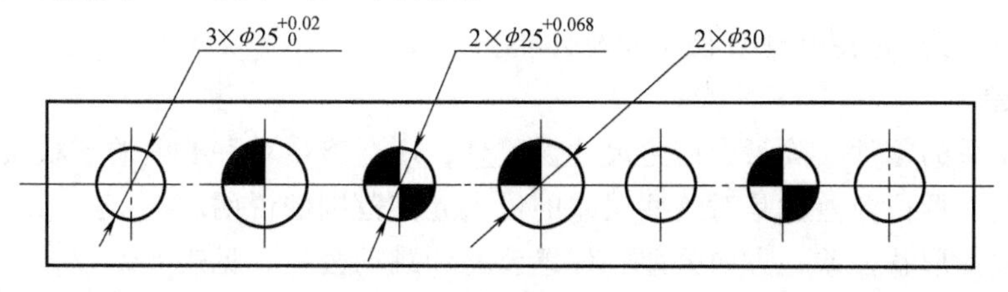

图6-41 标注尺寸公差

主要操作步骤如下：

1）标注直径尺寸 3×ϕ25 及其公差。单击“标注”工具栏上的“直径”按钮，命令行提示如下：

```
命令:dimdiameter
选择圆弧或圆:(指定位于最左边的圆)
标注文字 =25
指定尺寸线位置或[多行文字(M)/文字(T)/角度(A)]:m↙
```

2）执行上述命令，系统打开“文字编辑器”，选择“选项”/“更多”/“编辑器设置”/“显示工具栏”选项，打开“文字格式”工具栏，如图 6-42 所示。在“文字格式”对话框中输入 3×ϕ25+0. 02^ 0，如图 6-43 所示。

图 6-42　多行文字编辑对话框

3）选中“+0. 02^0”，单击“文字格式”工具栏中的堆叠按钮，所输入的公差文字会以堆叠形式显示，如图 6-44 所示。

3×φ25+0.02^0

图 6-43　输入文字

$3\times\phi25^{+0.02}_{\ \ 0}$

图 6-44　堆叠结果

4）单击“文字格式”工具栏中的“确定”按钮，在此提示下确定尺寸线的位置，即可标注出对应的尺寸，结果如图 6-45 所示。

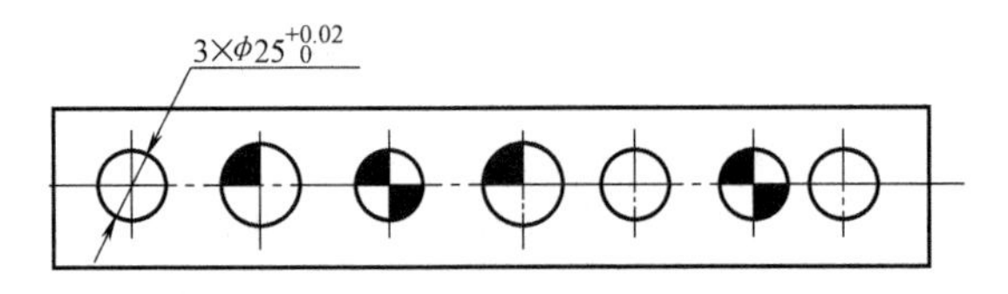

图 6-45　标注结果

5）用类似的方法标注其他直径尺寸及公差。

2. 形位公差

经机械加工后的零件，除了会产生尺寸误差外，还会产生单一要素的形状误差和不同要素之间的相对误差。形位公差就是对这些误差的最大允许范围的说明。

形位公差包括形状公差、方向公差、位置公差和跳动公差，见表 6-2。

表 6-2 形位公差的几何特征及符号

公差类型	几何特征	符号	公差类型	几何特征	符号
形状公差	直线度	—	位置公差	位置度	⌖
	平面度	▱		同心度（限于中心点）	◎
	圆度	○		同轴度（限于轴线）	◎
	圆柱度	⌭		对称度	⌯
	线轮廓度	⌒		线轮廓度	⌒
	面轮廓度	⌓		面轮廓度	⌓
方向公差	平行度	//	跳动公差	圆跳动	↗
	垂直度	⊥		全跳动	⌰
	倾斜度	∠			
	线轮廓度	⌒			
	面轮廓度	⌓			

形位公差以引线的形式标注，由引线和形位公差框格组成，如图 6-46 所示。

创建“形位公差”的方式如下：

1）功能区：单击“注释”选项卡“标注”面板中的“公差”按钮；

2）命令行：输入 tolerance 后按 <Enter>键（快捷命令：tol）；

3）菜单栏：选择“标注”/“公差”命令。

可选直径符号
形位公差符号
形位公差数值
基准参照字母
形位公差框格
⌖ ϕ0.02 Ⓜ A
公差的包容条件

图 6-46 形位公差标注的组成

执行命令后，打开“形位公差”对话框，如图 6-47 所示。

“形位公差”对话框主要选项及功能如下：

1）符号：单击符号下面的黑框，出现“特征符号”对话框，如图 6-48 所示。

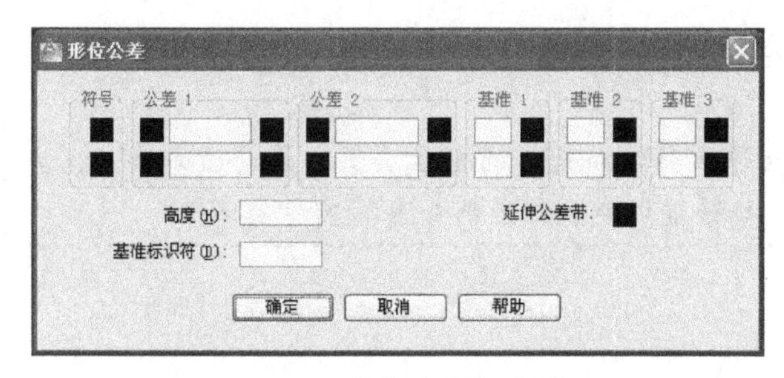

图 6-47 “形位公差”对话框

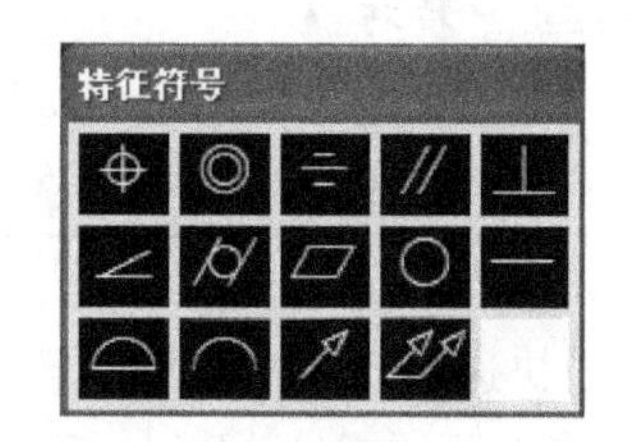

图 6-48 “特征符号”对话框

2）公差 1、公差 2：包括三个选项，第一个黑方框表示是否需要在公差值前面加“ϕ”符号，第二个方框为形位公差的值，第三个黑方框表示包容条件，单击该黑方框，将弹出“附加符号”对话框，如图 6-49 所示。其中符号Ⓜ代表材料的一般中等状况；Ⓛ代表材料的最大状况；Ⓢ代表材料的最小状况。

3）基准 1、基准 2、基准 3：各包括两个选项，用于确定公差的基准和包容条件。

4）高度：用于输入公差带的高度。

图 6-49 “附加符号”对话框

5）延伸公差带：用于在复合公差带后面加一个复合公差符号。

6）基准标识符：用于创建由参照字母组成的基准标识符。

3. 圆心标记

“圆心标记”用于标记圆或椭圆的中心点，创建方式如下：

1）功能区：单击“注释”选项卡“标注”面板中的“圆心标记”按钮；

2）命令行：输入 dimcenter 后按<Enter>键；

3）菜单栏：选择“标注”/“圆心标记”命令。

创建圆心标记后，命令行提示信息如下：

```
命令:dimcenter
选择圆弧或圆:
```

在该提示下指定需要标注的圆或圆弧即可，如图 6-50 所示。

用户可以在“标注样式管理器”对话框的“符号和箭头”选项卡中设置圆心标记的格式。

知识点 4　标注引线尺寸

1. 快速引线

“快速引线”命令用于创建一端带有箭头，另一端带有注释的引线尺寸。引线可以是直线段，也可以是平滑的样条曲线，如图 6-51 所示。

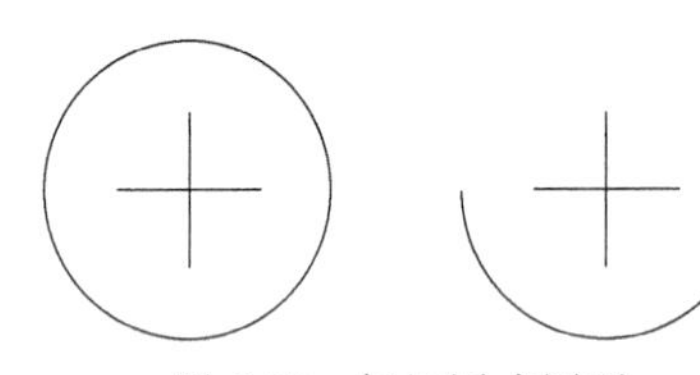

图 6-50　标记圆或圆弧

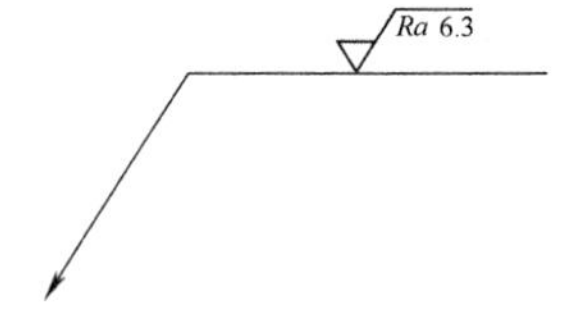

图 6-51　引线标注示例

技巧：

快速引线命令 qleader 可用于标注带有引线和箭头的形位公差。启动该命令后，先选择“设置”选项，在“引线设置”对话框中设置“注释分类”为“公差”。

“快速引线”命令的执行方式如下：

命令行：输入 qleader 后按<Enter>键（快捷命令：le）。

执行命令后，命令行提示信息如下：

```
命令:qleader
指定第一个引线点或[设置(S)]<设置>:
指定下一点:                              //输入指引线的第二点
指定下一点:                              //输入指引线的第三点
指定文字宽度<0>:                         //输入多行文本的宽度
输入注释文字的第一行<多行文字(M)>:         //输入文字
```

输入文字后，按两次<Enter>键，文字出现在指引线的末端位置。

输入“S”激活设置选项，系统将打开“引线设置”对话框，如图6-52所示，可在该对话框中设置引线参数。

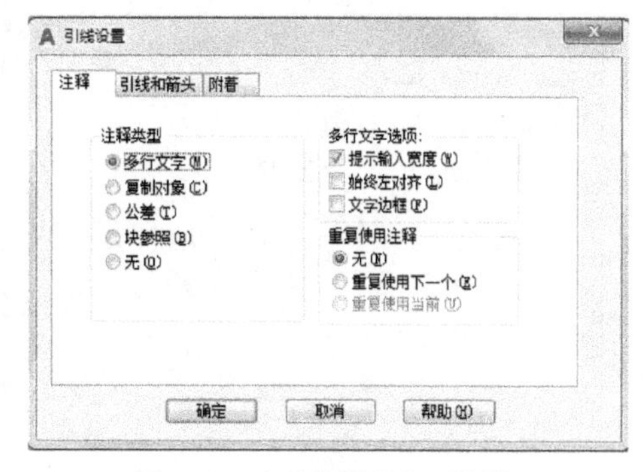

图6-52　“引线设置”对话框

(1)“注释”选项卡　“注释”选项卡主要用于设置引线文字注释类型及其相关的选项功能。

1)“注释类型”选项组。

①“多行文字”单选按钮：用于在指引线末端创建多行文字注释。

②“复制对象”单选按钮：用于复制已有的文字内容作为需要创建的引线注释。

③“公差”单选按钮：用于在引线末端创建形位公差注释。

④“块参照”单选按钮：用于以内部块作为注释对象。

⑤“无”单选按钮：表示创建无注释的引线。

2)“多行文字选项”选项组。

①“提示输入宽度”复选框：用于提示用户指定多行文字注释的宽度。

②“始终左对齐”复选框：用于自动设置多行文字使用左对齐方式。

③“文字边框”复选框：用于为引线注释添加边框。

3)“重复使用注释”选项组。

①“无”单选按钮：表示不对当前设置的引线注释进行重复使用。

②“重复使用下一个”单选按钮：用于重复使用下一个引线注释。

③“重复使用当前”单选按钮：用于重复使用当前的引线注释。

(2)“引线和箭头”选项卡　“引线和箭头”选项卡主要用于设置引线类型、点数、箭头以及引线段的角度约束等参数，如图6-53所示。

1)“引线”选项组：用于设置引线是“直线”还是“样条曲线”。

2)“点数”选项组：用于设置引线点的数量。“无限制”复选框表示系统不限制引线点的数量。

3)“箭头”选项组：用于设置引线箭头形式，系统默认为实心闭合箭头。

4)“角度约束”选项组：用于设置第一条引线和第二条引线的角度约束。

(3)“附着”选项卡　“附着”选项卡主要用于设置引线和多行文字注释之间的附着位置，如图6-54所示。此选项卡只有在“注释”选项卡勾选了“多行文字”选项时才可用。

1)“多行文字附着”选项组。

①“第一行顶部”单选按钮：用于将引线放置在多行文字第一行的顶部。

②“第一行中间”单选按钮：用于将引线放置在多行文字第一行的中间。

③“多行文字中间”单选按钮：用于将引线放置在多行文字的中部。

④“最后一行中间”单选按钮：用于将引线放置在多行文字最后一行的中间。

⑤“最后一行底部”单选按钮：用于将引线放置在多行文字最后一行的底部。

2)“最后一行加下划线”复选框：用于为最后一行文字添加下划线。

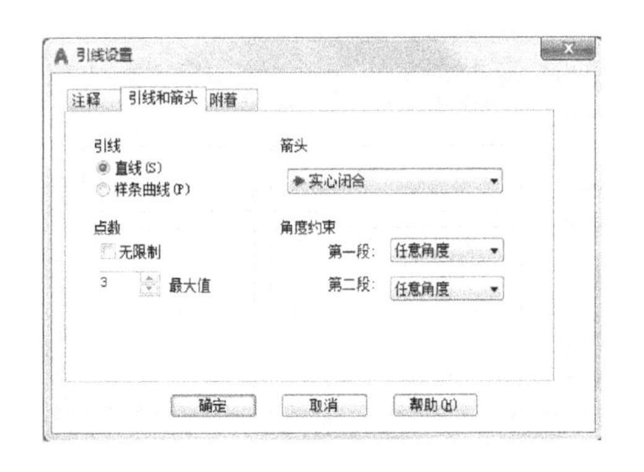

图 6-53 “引线和箭头”选项卡

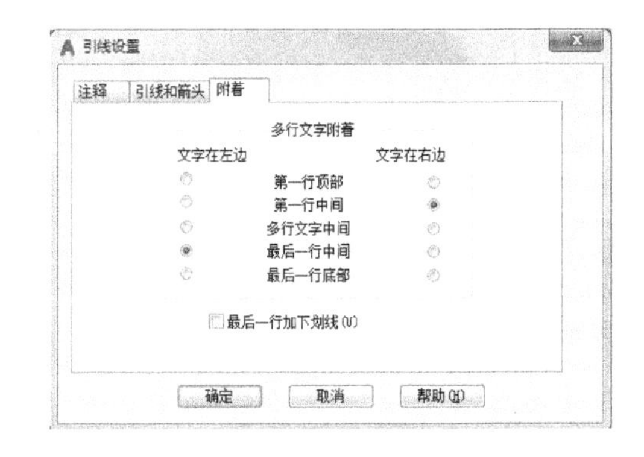

图 6-54 “附着”选项卡

2. 多重引线标注

多重引线标注可以创建多个选项的引线对象，常用于标注材料说明、加工工艺、形位公差等注释性内容。

(1) 多重引线标注样式　通过“多重引线样式管理器”可以控制引线的外观，包括基线、引线、箭头和内容的格式。其执行方式有以下几种：

1）功能区：单击“默认”选项卡“注释”面板中的“多重引线样式管理器”按钮；

2）命令行：输入 mleaderstyle 后按<Enter>键；

3）菜单栏：选择“格式”/“多重引线样式”命令。

执行命令后，打开如图 6-55 所示的“多重引线样式管理器”对话框，该对话框与“标注样式管理器”对话框相似，“样式”列表中列出了当前图形文件中所有已创建的多重引线样式，并显示了当前样式名及其预览图，默认样式为 Standard。

单击“新建”按钮，在打开的“创建新多重引线样式”对话框中可以创建多重引线样式，如图 6-56 所示。

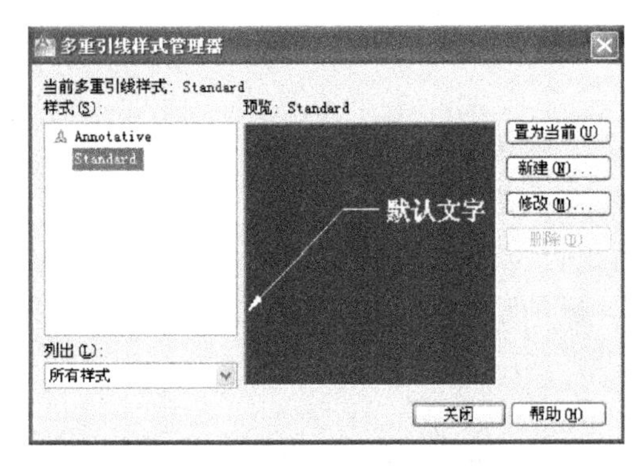

图 6-55 “多重引线样式管理器”对话框

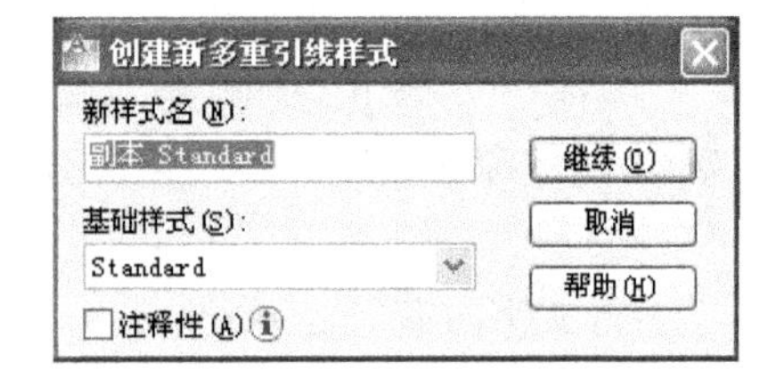

图 6-56 “创建新多重引线样式”对话框

单击“创建新多重引线样式”对话框中的“继续”按钮，在打开的“修改多重引线样式”对话框中可以设置多重引线的格式、结构、内容。多重引线设置完成后，单击“确定”按钮，然后在“多重引线管理器”对话框中将新样式置为当前即可。

①“引线格式”选项卡。此选项卡可以设置引线的类型和箭头的符号及大小等参数，如图6-57所示。“常规”选项区用于设置多重引线的类型、颜色、线型及线宽；“箭头”选项区用于设置多重引线箭头的符号及大小；“引线打断”选项区用于设置多重引线的打断大小。

②“引线结构”选项卡。此选项卡可以对多重引线的引线点数，弯折角度以及基线、比例进行设置，如图6-58所示。

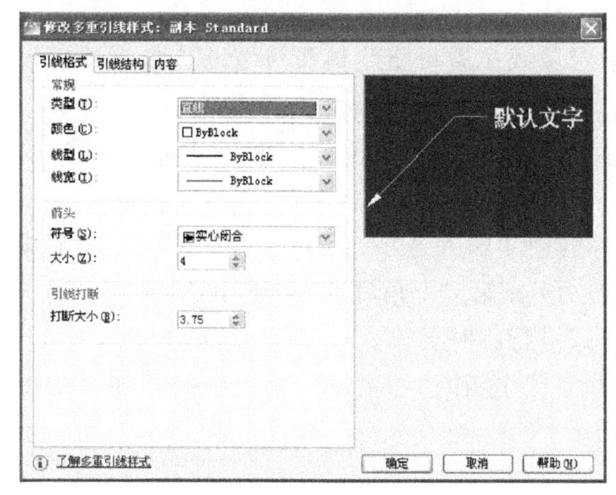

图6-57 “引线格式”选项卡

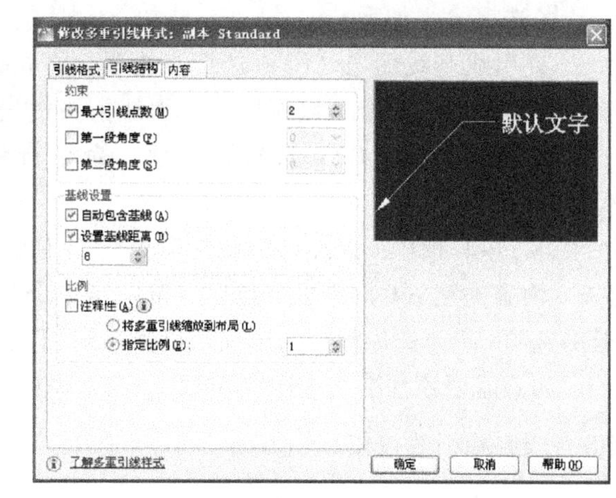

图6-58 “引线结构”选项卡

③“内容”选项卡。此选项卡可以设置多重引线标注的内容及引线的位置，如图6-59所示。

其中的“多重引线类型”下拉列表用于设置多重引线的标注内容，如多行文字、块等，如图6-60所示。选择不同的引线类型，选项卡内将对应不同的设置选项。

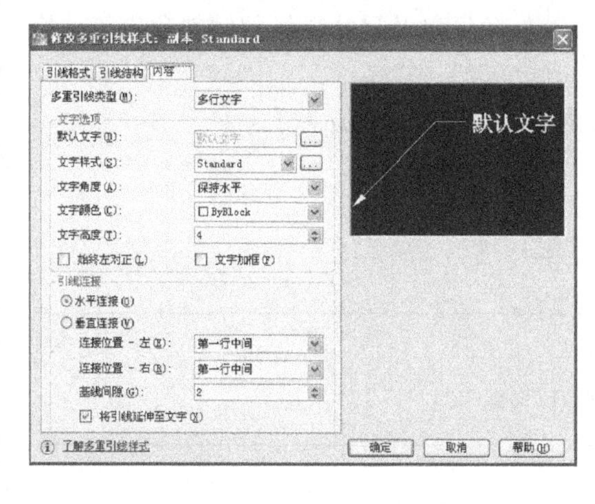

图6-59 “内容”选项卡

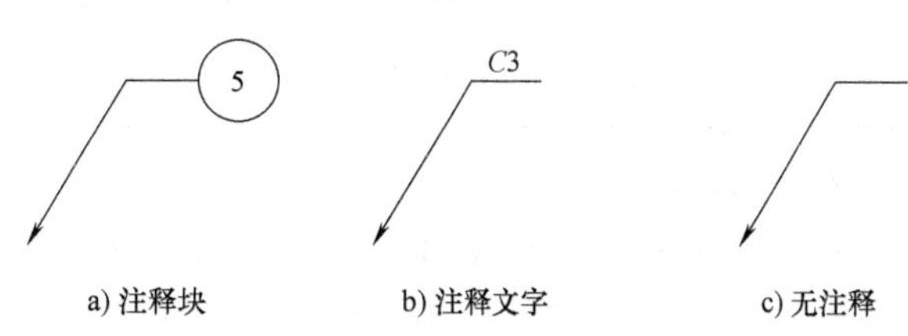

图6-60 多重引线的标注内容

（2）多重引线标注　多重引线设置完成后，即可进行多重引线标注。

创建“多重引线标注”命令的执行方式如下：

1）功能区：单击“默认”选项卡“注释”面板中的“多重引线”按钮 ；

2）命令行：输入 mleade 后按<Enter>键（快捷命令：mld）；

3）菜单栏：选择“标注”/“多重引线”命令。

执行该命令后，命令行提示信息如下：

```
命令：mleader
指定引线箭头的位置或［引线基线优先(L)/内容优先(C)/选项(O)］<选项>：
```

各选项含义如下：

① 引线基线优先（L）：选择该选项，将先指定基线位置再指定箭头位置。选择该项后再次执行多重引线命令，该项将被“引线箭头优先（H）”代替。

② 内容优先（C）：选择该选项，命令行将提示指定文字的位置，然后再指定箭头的位置。

③ 选项（O）：选择该选项，命令行出现提示信息“输入选项［引线类型（L）/引线基线（A）/内容类型（C）/最大节点数（M）/第一个角度（F）/第二个角度（S）/退出选项（X）］<退出选项>：”。选择相应的选项可以重新对引线样式进行临时更改。

如果需要添加引线或删除引线，可以单击“默认”选项卡“注释”面板中的添加引线按钮或删除引线按钮。

知识模块 4　编辑尺寸标注

编辑尺寸标注就是对尺寸标注进行修改，使它们满足有关标注的规定要求。

知识点 1　编辑标注

“编辑标注”命令主要用于修改标注文字内容、旋转角度以及尺寸界线的倾斜角度等。执行“编辑标注”命令主要有以下几种方式：

1）功能区：单击“注释”选项卡“标注”面板中的“倾斜”按钮；

2）菜单栏：选择“标注”/“倾斜”命令；

3）命令行：输入后 dimedit 后按<Enter>键。

“编辑标注”命令行提示信息如下：

```
命令：dimedit
输入标注编辑类型［默认(H)/新建(N)/旋转(R)/倾斜(O)］〈默认〉：
```

各提示选项的含义如下：

① 默认（H）：可以按默认位置和方向放置尺寸文字。

② 新建（N）：可以修改尺寸文字，此时系统将显示“文字格式”工具栏和文字输入窗口。修改或输入尺寸文字后，选择需要修改的尺寸对象即可。

③ 旋转（R）：可以将尺寸文字旋转一定的角度，同样先设置角度值，然后选择尺寸对象。

④ 倾斜（O）：用于指定尺寸界线的倾斜角度。

知识点2　编辑标注文字

“编辑标注文字”命令用于重新调整标注文字的放置位置以及标注文字的旋转角度。执行“编辑标注文字”命令主要有以下几种方式：

1）功能区：单击“注释”选项卡“标注”面板中的“文字角度”按钮；

2）菜单栏：选择“标注”/“对齐文字”级联菜单中的命令；

3）命令行：输入 dimtedit 后按<Enter>键。

“编辑标注文字”命令行提示如下：

```
命令:dimtedit
选择标注:
为标注文字指定新位置或［左对齐(L)/右对齐(R)/居中(C)/默认(H)/角度(A)］:
```

各提示选项的含义如下：

① 左对齐（L）：沿尺寸线左移标注文字。本选项只适用于线性尺寸、直径和半径的标注。

② 右对齐（R）：沿尺寸线右移标注文字。本选项只适用于线性尺寸、直径和半径的标注。

③ 居中（C）：把标注文字放在尺寸线的中心。

④ 默认（H）：将标注文字移回默认位置。

⑤ 角度（A）：指定标注文字的角度。输入零度角将使标注文字以默认方向放置。

知识点3　标注间距

“标注间距”命令用于调整平行的线性标注和角度标注之间的间距，或根据指定的间距值进行调整。执行“标注间距”命令主要有以下几种方式：

1）功能区：单击“注释”选项卡“标注”面板中的“标注间距”按钮；

2）菜单栏：选择“标注”/“标注间距”命令；

3）命令行：输入 dimspace 后按<Enter>键。

将图 6-61a 所示的尺寸编辑成图 6-61b 所示的状态，“标注间距”命令行提示如下：

```
命令: dimspace
选择基准标注:
选择要产生间距的标注:找到 1 个                    //选择尺寸文字为 20 的尺寸对象
选择要产生间距的标注:找到 1 个,总计 2 个           //选择另外两个尺寸对象
选择要产生间距的标注:                              //按<Enter>键结束对象选择
输入值或［自动(A)］<自动>: 5                       //输入间距数值,结果如图 6-61 所示
```

知识点4　标注打断

“标注打断”命令主要用于在尺寸线、尺寸界线与几何对象或其他标注相交的位置将其打

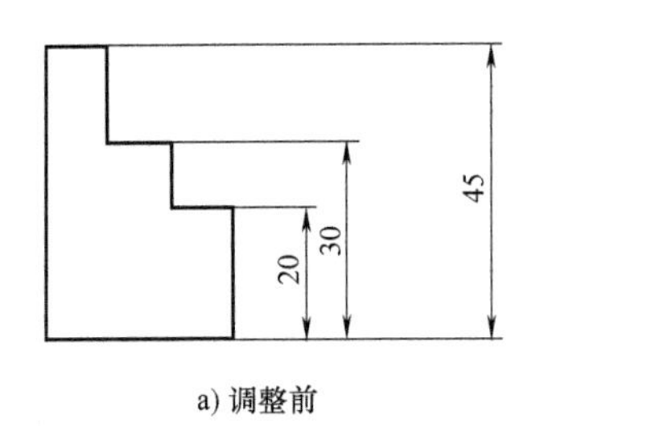

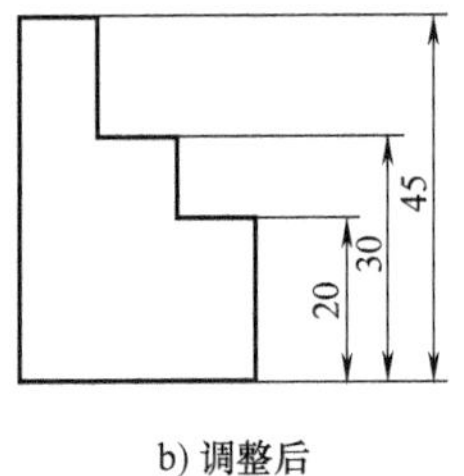

图 6-61　调整间距

断。执行“标注打断”命令主要有以下几种方式：

1）功能区：单击“注释”选项卡“标注”面板中的“打断”按钮；

2）菜单栏：选择“标注”/“标注打断”命令；

3）命令行：输入 dimbreak 后按<Enter>键。

“标注打断”命令行提示如下：

```
命令：dimbreak
选择要添加/删除折断的标注或［多个(M)］：
选择要折断标注的对象或［自动(A)/手动(M)/删除(R)］<自动>：
选择要折断标注的对象：
```

按照命令行提示，首先在图形中选取要打断的标注线，然后选取要打断标注的对象，即可完成该尺寸标注的打断操作，如图 6-62 所示。

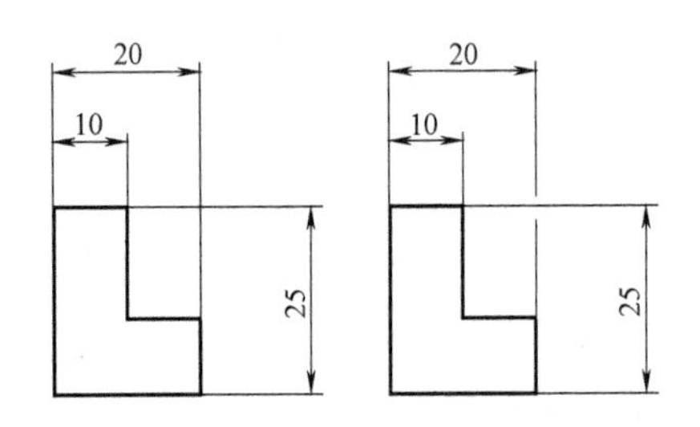

图 6-62　打断标注效果

【综合训练】

1）在 AutoCAD2018 中，定义符合机械制图要求的尺寸标注样式，具体要求如下：标注样式名称是“尺寸 35”；将“基线间距”设为 5.5；“超出尺寸线”设为 2；“起点偏移量”设置为 0；“箭头大小”设为 3.5；“圆心标记”大小设为 2.5；尺寸文字样式名为“宋体 35”，字体采用“宋体”，字高为 3.5，其余采用默认设置。

2）绘制图 6-63 所示图形并标注尺寸。

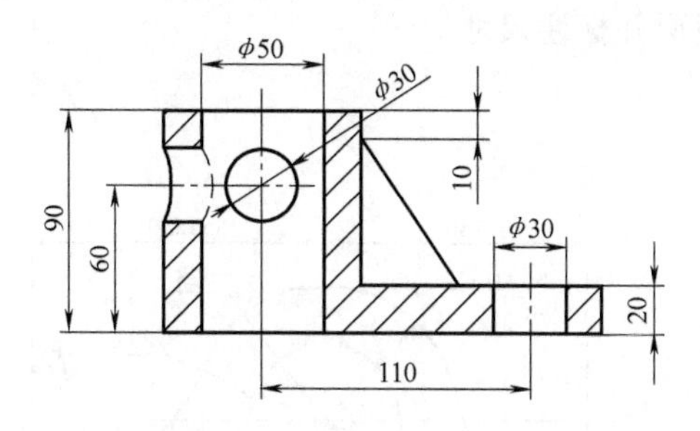

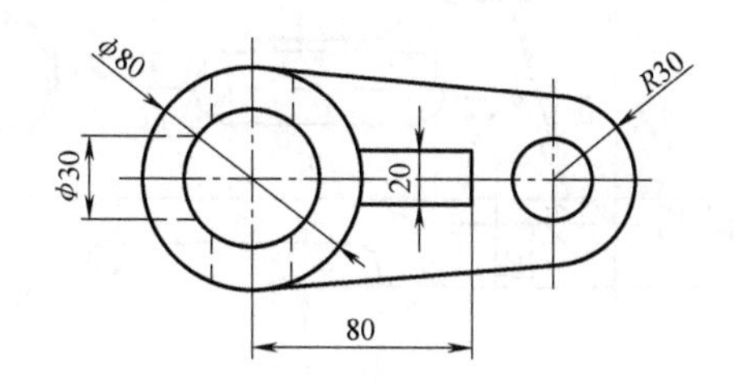

图 6-63　综合练习 1

3）绘制图 6-64 所示图形并标注尺寸。

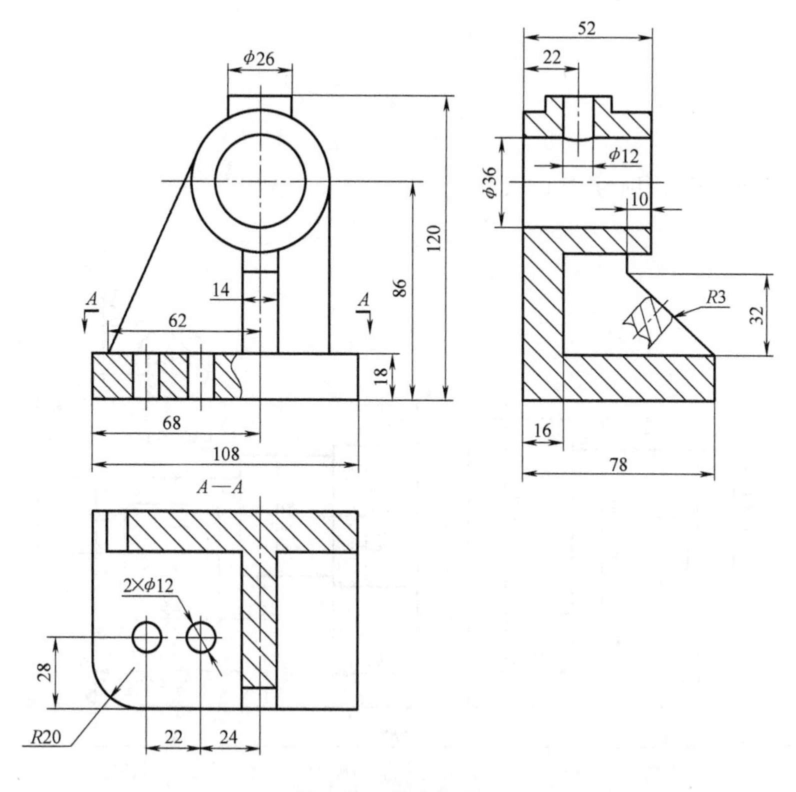

图 6-64　综合练习 2

4）绘制图 6-65 所示图形并标注尺寸。

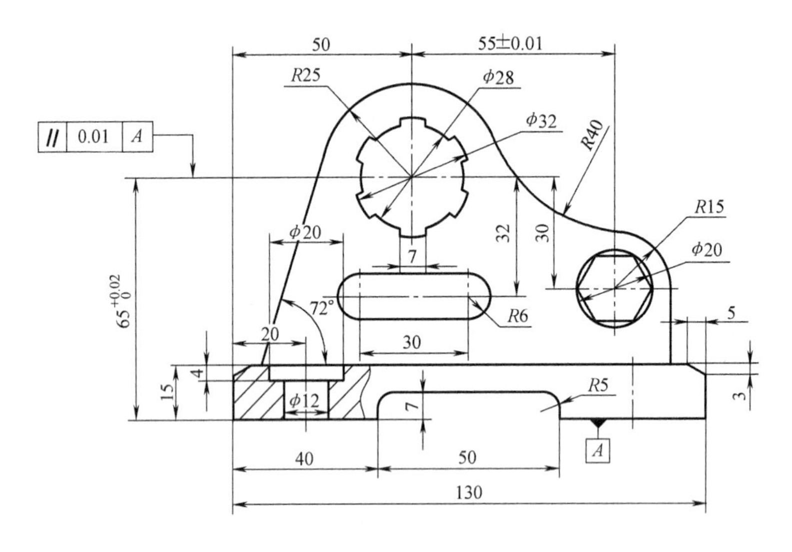

图 6-65　综合练习 3

5）绘制图 6-66 所示图形并标注尺寸。

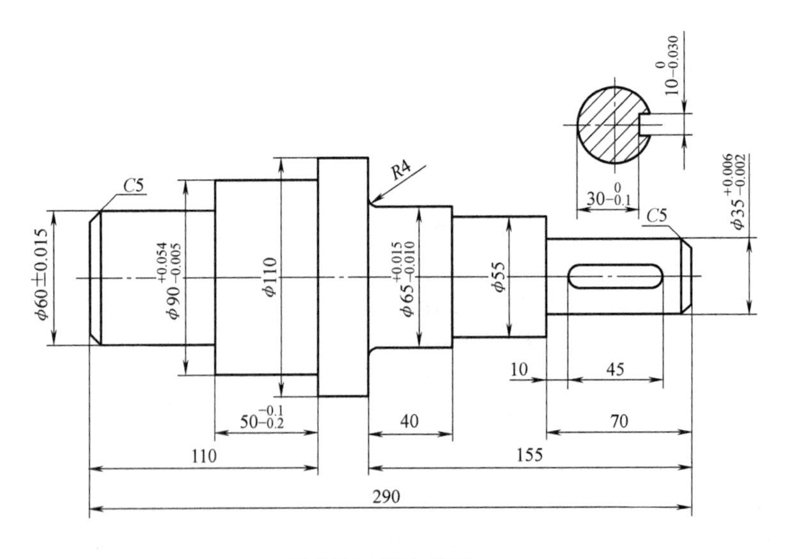

图 6-66　综合练习 4

6）绘制图 6-67 所示图形并标注尺寸。

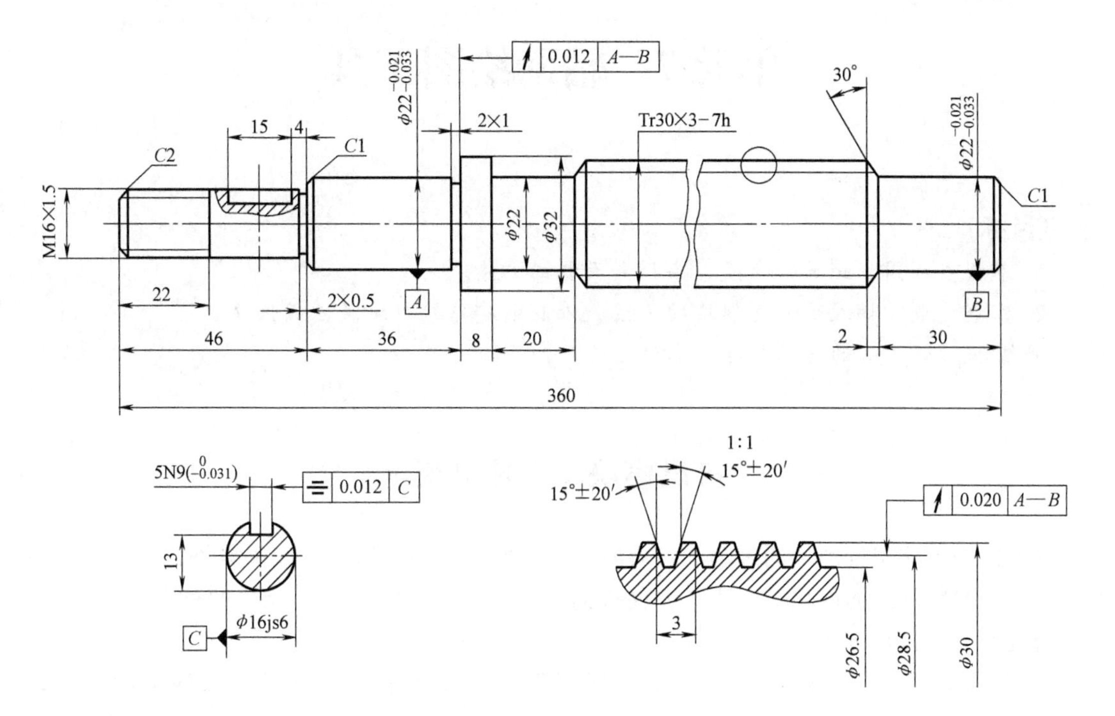

图 6-67　综合练习 5

单元7　辅助绘图工具

学习目标：

1. 掌握查询图形距离、角度、半径和面积的方法。
2. 掌握建块、插入块、存储块的方法，以及创建与编辑块属性的方法。
3. 掌握设计中心的启动、组成和使用方法。

知识模块1　对象查询

在绘制图形或阅读图形的过程中，有时需要即时查询图形对象的相关数据，如图形对象之间的距离、封闭图形的面积等。为了方便查询，AutoCAD 2018提供了相关的查询命令。

查询命令的执行方式如下：

1）功能区：选择“默认”选项卡“实用工具”面板中的“测量”按钮下的命令，如图7-1所示。

2）菜单栏：选择“工具”/“查询”命令下的子命令，如图7-2所示。

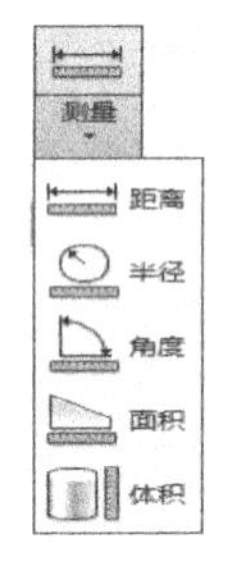

图7-1　选项卡中的查询命令

图7-2　菜单中的查询命令

知识点1　查询距离和角度

查询图7-3所示 AC 两点间的距离以及线段 AC 和线段 AB 之间的夹角。

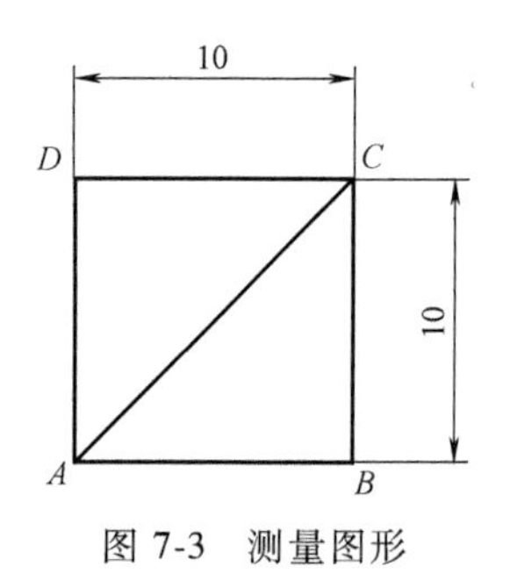

图7-3　测量图形

操作步骤：

1）绘制边长为10mm×10mm的正方形。

2）查询 AC 两点间的距离：单击“默认”选项卡“实用工具”面板中的“距离”按钮，再单击 A 点和 C 点，命令行提示与操作如下：

命令：measuregeom

```
输入选项 [距离(D)/半径(R)/角度(A)/面积(AR)/体积(V)] <距离>: distance
指定第一点:
指定第二个点或 [多个点(M)]:
距离 = 14.1421,XY 平面中的倾角 = 45,  与 XY 平面的夹角 = 0
X 增量 = 10.0000,   Y 增量 = 10.0000,   Z 增量 = 0.0000
```

3）查询线段 AC 和线段 AB 之间的夹角：单击“默认”选项卡“实用工具”面板中的“角度”按钮，再单击线段 AC 和线段 AB，命令行提示与操作如下：

```
命令:measuregeom
输入选项 [距离(D)/半径(R)/角度(A)/面积(AR)/体积(V)] <距离>:angle
选择圆弧、圆、直线或 <指定顶点>:
选择第二条直线:
角度 = 45°
```

由查询结果可知，AC 两点间的距离为 14.1421mm，线段 AC 和线段 AB 之间的夹角为 45°。

知识点 2　查询半径和面积

在图 7-3 中绘制内切圆，如图 7-4 所示。查询圆的半径和面积、三角形 ABC 的面积。

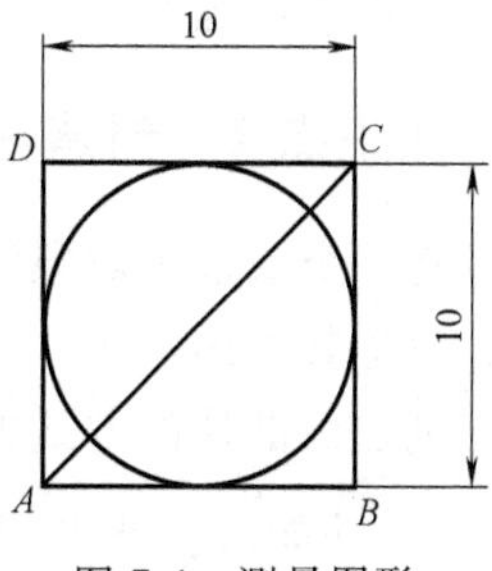

图 7-4　测量图形

操作步骤如下：

1）选择“直线”和“圆”命令，绘制图形。

2）查询圆的半径：单击“默认”选项卡“实用工具”面板中的“半径”按钮，再单击圆，命令行提示与操作如下：

```
命令:measuregeom
输入选项 [距离(D)/半径(R)/角度(A)/面积(AR)/体积(V)] <距离>: radius
选择圆弧或圆:
半径 = 5.0000
直径 = 10.0000
```

3）查询圆的面积：单击“默认”选项卡“实用工具”面板中的“面积”按钮，再单击圆，命令行提示与操作如下：

```
命令:measuregeom
输入选项 [距离(D)/半径(R)/角度(A)/面积(AR)/体积(V)] <距离>: area
指定第一个角点或 [对象(O)/增加面积(A)/减少面积(S)/退出(X)] <对象(O)>:    //按<Enter>键
选择对象:                                                                //选择圆对象
区域 = 78.5398,圆周长 = 31.4159
```

4）查询三角形 ABC 的面积：单击“默认”选项卡“实用工具”面板中的“面积”按钮，再单击圆，命令行提示与操作如下：

命令：measuregeom
输入选项 [距离(D)/半径(R)/角度(A)/面积(AR)/体积(V)] <距离>: _area
指定第一个角点或 [对象(O)/增加面积(A)/减少面积(S)/退出(X)] <对象(O)>:　　//选择 *A* 点
指定下一个点或 [圆弧(A)/长度(L)/放弃(U)]:　　//选择 *B* 点
指定下一个点或 [圆弧(A)/长度(L)/放弃(U)]:　　//选择 *C* 点，按<Enter>键确认
区域 = 50.0000，周长 = 34.1421

由查询结果可知，圆的半径为 5mm，圆的面积为 78.5398mm²，三角形 *ABC* 的面积为 50mm²。

知识模块 2　创建与编辑块

块是由一个或多个对象组成的对象集合，常用于绘制复杂、重复的图形。块创建后，可以作为单一的对象插入到零件图或装配图中，还可以按不同的比例和旋转角度插入。块是系统提供给用户的重要工具之一，具有以下主要特点：提高绘图速度、节省存储空间、便于修改图形，还能够添加属性。

知识点 1　创建内部块

将一个或多个对象定义为新的单一对象，定义的新的单个对象即为块。块保存在图形文件中，故称其为内部块。

创建内部块的方式如下：

1）功能区：单击“默认”选项卡“块”面板中的“创建”按钮；

2）命令行：输入 block 后按<Enter>键（快捷命令：b）；

3）菜单栏：选择“绘图”/“块”/“创建”命令。

执行命令，打开“块定义”对话框，如图 7-5 所示，利用该对话框可以将已经绘制的图形定义成块，并可以对其命名。

“块定义”对话框中各选项的功能如下：

(1)“名称”文本框　用于输入块的名称，最多可输入 255 个字符。

(2)“基点”选项组　用于设置块的插入基点位置，该基点也是插入图形过程中进行旋转或调整比的基准点。用户可以直接在 X、Y、Z 文本框中输入基点坐标，也可以单击“拾取点”按钮，切换到绘图窗口中，并选择基点。从理论上讲，用户可以选择块上的任意一点作为插入基点，但为了作图方便，需根据图形的结构选择基点。一般基点选在块的对称中心、左下角或其他有特征的位置。

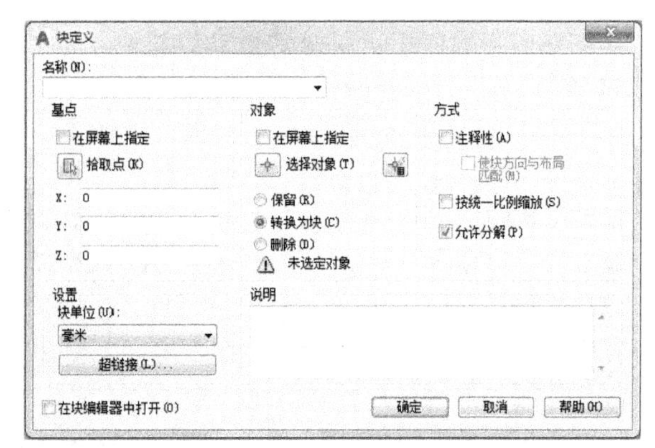

图 7-5　“块定义”对话框

(3)“对象”选项组　用于设置组成

块的对象，包括以下按钮或选项。

1）“选择对象”按钮：可以切换到绘图窗口，选择组成块的各对象。

2）“快速选择”按钮：单击该按钮可以通过弹出的“快速选择”对话框设置所选择对象的过滤条件。

3）“保留”单选按钮：用于确定创建块后在绘图窗口中是否保留组成块的各对象。

4）“转换为块”单选按钮：用于确定创建块后是否保留组成块的各对象并把它们转换为块。

5）“删除”单选按钮：用于确定创建块后是否删除绘图窗口中组成块的源对象。

（4）“方式”选项组　用于设置组成块的对象的显示方式。

1）“注释性”复选框：将对象设置成注释性对象。

2）“按统一比例缩放”复选框：设置对象是否按统一的比例进行缩放。

3）“允许分解”复选框：设置对象是否允许被分解。

（5）“块单位”下拉列表　用于设置从 AutoCAD 2018 设计中心拖动块时的缩放单位。

（6）“说明”文本框　用于输入当前块的说明。

（7）“超链接”按钮　单击该按钮，可打开“插入超链接”对话框，在该对话框中可以插入超链接文档，如图 7-6 所示。

绘图练习 1：将图 7-7 所示的表面粗糙度符号创建为块，以 O 点作为基点。

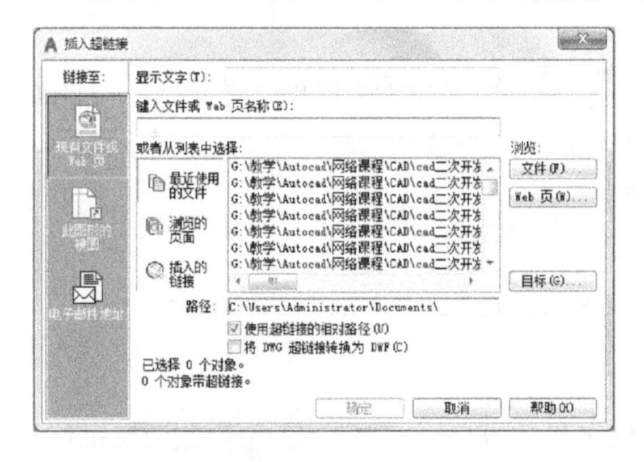

图 7-6　“插入超链接”对话框

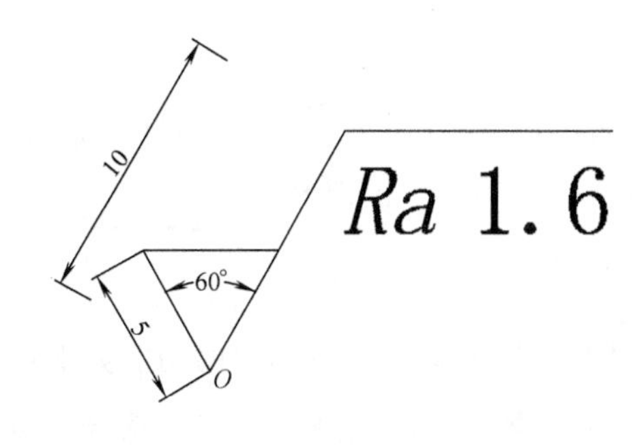

图 7-7　表面粗糙度符号

具体操作步骤如下：

1）按照图 7-7 所示尺寸绘制表面粗糙度符号图形。

2）调用“创建块”命令，系统弹出“块定义”对话框。

3）在“名称”文本框中输入块的名称，例如表面粗糙度。

4）在“基点”选项组中单击“拾取点”按钮，然后单击 O 点，确定基点位置。

5）在“对象”选项组中选中“保留”单选按钮，再单击“选择对象”按钮，切换到绘图窗口，选择要创建块的表面粗糙度符号，然后按<Enter>键，返回“块定义”对话框。

6）在“块单位”下拉列表中选择“毫米”选项，设置单位为 mm。

7）设置完毕，单击“确定”按钮保存设置。

小知识：

“创建块”命令所创建的块保存在当前的图形文件中，可以随时调用并将其插入到当前图形文件中。其他图形文件要调用块，可以通过设计中心或剪切板实现。

知识点 2　插入块

将要重复绘制的图形创建成块，并在需要时通过“插入块”命令直接调用。插入到图形中的块，称为块参照。

插入块的执行方式如下：

1）功能区：单击“默认”选项卡“块”面板中的“插入”按钮；

2）命令行：输入 insert 后按<Enter>键（快捷命令：i）；

3）菜单栏：选择“插入”/“块”命令。

执行命令，打开“插入”对话框，如图 7-8 所示。使用该对话框，可以在图形中插入块，在插入的同时还可以改变所插入块的比例与旋转角度。

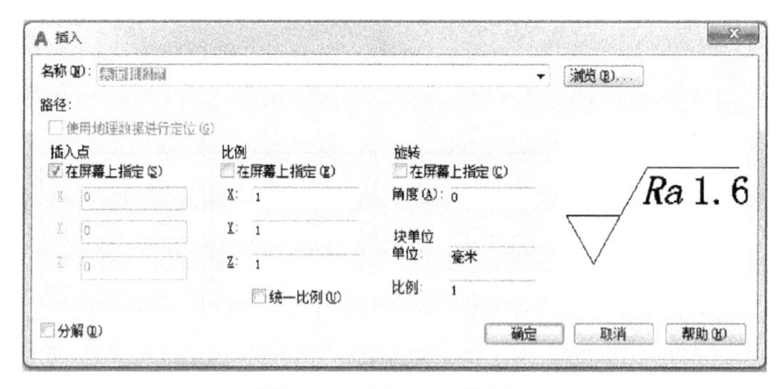

图 7-8　“插入”对话框

“插入”对话框中各选项的功能如下：

1）“名称”下拉列表：用于选择块或图形的名称。用户可以单击 浏览(B)... 按钮打开“选择图形文件”对话框，选择保存的块和外部图形。

2）“插入点”选项组：用于设置块的插入点位置。用户可以直接在 X、Y 、Z 文本框中输入点的坐标，也可以通过选中“在屏幕上指定”复选框，在屏幕上指定插入点的位置。

3）“比例”选项组：用于设置块的插入比例。用户可以直接在 X、Y 、Z 文本框中输入块在三个方向上的比例，也可以通过选中“在屏幕上指定”复选框，在屏幕上指定比例。此外，该选项组中的“统一比例”复选框用于确定所插入块在 X、Y 、Z 方向上的插入比例是否相同。选中此项时表示比例将相同，用户只需在 X 文本框中输入比例值即可。

4）“旋转”选项组：用于设置插入块时的旋转角度。用户可以直接在“角度”文本框中输入角度值，也可以选中“在屏幕上指定”复选框，在屏幕上指定旋转角度。

5）“分解”复选框：选中该复选框，可以将插入的块分解成组成块的各基本对象。

知识点 3　存储块

存储块是以类似于块操作的方法组合对象，然后将对象文件输出成一个文件。在命令行中输入“wblock”后按<Enter>键，将打开“写块”对话框，如图7-9所示。

“写块”对话框中各选项的功能如下：

(1)“源”选项组　用于确定块的定义范围。

1)“块”单选按钮：用于将使用block命令创建的块写入磁盘，可在其后的下拉列表中选择块名称。

2)“整个图形”单选按钮：用于将全部图形写入磁盘。

3)“对象”单选按钮：用于指定需要写入磁盘的块对象。选择该项时，用户可以根据需要使用“基点”选项组设置块的插入基点位置，使用“对象”选项组设置组成块的对象。

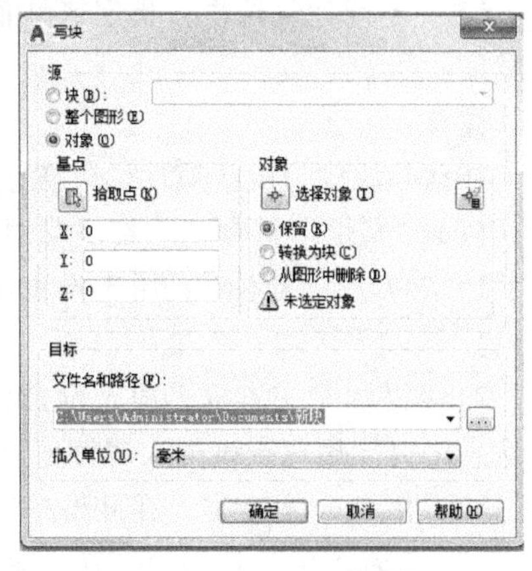

图7-9 “写块”对话框

(2)“目标”选项组　用于确定被定义块的名称和路径。可以直接输入，也可以在“浏览图形文件”对话框中设置文件的保存位置。

(3)“插入单位”下拉列表　用于选择从AutoCAD 2018设计中心拖动块时的单位。

知识点4　创建与编辑块属性

块属性是将数据附着在块上的标签或标记。块属性中可能包含的数据包括零件编号、价格、注释等。

1. 创建块属性

创建块属性的方式如下：

1) 功能区：单击“默认”选项卡“块”面板中的“定义属性”按钮；

2) 命令行：输入attdef后按<Enter>键（快捷命令：att）；

3) 菜单栏：选择“绘图”/“块”/“定义属性”命令。

执行命令，可以在打开的“属性定义”对话框中创建块属性，如图7-10所示。

“属性定义”对话框中各选项的功能如下：

(1)“模式”选项组　在“模式”选项组中，用户可以设置属性的模式，包括以下选项：

1)“不可见”复选框：指定插入块时不显示或打印属性值。

2)“固定”复选框：在插入块时赋予属性固定值。

3)“验证”复选框：插入块时提示验证属性值是否正确。

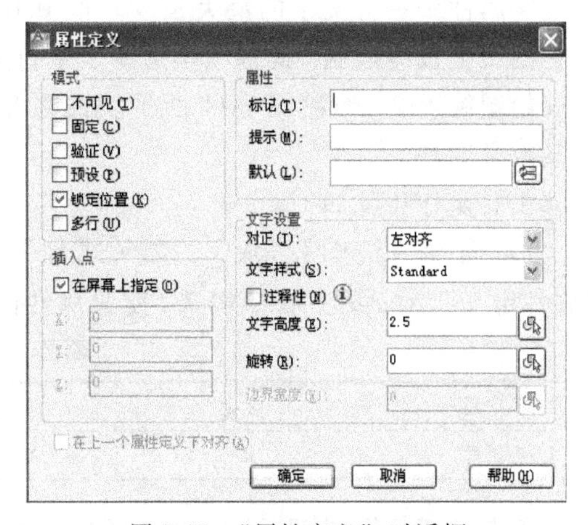

图7-10 “属性定义”对话框

4)“预设”复选框：插入包含预设属性值的块时，将属性设定为默认值。

5)“锁定位置”复选框：锁定块参照中属性的位置。解锁后，属性可以相对于使用夹点编辑的块的其他部分移动，并且可以调整多行文字属性的大小。

6）“多行”复选框：指定属性值可以包含多行文字。选定此选项后，可以指定属性的边界宽度。

注意：

在动态块中，由于属性的位置包含在动作的选择集中，因此必须将其锁定。

（2）“属性”选项组　在“属性”选项组中，可以定义块的属性，包括以下选项：

1）“标记”文本框：用于设置属性标记符，以区别其他的属性。输入的标记将出现在图形中。

2）“提示”文本框：用于设置属性的提示信息。在插入该属性块时，系统将显示属性提示信息，引导用户正确输入属性值。

3）“默认”文本框：在此框中输入属性的默认值。

（3）“插入点”选项组　在“插入点”选项组中，可以设置属性值的插入点，即属性文字排列的参照点。用户可以直接在文本框中输入点的坐标，也可以在屏幕上用鼠标拾取。

（4）“文字设置”选项组　在“文字设置”选项组中，用户可以设置属性的格式，包括以下选项：

1）“对正”下拉列表：用于设置属性文字相对于参照点的排列形式。

2）“文字样式”下拉列表：用于设置属性文字的样式。

3）“注释性”复选框：指定属性为注释性。如果块是注释性的，则属性将与块的方向相匹配。单击信息图标，可以了解有关注释性对象的详细信息。

4）“文字高度”文本框：用于设置属性文字的高度。用户可以直接在对应的文本框中输入文字高度值，也可以在单击该按钮后在绘图窗口中指定文字高度。

5）“旋转”文本框：用于设置属性文字的旋转角度。

6）“边界宽度”文本框：换行至下一行前，指定多行文字属性中一行文字的最大长度。值 0.000 表示对文字行的长度没有限制。此选项不适用于单行文字属性。

绘图练习 2：绘制图 7-11 所示表面粗糙度符号，并为其定义属性。

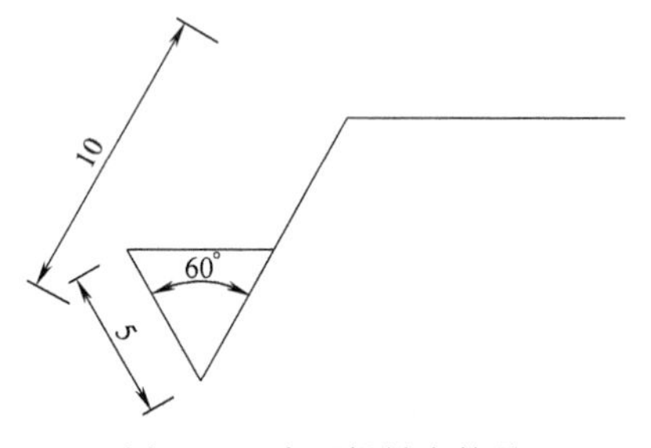

图 7-11　表面粗糙度符号

主要操作步骤如下：

1）选择“绘图”/“块”/“定义属性”命令，弹出“属性定义”对话框，参照表 7-1 定义属性值，结果如图 7-12 所示。

表 7-1　属性包含内容

项目	标记	提示	值 1	值 2
属性	RA	粗糙度值	*Ra*6.3	*Ra*3.2

单击“确定”按钮，AutoCAD 2018 切换到绘图屏幕，指定起始点，结果如图 7-13 所示。

2）要修改创建的属性，只需要在定义的属性上双击即可弹出“编辑属性定义”对话框，如图 7-14 所示。

3）将表面粗糙度符号与属性 RA 一起生成图块“粗糙度”，插入点设置在底顶点，如图 7-15所示。

单击“确定”按钮完成设置，结果如图 7-16 所示。

4）单击“插入块”按钮，选择名称为“粗糙度”的块，单击“确定”按钮。指定插入点后，命令行要求输入属性值，输入属性值为 3.2，结果如图 7-17 所示。

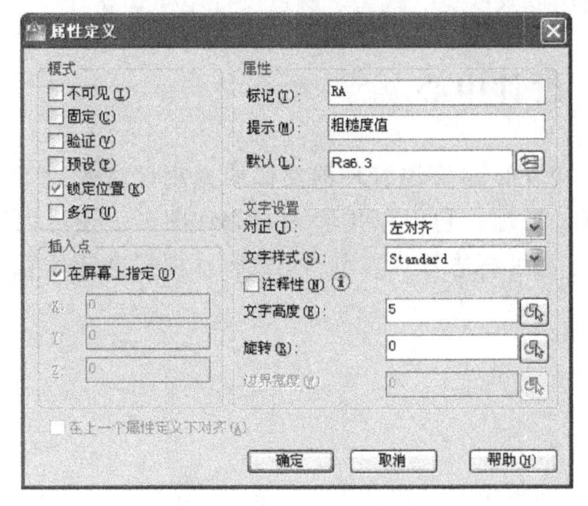

图 7-12　“属性定义”对话框

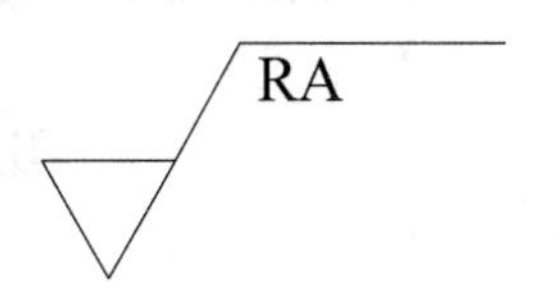

图 7-13　属性定义结果

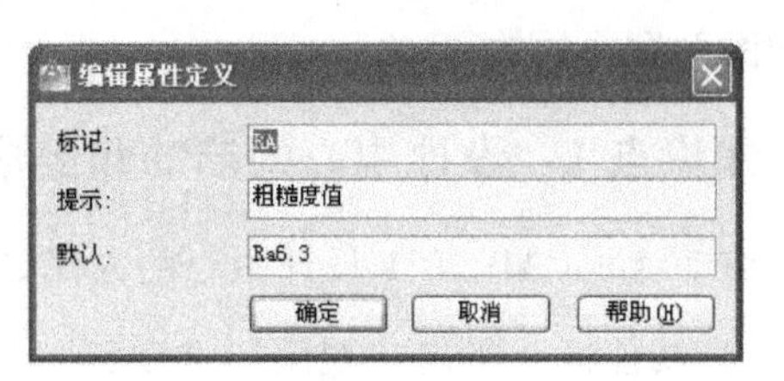

图 7-14　“编辑属性定义”对话框

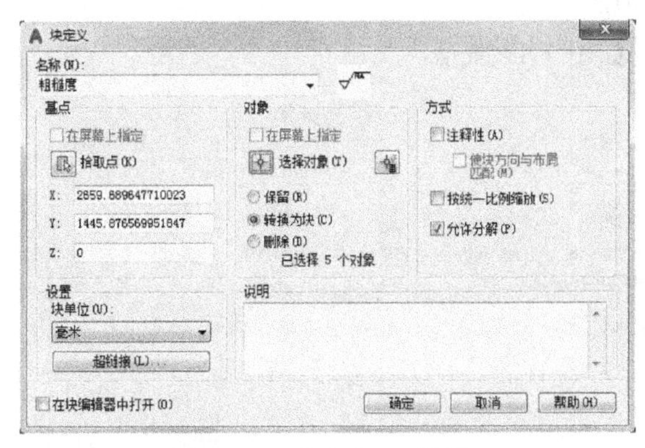

图 7-15　“块定义”对话框

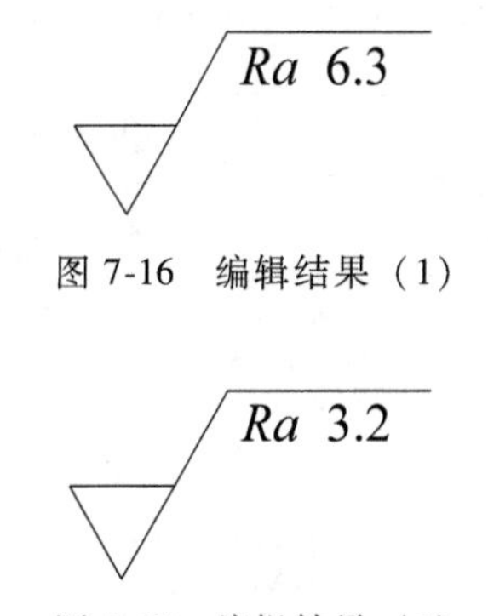

图 7-16　编辑结果（1）

图 7-17　编辑结果（2）

2. 编辑块属性

直接双击块属性，系统弹出“增强属性编辑器”对话框，如图 7-18 所示。

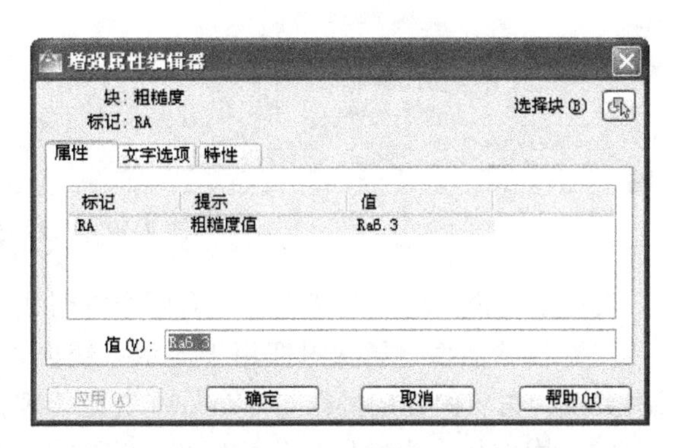

图 7-18　“增强属性编辑器”对话框

“增强属性编辑器”对话框中各选项卡的含义如下：

1）“属性”选项卡：显示了块中每个属性的标记、提示和值。在列表框中选择某一属性后，在“值”文本框中将显示该属性对应的属性值，用户可以通过它来修改属性值。

2）“文字选项”选项卡：用于修改属性文字的格式。用户可以在“文字样式”下拉列表中设置文字的样式，在“对正”下拉列表中设置文字的对齐方式，在“高度”文本框中设置文本的高度，在“旋转”文本框中设置文字的旋转角度，使用“反向”复选框来确定在文字行是否反向显示，使用“颠倒”复选框确定是否上下颠倒显示，在“宽度因子”文本框中设置文字的宽度系数，以及在“倾斜角度”文本框中设置文字的倾斜角度等。

3）“特性”选项卡：用于修改属性文字的图层以及线宽、线型、颜色及打印样式等。

知识模块 3　设计中心

AutoCAD 2018 设计中心为用户提供了一个与 Windows 资源管理器类似的直观且高效的工具。通过设计中心，用户可以浏览、查找、预览、管理、利用和共享 AutoCAD 图形，还可以使用其他图形文件中的图层定义、块、文字样式、尺寸标志样式、布局信息，从而提高图形管理和图形设计的效率。

知识点 1　设计中心的启动和组成

启动 AutoCAD 2018 设计中心的方式如下：

1）功能区：单击“视图”选项卡“选项板”面板中的“设计中心”按钮；

2）命令行：输入 adcenter 后按<Enter>键（快捷命令：adc）；

3）菜单栏：选择“工具”/“选项板”/“设计中心”命令。

执行命令，可进入 AutoCAD 2018 设计中心，如图 7-19 所示。

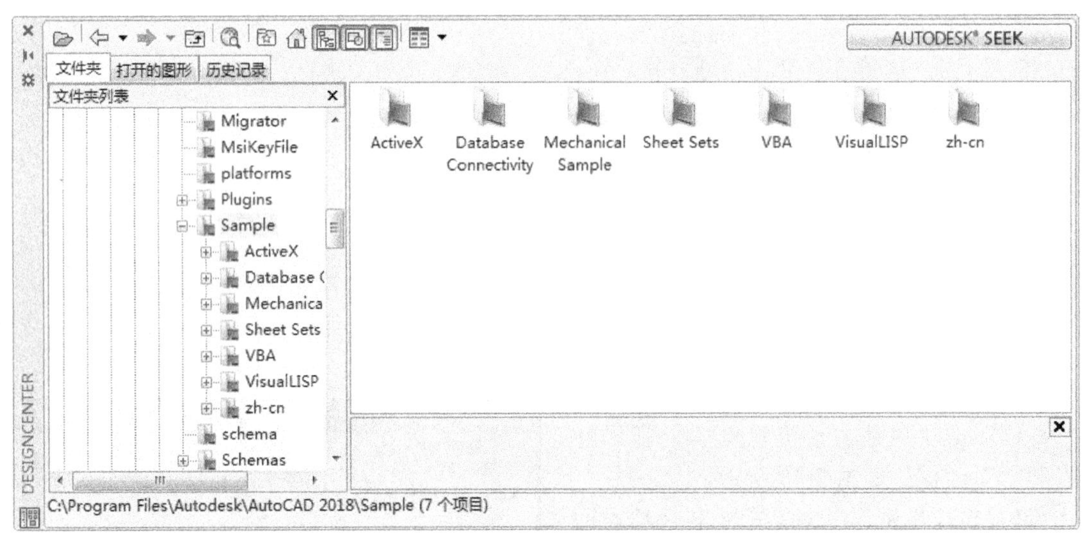

图 7-19　“设计中心”窗口

设计中心窗口由工具栏和左、右两个框组成，左边区域为树状图框，右边区域为内容框。

（1）树状图框　树状图框用于显示系统内的所有资源，包括磁盘及所有文件夹、文件及层次关系，树状图框的操作与 Windows 资源管理器的操作方法类似。

（2）内容框　内容框又称控制板。当在树状图框中选中某一项时，AutoCAD 2018 会在内容框显示所选项的内容。根据在树状图框中选项的不同，在内容框中显示的内容可以是图形文件、文件夹、图形文件中的命令对象（如块、图层、标注样式、文字样式等）、填充图案、Web 等。

（3）工具栏　工具栏位于窗口上方，主要功能如下：

1）“打开”按钮：用于在内容框显示指定图形文件的相关内容。单击该按钮，打开“加载”对话框。通过该对话框选择图形文件后，单击“打开”按钮，树状图框中显示该文件名称并选中该文件，内容框显示该图形文件的对应内容。

2）“后退”按钮：用于向后返回一次所显示的内容。

3）“向前”按钮：用于向前返回一次所显示的内容。

4）“上一级”按钮：用于显示活动容器的上一级容器内容。容器可以是文件夹或图形。

5）“搜索”按钮：用于快速查找对象。单击该按钮，打开“搜索”对话框。

6）“收藏夹”按钮：用于在内容框显示收藏夹中的内容。

7）“Home”按钮：用于返回到固定的文件夹或文件，即在内容框显示固定文件夹或文件中的内容。默认固定文件夹为 Design Center 文件夹。

8）“树状图框切换”按钮：用于显示或隐藏树状图窗口。

9）“预览”按钮：用于显示内容框中打开或关闭“预览”窗格的切换。“预览”位于内容框的下方，可以预览被选中的图形或图标。

10）“说明”按钮：用于在内容框实现打开或关闭“说明”窗格的切换，用来显示说明内容。

另外，“视图”按钮用于确定在内容框显示内容的格式。单击右侧小箭头，打开下拉列表，可以选择不同的显示格式，包括“大图标”“小图标”“列表”“详细信息”。

（4）选项卡　AutoCAD 2018 设计中心有“文件夹”“打开的图形”“历史记录”三个选项卡，各选项卡的功能如下：

1）“文件夹”选项卡：用于显示文件夹，如图 7-19 所示。

2）“打开的图形”选项卡：用于显示当前已打开的图形及相关内容，如图 7-20 所示。

3）“历史记录”选项卡：用于显示用户最近浏览过的 AutoCAD 图形，如图 7-21 所示。

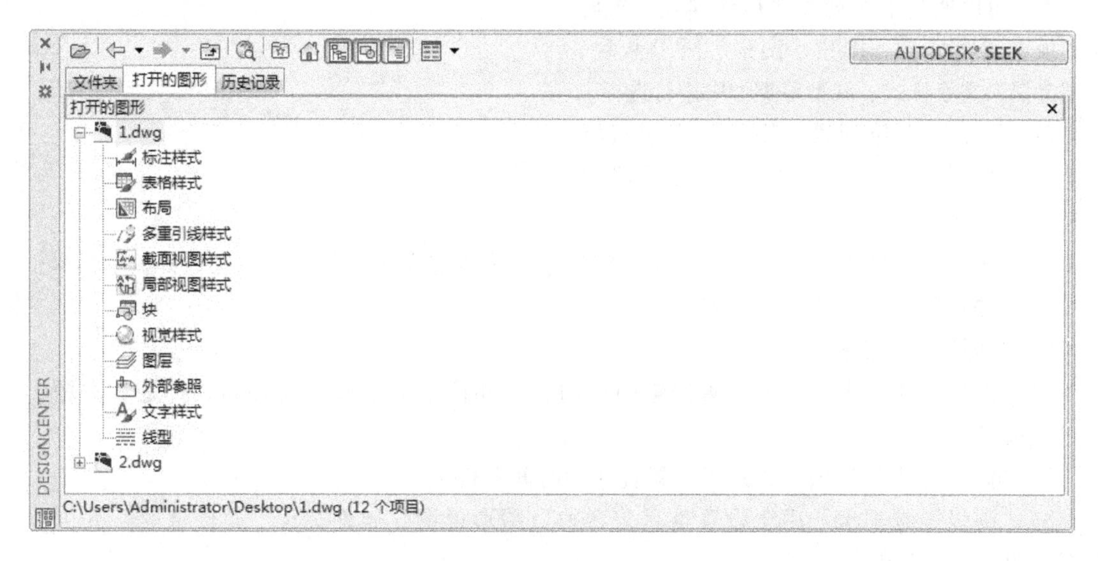

图 7-20　“打开的图形”选项卡

知识点 2　设计中心查找功能

利用设计中心的“查找”功能，可在弹出的“搜索”对话框中快速查找图形、块特征、

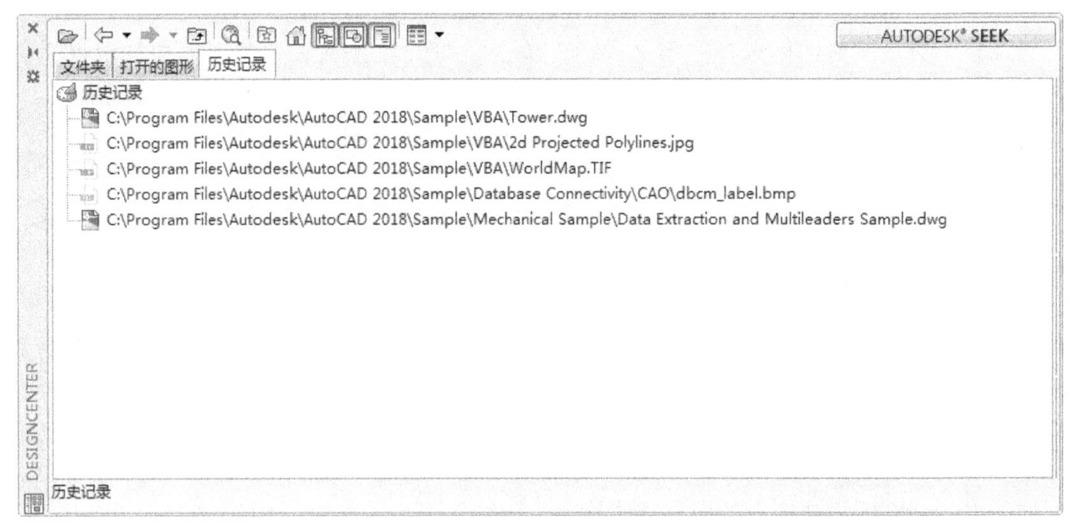

图 7-21 “历史记录”选项卡

图层特征和尺寸样式等内容，将这些资源插入当前图形，可辅助当前设计。

单击“设计中心”工具栏中的“搜索”按钮，打开“搜索”对话框，如图 7-22 所示。

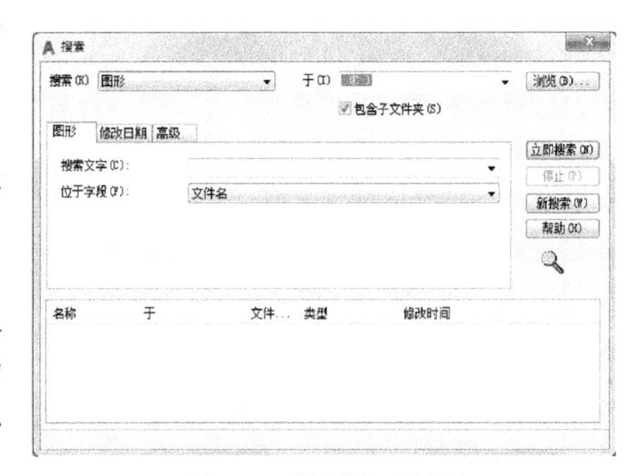

图 7-22 “搜索”对话框

“搜索”对话框中各选项的含义如下：

1）“搜索”下拉列表：用于确定查找对象的类型。可以通过下拉列表在标注样式、布局块、填充图案文件、图层、图形、图形和块、外部参照、文字样式、线型等类型中进行选择。

2）“于”下拉列表：用于确定搜索路径。也可以单击“浏览”按钮来选择搜索路径。

3）“包含子文件夹”复选框：用于确定搜索时是否包含子文件夹，并在下方显示结果。

4）“停止”按钮：用于停止查找。

5）“新搜索”按钮：用于重新搜索。

6）“图形”选项卡：用于设置搜索图形的文字和位于的字段（文件名、标题、主题、作者、关键字）。

7）“修改日期”选项卡：用于设置查找的时间条件。

8）“高级”选项卡：用于设置是否包含块、图形说明、属性标记、属性值等，并可以设置图形的大小和范围。

知识点 3　设计中心资源管理

使用 AutoCAD 2018 设计中心的最终目的是在当前图形中调入块、引入图像和外部参照，并在图形之间复制块、图层、线型、文字样式、标注样式以及用户定义的内容等，也就是说根据插入内容类型的不同，对应插入设计中心图形的方法也不同。

（1）插入块　通常情况下执行插入块操作可根据设计需要确定插入方式。

1）自动换算比例插入块：选择该方法插入块时，可从设计中心窗口中选择要插入的块，并拖动到绘图窗口，移动到插入位置时释放鼠标，即可实现块的插入操作。

2）常规插入块：采用插入时确定插入点、插入比例和旋转角度的方法插入块特征，可在“设计中心”对话框中选择要插入的块，然后用鼠标右键将该块拖动到窗口后释放鼠标，此时将弹出一个快捷菜单，选择“插入块”选项，即弹出“插入块”对话框，可按照插入块的方法确定插入点、插入比例和旋转角度，将该块插入到当前图形中。

（2）复制对象　利用 AutoCAD 2018 设计中心，可以方便地将某一图形中的图层、线型、文字样式、尺寸样式及图块通过鼠标拖放到当前图形中。

在内容框或通过“查询”对话框找到对应内容，然后将它们拖动到当前打开图形的绘图区后释放鼠标，即可将所选内容复制到当前图形中。

如果所选内容为图块文件，拖动到指定位置松开鼠标后，即完成插入块操作。

也可以使用复制粘贴的方法。在设计中心的内容框中，选择要复制的内容，再用鼠标右键单击所选内容，在打开的快捷菜单中选择“复制”选项，然后单击主窗口工具栏中的“粘贴”按钮，所选内容就被复制到当前图形中。

（3）以动态块的形式插入图形文件　要以动态块的形式在当前图形中插入外部图形文件，只需要通过右键快捷菜单执行“块编辑器”命令即可，此时系统将打开“块编辑器”窗口，用户可以通过该窗口将选中的图形创建为动态图块。

（4）引入外部参照　在“设计中心”对话框中选择外部参照，用鼠标右键将其拖动到绘图窗口后释放，在弹出的快捷菜单中选择“附加为外部参照”选项，弹出“外部参照”对话框，可以在其中设置插入点、插入比例和旋转角度。

【综合练习】

1）绘制图 7-23 所示的螺栓图形，并将其转换为块保存起来（d 表示直径）。

2）绘制图 7-24 所示的螺母图形，并将其转换为块保存起来（d 表示直径）。

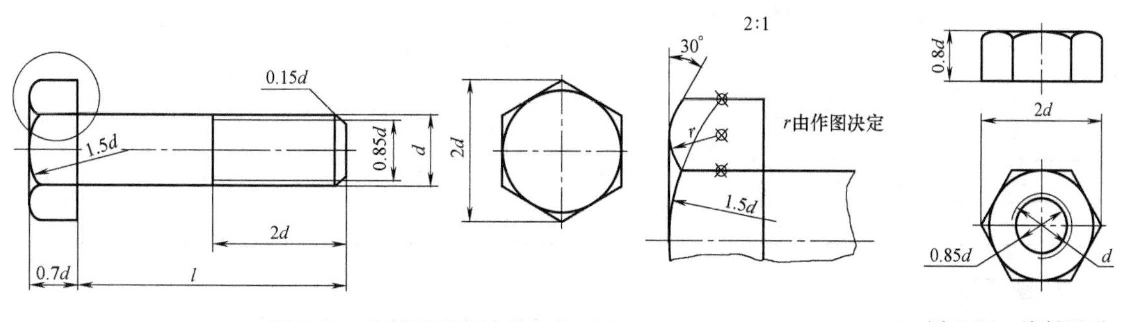

图 7-23　绘制图形并转化为块（1）

图 7-24　绘制图形并转化为块（2）

单元8　绘制机械零件图

学习目标：

1. 掌握创建样板图的方法。
2. 掌握绘制零件图、装配图的方法和技巧。
3. 能够根据零件的结构特点，灵活运用各绘图及编辑命令，绘制较复杂的三视图。

知识模块1　机械制图基础知识

在机械制图中，对于不同类型的图样，绘图要求和规范也不尽相同。为了更好地掌握绘图基本知识，有必要了解一下国家标准对图纸幅面、绘图比例的有关规定。

知识点1　图纸幅面及格式

在国家标准中，对图纸幅画的尺寸、图框的格式以及标题栏的方位和尺寸都有严格的规定。

1. 图纸幅画尺寸

绘制图样时，应优先采用国家标准中规定的幅面尺寸，见表8-1，必要时可沿长边加长。对于A0、A2、A4幅面，应按A0幅面边长的1/8加长；对于A1、A3幅面，应按A0幅面短边的1/4加长。A0和A1幅面允许同时加长两边，如图8-1所示。

表8-1　图纸幅面及周边尺寸

<table>
<tr><td rowspan="2">幅面代号</td><td>幅面尺寸/mm</td><td colspan="3">周边尺寸/mm</td></tr>
<tr><td>B×L</td><td>a</td><td>c</td><td>e</td></tr>
<tr><td>A0</td><td>841×1189</td><td rowspan="6">25</td><td rowspan="3">10</td><td rowspan="2">20</td></tr>
<tr><td>A1</td><td>594×841</td></tr>
<tr><td>A2</td><td>420×594</td><td rowspan="4">10</td></tr>
<tr><td>A3</td><td>297×420</td><td rowspan="3">5</td></tr>
<tr><td>A4</td><td>210×297</td></tr>
<tr><td>A5</td><td>148×210</td></tr>
</table>

2. 图框格式

无论图样是否装订，均应在图幅内画图框，图框线用粗实线绘制。需装订的图样，其装订边应留出宽度 a，非装订边留出宽度 c，如图8-2所示。对于不需要装订的图样，其周边均应留出宽度 e，如图8-3所示。

3. 标题栏的方向及格式

每张图样的右下角均有标题栏。标题栏中的文字方向为看图的方向，标题栏的格式由国家标准规定，如图 8-4 所示。学校制图作业中使用的标题栏可以简化。

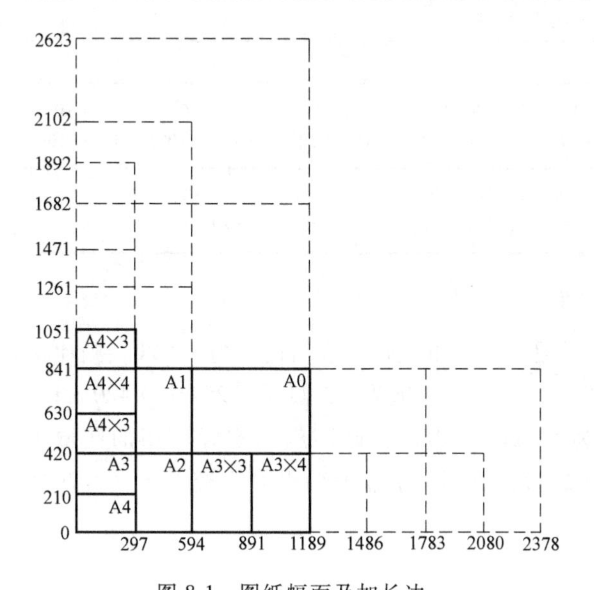

图 8-1　图纸幅面及加长边

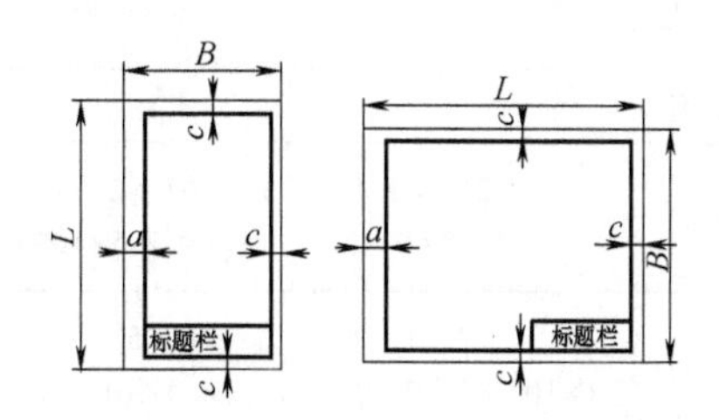

图 8-2　需要装订的图框格式

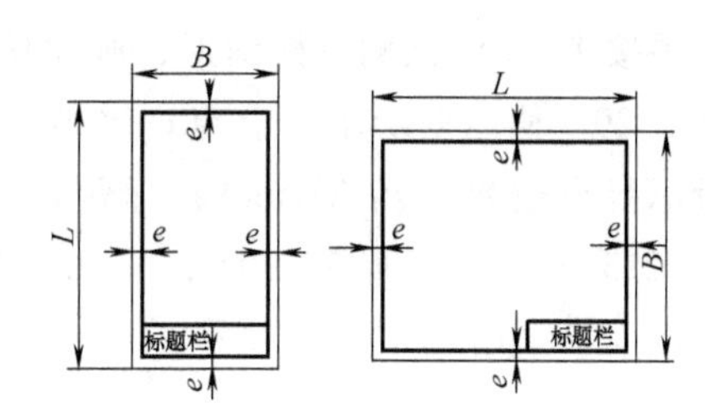

图 8-3　不需要装订的图框格式

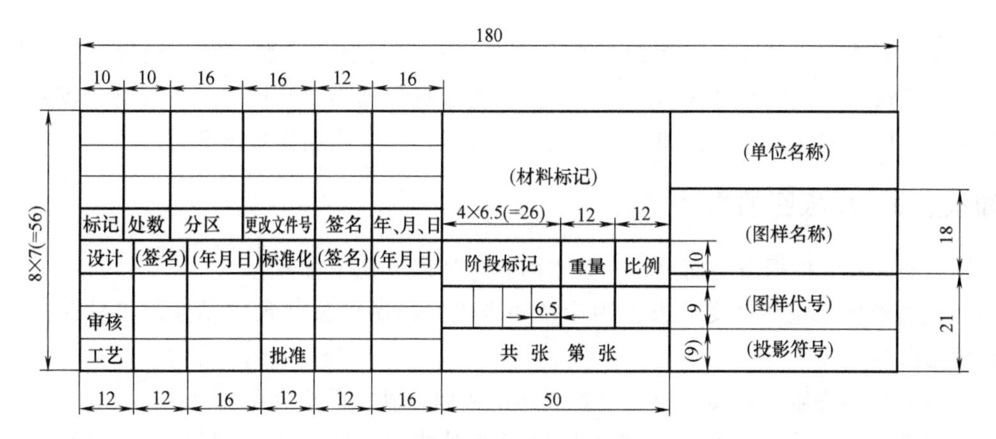

图 8-4　国家标准规定的标题栏格式

标题栏的外框是粗实线，其右边的底边与图框线重合。字体除名称用 10 号字外，其余均用 5 号字。

知识点 2　绘图比例

图样中机件要素的线性尺寸与实际机件相应要素的线性尺寸之比，称为比例。国家标准规定，在绘图时一般采用规定的比例，见表 8-2。

图样无论放大或缩小，在标注尺寸时都按机件的实际尺寸标注。每张图样上均要在标题栏的“比例”栏中填写比例，如 1∶1 或 1∶2 等。

绘制图样时，尽可能按机件的实际大小（比例为 1∶1）画出，以便直接从图样看出机件的真实大小。由于机件的大小及其结构复杂程度不同，对大而简单的机件可采用缩小的比例，对小而复杂的机件可采用放大的比例。

表 8-2 规定的比例

种类	比例数值						
原值比例	1 : 1						
缩小比例	1 : 2(1 : 1.5) 1 : 2×10^n	(1 : 2.5) (1 : 2.5×10^n)	(1 : 3) (1 : 3×10^n)	(1 : 4) (1 : 4×10^n)	1 : 5 1 : 5×10^n	(1 : 6) (1 : 6×10^n)	1 : 10 1 : 1×10^n
放大比例	2 : 1 1×10^n : 1　2×10^n : 1	(2.5 : 1) (2.5×10^n : 1)		(4 : 1) (4×10^n : 1)		5 : 1 5×10^n : 1	

注：1. n 为正整数。
2. 优先选用括号外的值，必要时也允许选用括号内的值。

如果按 1 : n 的比例变换图形，则比例因子就是 n。例如，假定绘图比例为 1 : 20，则比例因子就是 20。假定要绘制一个 40cm×60cm 的机件，使用的图纸为 A3 幅面（297mm×420mm），还要考虑留出边界（约 25mm），标题栏区域为 56mm×180mm，则图纸上实际可用的区域为 190mm×215mm。由于 400/190 = 2.1，600/215 = 2.79，比例因子需取两者之中较大者（2.79），因此比例因子采用 3。

知识模块 2　创建样板图

在新建工程图时，总要进行大量的设置工作，包括图层、线型、颜色设置、文字样式设置、标注样式设置等，如果每次新建图样都要如此设置，确实很麻烦。为了提高绘图效率，使图样标准化，应该创建个人样板图。当要绘制图样时，只须调用样板图即可。

知识点 1　样板图的内容

样板图的内容应根据需要而定，其基本内容包括以下几个方面。

（1）设置绘图单位和精度　根据用途及要求设置绘图单位及尺寸精度。机械图样一般不需要设置此内容。

（2）设置图形界限　根据图形大小选择图纸幅面，确定图形界限。

（3）设置图层　设置图层时要考虑国家标准对技术制图所用的图线名称、形式、结构、标记及画法规则等的规定要求，并结合实际情况。

（4）设置文字样式　在机械制图中，常需要采用文字、数字或字母等来说明机件的大小、技术要求等内容。AutoCAD2018 提供了符合制图国家标准的长仿宋大字体“gbcbid. shx”，以及符合制图国家标准的两种英文字体“gbenor. shx”（用于标注直体）和“gbeitc. shx”（用于标注斜体）。

（5）设置标注样式　建立符合制图国家标准的标准样式，包括建立专门用于角度标注、半径标注和直径标注的子样式。

（6）绘制图框　绘制符合标准的图框，参见本单元知识模块 1 内容。

（7）绘制标题栏　参见本单元知识模块 1 内容。

知识点 2　创建样板图

以图 8-5 所示的“A4-横向”样板图为例，创建样板图。

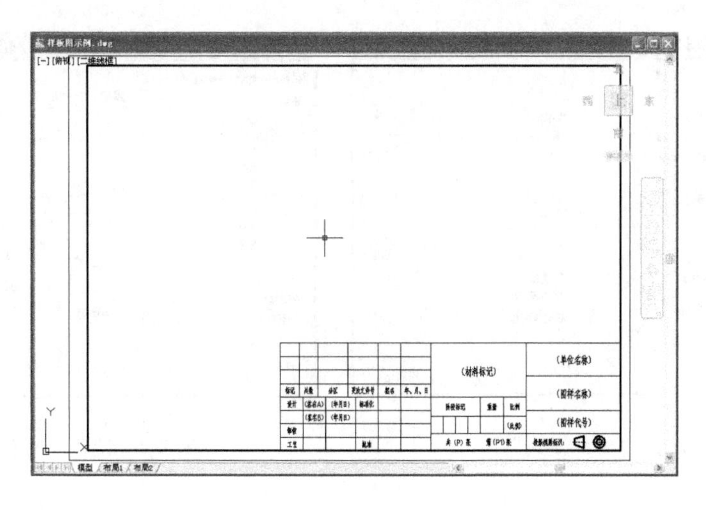

图 8-5 “A4-横向”样板图

操作步骤如下：

1）单击“新建”按钮，打开“创建新图形”对话框，单击对话框中的“默认设置”按钮，然后单击“确定”按钮，进入绘图状态。

2）选择菜单栏中的“格式”/“单位”命令，打开“图形单位”对话框，设置长度类型为小数，精度为小数点后两位；角度类型为十进制角度，精度为整数；单位为mm。

3）选择菜单栏中的“格式”/“图层”命令，打开“图层特性管理器”对话框，按表8-3的要求创建图层。

表 8-3 设置图层属性

图层名称	线型名称	线宽/mm	参考颜色
粗实线	Continuous(实线)	0.3	黑色/白色
细实线	Continuous(实线)	0.15	黑色/白色
波浪线	Continuous(实线)	0.15	青色
中心线	Center(中心线)	0.15	红色
细虚线	ACAD_ISO02W100(虚线)	0.15	绿色
标注及剖面线	Continuous(实线)	0.15	红色
细双点画线	ACAD_ISO05W100(双点画线)	0.15	黄色

4）选择菜单栏中的“格式”/“文字样式”命令，打开“文字样式”对话框，创建“国标-3.5”和“国标-5”两种文字样式，SHX字体为“gbenor.shx”，大字体为“gbcbid.shx”，文字高度分别是3.5和5，如图8-6所示。

5）选择菜单栏中的“格式”/“标注样式”命令，打开“标注样式管理器”对话框，创建“TSM-3.5”和“TSM-5”两种标注样式，建立专门用于角度标注、半径标注和直径标注的子样式，如图8-7所示。

6）绘制图框线和标题栏。图纸为横向放置，不需要装订，详细数据参见本单元知识模块1内容。

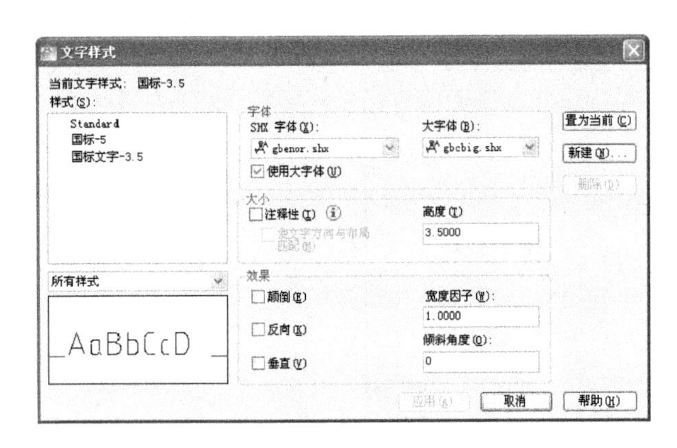

图 8-6　设置“文字样式”

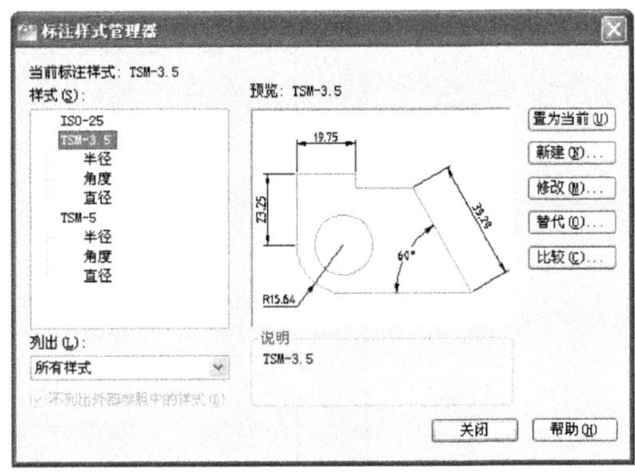

图 8-7　设置“标注样式”

7）执行“保存”命令，打开“图形另存为”对话框，命名样板文件名为“A4-横向”，如图 8-8 所示。

8）单击“保存”按钮，系统弹出“样板选项”对话框，填写说明，单击“确定”按钮，样板文件保存成功。

图 8-8　“图形另存为”对话框

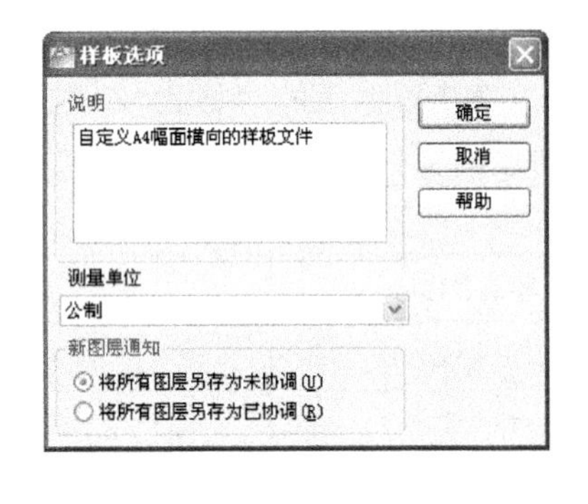

图 8-9　“样板选项”对话框

其他样板文件的创建方法与此类似，用户可以练习创建“A3-横向”和“A4-竖向”图形样板文件，不需要装订。

知识点 3　打开样板图形

创建了样板图形后，样板图形保存在“样板”文件夹中。

单击“菜单浏览器”按钮，选择“新建”命令，打开“选择样板”对话框，如图 8-10 所示，创建好的样板文件会显示在对话框中，选择打开即可。

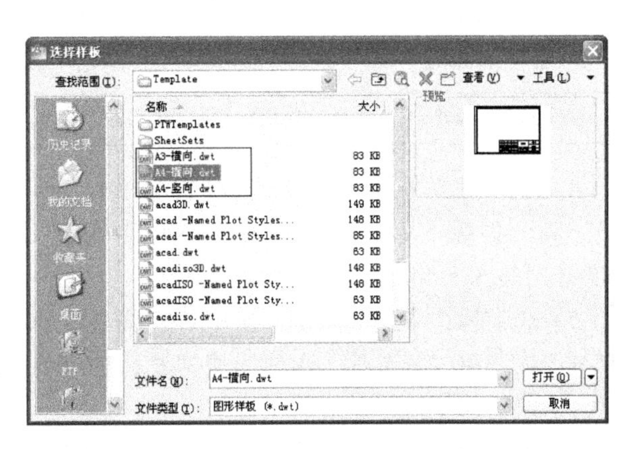

图 8-10　“选择样板”对话框

知识模块 3　典型机械零件图的绘制

知识点 1　绘制轴类零件图

下面以图 8-11 所示的轴零件图为例，介绍机械图样的绘制方法以及绘制机械图样时应注意的一些问题。

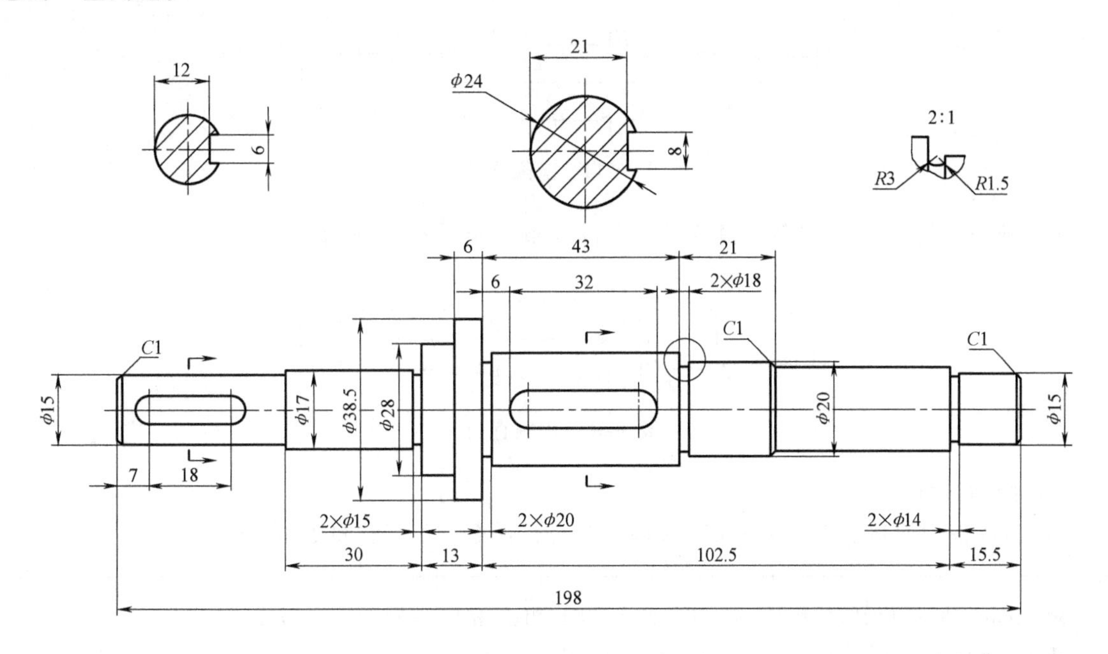

图 8-11　轴零件图

具体操作步骤如下：

1）打开图形样板文件 A4-横向 . dwt。

2）图样布局。设置粗实线层为当前层，然后在屏幕的适当位置绘制对称轴线 A 及左、右端面线 B、C，如图 8-12 所示。

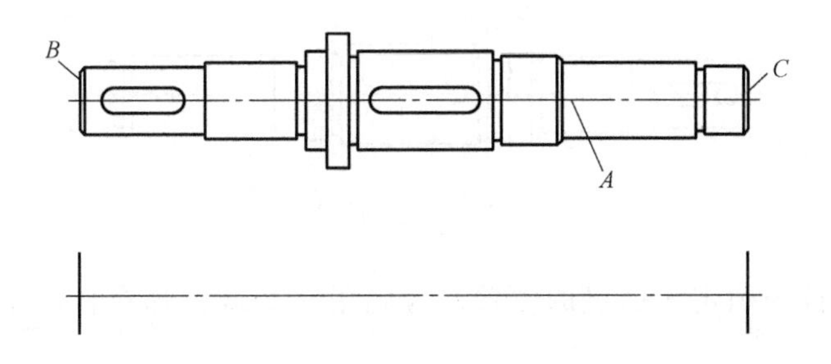

图 8-12　图样布局

3）打开对象捕捉、正交和自动追踪命令。

4）用“直线”命令画出轴的轮廓线，如图 8-13 所示。

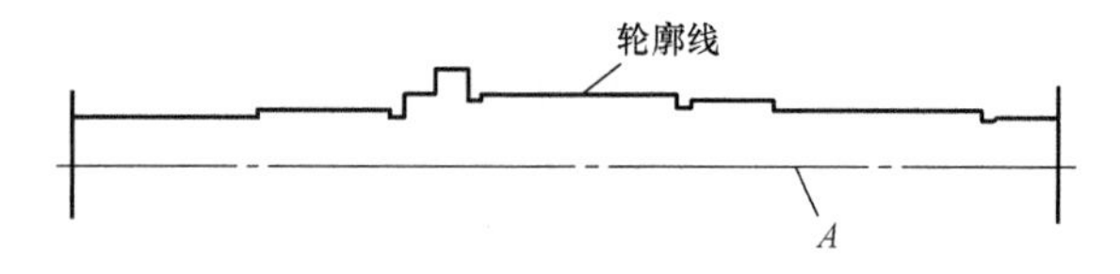

图 8-13　绘制轮廓线

5）把轴的轮廓线沿中心线 *A* 镜像，如图 8-14 所示。

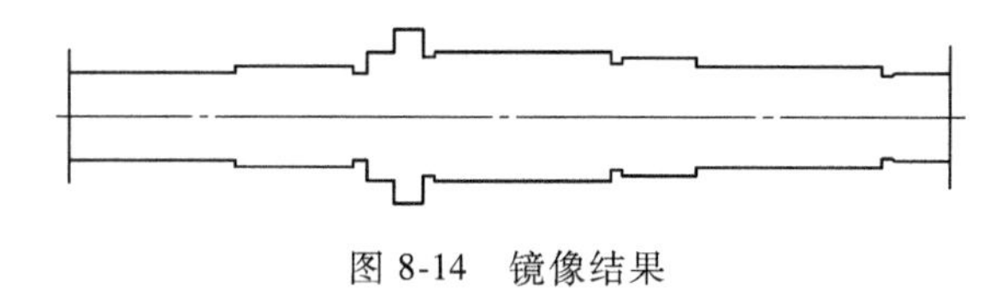

图 8-14　镜像结果

6）补画直线 *C*、*D*、*E* 等，并修剪多余的线条，如图 8-15 所示。

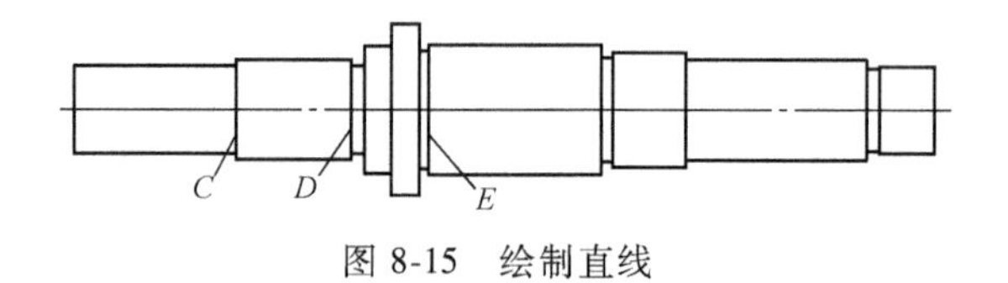

图 8-15　绘制直线

7）绘制键槽

① 通过正交偏移捕捉“FROM”来确定圆心，命令行提示信息如下：

```
命令:circle 指定圆的圆心或［三点(3P)/两点(2P)/相切、相切、半径(T)］:from ↙
基点:(选择左侧边界和中心线交点)<偏移>:@ 7,0 ↙
指定圆的半径或［直径(D)］:2.5 ↙
命令:circle 指定圆的圆心或［三点(3P)/两点(2P)/相切、相切、半径(T)］: from ↙
基点:(选择第一个圆的圆心)<偏移>:@ 18,0 ↙
指定圆的半径或［直径(D)］<2.5000>:↙
```

② 使用直线连接，并修剪直线和圆，如图 8-16 所示。用同样的方法绘制另一个键槽。

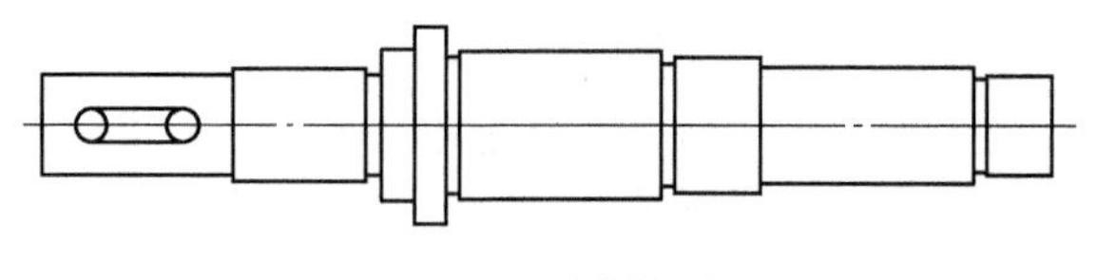

图 8-16　绘制键槽

8）画剖面图。首先确定剖面线的位置，为此用“直线”命令作两条定位辅助线 *E*、*F*，如图 8-17 所示。

9）以交点①为圆心画剖面圆，再偏移直线 *E*、*F* 以形成槽，如图 8-18 所示。

10）以同样的方法绘制另一剖面图，然后填充剖面线图案，如图 8-19 所示。

11）把图形 *A* 复制到 *B* 处，如图 8-20 所示。

12）使用“缩放”命令将图形放大 2 倍，使用样条曲线命令画出细节特征，然后修剪掉

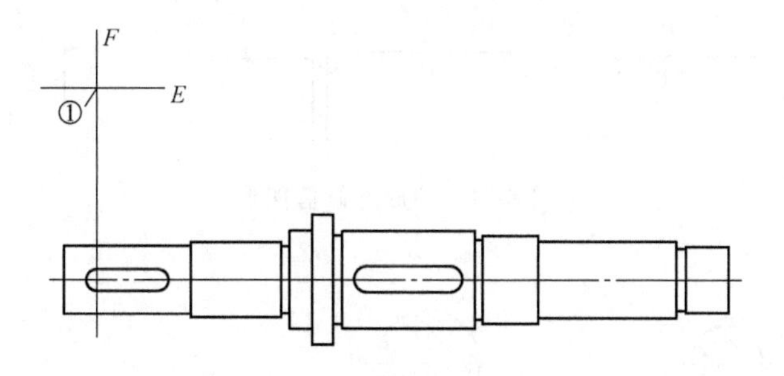

图 8-17　绘制定位辅助线

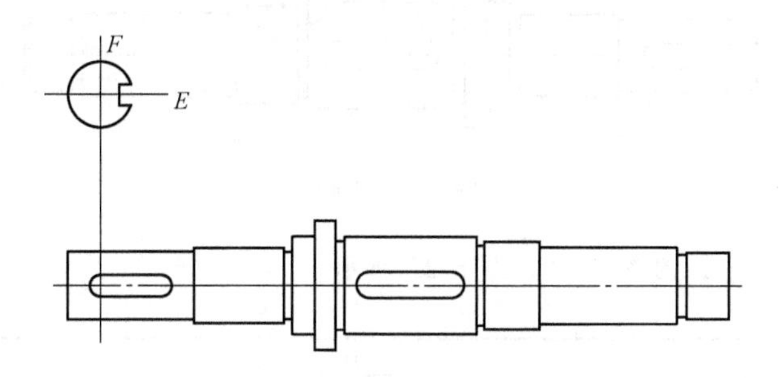

图 8-18　绘制圆和键槽

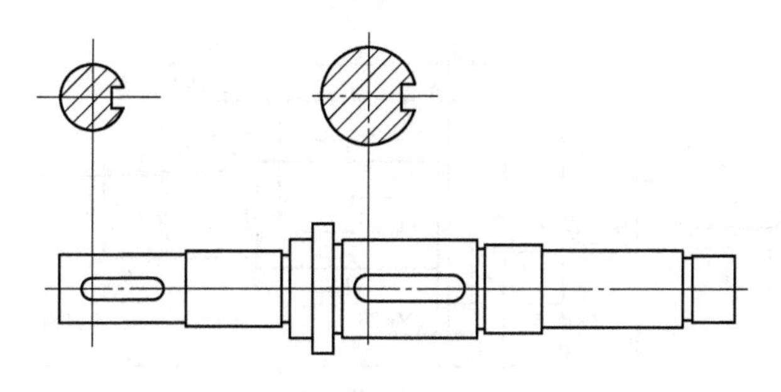

图 8-19　填充图案

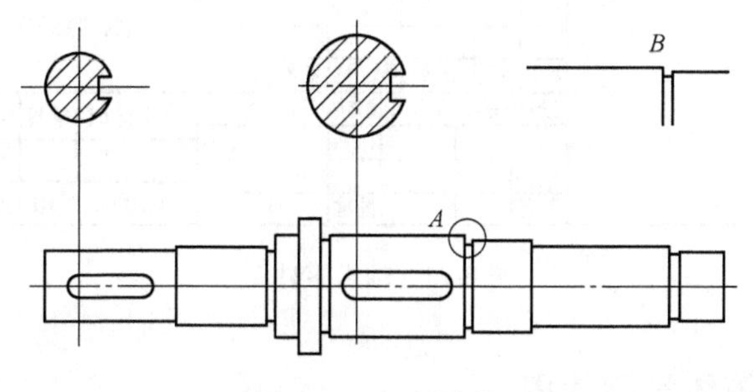

图 8-20　复制图形

多余的线，如图 8-21 所示。

13）画出倒角，并修改图形线型，如图 8-22 所示。

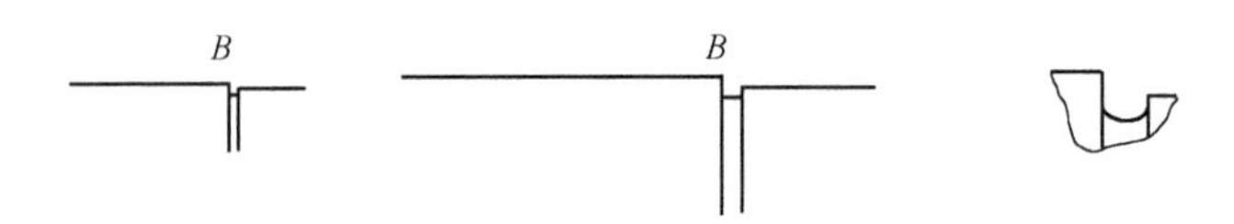

图 8-21　缩放并修剪图形

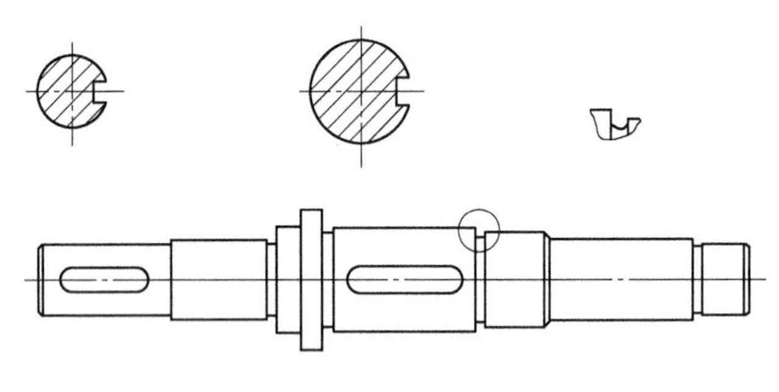

图 8-22　倒角

14）对图形进行标注，最终效果如图 8-23 所示。

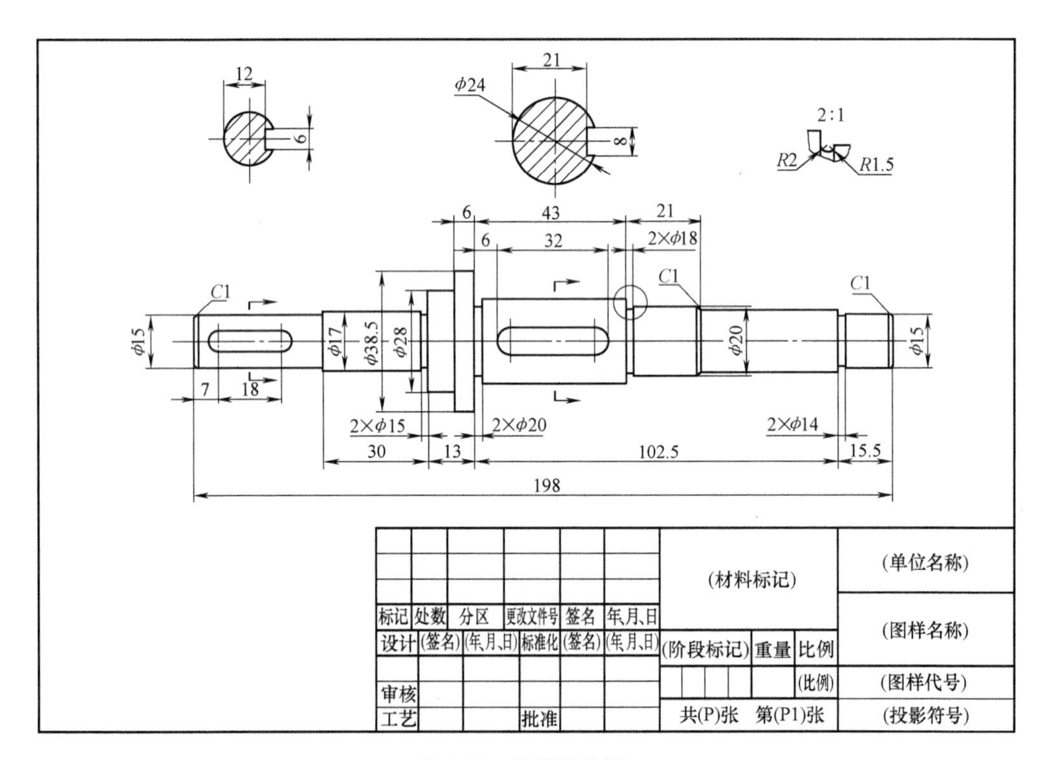

图 8-23　轴类零件图

知识点 2　绘制箱体类零件图

绘制如图 8-24 所示的箱体零件图。

具体操作步骤如下：

1）打开“A3-横向”图形样板文件。

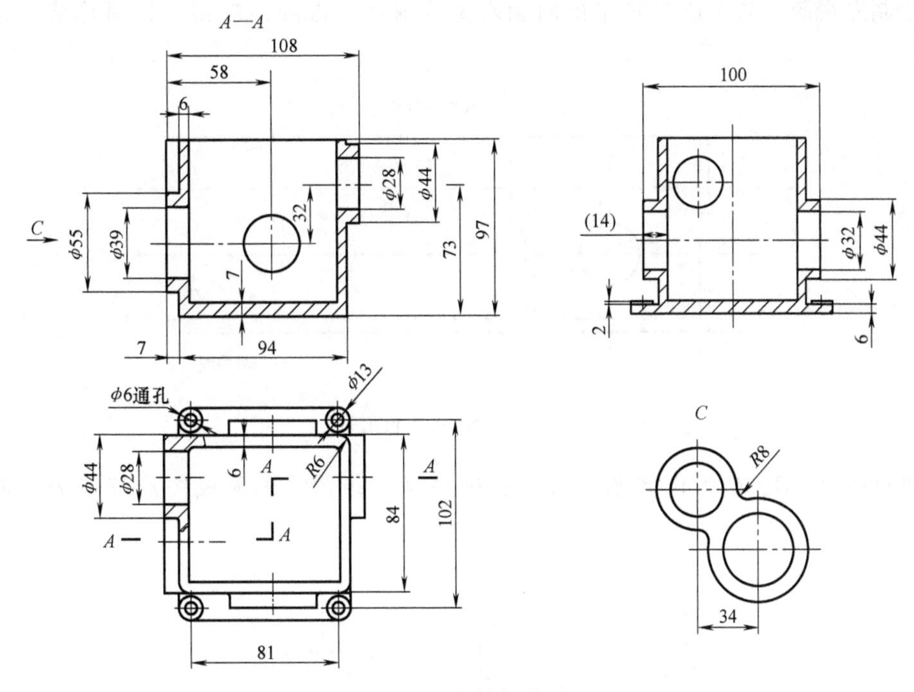

图 8-24　箱体零件图

2）主视图布局。零件的端面线 *D* 及孔的中心线 *A*、*B*、*C* 是主视图的主要作图基准线，首先绘制这些直线，如图 8-25 所示。

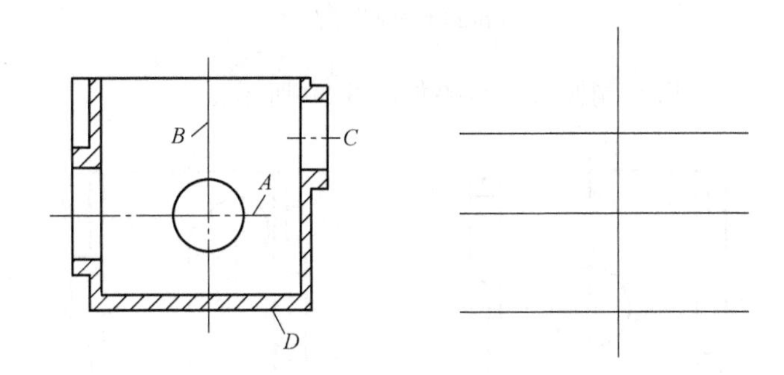

图 8-25　绘制基准线

3）绘制主视图细节。画圆 *E*，再平移直线 *A*、*B*，以形成图形细节 *F*，如图 8-26 所示。

4）通过平移直线 *C*、*G* 来形成图形细节 *H*，如图 8-27 所示。

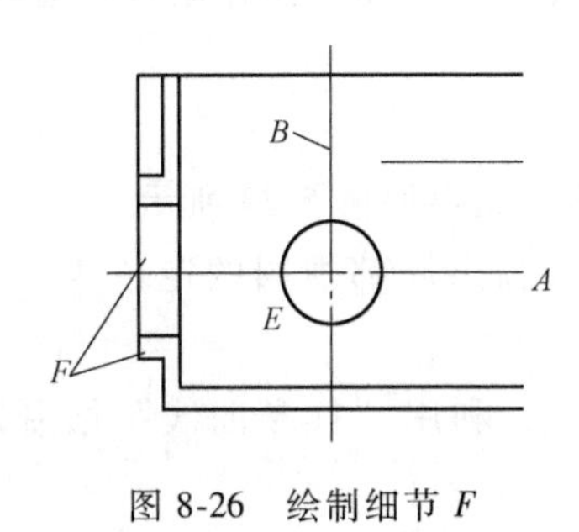

图 8-26　绘制细节 *F*

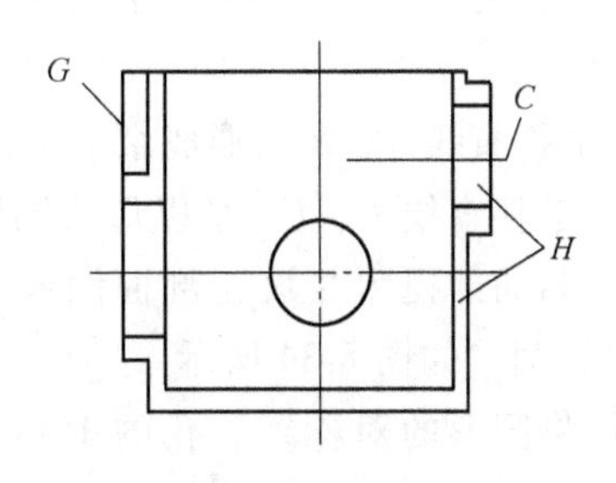

图 8-27　绘制细节 *H*

5）绘制左视图。从主视图向左视图画水平投射线，再画出左视图的对称线，如图 8-28 所示。

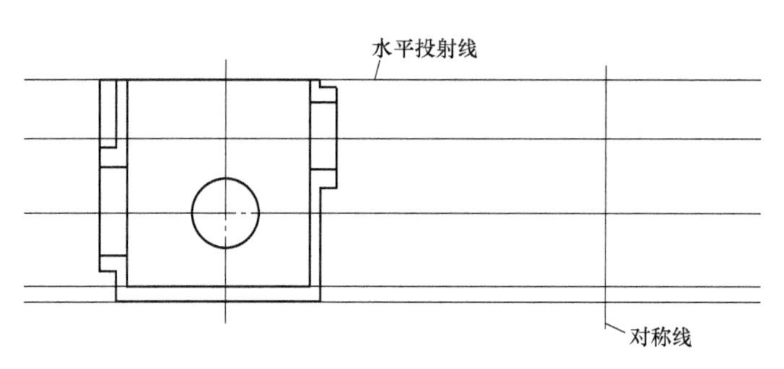

图 8-28　绘制水平投射线

6）以直线 *A*、*B*、*C* 为作图基准线，通过平移这些直线来形成图形细节 *D*，如图 8-29 所示。

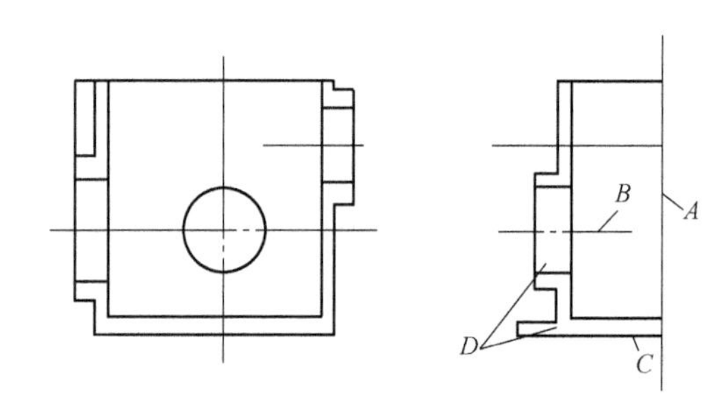

图 8-29　绘制细节 *D*

7）对图形 *D* 镜像，然后绘制圆 *E*，结果如图 8-30 所示。

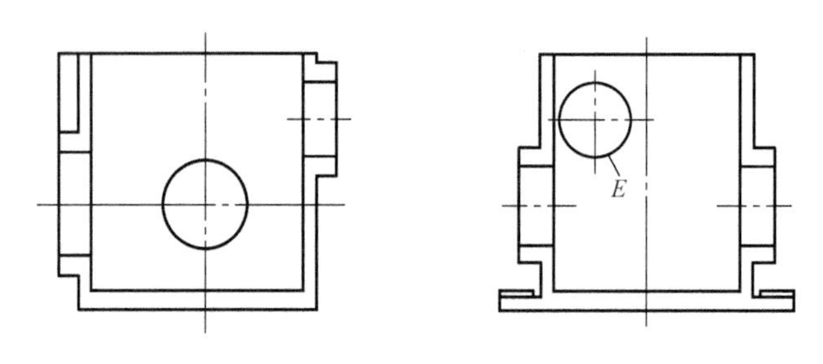

图 8-30　镜像结果

8）绘制俯视图。绘制俯视图中孔的轴线 *A*、*B*，再从主视图向俯视图作垂直投射线，如图 8-31 所示。

9）平移直线 *A*、*B* 以形成细节 *C*，如图 8-32 所示。

10）平移直线 *E*、*F*、*G* 以形成图形细节 *H*，然后画圆，结果如图 8-33 所示。

11）画局部视图并填充剖面图案。在屏幕的适当位置画出局部视图的定位线 *A*、*B*、*C*、*D*，然后画圆，如图 8-34 所示。

12）将图形的对称线、孔的中心线修改到中心线层上，利用“样条曲线”绘制断裂线，填充图案，结果如图 8-35 所示。

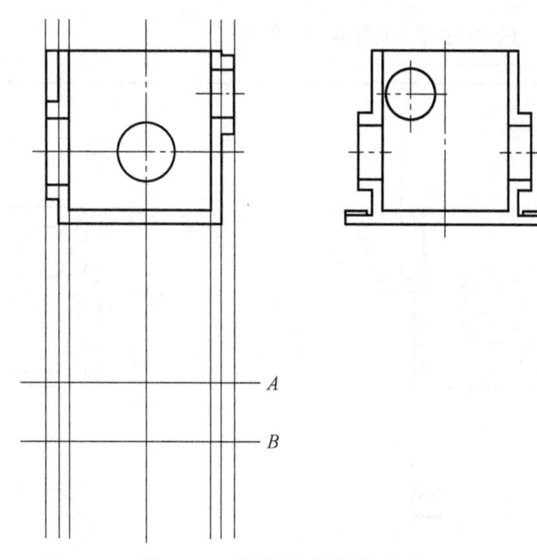

图 8-31　绘制轴线和投射线

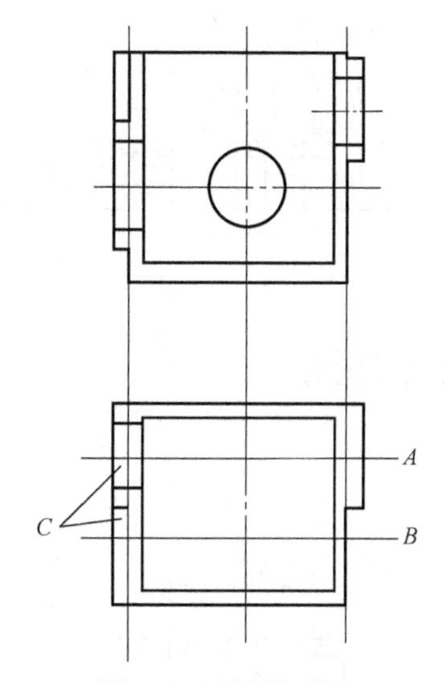

图 8-32　绘制细节 *C*

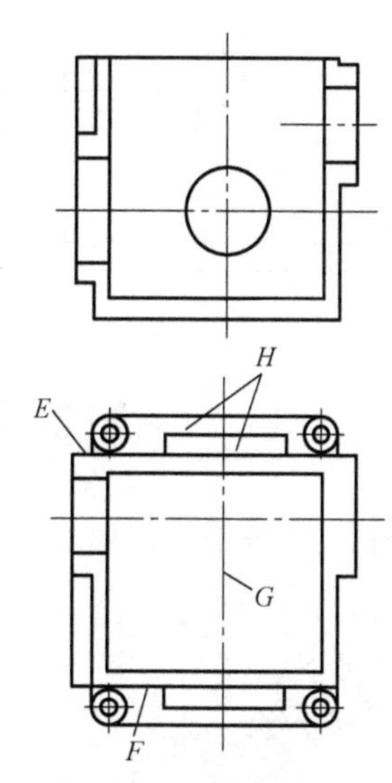

图 8-33　绘制细节 *H*

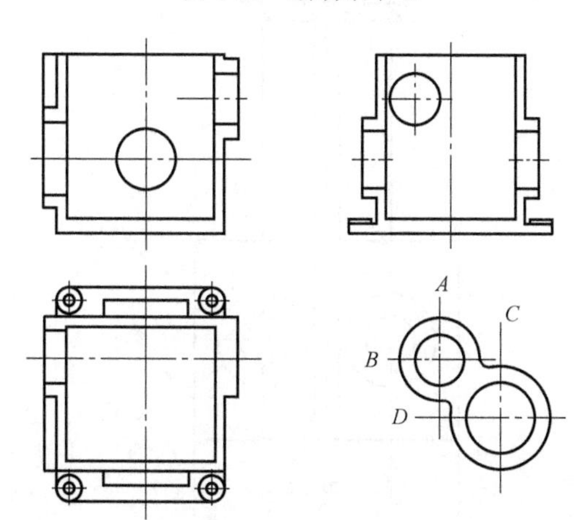

图 8-34　绘制局部视图

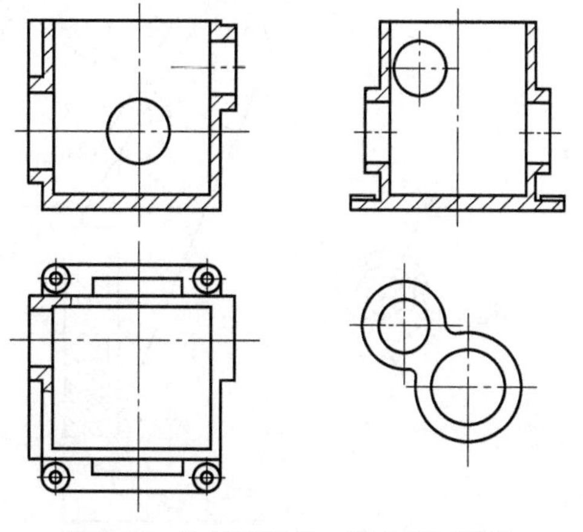

图 8-35　绘制断裂线，填充剖面图案

13）对图形进行标注，最终效果如图 8-36 所示。

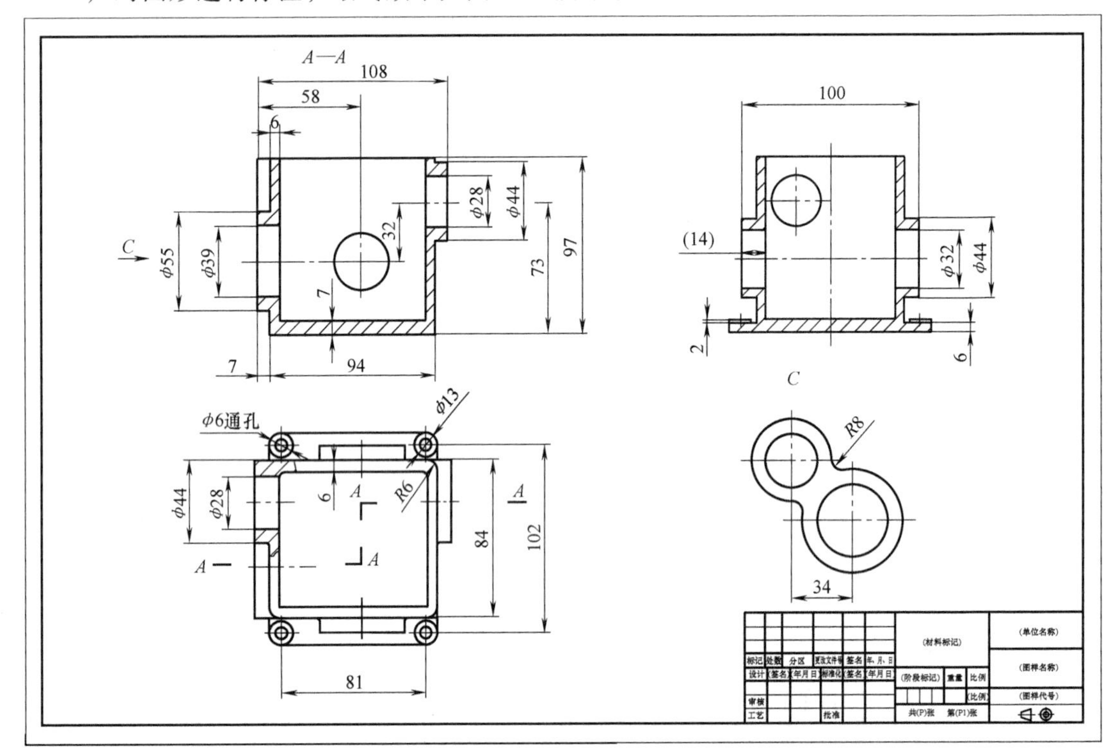

图 8-36　箱体零件图

知识点 3　绘制叉架类零件图

绘制如图 8-37 所示的托架零件图。

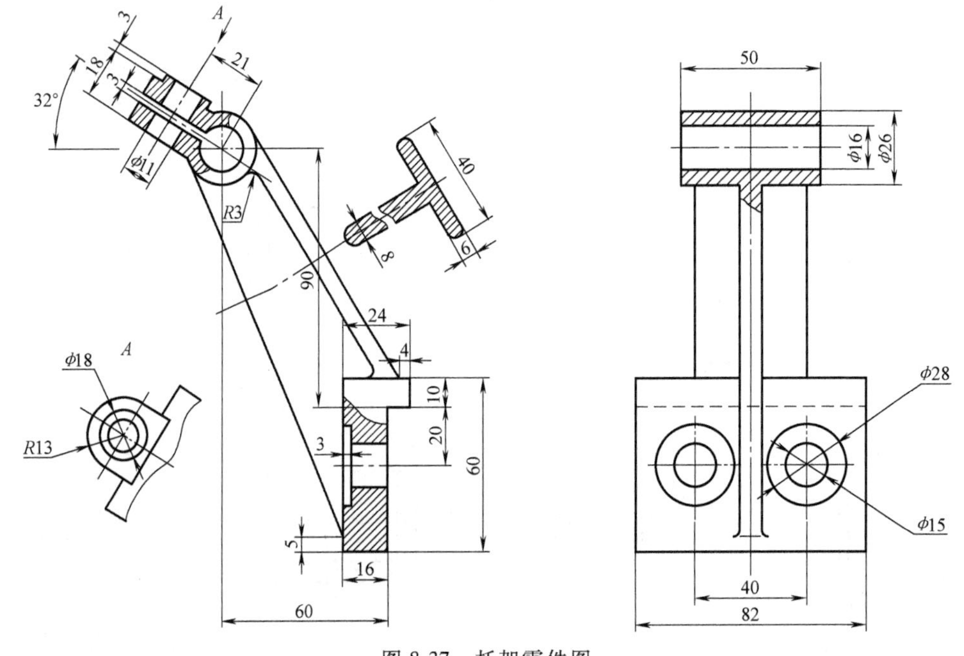

图 8-37　托架零件图

具体操作步骤如下：

1）打开“A3-横向”图形样板文件。

2）主视图布局。直线 A、B、C、D 是主视图的主要作图基准线，首先用“构造线”命令画出定位线 A、B，然后偏移直线 A、B，以形成 C、D，如图 8-38 所示。

3）形成主视图细节。绘制 E、F，再用“偏移”命令绘制直线 C、D，以形成图形细节 G，如图 8-39 所示。

4）打开对象捕捉、极轴追踪及自动追踪功能。

5）用“直线”命令绘制图形细节 D 和切线 A、B，再绘制平行线 C，然后倒圆角，结果如图 8-40 所示。

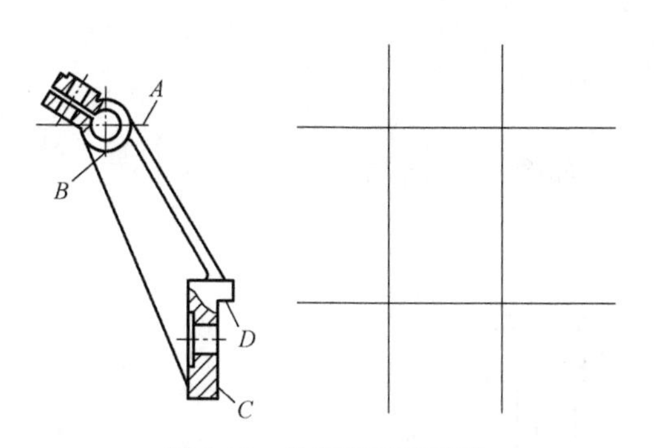

图 8-38　绘制作图基准线

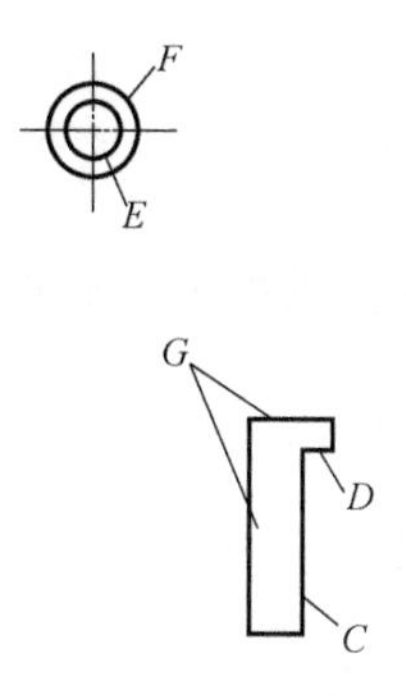

图 8-39　绘制圆和直线

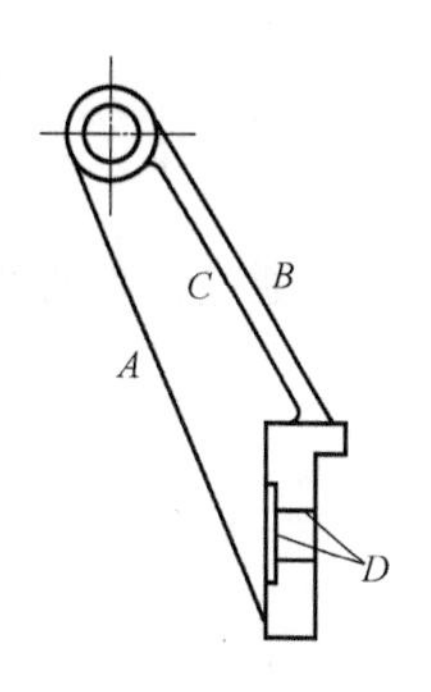

图 8-40　绘制图形细节 D 和切线 A、B 等

6）用“偏移”命令平移直线 E、F，以形成图形细节 G，如图 8-41 所示。

7）在水平位置画斜视图 H。绘制时可以从图形 G 处作投射线来辅助绘图，如图 8-42 所示。

8）把图形 G、H 分别绕①和②点旋转 32°，结果如图 8-43 所示。

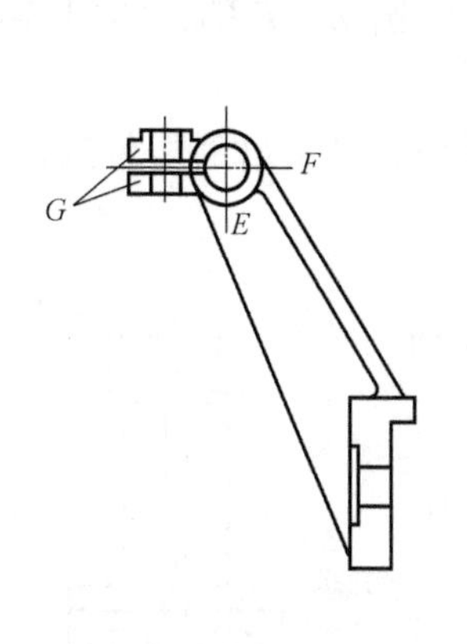

图 8-41　绘制细节 G

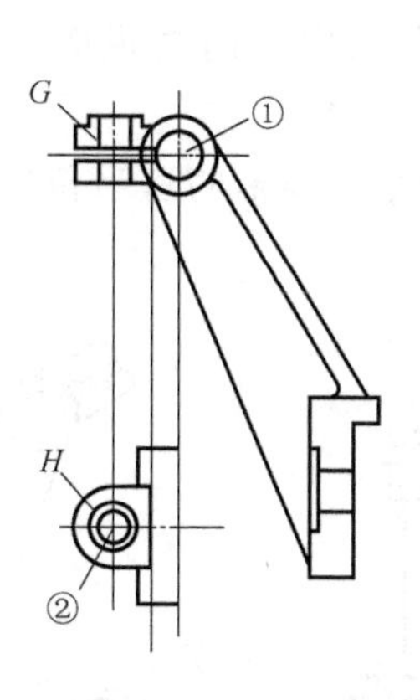

图 8-42　绘制斜视图 H

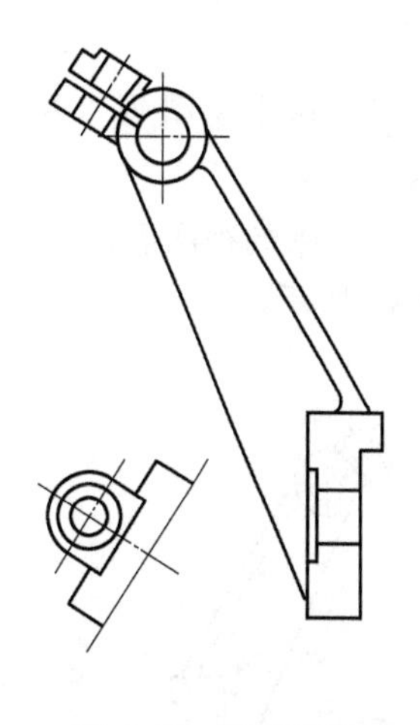

图 8-43　旋转图形

9）从主视图向左视图投射。画出左视图的对称线 A，再用“构造线”命令画水平辅助线以投射主视图的特征，如图 8-44 所示。

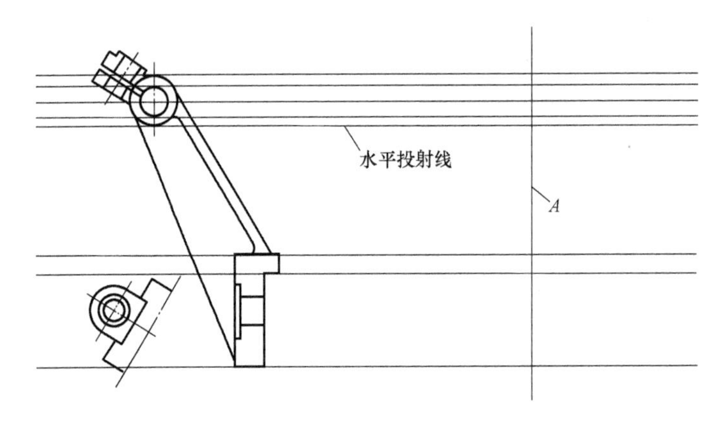

图 8-44　绘制水平投射线

10）通过偏移直线 A 来形成左视图的主要细节特征，如图 8-45 所示。

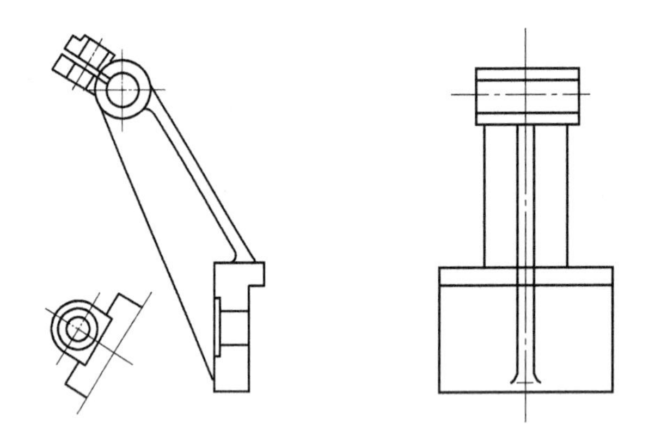

图 8-45　绘制左视图

11）从主视图画水平投射线将孔的中心向左视图投射，然后画圆 E、F 等，如图 8-46 所示。

12）画剖视图。用“多段线”命令在屏幕的适当位置绘制剖视图，再画出剖切位置，如图 8-47 所示。

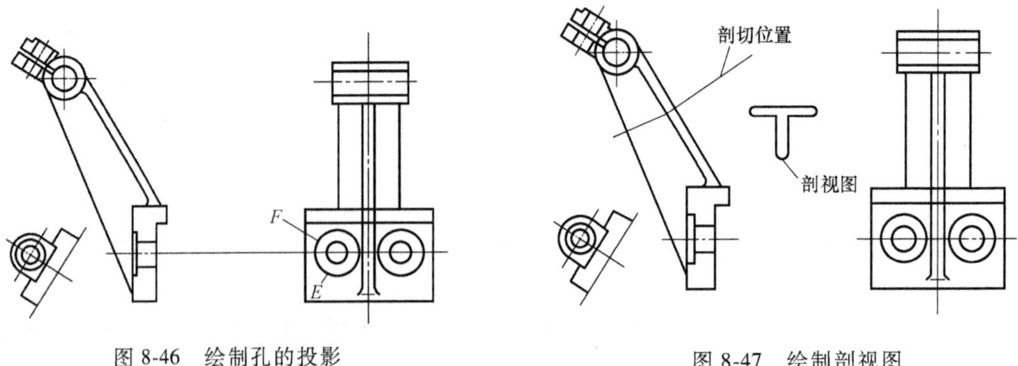

图 8-46　绘制孔的投影

图 8-47　绘制剖视图

13）用“对齐”命令将剖视图与剖切位置对齐，如图 8-48 所示。

14）使用“样条曲线”命令绘制断裂线，然后填充剖面线，修改线型，结果如图 8-49 所示。

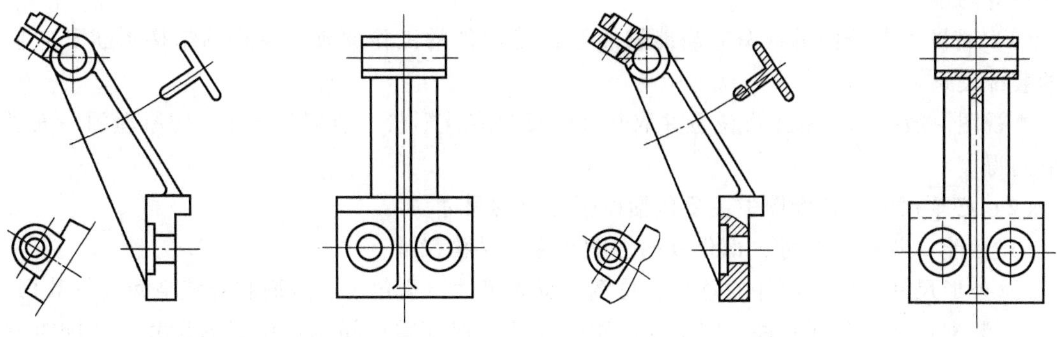

图 8-48　对齐剖视图　　　　图 8-49　绘制断裂线并填充剖面图案

15）对图形进行标注，最终效果如图 8-50 所示。

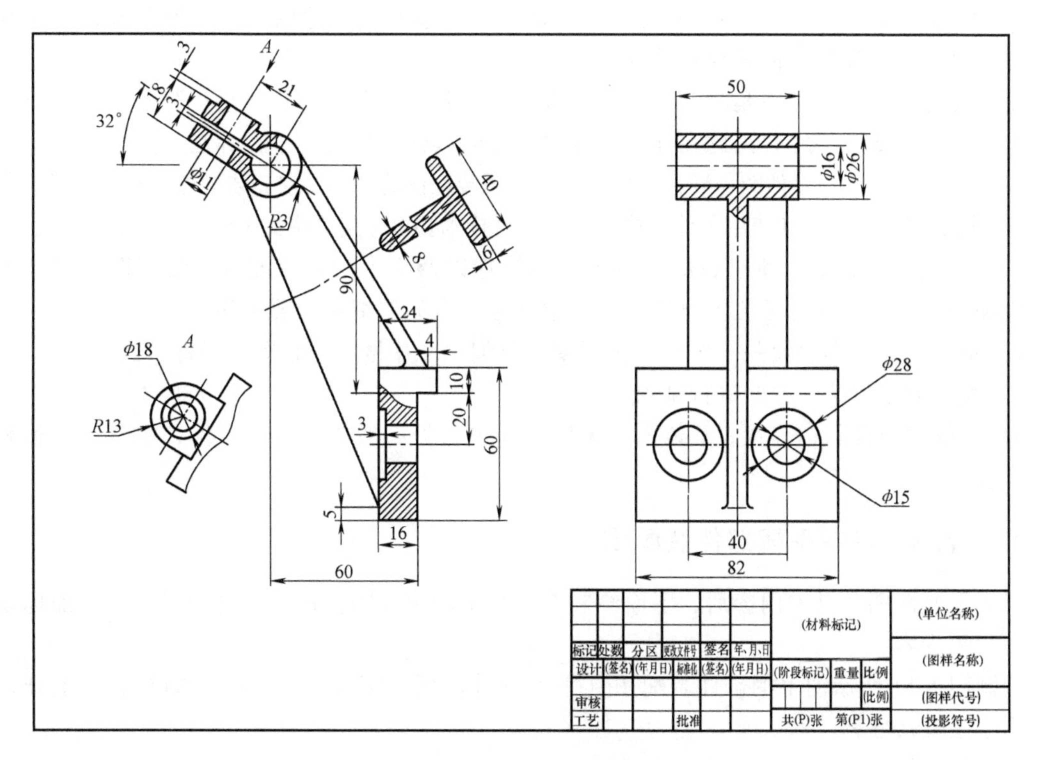

图 8-50　托架零件图

知识模块 4　绘制装配图实例

装配图是装配、使用和维修机械设备及其部件的主要依据。装配图主要用来表达部件的工作原理和装配、边接关系及主要零件的结构、形状。表达零件的各种方法如视图、剖视图、局部放大图等，在装配图中也同样适用。

知识点 1　装配图的基本知识

在一个完整的装配图中，通常应包括一组视图、必要的尺寸、技术要求、标题栏以及零件明细栏等内容。

（1）视图　装配图的视图应当能够表达清楚部件的工作原理、零件的结构形状和它们之间的装配关系。

主视图一般按部件的工作位置并取其最能反映零件形状、装配关系和工作原理的一面进行投射而得。

（2）必要尺寸　装配图中主要包括以下必要的尺寸。

1）性能（规格）尺寸：部件规格性能和主要结构尺寸。

2）外形尺寸：包括部件的总长、总宽、总高尺寸，为包装、运输和安装空间提供数据。

3）装配尺寸：包括零件之间配合性质的尺寸、保证零件间相对位置的尺寸、装配时进行加工的有关尺寸等。

4）安装尺寸：部件在其他机械设备、部件或基础上安装时所需要的尺寸。

5）其他很重要尺寸：包括在设计中确定但不是上述几类尺寸的一些重要尺寸，如运动零件的极限尺寸、主体零件的重要尺寸等。

上述几种尺寸实际上不是相互无关的，有的尺寸具有多种作用，而且一张装配图有时也并不全部具备上述 5 类尺寸，因此在标注时应对尺寸做具体分析后再进行标注。

（3）技术要求　与零件图一样，装配图也应写明装配体的技术要求。装配体的技术要求包括各种性能指标、装配、安装和使用条件、检验方法等。技术要求应用简明文字注写在图的空白处。

（4）零件明细栏　为便于看图，便于图样管理以及为生产做好准备，装配图中所有零部件都应编写序号，并在标题栏上方填写与图中序号一致的明细栏，要求如下：

1）每一个零件必须编一个序号，相同零件只编一个序号且一张图上只标一次。

2）编号方法按统一方向进行排列整齐。

3）明细栏与标题栏等宽，具体内容无统一要求，但一般按序号、名称、数量、材料和备注几项填写。

知识点 2　绘制手柄部件装配图

了解了装配图的基本内容后，下面绘制一个简单的装配图。这里主要绘图。不添加标题栏和明细栏等内容。

绘制图 8-51 所示的手柄部件装配图（手柄部件由两个零件组成，即手柄杆和手柄球，图中给出了主要尺寸）。

1）以文件 A4. dwt 为样板建立新图形。

2）将“中心线”图层设为当前图层，执行 line 命令绘制对应中心线，如图 8-52 所示（图中给出了参考尺寸）。

3）参考图 8-51，在“粗实线”图层绘制表示手柄球的圆和手柄杆相关平行直线，如图 8-53所示。

4）选择“修改”/“修剪”命令，对图进行修剪，结果如图 8-54 所示。

5）分别在“细实线”图层绘制表示螺纹内径的细实线，在“粗实线”图层绘制辅助线，如图 8-55 所示。

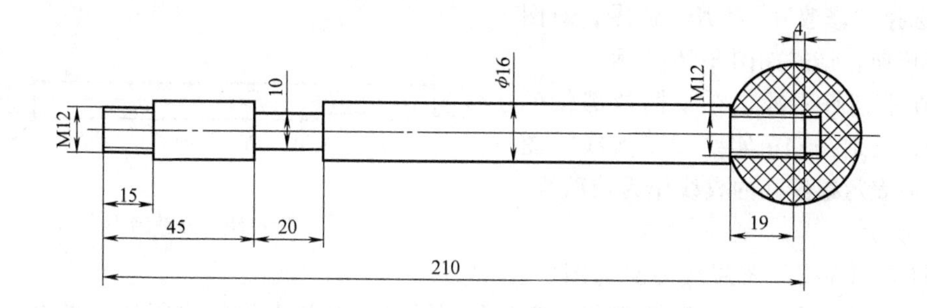

图 8-51　手柄部件装配图

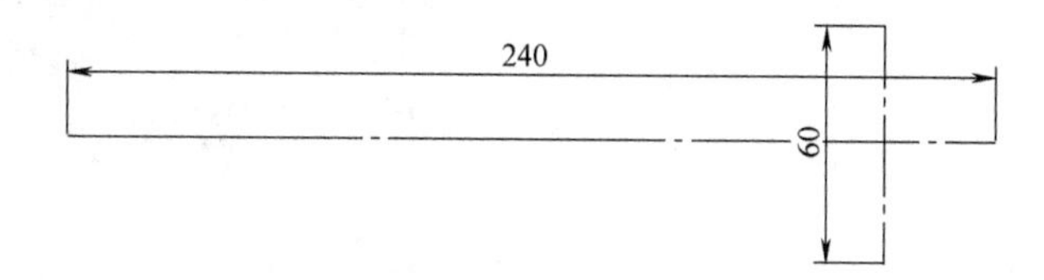

图 8-52　绘制中心线

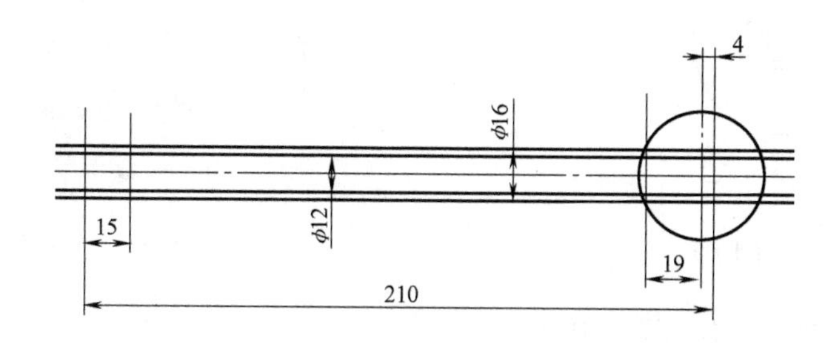

图 8-53　绘制圆及平行线

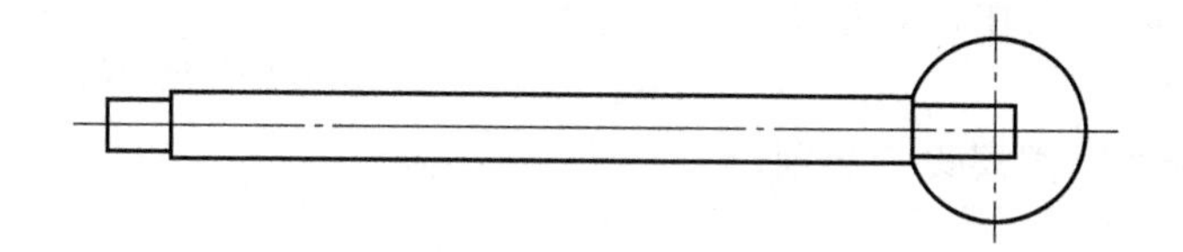

图 8-54　修剪结果

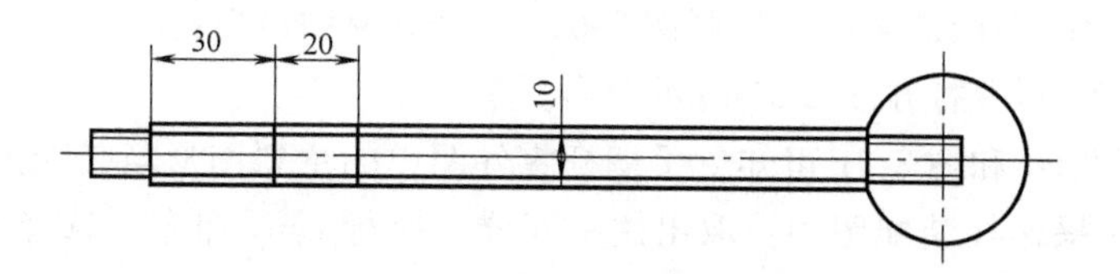

图 8-55　绘制直线

6）选择“修改”/“修剪”命令，对图8-55进行修剪，结果如图8-56所示。

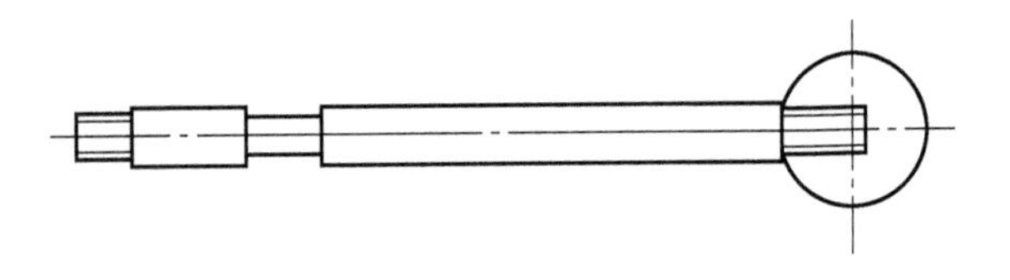

图 8-56　修剪结果

7）在手柄杆右段，在手柄球部位的螺纹孔处，分别在“粗实线”“细实线”图层绘制对应表示螺纹孔的直线作为辅助线，如图8-57所示。

8）将“剖面线”图层设为当前图层。执行 bhatch 命令，打开“图案填充和渐变色”对话框，利用对话框进行填充设置，如图8-58所示。

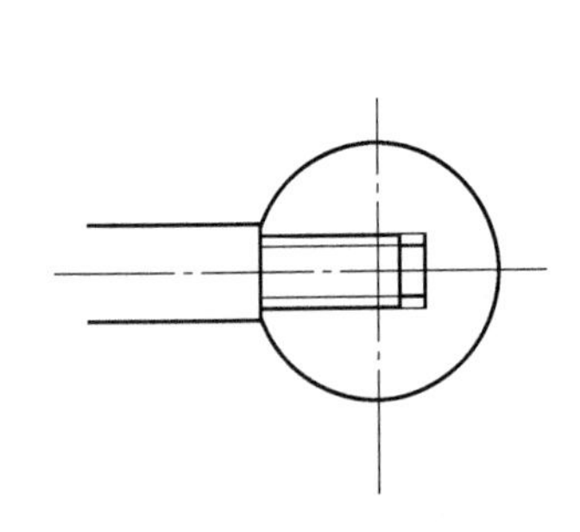

图 8-57　绘制辅助线

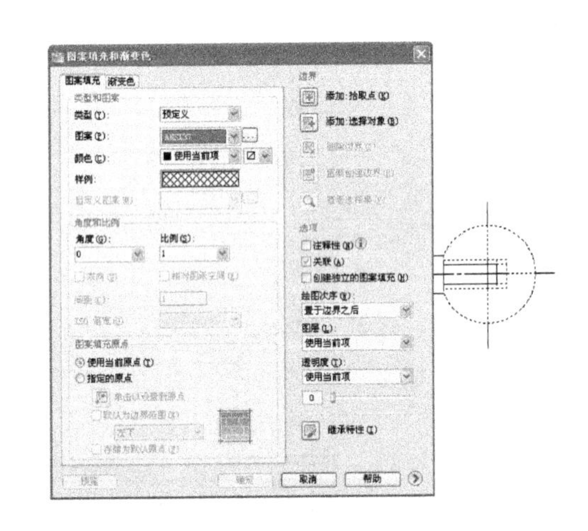

图 8-58　填充设置

9）将填充图案选择为ANSI37，填充角度为0°，填充比例为1，并通过单击“添加：拾取点”按钮确定填充边界（如图8-58中的虚线部分所示）。单击“确定”按钮，完成填充操作，效果如图8-59所示。

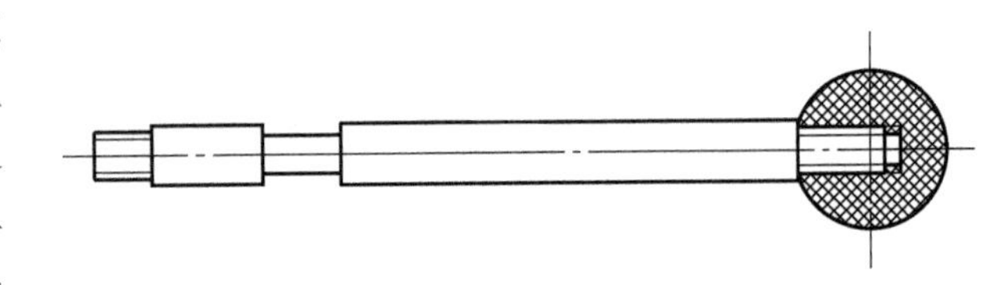

图 8-59　填充结果

10）将“尺寸标注”图层设为当前图层，并对图形进行标注。

11）图形绘制完毕，进行保存。

知识点3　根据装配图拆画零件图

根据图8-51所示的手柄部装配图绘制图8-60所示的手柄杆零件图。

1）在 AutoCAD2018 中打开图8-51所示图形。

2）通过比较图8-60和图8-51可知，手柄杆零件图中的主要图形与装配图中的对应图形一致，故可以利用复制操作在装配图中提取出这一部分。执行 copy 命令，选择装配图进行复制，结果如图8-61所示。

3）在两端的螺纹根部绘制退刀槽，并对图形进行调整，如图8-62所示。

4）在对应位置绘制剖视图，如图8-63所示。

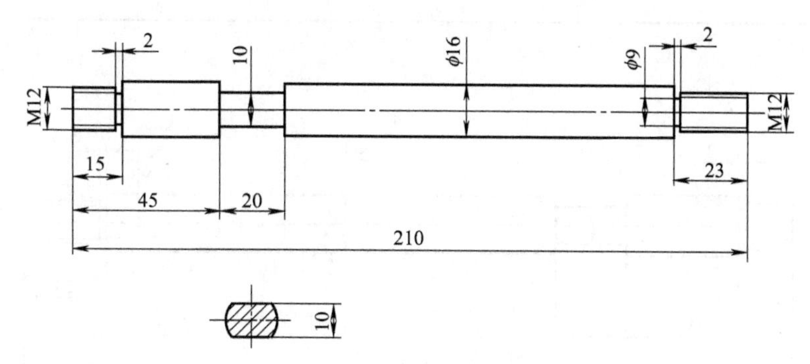

图 8-60　手柄杆零件图

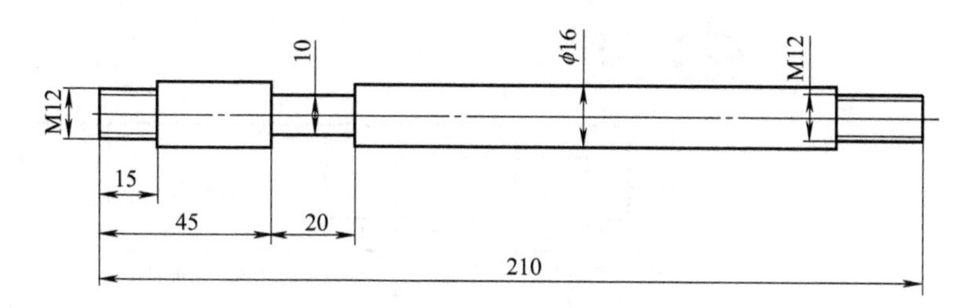

图 8-61　复制结果

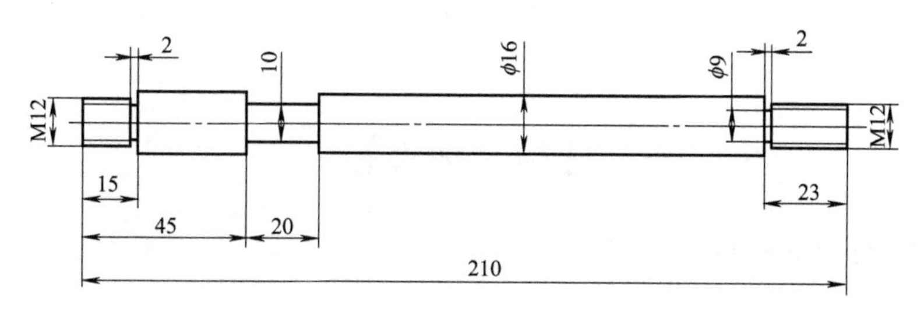

图 8-62　绘制退刀槽

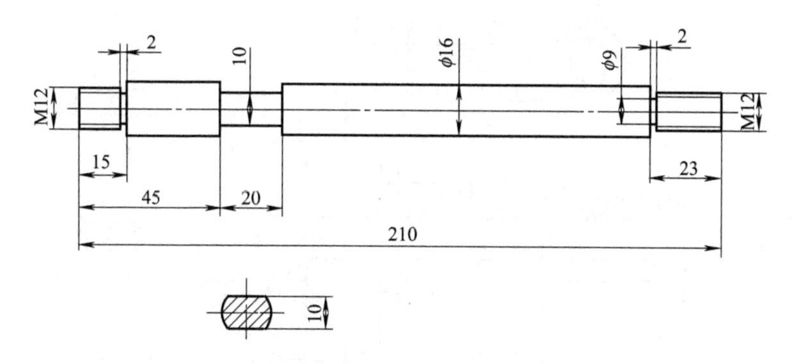

图 8-63　绘制剖视图

5）以文件“A4-横向 . dwt”为样板建立新图形。调整各视图的位置，标注技术要求，最后填写标题栏，如图 8-64 所示。

6）图形绘制完毕，将图形保存即可。

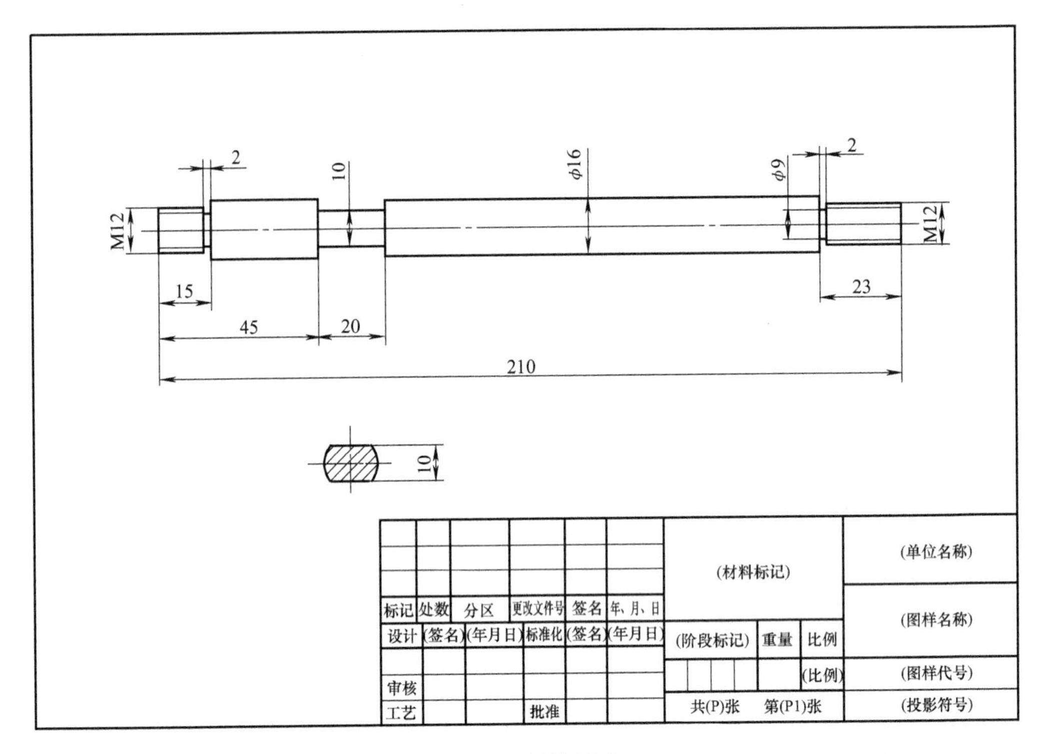

图 8-64　最终图形

【综合训练】

1）绘制图 8-65 所示图形。

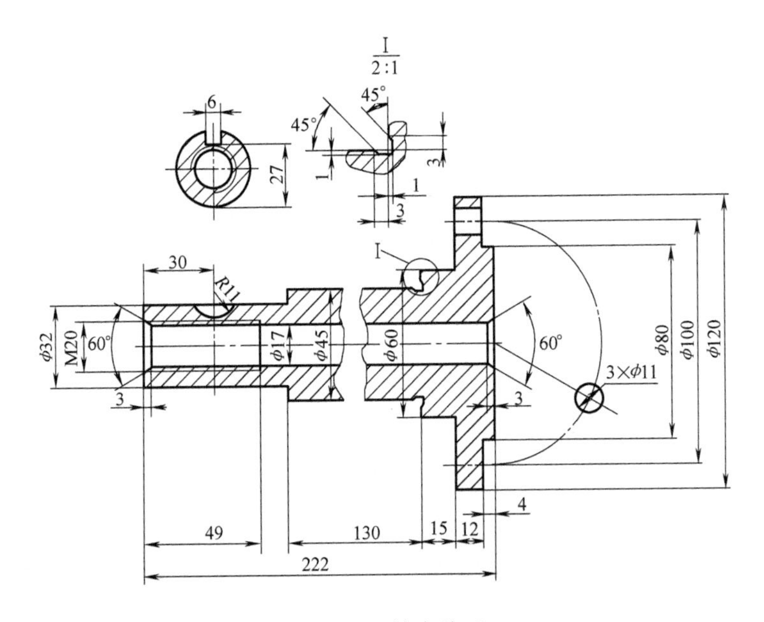

图 8-65　综合练习 1

2）绘制图 8-66 所示图形。

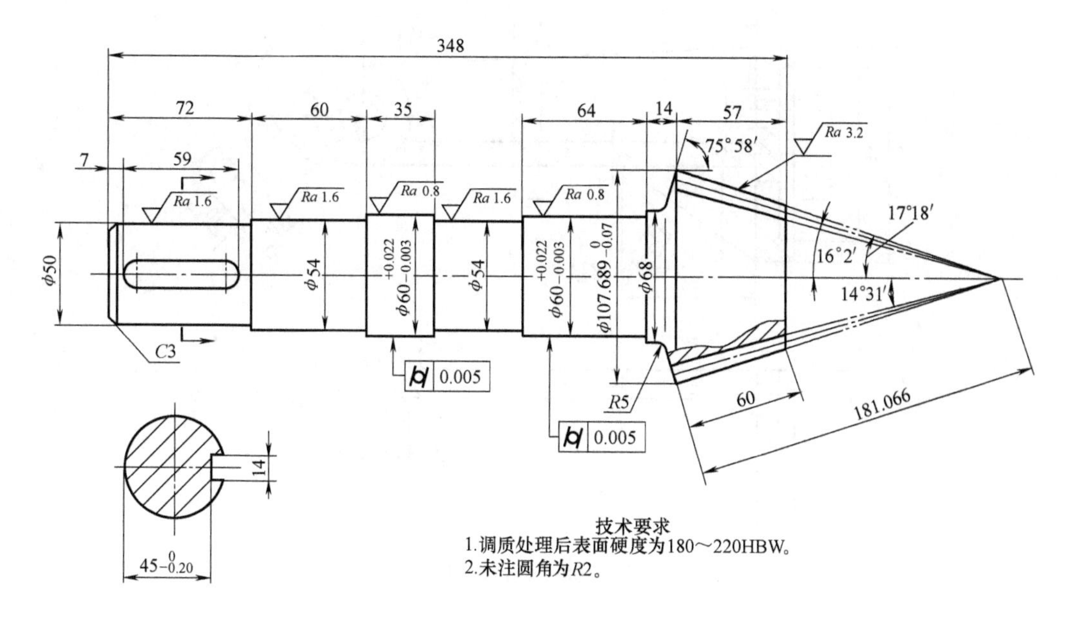

图 8-66　综合练习 2

3）绘制图 8-67 所示图形。

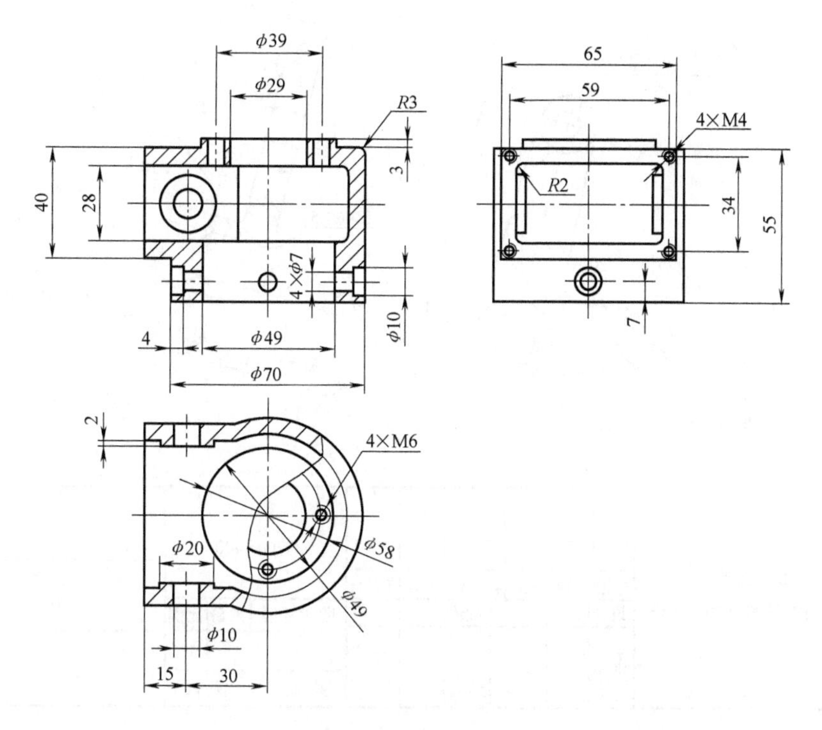

图 8-67　综合练习 3

4）绘制图 8-68 所示图形。

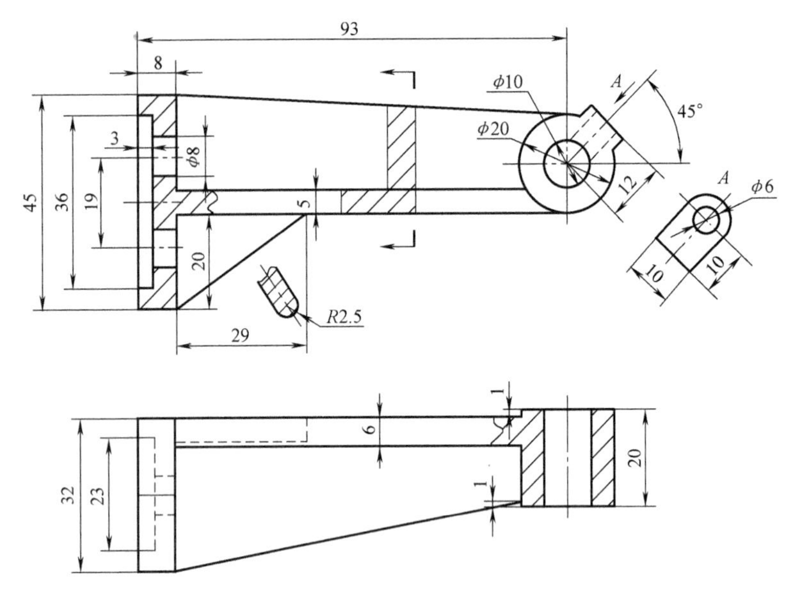

图 8-68　综合练习 4

5）绘制图 8-69 所示图形。

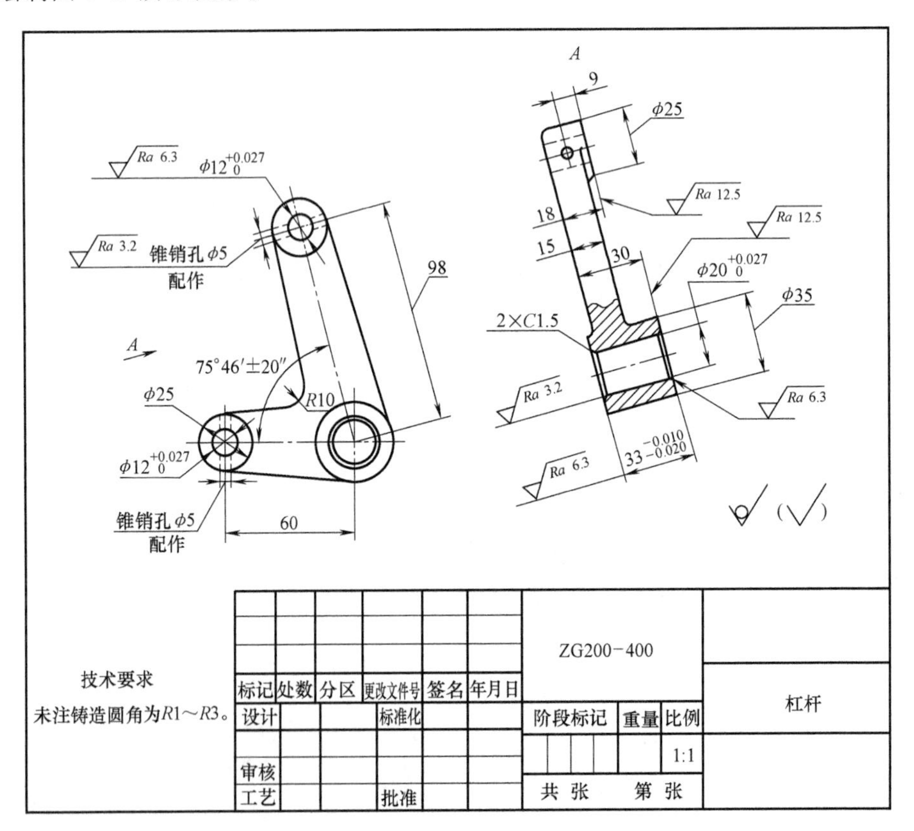

图 8-69　综合练习 5

6）绘制图 8-70 所示图形。

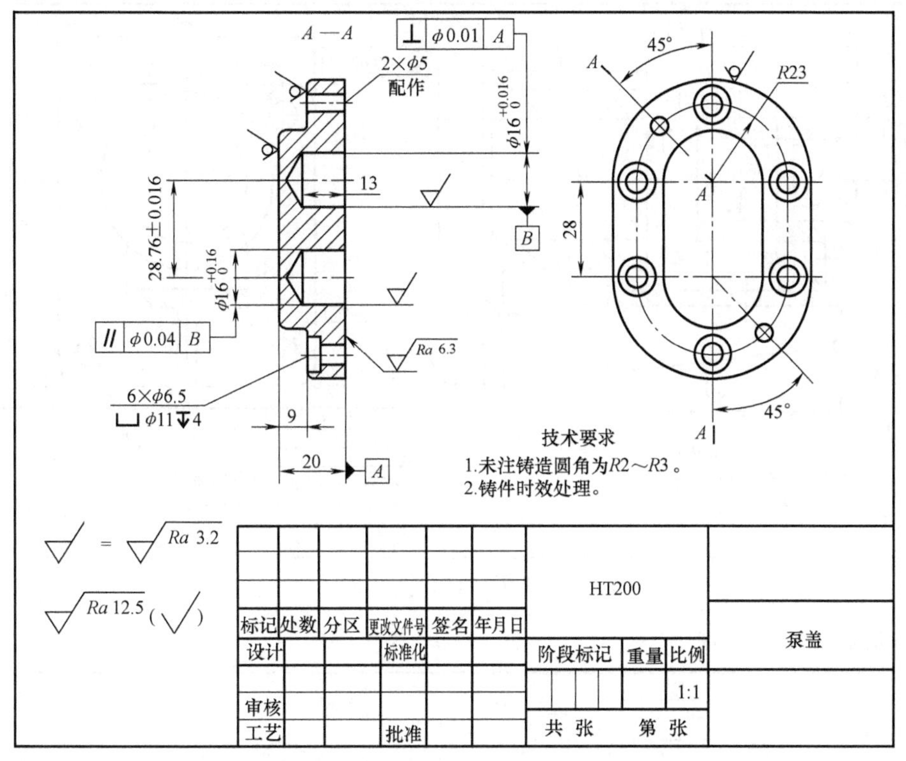

图 8-70　综合练习 6

7）绘制图 8-71 所示图形。

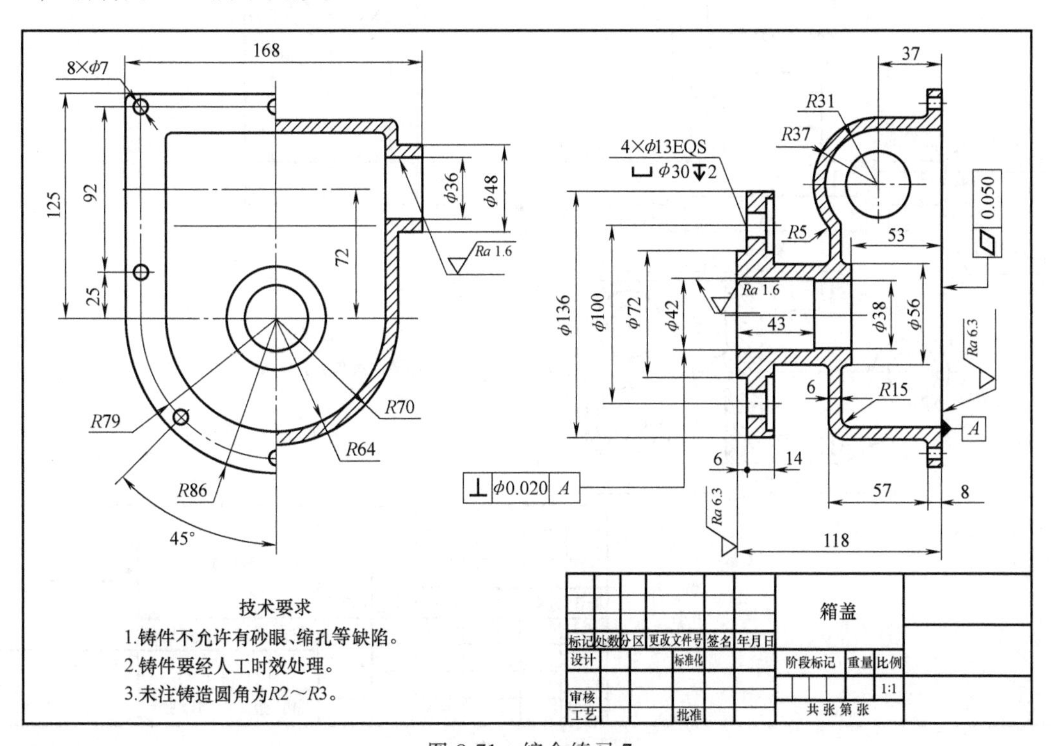

图 8-71　综合练习 7

8）绘制图 8-72 所示图形。

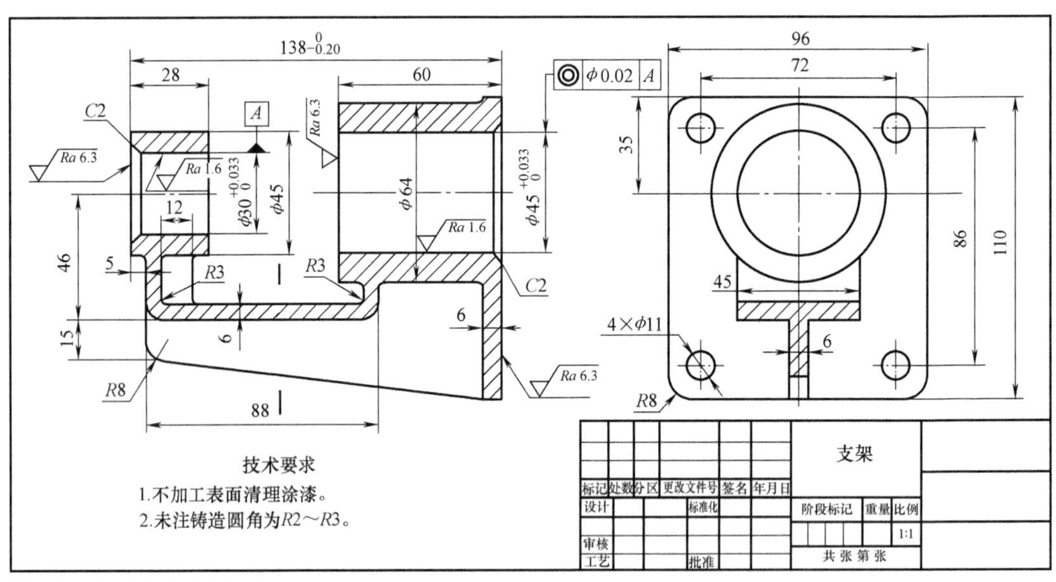

图 8-72 综合练习 8

9）绘制图 8-73 所示图形。

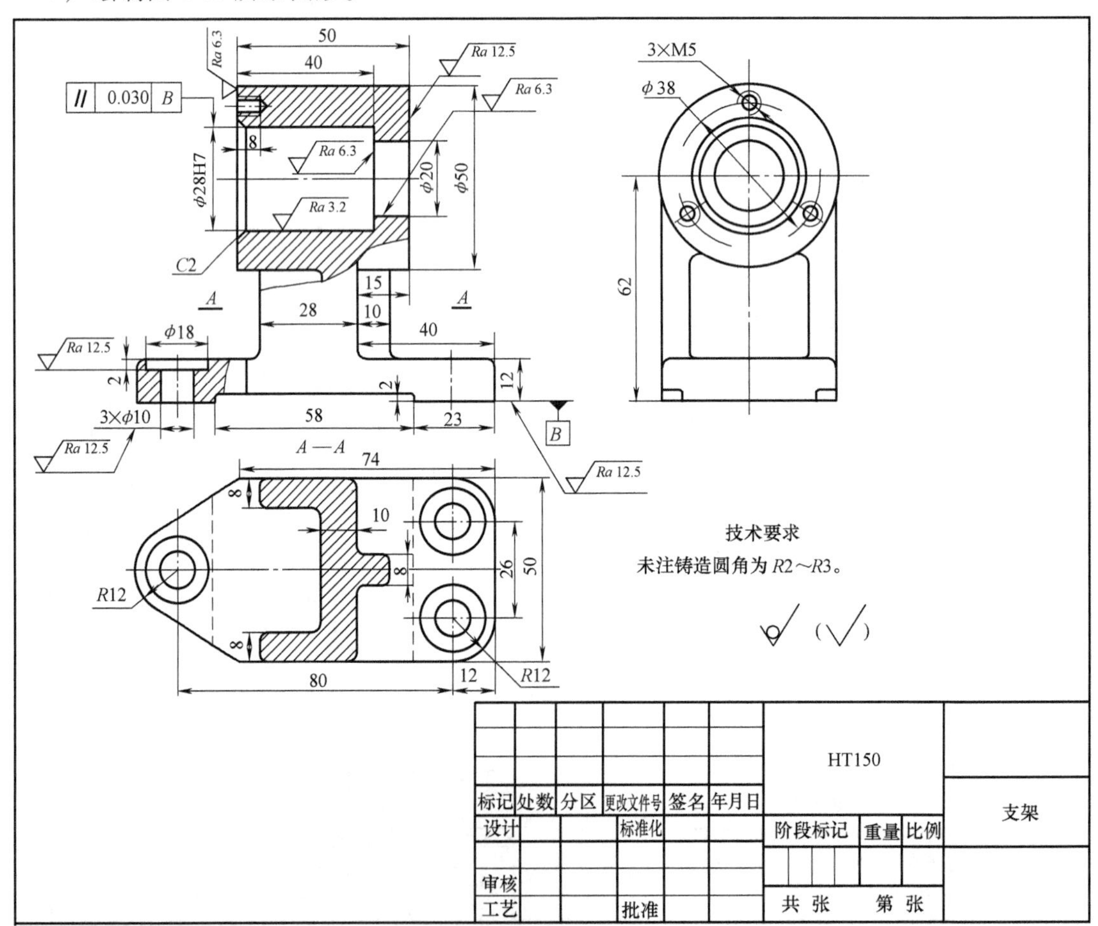

图 8-73 综合练习 9

单元9　绘制与编辑三维实体

学习目标：

1. 掌握创建用户坐标系的方法。
2. 掌握观察三维图形的基本方法。
3. 掌握创建基本三维实体的方法及基本参数的设置方法。
4. 掌握通过二维图形创建三维实体的方法。
5. 掌握三维实体图形的编辑方法。

知识模块1　三维绘图基础

知识点1　三维模型分类

AutoCAD 2018 支持三种类型的三维模型，即线框模型、实体模型和表面模型。每种模型都有自己的创建方法和编辑技术。

1. 线框模型

线框模型是一种轮廓模型，是三维对象的轮廓描述，主要由描述对象的三维直线和曲面组成，没有面和体的特征。线框模型由描述对象的点、直线和曲线组成。在 AutoCAD 2018 中，可以通过在三维空间绘制点、直线、曲线的方式得到线框模型。

线框模型效果如图 9-1 所示。

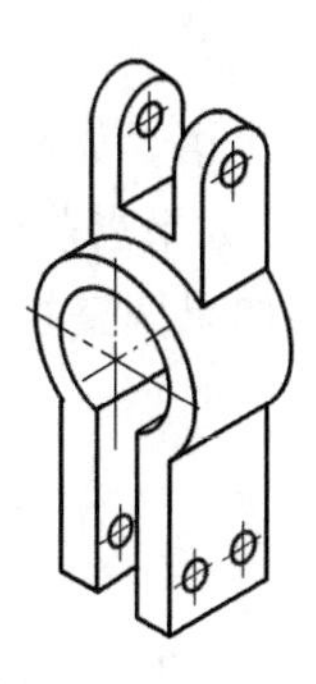

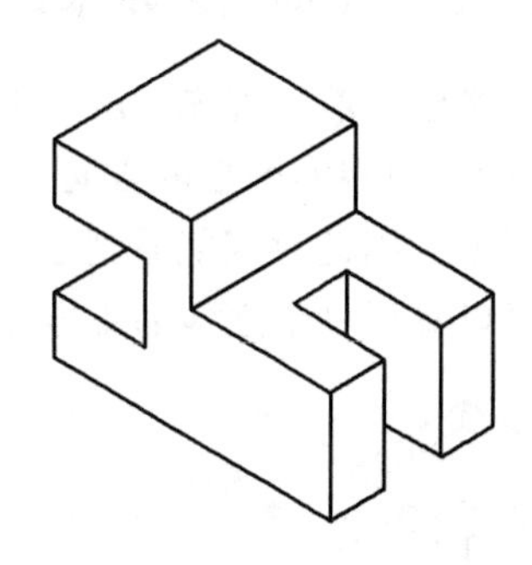

图 9-1　线框模型

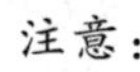

注意：

线框模型虽然结构简单，但构成模型的各条线需要分别绘制。此外，线框模型没有面和体的特征，既不能对其进行面积、体积、重心、转动质量、惯性矩等计算，也不能进行隐藏、渲染等操作。

2. 实体模型

实体模型是最容易使用的三维建模类型，它不仅具有线和面的特征，而且还具有体的特征，各实体对象间可以进行各种布尔运算，从而创建复杂的三维实体模型。

对于实体模型，可以直接了解它的特性，如体积、重心、转动惯量、惯性矩等，可以对它进行隐藏、剖切、装配干涉检查等操作，还可以对具有基本形状的实体进行并、交、差等布尔运算，以构造复杂的模型。

实体模型效果如图 9-2 所示。

3. 曲面模型

曲面模型是将棱边围成的部分定义为形体表面，再通过这些面的集合来定义形体。AutoCAD 2018 的曲面模型用多边形网格构成的小平面来近似定义曲面。曲面模型特别适合于构造复杂曲面，如模具、发动机叶片、汽车等复杂零件的表面，它一般使用多边形网格定义镶嵌面。由于网格面是平面的，因此网格只能近似于曲面。

曲面模型效果如图 9-3 所示。

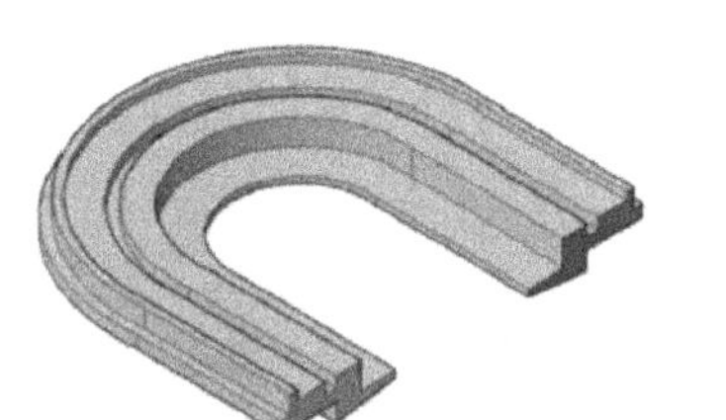
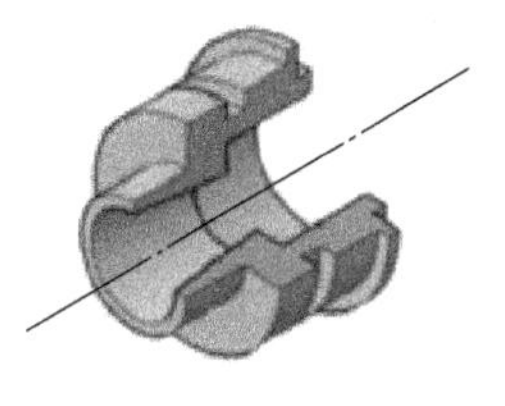

图 9-2　实体模型

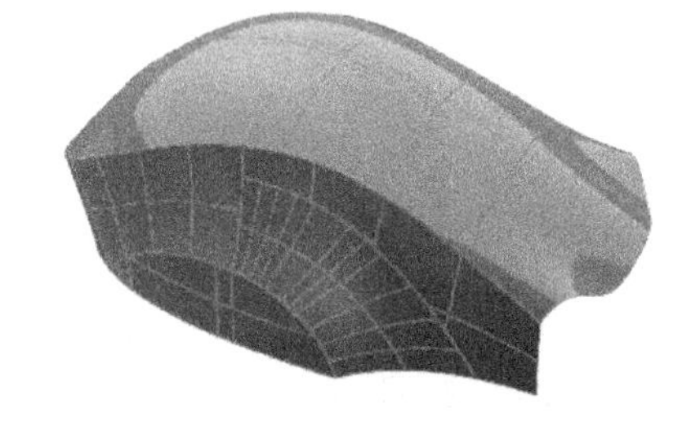

图 9-3　曲面模型

对于由网格构成的曲面，多边形网格越密，曲面越光滑。此外，由于曲面模型具有面的特征，因此可以对它进行面积计算、隐藏、着色、渲染等操作。

知识点 2　三维空间的基本术语

在创建三维对象之前，首先了解一下三维建模方面的一些基本术语，如图 9-4 所示。

1）视点：指用户观察图形的方向。假定用户会找一个正方体，如果当前位于平面坐标系，即 Z 轴垂直于屏幕，则此时仅能看到正方体在 XY 平面上的投影。如果调整视点至当前坐标系的左上方，则可以看到一个立体的正方体，如图 9-5 所示。

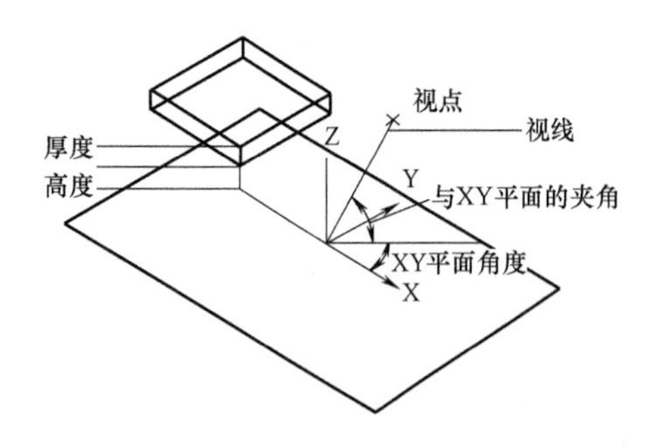

图 9-4　三维绘图术语

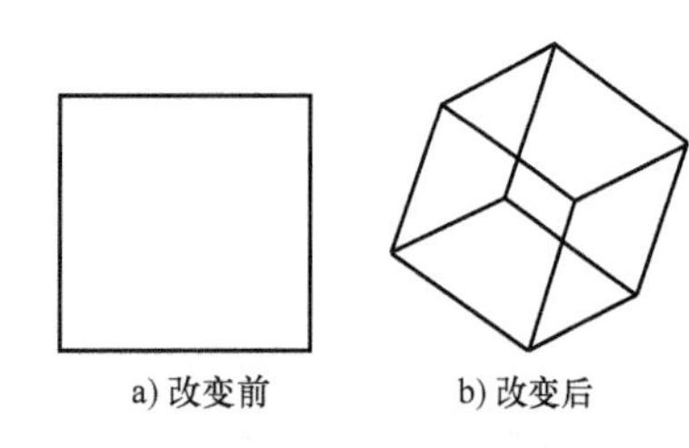

图 9-5　改变视点前后的观察效果

注意：

实际上，视点和用户绘制的图形对象之间没有任何关系，即使用户绘制的是一幅平面图形，也可以进行视点设置，但这样做没有任何意义。

2）XY 平面：X 轴垂直于 Y 轴组成的一个平面，此时 Z 轴的坐标是 0。

3）Z 轴：三维坐标系的第三轴，它总是垂直于 XY 平面。

4）高度：Z 轴上的坐标值。

5）厚度：沿 Z 轴测得的对象的相对长度。

6）照相机位置：如果用照相机做比喻，观察者通过照相机观察三维模型，照相机位置相当于视点。

7）目标点：当用户通过照相机看某物体时，聚焦在一个清晰点上，该点就是目标点。在 AutoCAD 2018 中，坐标系原点即为目标点。

8）视线：假想的线，是将视点和目标点连接起来的线。

9）与 XY 平面的夹角：视线与其在 XY 平面上的投影之间的夹角。

10）XY 平面角度：视线在 XY 平面上的投影与 X 轴正方向之间的夹角。

知识点 3　三维坐标系

在 AutoCAD 2018 中，坐标系包括世界坐标系（WCS）和用户坐标系（UCS），如图 9-6 所示。世界坐标系是系统默认的，由系统自动建立，其原点位置和坐标轴方向固定不变，因此不能满足三维建模的需要。用户坐标系是通过变换坐标系原点及方向形成的，用户可根据需要更改坐标系原点及方向。

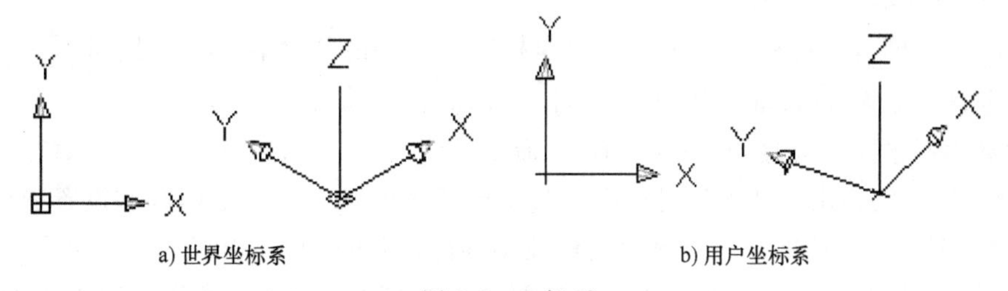

a) 世界坐标系　　b) 用户坐标系

图 9-6　坐标系

1. 新建 UCS

创建用户坐标系的方法如下：

1）功能区：单击“默认”选项卡“坐标”面板中的“新建 UCS”按钮、、或“可视化”选项卡“坐标”面板中的“新建 UCS”按钮；

2）命令行：输入 ucs 后按<Enter>键；

3）菜单栏：选择“工具”/“新建 UCS”命令下的子命令。

执行该命令，命令行提示如下：

```
命令：ucs
当前 UCS 名称：*世界*
指定 UCS 的原点或［面(F)/命名(NA)/对象(OB)/上一个(P)/视图(V)/世界(W)/X/Y/Z/Z 轴
```

(ZA)] <世界>:

各选项的含义如下:

1) 原点:该选项为默认选项,用于修改当前用户坐标系原点的位置,以定义一个新的用户坐标系。系统将提示指定一点作为新的原点,然后在视图中再分别指定 X、Y 轴的方向,从而确定新的坐标系。

2) 面 (F):依靠选定面建立当前 UCS 坐标系。此时,XY 平面被设置为与实体的面平行,且将离选取点最近的角点作为原点,X 轴指向选取点。

3) 命名 (NA):保存或恢复命名 UCS 定义。

4) 对象 (OB):将光标移到对象上,以查看 UCS 将如何对齐的预览,并单击以放置 UCS。大多数情况下,UCS 的原点位于离指定点最近的端点,X 轴将与边对齐或与曲线相切,并且 Z 轴垂直于对象对齐。

5) 上一个 (P):退回到前一个坐标系,可以在当前任务中逐步返回最后 10 个 UCS 设置。

6) 视图 (V):使新坐标系的 XY 面与当前视图方向垂直,原点保持不变,但 X 轴和 Y 轴分别变为水平和垂直。

7) 世界 (W):将当前坐标恢复到世界坐标。

8) X/Y/Z:通过绕 X、Y、Z 轴旋转当前的 UCS 建立新的 UCS。

9) Z 轴 (ZA):在不改变原坐标系 X 轴和 Y 轴方向的前提下,通过确定新坐标系原点和 Z 轴正方向上的任意一点来创建新 UCS。

2. 管理 UCS

管理用户坐标系的方法如下:

1) 功能区:单击“可视化”选项卡“坐标”面板中的“命名 UCS”按钮;

2) 命令行:输入 ucsman 后按<Enter>键(快捷命令:uc);

3) 菜单栏:选择“工具”/“命名 UCS”命令。

执行命令,系统弹出“UCS”对话框,其中包括命名 UCS、正交 UCS 和设置三个选项卡。

(1) 命名 UCS 该选项卡用于显示当前使用和已命名的 UCS。用户可以将世界坐标系、上一次使用的 UCS 或某一命名 UCS 置为当前坐标系,如图 9-7 所示。利用选项卡中的“详细信息”按钮,可以了解指定坐标系的详细信息,如图 9-8 所示。

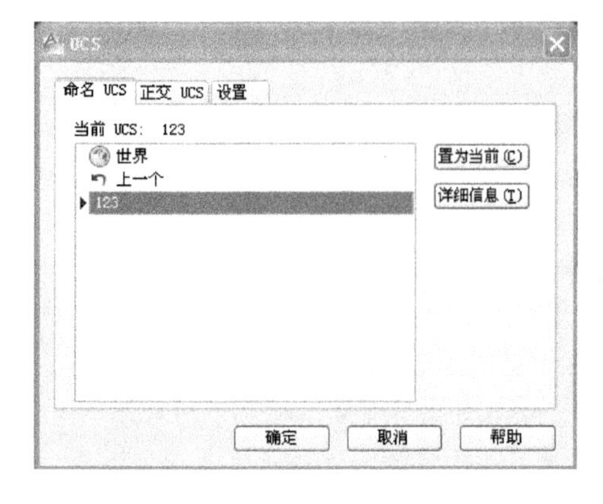

图 9-7 “命名 UCS”选项卡

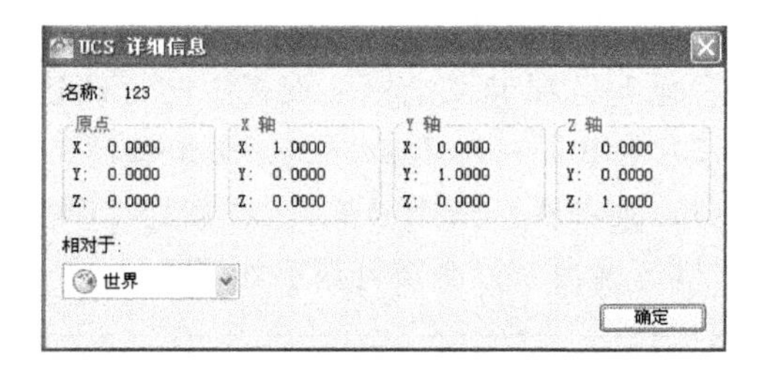

图 9-8 “UCS 详细信息”对话框

（2）正交 UCS　该选项卡用于将 UCS 设置成某一正交模式，如图 9-9 所示。

（3）设置　该选项卡用于设置 UCS 图标的显示形式、应用范围，如图 9-10 所示。

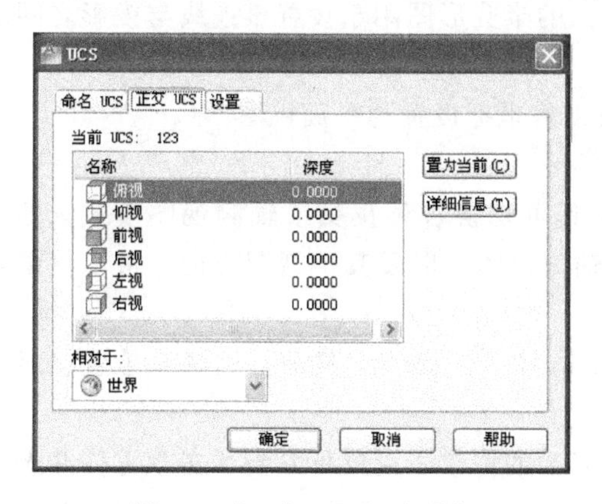

图 9-9　“正交 UCS”选项卡

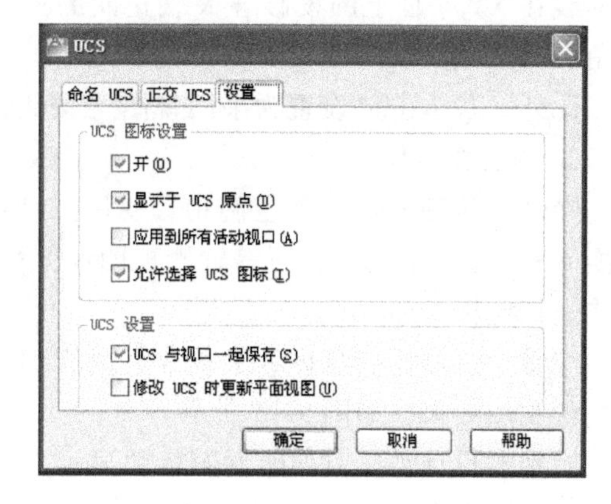

图 9-10　“设置”选项卡

知识点 4　观察三维模型

在三维建模环境中，为了创建和编辑三维图形各部分的结构特征，需要不断调整显示方式和视图位置，以更好地观察三维模型。

1. 视点预置

视点指观察图形的方向。例如，绘制三维球体时，如果使用平面坐标，即 Z 轴垂直于屏幕，此时仅能看到该球体在 XY 平面上的投影，如果调整视点至东南轴测视图，将看到三维球体，如图 9-11 所示。

视点预置的执行方式如下：

1）命令行：输入 vpoint 后按<Enter>键（快捷命令：vp）；

2）菜单栏：选择“视图”/“三维视图”/“视点预置”命令。

执行命令，系统弹出“视点预设”对话框，如图 9-12 所示。

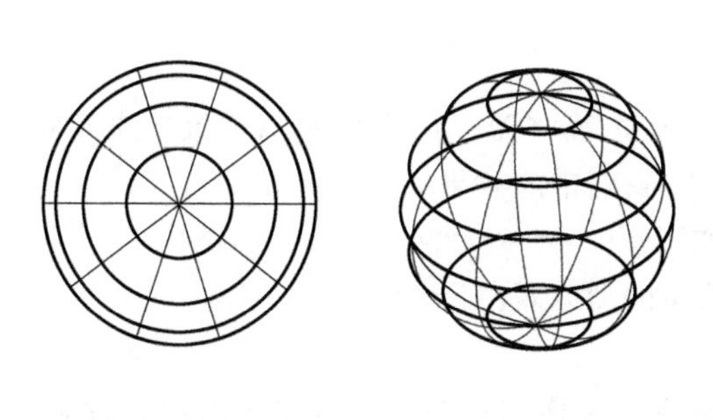

图 9-11　在平面坐标系和三维视图中的球体

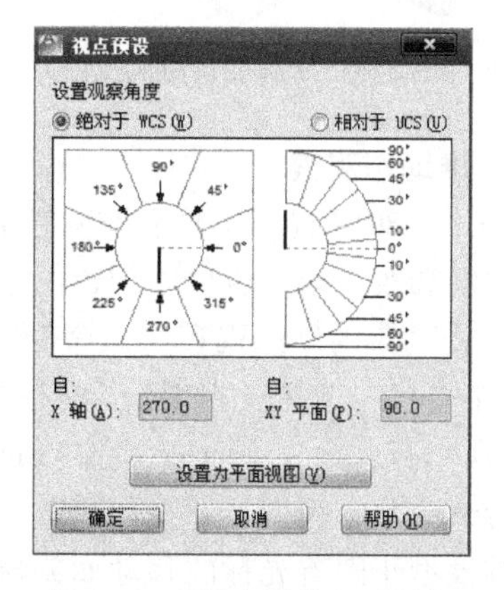

图 9-12　“视点预设”对话框

默认情况下，观察角度是相对于 WCS 坐标系的。选中“相对于 UCS”单选按钮，可设置相对于 UCS 坐标系的观察角度。

无论是相对于哪种坐标系，用户都可以直接通过单击对话框中的坐标图来获取观察角度，或是在 X 轴、XY 平面文本框中输入角度值；其中，对话框中的左图用于设置原点和视点之间的连线在 XY 平面上的投影与 X 轴正向的夹角；右面的半圆形图用于设置该连线与投影之间的夹角。

此外，若单击“设置为平面视图”按钮，则可以将坐标设置为平面视图。

2. 导航立方体

在“三维建模”工作空间中，使用三维导航工具可切换各种正交或轴测视图模式，即可切换 6 种正交视图、8 种正等轴测视图和 8 种斜等轴测视图，以及其他视图方向，可以根据需要快速调整模型的视点。

三维导航器操控盘显示了非常直观的 3D 导航立方体，选择该工具图标的各个位置将显示不同的视图效果，如图 9-13 所示。

可根据设计需要对导航器图标的显示方式进行必要的修改，用鼠标右键单击立方体并选择“View Cube 设置”选项，系统弹出“View Cube 设置”对话框，如图 9-14 所示。在该对话框中设置参数值可控制立方体的显示和行为，并且可在该对话框中设置默认的位置、尺寸和立方体的透明度。

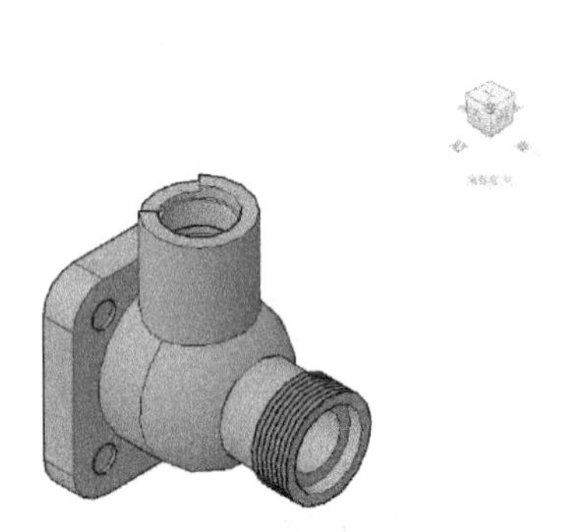

图 9-13　利用导航工具切换视图方向

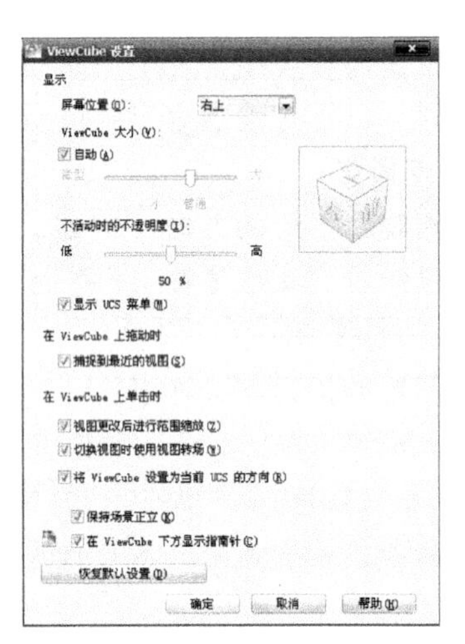

图 9-14　“View Cube 设置”对话框

3. 三维动态观察

AutoCAD 2018 提供了具有交互控制功能的三维动态观察器，用户可利用三维动态观察器实时地控制和改变当前窗口中创建的三维视图，以得到期望的效果。

（1）受约束的动态观察　该命令的执行方式如下：

1）菜单栏：选择“视图”/“动态观察”/“受约束的动态观察”命令；

2）命令行：输入 3dorbit 后按<Enter>键。

执行命令后，视图目标将保持静止，视点将围绕目标移动。但是，从用户的视点看起来，就像三维模型正随着光标的移动而旋转，用户可以以此方式指定模型的任意视图。

系统显示三维动态观察光标图标。水平拖动光标，照相机将平行于世界坐标系的 XY 面移动；垂直拖动光标，照相机将沿 Z 轴移动，如图 9-15 所示。

（2）自由动态观察　该命令的执行方式如下：

1）菜单栏：选择“视图”/“动态观察”/“自由动态观察”命令；

2）命令行：输入 3dforbit 后按<Enter>键。

执行命令后，在当前视口出现一个绿色的大圆，大圆上有 4 个小圆，如图 9-16 所示。此时通过拖动光标就可以对三维视图进行旋转观察。

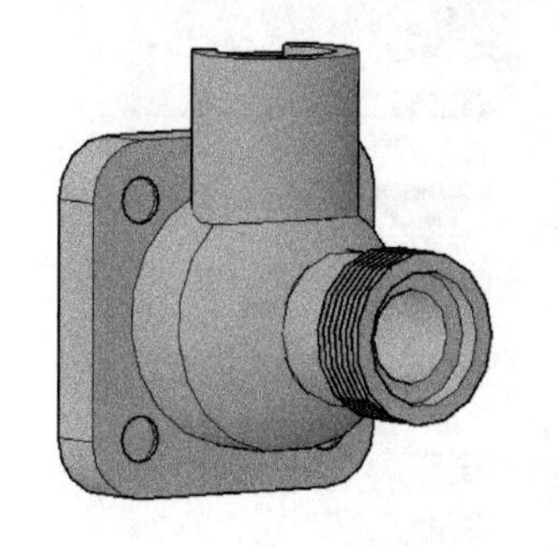

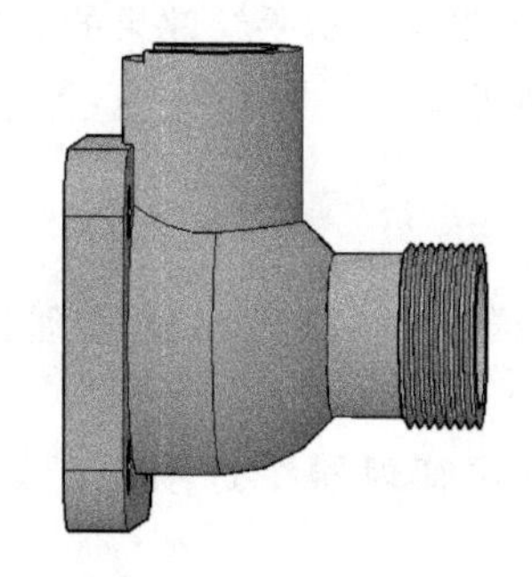

图 9-15　受约束的动态观察

图 9-16　自由动态观察

在三维动态观察器中，查看目标点被固定，用户可以通过光标控制照相机位置，绕观察对象得到动态的观察效果。当光标在绿色大圆的不同位置进行拖动时，光标的表现形式是不同的，视图的旋转方向也不同。视图的旋转由光标的表现形式和其位置决定，光标在不同位置有⊕、⊙、⊕、⊖几种表现形式，可分别使对象产生不同形式的旋转。

（3）连续动态观察　该命令的执行方式如下：

1）菜单栏：选择“视图”/“动态观察”/“连续动态观察”命令；

2）命令行：输入 3dcorbit 后按<Enter>键。

执行命令，绘图区出现动态观察图标，按住鼠标左键拖动，图形按光标拖动方向旋转，旋转速度为光标拖动的速度。

知识点 5　视觉样式

在 AutoCAD 2018 中，为了观察模型的最佳效果，往往需要通过“视觉样式”功能来切换视觉样式。

1. 应用视觉样式

视觉样式是一组设置，用来控制视口中边和着色的显示。一旦应用了视觉样式或更改了其设置，就可以在视口中查看效果。

该命令的执行方式如下：

1）菜单栏：选择“视图”/“视觉样式”命令；

2）命令行：输入 vscurrent 后按<Enter>键。

在 AutoCAD 2018 中，有以下 10 种默认的视觉样式。

① 二维线框：通过使用直线和曲线表示边界的方式显示对象，光栅和 OLE 对象、线型和线宽均可见。

② 线框：通过使用直线和曲线表示边界的方式显示对象，显示着色三维 UCS 图标。

③ 消隐：使用线框表示法显示对象，而隐藏表示背面的线。

④ 真实：使用平滑着色和材质显示对象。

⑤ 概念：着色多边形平面间的对象，并使对象的边平滑化。着色使用冷色和暖色之间的过渡，效果缺乏真实感，但是可以更方便地查看模型的细节。

⑥ 着色：使用平滑着色显示对象。

⑦ 带边缘着色：使用平滑着色和可见边显示对象。

⑧ 灰度：使用平滑着色和单色灰度显示对象。

⑨ 勾画：使用线延伸和抖动边修改器显示手绘效果的对象。

⑩ X 射线：以局部透明度显示对象。

2. 管理视觉样式

该命令的执行方式如下：

菜单栏：选择“视图”/“视觉样式”/“视觉样式管理器”命令。

执行命令，系统弹出“视觉样式管理器”选项板，如图9-17所示。

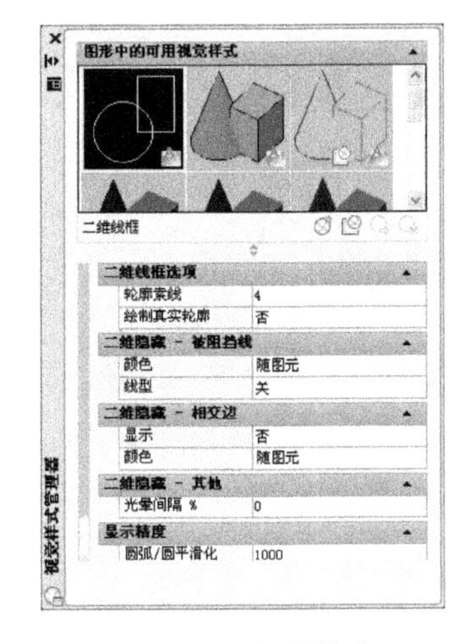

图 9-17 “视觉样式管理器”选项板

在“图形中的可用视觉样式”列表中显示了图形中的可用视觉样式的样例图像。选定某一视觉样式，该视觉样式显示黄色边框，选定的视觉样式的名称显示在选项板的底部。在“视觉样式管理器”选项板的下部，显示该视觉样式的面设置、环境设置和边设置。

在“视觉样式管理器”选项板中，使用工具条中的工具按钮，可以创建新的视觉样式、将选定的视觉样式应用于当前视口、将选定的视觉样式输出到工具选项板以及删除选定的视觉样式。

在“图形中的可用视觉样式”列表中选择的视觉样式不同，设置区中的参数选项也不同，用户可以根据需要在面板中进行相关设置。

知识模块 2　绘制基本实体

基本实体是构成三维实体模型的最基本的元素，如长方体、楔体、球体等。在 AutoCAD 2018 中，可以通过多种方法来创建基本实体。

知识点 1　绘制长方体

使用长方体命令可创建具有规则实体模型形状的长方体或正方体等实体。

调用绘制长方体命令的方式如下：

1）功能区：单击“常用”选项卡“建模”面板中的“长方体”按钮；

2）菜单栏：选择“绘图”/“建模”/“长方体”命令；

3）命令行：输入 box 后按<Enter>键。

命令行显示如下提示信息：

```
命令:box
指定第一个角点或[中心(C)]:
指定其他角点或[立方体(C)/长度(L)]:
指定高度或[两点(2P)]:
```

各选项含义如下：

1）指定角点：以依次指定长方体底面的两对角点或指定一角点和长、宽、高的方式进行长方体的创建。

2）中心（C）：先指定长方体的中心，再指定底面的一个角点或长度等参数，最后指定高度来创建长方体。

3）立方体（C）：创建一个长、宽、高相等的长方体。

4）长度（L）：按照指定长、宽、高创建长方体。如果输入值，长度与X轴对应，宽度与Y轴对应，高度与Z轴对应。如果拾取点以指定长度，则还要指定在XY平面上的旋转角度。

5）两点（2P）：指定长方体的高度为两个指定点之间的距离。

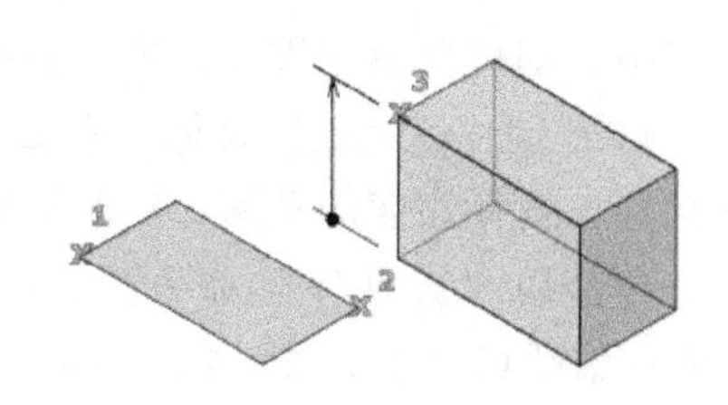

图9-18　绘制长方体

长方体绘制结果如图9-18所示。

小知识：

在AutoCAD 2018中，创建的长方体的各边应分别与当前UCS的X轴、Y轴和Z轴平行。在根据长度、宽度和高度创建长方体时，长、宽、高方向分别与当前UCS的X轴、Y轴和Z轴平行。在系统提示中输入长度、宽度及高度时，输入的值可正、可负，正值表示沿相应坐标轴的正方向创建长方体，反之沿坐标轴的负方向创建长方体。

知识点2　绘制圆柱体

圆柱体是以面或椭圆为截面形状，并沿该截面法线方向拉伸所形成的实体。

调用绘制圆柱体命令的方式如下：

1）功能区：单击“常用”选项卡“建模”面板中的“圆柱体”按钮；

2）菜单栏：选择“绘图”/“建模”/“圆柱体”命令；

3）命令行：输入cylinder后按<Enter>键。

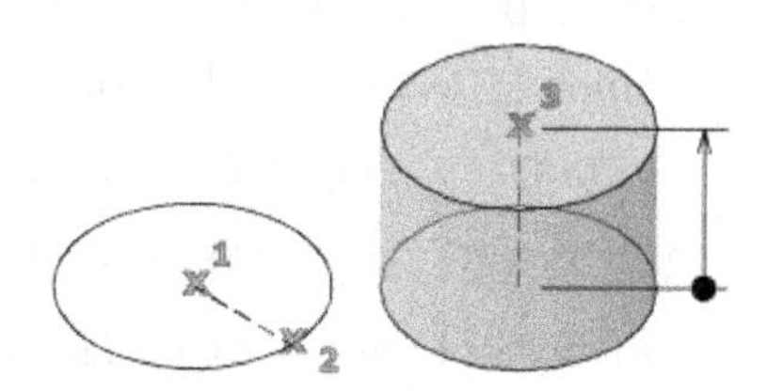

图9-19　绘制圆柱体

命令行显示如下提示信息：

```
命令：cylinder
指定底面的中心点或［三点(3P)/两点(2P)/切点、切点、半径(T)/椭圆(E)］：
指定底面半径或［直径(D)］<20>：
指定高度或［两点(2P)/轴端点(A)］<100>：
```

绘制的圆柱体如图9-19所示。

知识点3　绘制圆锥体

圆锥体是指以圆或椭圆为底面形状，沿其法线方向并按照一定锥度向上或向下拉伸而成的实体。使用“圆锥体”命令可以创建圆锥和平截面圆锥两种类型的实体。

(1) 创建常规圆锥体　调用绘制圆锥体命令的方式如下：

1) 功能区：单击“常用”选项卡“建模”面板中的“圆锥体”按钮；

2) 菜单栏：选择“绘图”/“建模”/“圆锥体”命令；

3) 命令行：输入 cone 后按<Enter>键。

执行该命令，然后指定一点为底面圆心，并分别指定底面半径值或直径值，最后指定圆锥高度值，即可获得圆锥体效果，如图 9-20 所示。

(2) 创建平截面圆锥体　平截面圆锥体即圆台，可看作是由平行于圆锥底面且与底面的距离小于锥体高度的平面，截取该圆锥而得到的实体。

当启用“圆锥体”命令后，指定底面圆心及半径，命令行提示为“指定高度或［两点(2P)/轴端点 (A)/顶面半径 (T)］<10>:”，选择“顶面半径”选项，输入顶面半径值，最后指定平截面圆锥体的高度，即可获得平截面圆锥体效果，如图 9-21 所示。

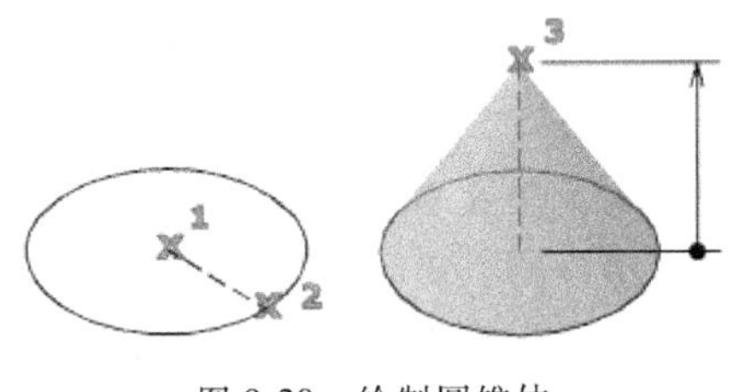

图 9-20　绘制圆锥体

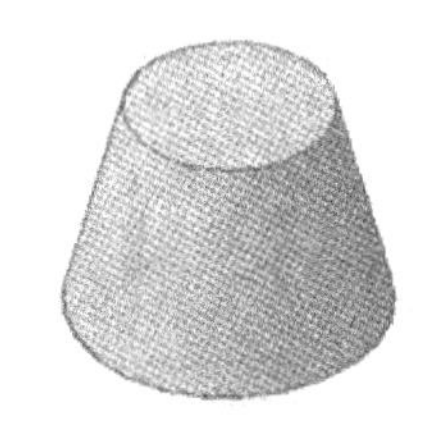
图 9-21　平截面圆锥体

知识点 4　绘制球体

球体是在三维空间中，到一个点（即球体）距离相等的所有点的集合。

调用绘制球体命令的方式如下：

1) 功能区：单击“常用”选项卡“建模”面板中的“球体”按钮；

2) 菜单栏：选择“绘图”/“建模”/“球体”命令；

3) 命令行：输入 sphere 后按<Enter>键。

命令行提示如下信息：

```
命令：sphere
指定中心点或［三点(3P)/两点(2P)/切点、切点、半径(T)］：
指定半径或［直径(D)］：
```

各选项含义如下：

① 中心点：捕捉一点为球心，然后指定球体的半径或直径值。

② 三点（3P）：通过在三维空间的任意位置指定三个点来定义球体的圆周。

③ 两点（2P）：通过在三维空间的任意位置指定两个点来定义球体的圆周。

④ 切点、切点、半径（T）：通过指定半径定义可与两个对象相切的球体。

球体绘制结果如图 9-22 所示。

绘制球体时，可以通过改变 ISOLINES 变量来确定每个面上的线框密度，如图 9-23 所示。

知识点5　绘制棱锥体

棱锥体可以看作是由以一个多边形面为底面，其余各面是有一个公共顶点的具有三角形特征的面所构成的实体。

调用绘制棱锥体命令的方式如下：

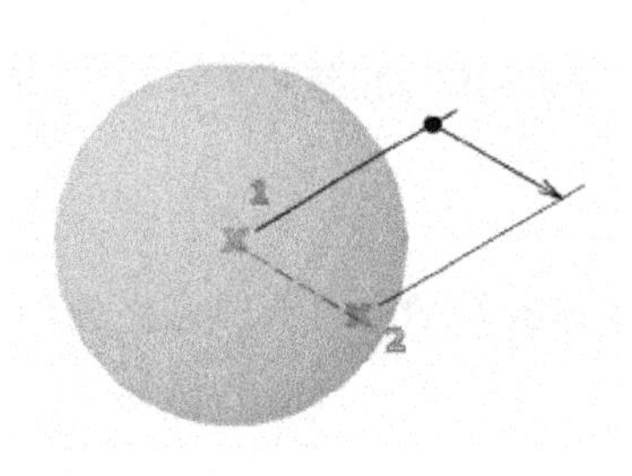

图9-22　绘制球体

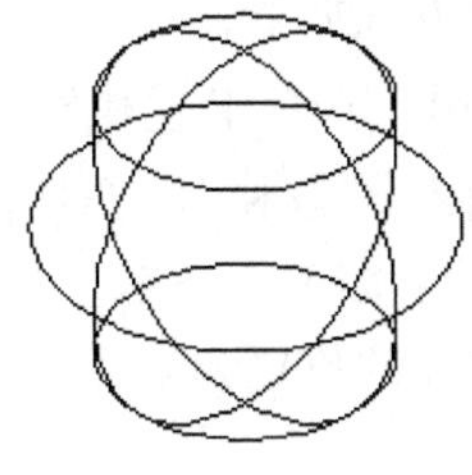

ISOLINES=4

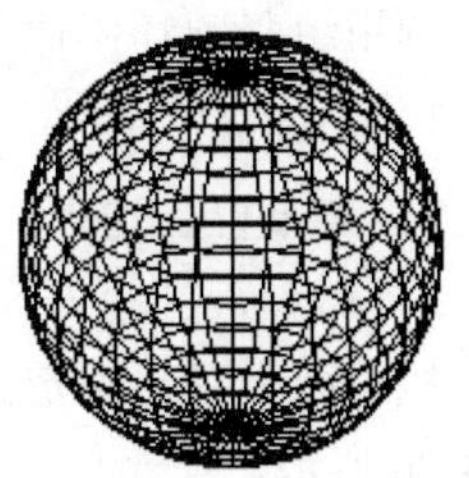

ISOLINES=32

图9-23　球体实体示例图

1）功能区：单击“常用”选项卡“建模”面板中的“棱锥体”按钮；

2）菜单栏：选择“绘图”/“建模”/“棱锥体”命令；

3）命令行：输入 pyramid 后按<Enter>键。

使用“棱锥体”命令可以通过设置参数的方法创建多种类型的棱锥体和平截面棱锥体，其绘制方法与绘制圆锥体的方法类似，如图9-24所示。

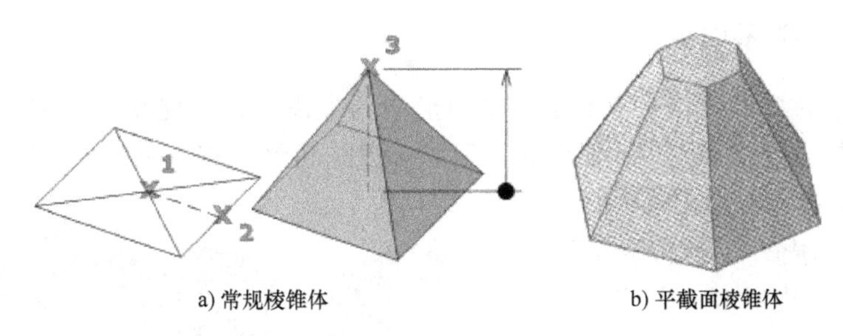

a) 常规棱锥体　　b) 平截面棱锥体

图9-24　棱锥体

小知识：

在利用“棱锥体”工具进行棱锥体创建时，所指定的边数必须是3~32的整数。

知识点6　绘制楔体

楔体可看作是以矩形为底面，其一边沿法线方向拉伸所形成的具有楔状特征的实体。

调用绘制楔体命令的方式如下：

1）功能区：单击“常用”选项卡“建模”面板中的“楔体”按钮；

2）菜单栏：选择“绘图”/“建模”/“楔体”命令；

3）命令行：输入 wedge 后按<Enter>键。

绘制楔体的方法与绘制长方体的方法类似，如图9-25所示。

知识点 7　绘制圆环体

圆环体可以看作是在三维空间内，圆轮廓线绕与其共面的直线旋转所形成的实体特征，该直线即圆环体的中心线，直线和圆心的距离是圆环体的半径，圆轮廓线的直径是圆环体的直径。

调用绘制圆环体命令的方式如下：

1）功能区：单击“常用”选项卡“建模”面板中的“圆环体”按钮；

2）菜单栏：选择“绘图”/“建模”/“圆环体”命令；

3）命令行：输入 torus 后按<Enter>键。

执行命令后，确定圆环体的位置和半径，最后确定圆环体圆管的半径，即可完成创建，如图 9-26 所示。

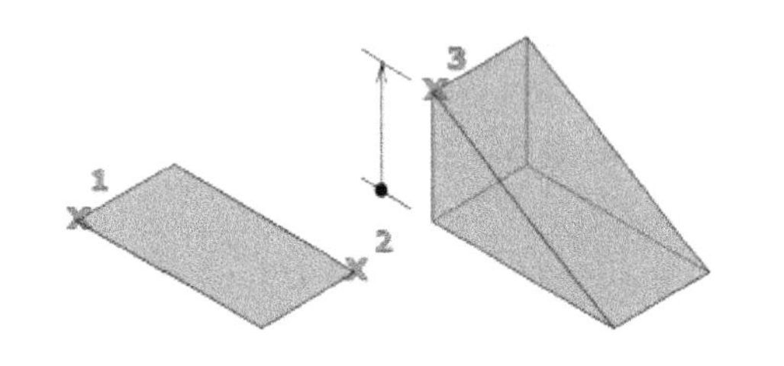

图 9-25　绘制楔体

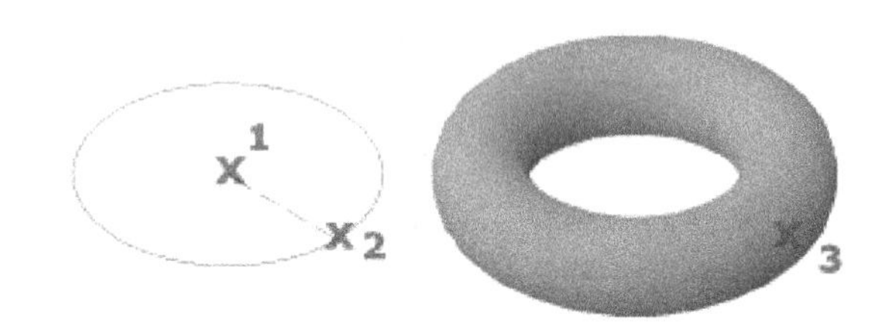

图 9-26　圆环体

知识点 8　绘制多段体

与二维图形中的多段线相对应的是三维图形中的多段体，它能快速完成一个实体的创建，其绘图方法与绘制多段线相同。在默认情况下，多段体始终带有一个矩形轮廓，可以根据提示信息指定轮廓的高度和宽度。

调用绘制多段体命令的方式如下：

1）功能区：单击“常用”选项卡“建模”面板中的“多段体”按钮；

2）菜单栏：选择“绘图”/“建模”/“多段体”命令；

3）命令行：输入 polysolid 后按<Enter>键。

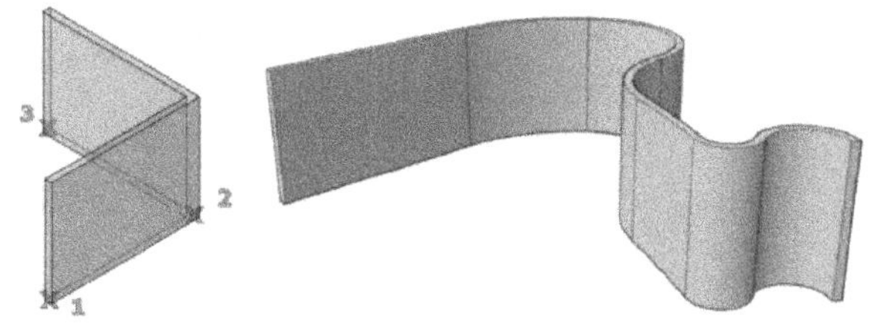

图 9-27　多段体

执行命令后，绘制多段体的效果如图 9-27 所示。

知识模块 3　二维对象生成三维实体

在 AutoCAD 2018 中，不仅可以利用各类基本实体工具进行简单实体模型的创建，同时还可以利用二维图形生成三维图形。

知识点 1　拉伸

“拉伸”命令可以将二维图形沿指定的高度和路径拉伸为三维实体。拉伸对象被称为断面，可以是任何 2D 封闭多段线、圆、椭圆、封闭样条曲线和面域。

调用“拉伸”命令的方法如下：

1）功能区：单击“常用”选项卡“建模”面板中的“拉伸”按钮；

2）菜单栏：选择“绘图”/“建模”/“拉伸”命令；

3）命令行：输入 extrude 后按<Enter>键。

该工具有两种将二维对象拉伸成实体的方法：一种是指定生成实体的倾斜角度和高度；另一种是指定拉伸路径，路径可以是闭合的，也可以不闭合的。

命令提示如下：

```
命令：extrude
当前线框密度： ISOLINES=4,闭合轮廓创建模式 = 实体
选择要拉伸的对象或［模式(MO)］：_MO 闭合轮廓创建模式［实体(SO)/曲面(SU)］<实体>：_SO
选择要拉伸的对象或［模式(MO)］：找到 1 个
选择要拉伸的对象或［模式(MO)］：↙
指定拉伸的高度或［方向(D)/路径(P)/倾斜角(T)/表达式(E)］<100>：
```

命令行中各选项的含义如下：

1）方向（D）：默认情况下，可以沿 Z 轴拉伸对象，拉伸高度可以为正值或负值，它们表示了拉伸的方向，如图 9-28 所示。

2）路径（P）：通过指定拉伸路径将对象拉伸为三维实体，拉伸的路径可以是开放的，也可以是封闭的，如图 9-29 所示。

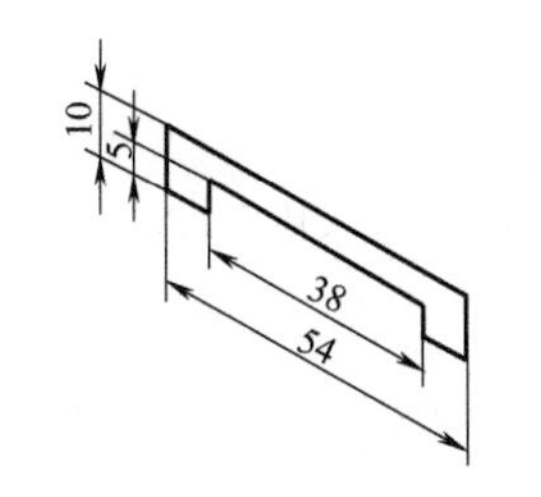

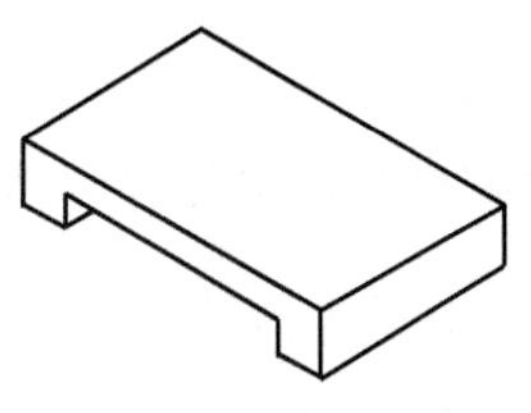

图 9-28　沿 Z 轴拉伸对象

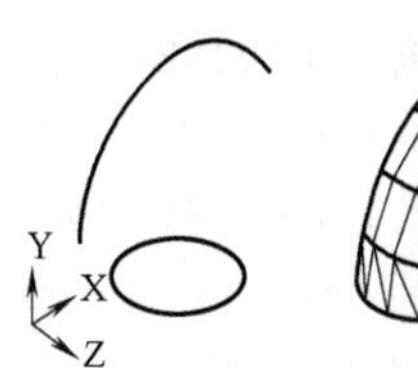

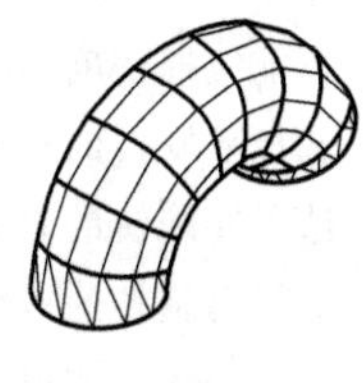

图 9-29　沿曲线拉伸对象

3）倾斜角（T）：通过指定的角度拉伸对象，拉伸角度可以为正值或负值，其绝对值不大于 90°，默认值为 0°，表示生成的实体的侧面垂直于 XY 平面，没有锥度。拉伸角度为正，将产生内锥度，生成的侧面向里靠；拉伸角度为负，将产生外锥度，生成的侧面向外，如图 9-30 所示。

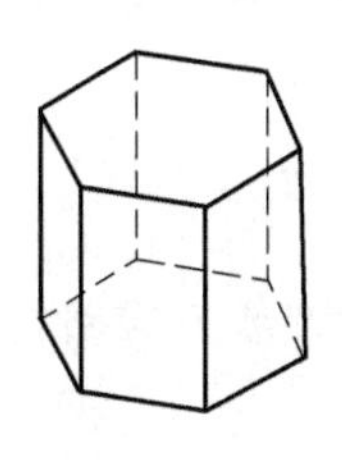

a) 拉伸倾斜角为0°

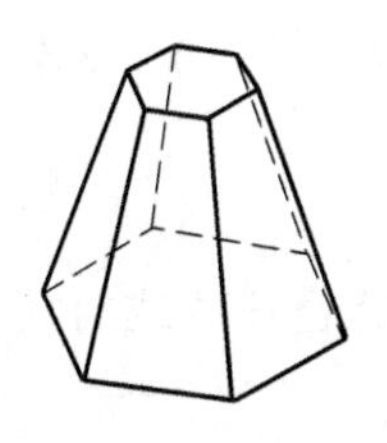

b) 拉伸倾斜角为15°

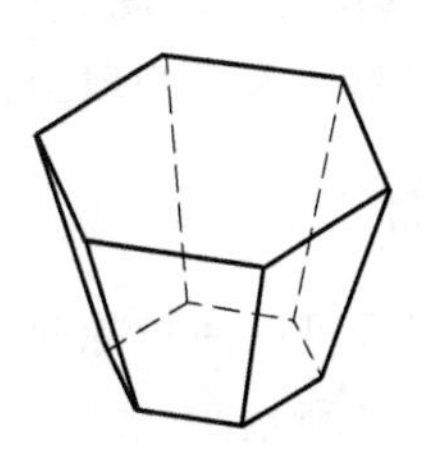

c) 拉伸倾斜角为 −15°

图 9-30　拉伸锥角效果

4）表达式（E）：输入公式或方程式以指定拉伸高度。

知识点 2　旋转

在创建实体时，用于旋转的二维对象可以是封闭多段线、多边形、圆、椭圆、封闭样条曲线、圆环及封闭区域等。三维对象、包含在块中的对象、有交叉或自干涉的多段线不能被旋转，而且每次只能旋转一个对象，如图 9-31 所示。

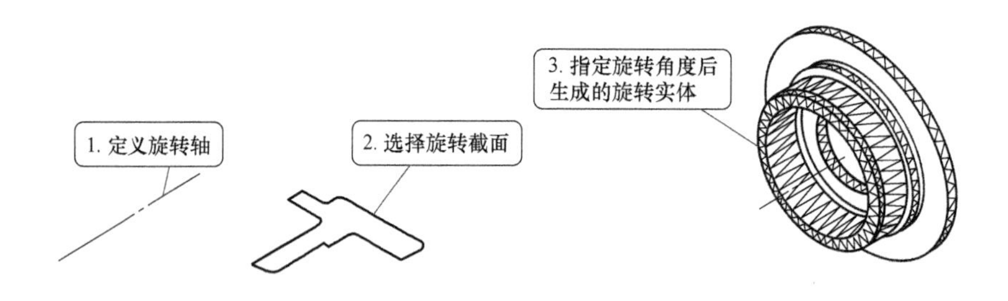

图 9-31　旋转

调用“旋转”命令的方法如下：

1）功能区：单击“常用”选项卡“建模”面板中的“旋转”按钮；

2）菜单栏：选择“绘图”/“建模”/“旋转”命令；

3）命令行：输入 revolve 后按<Enter>键。

命令行提示信息如下：

```
命令：revolve
当前线框密度： ISOLINES=4,闭合轮廓创建模式 = 实体
选择要旋转的对象或［模式(MO)］：_MO 闭合轮廓创建模式［实体(SO)/曲面(SU)］<实体>：_SO
选择要旋转的对象或［模式(MO)］：找到 1 个
选择要旋转的对象或［模式(MO)］：↙
指定轴起点或根据以下选项之一定义轴［对象(O)/X/Y/Z］<对象>：
指定轴端点：
指定旋转角度或［起点角度(ST)/反转(R)/表达式(EX)］<360>：
```

各选项的含义如下：

① 指定轴起点：通过两点来定义旋转轴。

② 对象（O）：选择已经绘制好的直线或多段线命令绘制直线段作为旋转轴。

③ X/Y/Z：使二维对象绕当前坐标系的 X、Y、Z 轴旋转。

知识点 3　扫掠

使用“扫掠”工具可以使扫掠对象沿着开放或封闭的二维或三维路径运动扫描，来创建实体或曲面，如图 9-32 所示。

调用“扫掠”命令的方法如下：

1）功能区：单击“常用”选项卡“建模”面板中的“扫掠”按钮；

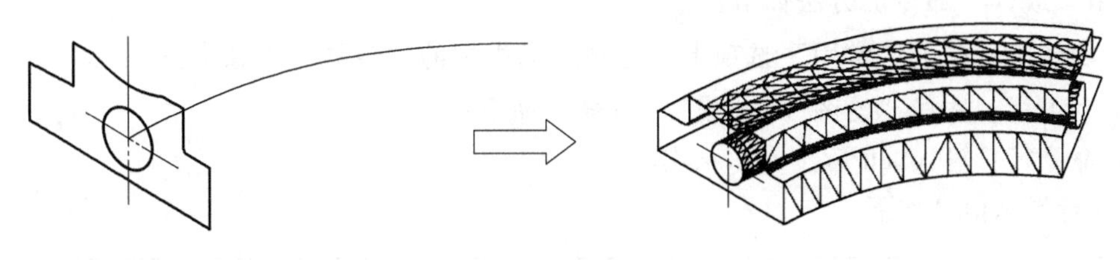

图 9-32　扫掠

2）菜单栏：选择“绘图”/“建模”/“扫掠”命令；

3）命令行：输入 sweep 后按<Enter>键。

命令行提示信息如下：

```
命令：sweep
当前线框密度： ISOLINES=4,闭合轮廓创建模式 = 实体
选择要扫掠的对象或［模式(MO)］：_MO 闭合轮廓创建模式［实体(SO)/曲面(SU)］<实体>：_SO
选择要扫掠的对象或［模式(MO)］：找到 1 个
选择要扫掠的对象或［模式(MO)］：
选择扫掠路径或［对齐(A)/基点(B)/比例(S)/扭曲(T)］：
```

各选项的含义如下：

1）对齐（A）：指定是否对齐轮廓以使其作为扫掠路径切向的法向，默认情况下轮廓是对齐的。

技巧：

使用扫掠命令，可以通过沿开放或闭合的二维或三维路径扫掠开放或闭合的平面曲线（轮廓）来创建新实体或曲面。扫掠命令用于沿指定路径以指定轮廓的形状（扫掠对象）来创建实体或曲面。可以扫掠多个对象，但是这些对象必须在同一个平面内。如果沿一条路径扫掠闭合的曲线，则生成实体。

2）基点（B）：指定要扫掠对象的基点。如果指定的点不在选定对象所在的平面上，则该点将被投射在该平面上。

3）比例（S）：指定比例因子以进行扫掠操作。从扫掠路径的开始到结束，比例因子将统一应用到扫掠的对象上。

4）扭曲（T）：设置正被扫掠对象的扭曲对象的扭曲角度。扭曲角度指定沿扫掠路径全部长度的旋转量。

知识点 4　放样

放样实体是将横截面沿指定路径或导向运动扫描所得到的三维实体。横截面是指具有放样实体截面特征的二维对象。使用该命令时，必须指定两个或两个以上的横截面来创建放样实体，如图 9-33 所示。

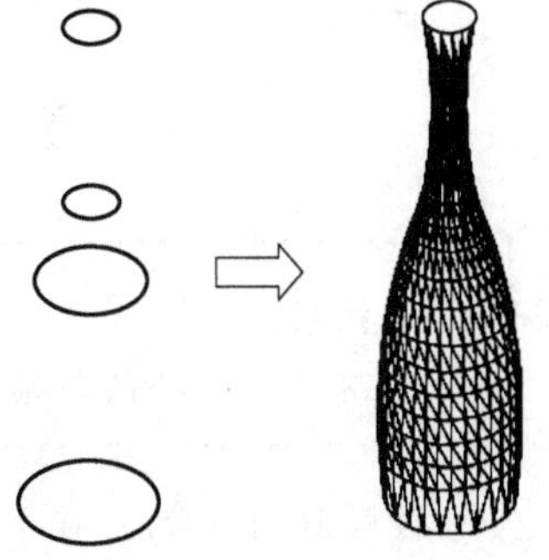

图 9-33　放样

调用“放样”命令的方法如下：

1）功能区：单击“常用”选项卡“建模”面板中的“放样”按钮；

2）菜单栏：选择“绘图”/“建模”/“放样”命令；

3）命令行：输入 loft 后按<Enter>键。

命令行提示信息如下：

命令：loft

当前线框密度： ISOLINES=4,闭合轮廓创建模式 = 实体

按放样次序选择横截面或［点(PO)/合并多条边(J)/模式(MO)］：_MO 闭合轮廓创建模式［实体(SO)/曲面(SU)］<实体>：_SO

按放样次序选择横截面或［点(PO)/合并多条边(J)/模式(MO)］：找到 1 个

按放样次序选择横截面或［点(PO)/合并多条边(J)/模式(MO)］：找到 1 个,总计 2 个

按放样次序选择横截面或［点(PO)/合并多条边(J)/模式(MO)］：找到 1 个,总计 3 个

按放样次序选择横截面或［点(PO)/合并多条边(J)/模式(MO)］：↙

选中了 3 个横截面

输入选项［导向(G)/路径(P)/仅横截面(C)/设置(S)］<仅横截面>：

各选项的含义如下：

① 导向（G）：指定控制放样实体或曲面形状的导向曲线。导向曲线是直线或曲线，可通过将其他线框信息添加至对象来进一步定义实体或曲面的形状，如图 9-34 所示。

技巧：

每条导向曲线必须满足以下条件才能正常工作：与每个横截面相交；从第一个横截面开始；到最后一个横截面结束。

② 路径（P）：指定放样实体或曲面的单一路径，如图 9-35 所示。

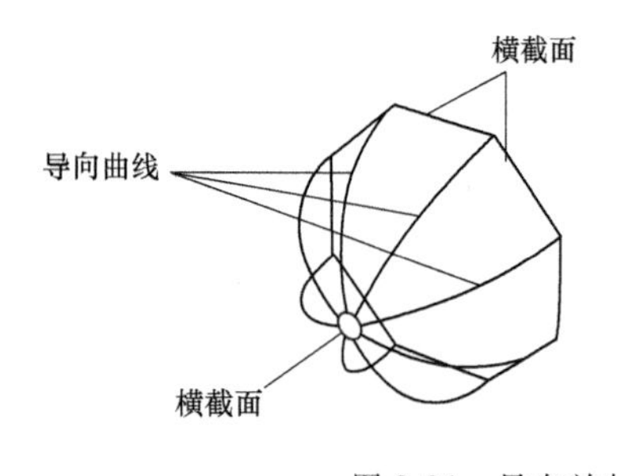

图 9-34　导向放样

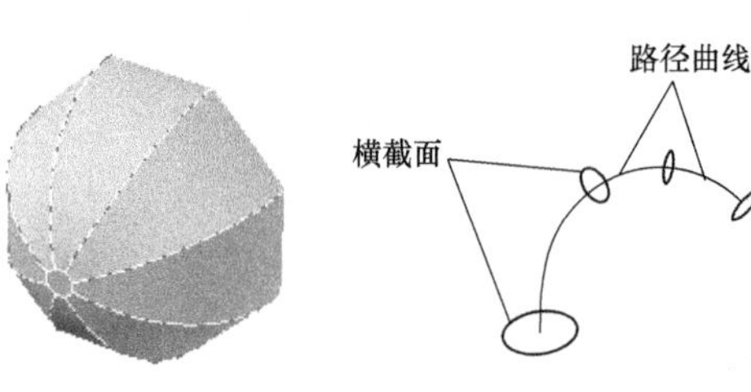

图 9-35　路径放样

技巧：

路径曲线必须与横截面的所有平面相交。

③ 仅横截面（C）：在不使用导向或路径的情况下，创建放样对象。

④ 设置（S）：显示“放样设置”对话框，如图 9-36 所示。通过此对话框可以控制放样曲

面在其横截面处的轮廓，还可以闭合曲面或实体。

知识点5　按住并拖动

使用该命令，可单击有限区域内部，按住或拖动边界区域。

调用该命令的方法如下：

1）功能区：选择“常用”选项卡“建模”面板中的“按住并拖动”按钮；

2）命令行：输入 presspull 后按<Enter>键。

使用“按住并拖动”工具生成的三维实体如图 9-37 所示。

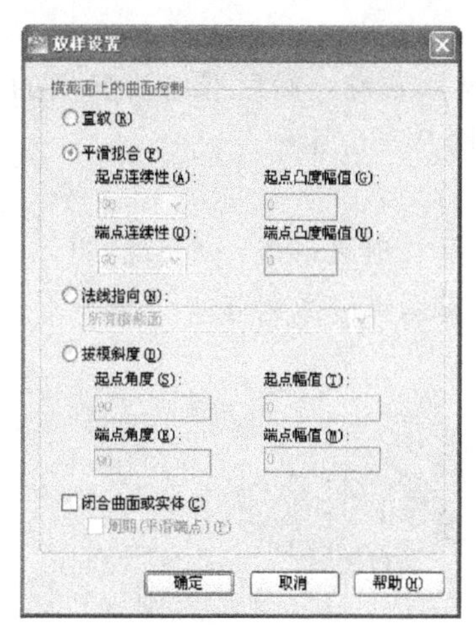

图 9-36　放样设置

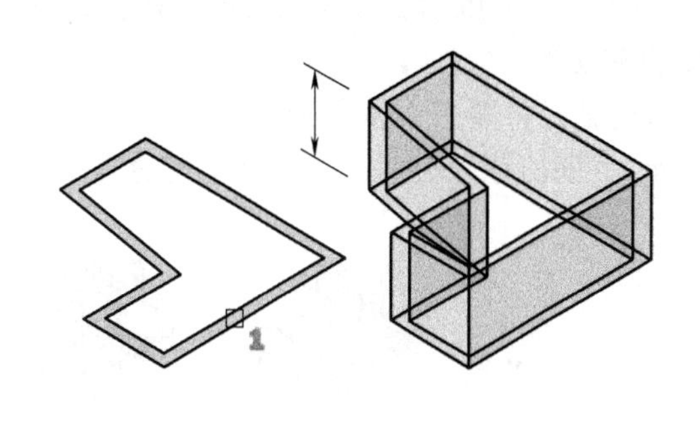

图 9-37　拖动生成三维实体

知识模块4　编辑三维实体

在 AutoCAD 2018 中，可以使用三维命令在三维空间中移动、复制、镜像、对齐以及阵列三维对象，剖切实体以获得实体的截面，编辑它们的面、边或体。

知识点1　布尔运算

在三维绘图中，一些较复杂的实体往往不能一次生成，一般都由一些简单的现有实体通过布尔运算组合而成。利用布尔运算，可以由基本的三维实体创建出复杂的组合实体。布尔运算有三种编辑方式：并集、差集和交集。

1. 并集运算

并集运算是将两个或多个三维实体、曲面或面域合并为一个组合三维实体、曲面或面域。进行并集运算时，必须选择类型相同的对象进行合并。

执行“并集”命令的方法如下：

1）功能区：单击“常用”选项卡“实体编辑”面板中的“并集”按钮；

2）菜单栏：选择“修改”/“实体编辑”/“并集”命令；

3）命令行：输入 union 后按<Enter>键。

在绘图区选取所有的要合并的对象，按<Enter>键或单击鼠标右键，即执行合并操作，如

图 9-38a 所示。

2. 差集运算

差集运算是从一个实体（或面域、曲面）中移去与其相交的实体（或面域、曲面），从而生成新的实体（或面域、曲面）。与并集操作不同的是，差集运算首先选取的对象是被剪切对象，之后选取的对象是剪切对象。

执行“差集”命令的方法如下：

1）功能区：单击“常用”选项卡“实体编辑”面板中的“差集”按钮；

2）菜单栏：选择“修改”/“实体编辑”/“差集”命令；

3）命令行：输入 subtract 后按<Enter>键。

在绘图区中选取被剪切的对象，按<Enter>键或单击鼠标右键，然后选取要剪切的对象，按<Enter>键或单击鼠标右键即执行差集操作，运算结果如图 9-38b 所示。

3. 交集运算

交集运算是将多个实体（或面域、曲面）的公共部分提取出来形成一个新的实体（或面域、曲面），同时删除公共部分以外的部分。交集运算是差集运算的逆运算。

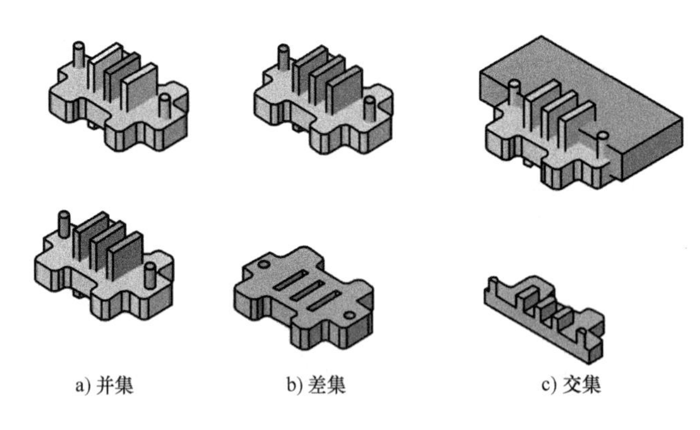

a) 并集　　b) 差集　　c) 交集

图 9-38　布尔运算

执行“交集”命令的方法如下：

1）功能区：单击“常用”选项卡“实体编辑”面板中的“交集”按钮；

2）菜单栏：选择“修改”/“实体编辑”/“交集”命令；

3）命令行：输入 intersect 后按<Enter>键。

在绘图区选取具有公共部分的两个对象，按<Enter>键或单击鼠标右键即执行交集操作，运算结果如图 9-38c 所示。

知识点 2　三维操作功能

AutoCAD 2018 提供了专业的三维对象编辑工具，如三维旋转、三维移动、三维阵列、三维镜像和三维对齐等，从而为创建更复杂的实体模型提供了条件。

1. 三维旋转

利用三维旋转工具可将选取的三维对象沿指定旋转轴自由旋转。

执行“三维旋转”命令的方法如下：

1）功能区：单击“常用”选项卡“修改”面板中的“三维旋转”按钮；

2）菜单栏：选择“修改”/“三维操作”/“三维旋转”命令；

3）命令行：输入 3drotate 后按<Enter>键。

执行该命令，即可进入“三维旋转”模式，在绘图区选取需要旋转的对象，此时绘图区出现 3 个圆环（红色代表 X 轴、绿色代表 Y 轴、蓝色代表 Z 轴），然后在绘图区指定一点为旋转基点，如图 9-39 所示。指定完旋转基点后，旋转夹点工具上的圆环以确定旋转轴，接着直接输入角度进行实体的旋转，或选择屏幕上的任意位置以确定旋转基点，再输入角度值，即可获得实体三维旋转效果。

2. 三维移动

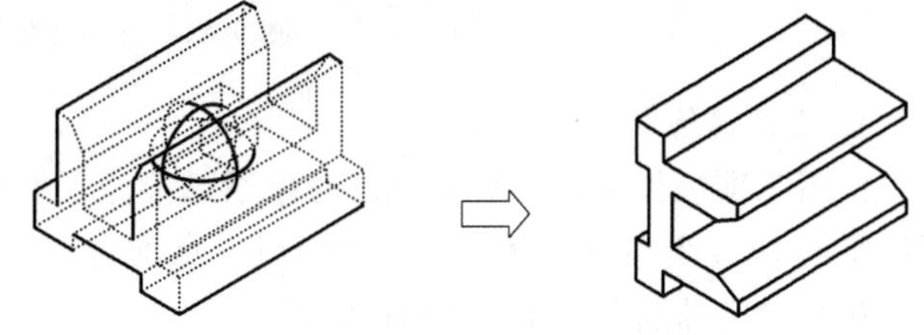

图 9-39　三维旋转

使用三维移动工具能将指定模型沿 X、Y、Z 轴或其他任意方向，以及直线、面或在任意两点间移动，从而获得模型在视图中的准确位置。

执行“三维移动”命令的方法如下：

1）功能区：单击“常用”选项卡“修改”面板中的“三维移动”按钮；

2）菜单栏：选择“修改”/“三维操作”/“三维移动”命令；

3）命令行：输入 3dmove 后按<Enter>键。

三维移动效果如图 9-40 所示。

3. 三维阵列

使用三维阵列工具可以在三维空间中按矩形阵列和环形阵列的方式创建指定对象的多个副本。

执行“三维阵列”命令的方法如下：

1）菜单栏：选择“修改”/“三维操作”/“三维阵列”命令；

2）命令行：输入 3darray 后按<Enter>键。

阵列类型包含矩形阵列和环形阵列两种。

（1）矩形阵列　在执行三维矩形阵列时，需要指定行数、列数、层数、行间距、列间距和层间距，且一个矩形阵列可设置多行、多列和多层，如图 9-41 所示。

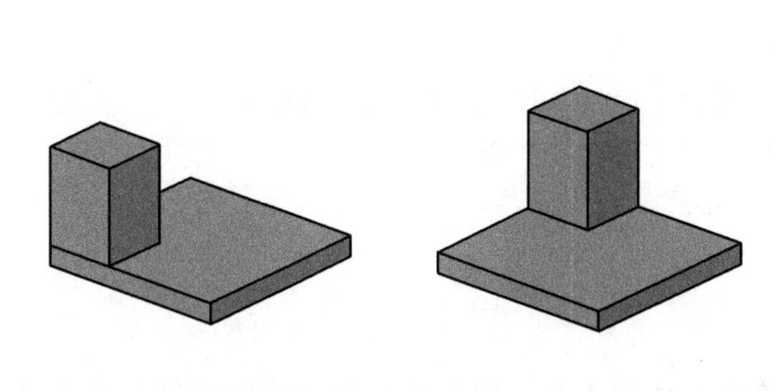

图 9-40　三维移动

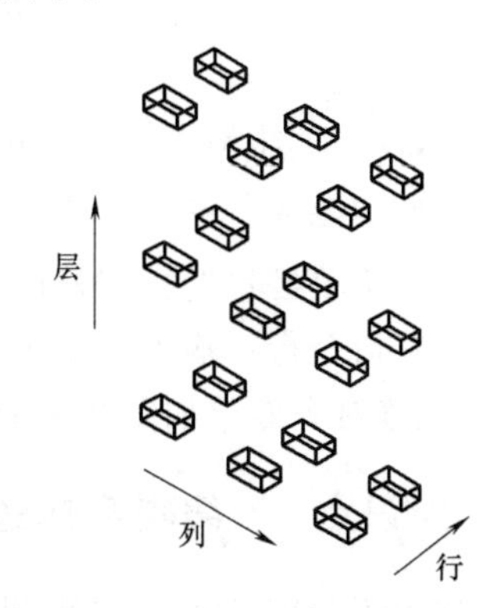

图 9-41　三维矩形阵列

（2）环形阵列　在执行三维环形阵列时，需要指定阵列的数目、阵列填充角度、旋转轴的起点和终点及对象在阵列后是否绕着阵列中心旋转，如图 9-42 所示。

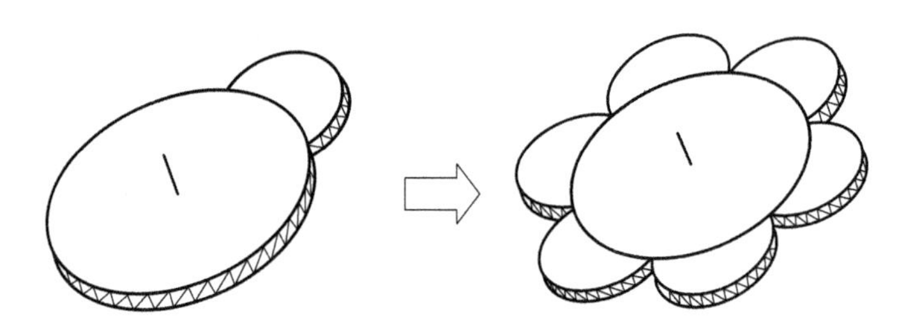

图 9-42　三维环形阵列

4. 三维镜像

使用三维镜像工具能够将三维对象通过镜像平面获取与之完全相同的对象，其中镜像平面可以是与 UCS 坐标系平面平行的平面或三点确定的平面。

执行“三维镜像”命令的方法如下：

1）功能区：单击“常用”选项卡“修改”面板中的“三维镜像”按钮；

2）菜单栏：选择“修改”/“三维操作”/“三维镜像”命令；

3）命令行：输入 3dmirror 后按<Enter>键。

三维镜像效果如图 9-43 所示。

5. 三维对齐

三维对齐操作是指定最多 3 个点以定义源平面，然后指定最多 3 个点以定义目标平面，从而获得三维对齐效果。

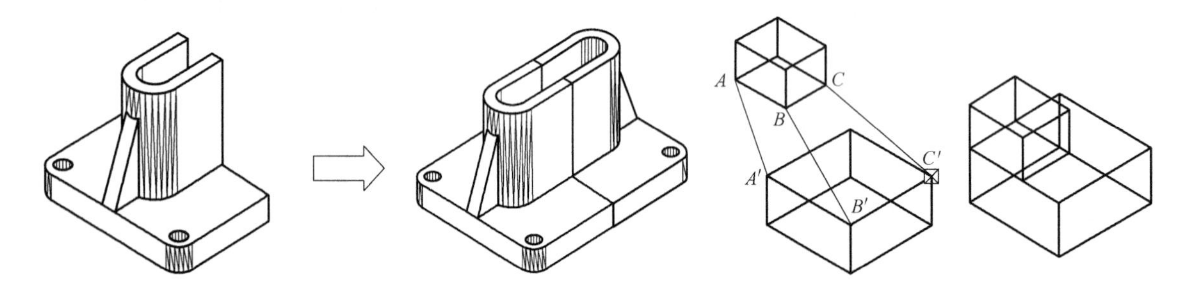

图 9-43　三维镜像

图 9-44　三维对齐

执行“三维对齐”命令的方法如下：

1）功能区：单击“常用”选项卡“修改”面板中的“三维对齐”按钮；

2）菜单栏：选择“修改”/“三维操作”/“三维对齐”命令；

3）命令行：输入 3daling 后按<Enter>键后。

三维对齐效果如图 9-44 所示。

知识点 3　编辑实体边

AutoCAD 2018 不仅提供了多种编辑实体的工具，同时可根据设计需要提取多个边特征。

1. 倒角边

“倒角边”命令主要用于对实体的棱边按照指定的距离进行倒角编辑。

执行“倒角边”命令的方法如下：

1）功能区：单击“实体”选项卡“实体编辑”面板中的“倒角边”按钮；

2）菜单栏：选择“修改”/“实体编辑”/“倒角边”命令；

3）命令行：输入 chamferedge 后按<Enter>键。

指定需要倒角的边，分别指定倒角距离，按<Enter>键即可创建三维倒角，效果如图 9-45 所示。

2. 圆角边

“圆角边”命令主要用于对实体的棱边按照指定的半径进行倒圆角编辑。

执行“圆角边”命令的方法如下：

1）功能区：单击“实体”选项卡“实体编辑”面板中的“圆角边”按钮；

2）菜单栏：选择“修改”/“实体编辑”/“圆角边”命令；

3）命令行：输入 filletedge 后按<Enter>键。

指定需要倒圆角的边，指定圆角半径，按<Enter>键即可创建三维圆角，效果如图 9-46 所示。

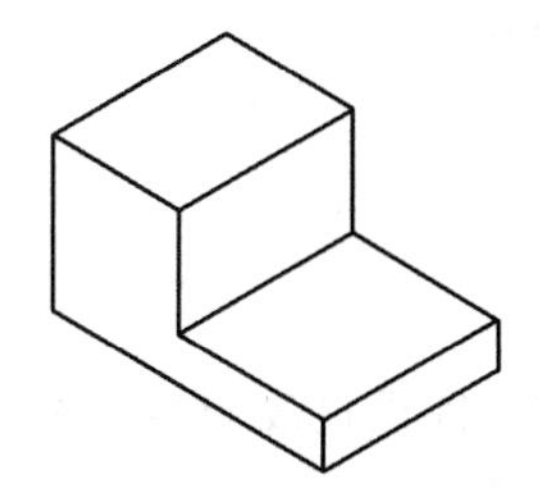

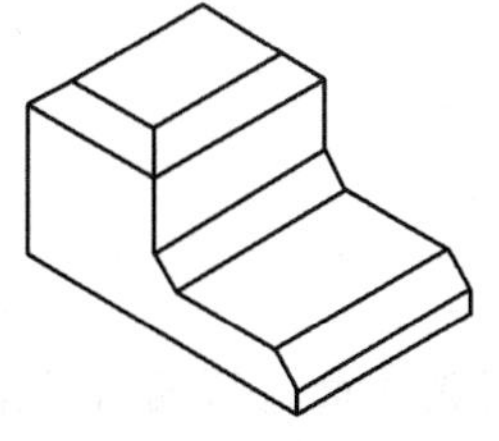

图 9-45　对实体边进行倒角操作

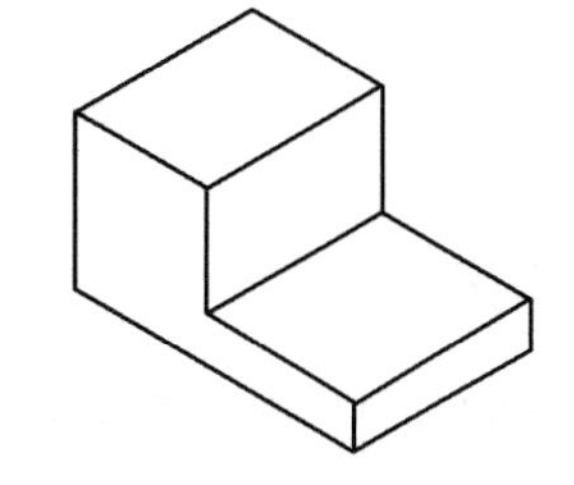

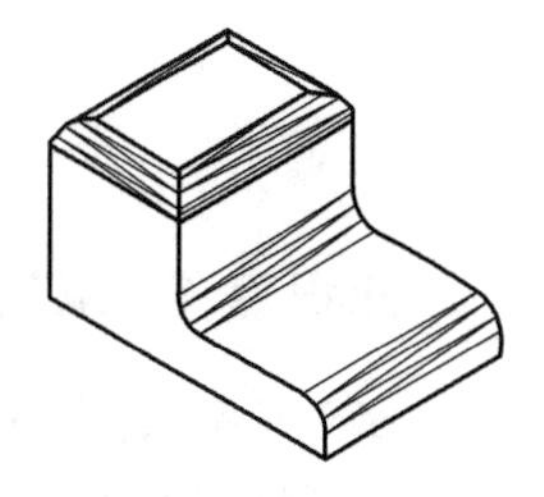

图 9-46　对实体边进行倒圆角操作

3. 复制边

“复制边”命令主要用于复制实体的边棱，可将现有的实体模型上单个或多个边偏移到其他位置，从而利用这些边线创建新的图形对象。

执行“复制边”命令的方法如下：

1）功能区：单击“常用”选项卡“实体编辑”面板中的“复制边”按钮；

2）菜单栏：选择“修改”/“实体编辑”/“复制边”命令；

3）命令行：输入 solidedit 后按<Enter>键。

复制边效果如图 9-47 所示。

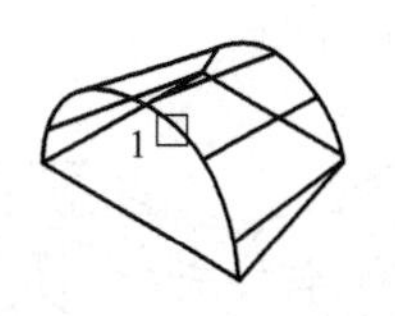

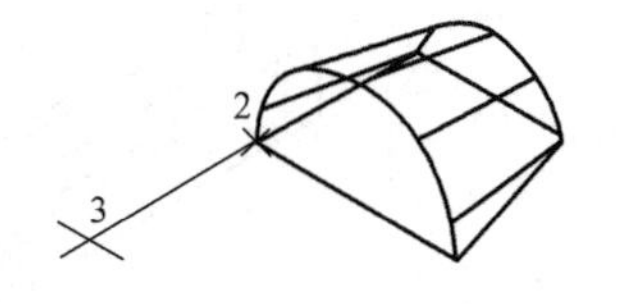

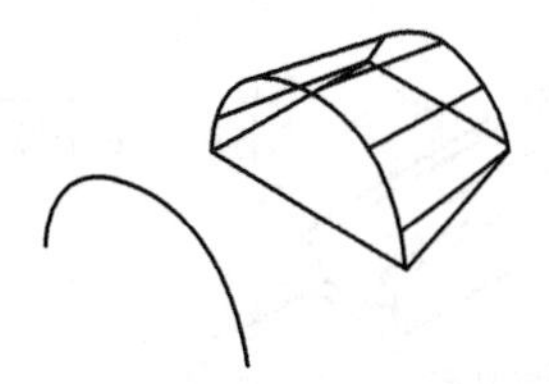

图 9-47　复制边

4. 压印边

“压印边”命令用于将直线、圆、圆弧等对象压印在三维实体上，使其成为实体的一部分，一般用于在三维模型的表面加入公司标记或产品标记等图形对象。

执行“压印边”命令的方法如下：

1）功能区：单击“常用”选项卡“实体编辑”面板中的“压印边”按钮；

2）菜单栏：选择“修改”/“实体编辑”/“压印边”命令；

3）命令行：输入 imprint 后按<Enter>键。

在绘图区选取三维实体，接着选取压印对象，命令行将显示“要删除源对象［是(Y)/否(N)］<N>:”的提示信息，可根据设计需要确定是否保留压印对象，即执行压印边操作，效果如图 9-48 所示。

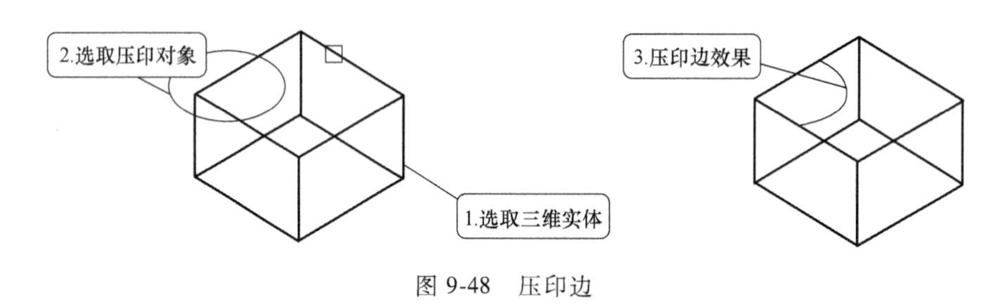

图 9-48　压印边

知识点 4　编辑实体面

在对三维实体进行编辑时，可以对整个实体的任意表面进行编辑操作，即通过改变实体表面，达到改变实体的目的。

1. 拉伸面

“拉伸面”命令用于对实体表面进行编辑，可将实体对象的一个或多个面沿一条指定路径或按特定高度和角度拉伸，从而获得新的实体。

执行“拉伸面”命令的方法如下：

1）功能区：单击“常用”选项卡“实体编辑”面板中的“拉伸面”按钮；

2）菜单栏：选择“修改”/“实体编辑”/“拉伸面”命令；

3）命令行：输入 solidedit 后按<Enter>键，输入 F 后按<Enter>键选择“面（F）”，输入 E 后按<Enter>键选择“拉伸（E）”。

在绘图区指定需要拉伸的曲面，并指定路径或输入拉伸距离，按<Enter>键即完成拉伸实体面操作，如图 9-49 所示。

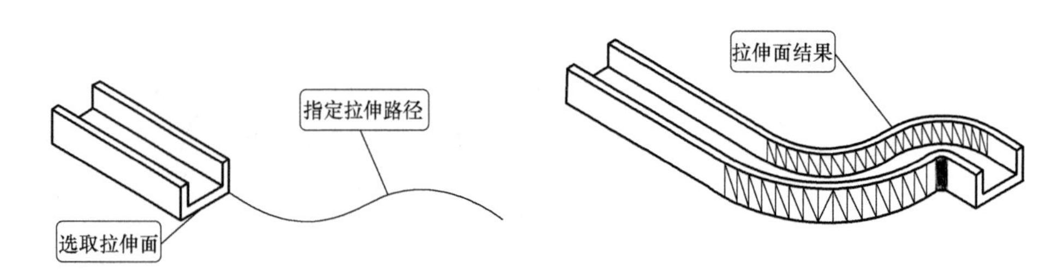

图 9-49　拉伸实体面

2. 移动面

“移动面”通过移动实体的表面来修改实体的尺寸，移动面的过程中将保持面的法线方向不变。

执行“移动面”命令的方法如下：

1）功能区：单击“常用”选项卡“实体编辑”面板中的“移动面”按钮；

2）菜单栏：选择“修改”/“实体编辑”/“移动面”命令；

3）命令行：输入 solidedit 后按<Enter>键，输入 F 后按<Enter>键选择“面（F）”，输入 M 后<Enter>键选择“移动（M）”。

在绘图区选取实体表面，按<Enter>键或单击鼠标右键确认，选择移动实体面的基点，然后指定移动路径或距离值，完成移动实体的操作，如图 9-50 所示。

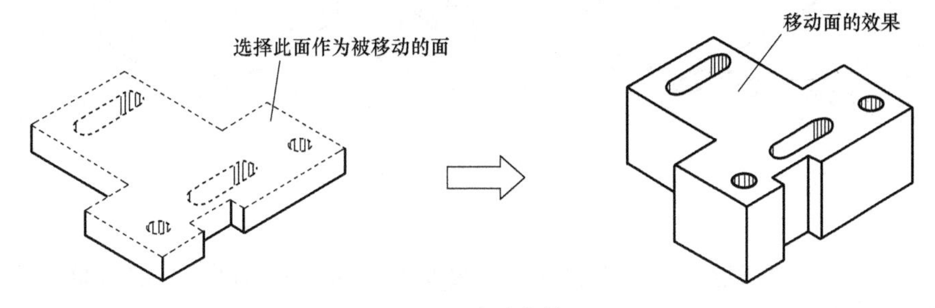

图 9-50　移动实体面

3. 偏移面

“偏移面”命令主要是在实体上按指定的距离均匀地偏移实体面，可根据要求将现有的面从原始位置向内或向外偏移指定的距离，从而获得新的实体面。

执行“偏移面”命令的方法如下：

1）功能区：单击“常用”选项卡“实体编辑”面板中的“偏移面”按钮；

2）菜单栏：选择“修改”/“实体编辑”/“偏移面”命令；

3）命令行：输入 solidedit 后按<Enter>键，输入 F 后按<Enter>键选择“面（F）”，输入 0 后按<Enter>键选择“偏移（0）”。

在绘图区选取要偏移的面，并输入偏移距离，再按<Enter>键，即完成偏移实体面操作，如图 9-51 所示。

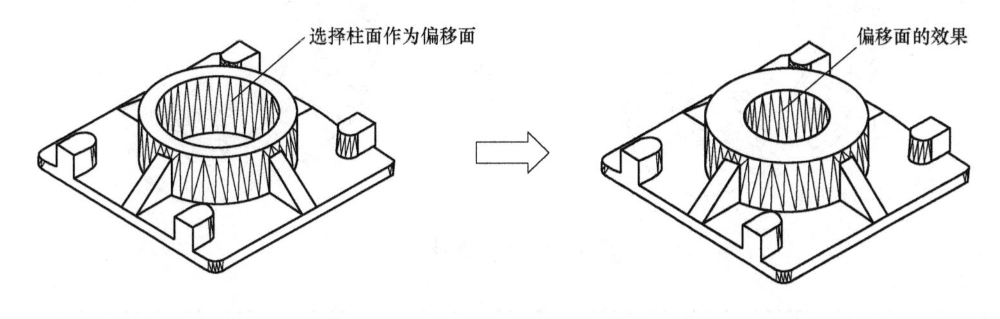

图 9-51　偏移实体面

4. 删除面

“删除面”命令是从三维实体对象上删除实体表面、圆角等实体特征。

执行“删除面”命令的方法如下：

1）功能区：单击“常用”选项卡“实体编辑”面板中的“删除面”按钮；

2）菜单栏：选择“修改”/“实体编辑”/“删除面”命令；

3）命令行：输入 solidedit 后按<Enter>键，输入 F 后按<Enter>键选择“面（F）”，输入 D 后按<Enter>键选择“删除（D）”。

在绘图区选择要删除的面，按<Enter>键或单击鼠标右键即执行实体面删除操作，如图 9-52所示。

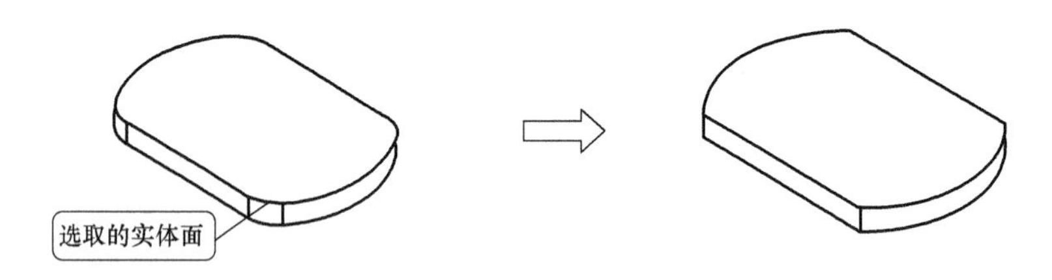

图 9-52 删除实体面

5. 旋转面

“旋转面”命令主要通过旋转实体的表面来改变实体的倾斜角度，能够将单个或多个实体表面绕指定的轴线进行旋转。

执行“旋转面”命令的方法如下：

1）功能区：单击“常用”选项卡“实体编辑”面板中的“旋转面”按钮；

2）菜单栏：选择“修改”/“实体编辑”/“旋转面”命令；

3）命令行：输入 solidedit 后按<Enter>键，输入 F 后按<Enter>键选择“面（F）”，输入 R 后按<Enter>键选择“旋转（R）”。

在绘图区选择要旋转的实体面，捕捉两点为旋转轴，并指定旋转角度，按<Enter>键，即完成旋转面操作，如图 9-53 所示。

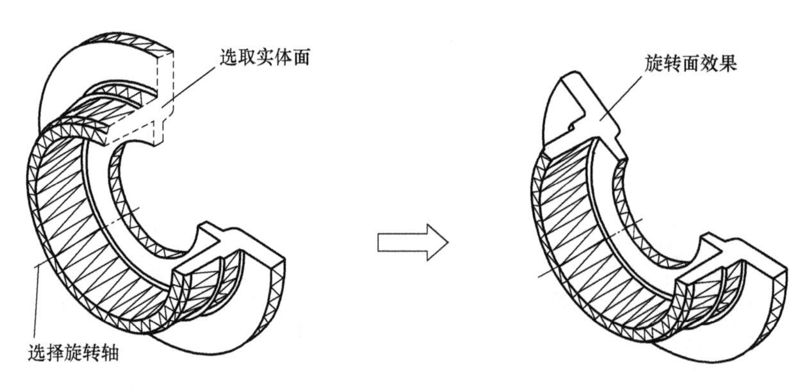

图 9-53 旋转实体面

小知识：

当一个实体面旋转后，与其相交的面会自动调整，以适应改变后的实体。

6. 倾斜面

“倾斜面”命令主要用于通过倾斜实体的表面使实体表面产生一定的锥度。

执行“倾斜面”命令的方法如下：

1）功能区：单击“常用”选项卡“实体编辑”面板中的“倾斜面”按钮；

2）菜单栏：选择“修改”/“实体编辑”/“倾斜面”命令；

3）命令行：输入 solidedit 后按<Enter>键，输入 F 后按<Enter>键选择“面（F）”，输入 T 后按<Enter>键选择“倾斜（T）”。

在绘图区选择要倾斜的曲面，并指定倾斜曲面参照轴线基点和另一个端点，输入倾斜角度，按<Enter>键或单击鼠标右键，即执行倾斜面操作，如图 9-54 所示。

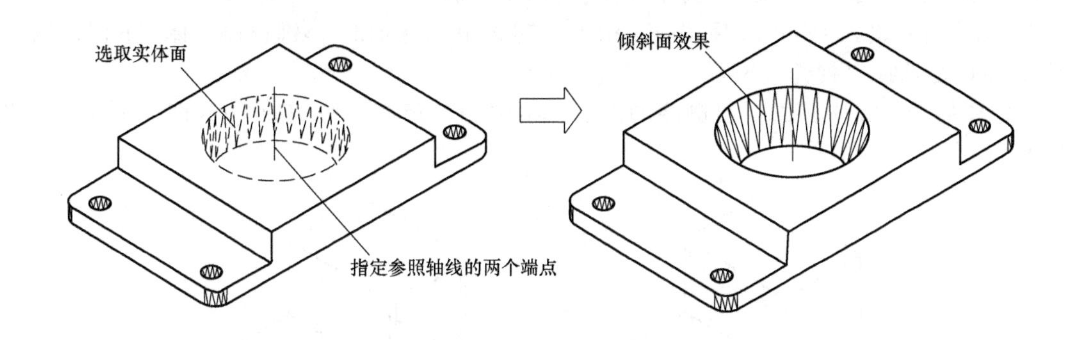

图 9-54　倾斜实体面

7. 着色面

“着色面”主要用于修改单个或多个实体面的颜色，以取代该实体对象所在图层的颜色。

执行“着色面”命令的方法如下：

1）功能区：单击“常用”选项卡“实体编辑”面板中的“着色面”按钮；

2）菜单栏：选择“修改”/“实体编辑”/“着色面”命令；

3）命令行：输入 solidedit 后按<Enter>键，输入 F 后按<Enter>键选择“面（F）”，输入 L 后按<Enter>键选择“颜色（L）”。

在绘图区指定需要着色的实体表面，按<Enter>键，系统弹出“选择颜色”对话框，在该对话框中指定填充颜色，单击“确定”按钮，即完成着色面操作。

8. 复制面

“复制面”能够复制三维实体表面，从而得到新的面。

执行“复制面”命令的方法如下：

1）功能区：单击“常用”选项卡“实体编辑”面板中的“复制面”按钮；

2）菜单栏：选择“修改”/“实体编辑”/“复制面”命令；

3）命令行：输入 solidedit 后按<Enter>键，输入 F 后按<Enter>键选择“面（F）”，输入 C 后按<Enter>键选择“复制（C）”。

在绘图区选取需要复制的实体表面，如果指定了两个点，AutoCAD 2018 将第一个点作为基点，并相对于基点放置一个副本。如果仅指定了一个点，AutoCAD 2018 将把原始选择点作为基点，下一点作为位移点。

知识点 5　编辑实体

对三维实体进行编辑时，不仅可以对实体上的单个表面和边线执行编辑操作，还可以对整个实体执行编辑操作。

1. 抽壳

“抽壳”命令可以将实体以指定厚度，形成一个中空薄壁或壳体，还可以将某些指定面排除在壳外。指定正偏移值时，沿面的正方向创建壳壁；指定负偏移值时，沿面的负方向创建壳壁。

执行“抽壳”命令的方法如下：

1）功能区：单击“常用”选项卡“实体编辑”面板中的“抽壳”按钮；

2）菜单栏：选择“修改”/“实体编辑”/“抽壳”命令；

3）命令行：输入 solidedit 后按<Enter>键，输入 B 后按<Enter>键选择“体（B）”，输入 S 后按<Enter>键选择“抽壳（S）”。

指定要抽壳的实体，选择要删除的曲面，指定偏移距离，按<Enter>键即完成抽壳操作，如图 9-55 所示。

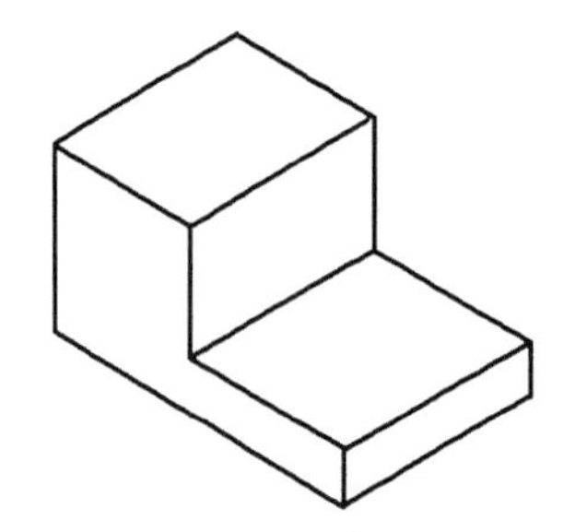
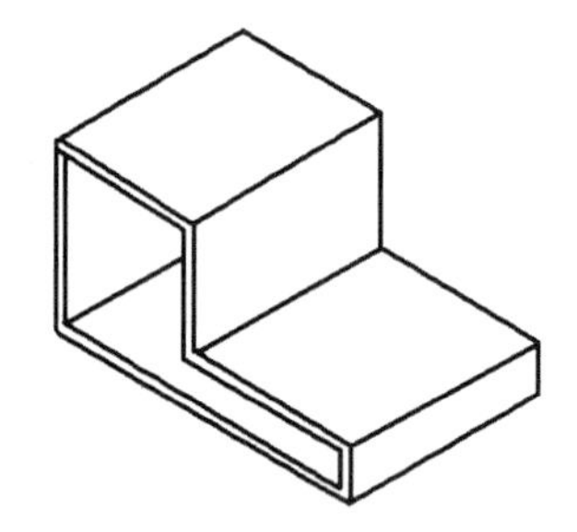

图 9-55　抽壳

2. 剖切

“剖切”命令不但可以切开现有曲面，也可以对实体进行剖切，移去不需要的部分，保留指定的部分。

执行“剖切”命令的方法如下：

1）功能区：单击“常用”选项卡“实体编辑”面板中的“剖切”按钮命令；

2）菜单栏：选择“修改”/“三维操作”/“剖切”命令；

3）命令行：输入 slice 后按<Enter>键。

剖切的对象可以是曲面、圆、椭圆、圆弧、二维样条曲线和二维多段线。在剖切实体时，可以保留剖切实体的一半或全部。剖切三维实体不保留创建它们的原始形式的历史记录，只保留源对象的图层和颜色特性，如图 9-56 所示。

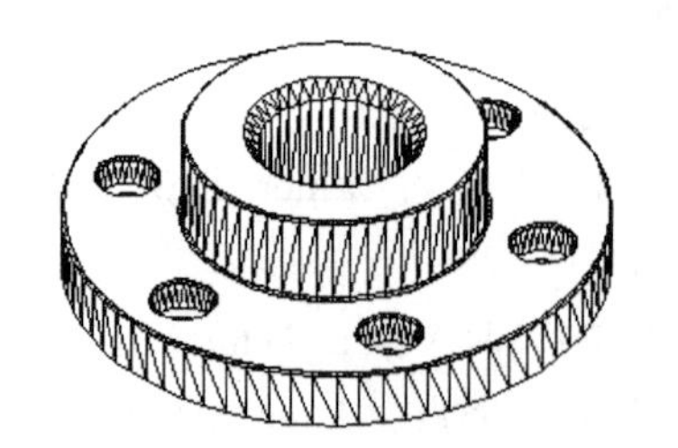
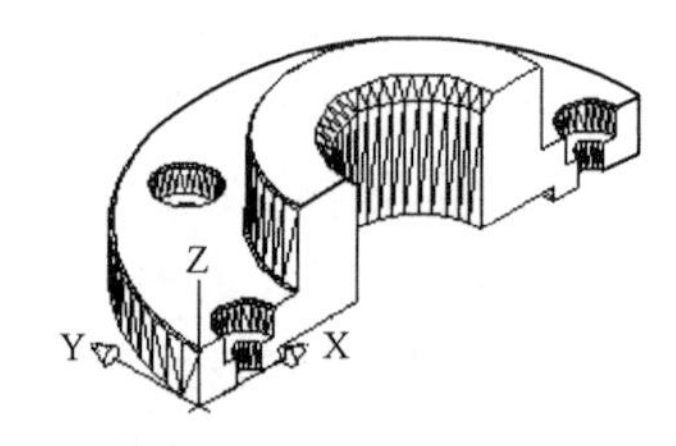

图 9-56　剖切三维实体

3. 加厚

“加厚”命令主要用于将网格曲面、平面或截面等多种曲面类型通过加厚处理形成具有一定厚度的三维实体。

执行“加厚”命令的方法如下：

1）功能区：单击“常用”选项卡“实体编辑”面板中的“加厚”按钮；

2）菜单栏：选择“修改”/“三维操作”/“加厚”命令；

3）命令行：输入 thicken 后按<Enter>键。

选择命令后，直接在绘图区选择要加厚的曲面，单击鼠标右键或按<Enter>键后，输入厚度值，再按<Enter>键，完成加厚操作，效果如图 9-57 所示。

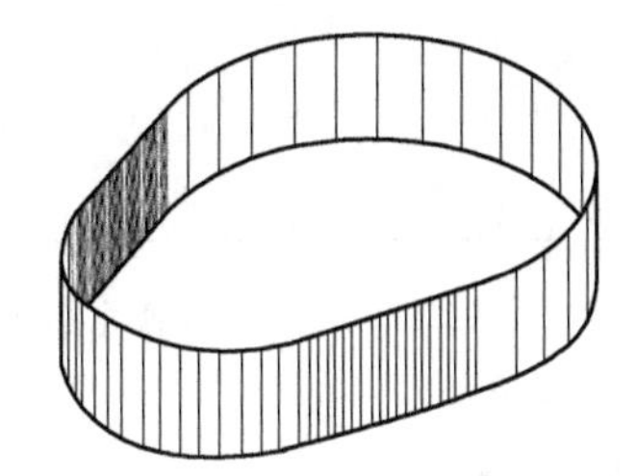

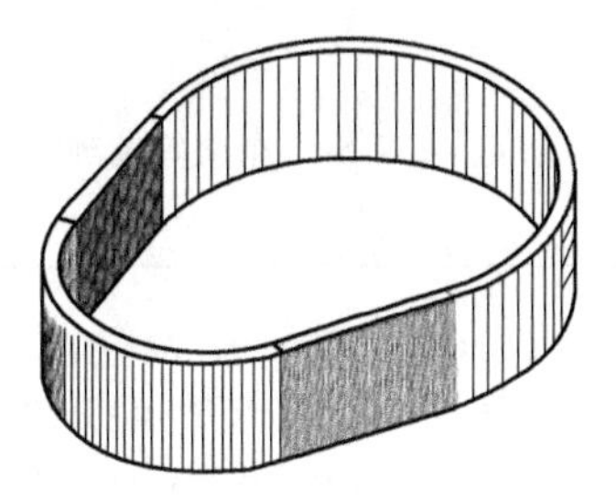

图 9-57　曲面加厚

4. 干涉

“干涉”命令主要用于检查装配体立体图形是否干涉，从而判断设计是否正确。干涉检查通过对比两组对象或一对一地检查所有实体来检查实体模型中的干涉。

执行“干涉”命令的方法如下：

1）菜单栏：选择“修改”/“三维操作”/“干涉检查”命令；

2）命令行：输入 interfere 后按<Enter>键。

如果不存在干涉，系统会提示“对象未干涉”。如果存在干涉，系统弹出“干涉检查”对话框，同时装配图上会亮显干涉区域。

知识模块 5　三维实体建模实例

知识点　管道接口

绘制如图 9-58 所示的管道接头三维实体模型，进一步了解三维实体图形的绘制工具以及编辑工具的使用方法。

具体操作步骤如下：

1. 新建文件

启动 AutoCAD 2018，选择菜单栏“文件”/“新建”命令，弹出“选择样板”对话框，选择“acadiso. dwt”样板，单击“打开”按钮，进入绘图模式，选择工作空间为“三维建模”。

2. 绘制扫掠特征

1）选择菜单栏中的“视图”/“三维视图”/“东南等轴测”命令，此时绘图区呈

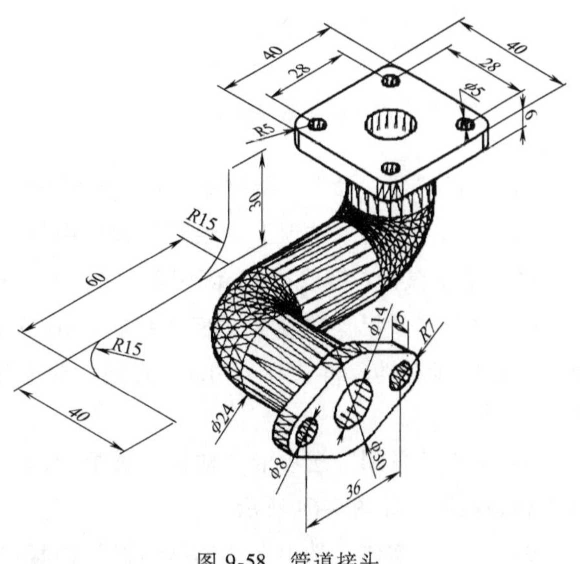

图 9-58　管道接头

三维空间状态，其坐标显示如图 9-59 所示。

2）选择“直线”命令绘制三维空间直线，如图 9-60 所示，命令提示如下：

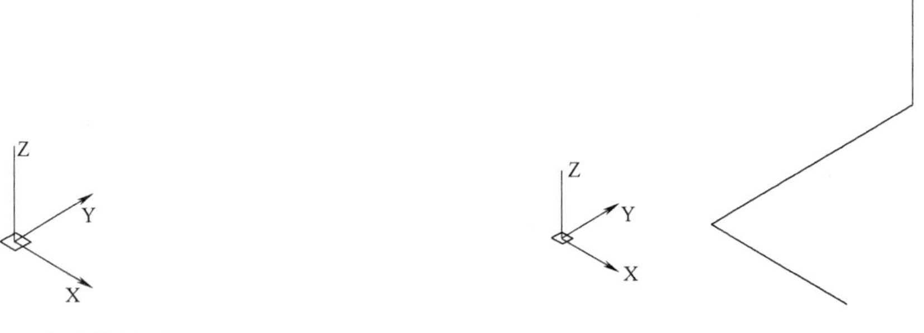

图 9-59　东南等轴测

图 9-60　绘制三维空间直线

```
命令:LINE 指定第一点:                         //第一点任意指定
指定下一点或［放弃(U)］：@ -40,0,0↙
指定下一点或［放弃(U)］：@ 0,60,0↙
指定下一点或［闭合(C)/放弃(U)］：@ 0,0,30↙
```

3）选择“圆角”命令，绘制半径为 15mm 的圆角，如图 9-61 所示。

4）单击“常用”选项卡“坐标”面板中的“Z 轴矢量”按钮，在绘图区中指定两点作为 UCS 坐标系 Z 轴的方向，如图 9-62 所示。

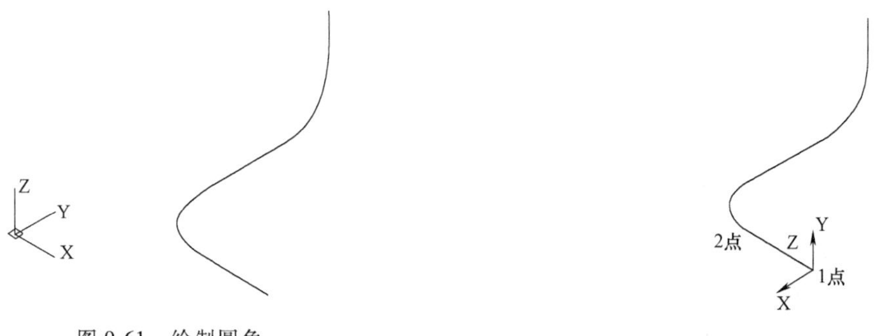

图 9-61　绘制圆角

图 9-62　新建 UCS 坐标

5）选择“圆”命令，绘制 ϕ24mm 和 ϕ14mm 的同心圆，如图 9-63 所示。

6）单击“常用”选项卡“绘图”面板中的“面域”按钮，然后在绘图区选择绘制的同心圆，单击鼠标右键或按<Enter>键，完成创建面域操作。

7）单击“常用”选项卡“实体编辑”面板中的“差集”按钮，首先选择 ϕ24mm 的圆，单击鼠标右键，再选择 ϕ14mm 的圆，单击鼠标右键或按<Enter>键，完成面域求差集操作。

8）单击“常用”选项卡“建模”面板中的“扫掠”按钮，选择直线为扫掠路径，面域为扫掠截面，如图 9-64 所示。

9）单击“实体”选项卡“实体编辑”面板中的“拉伸面”按钮，在绘图区选择要拉伸的面，单击鼠标右键，确定选取拉伸面，在命令行输入 P，选择拉伸路径，完成拉伸面的操作，如图 9-65 所示。

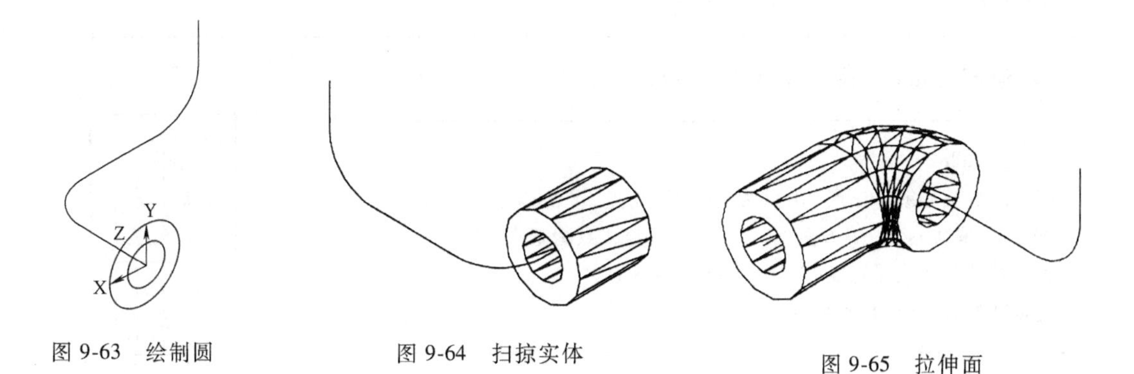

图 9-63　绘制圆　　图 9-64　扫掠实体　　图 9-65　拉伸面

10）采用同样的方法拉伸其余面，最终效果如图 9-66 所示。

3. 绘制法兰接口

1）单击“常用”选项卡“坐标”面板中的“世界”按钮，返回到世界坐标系状态。

2）单击“常用”选项卡“坐标”面板中的“Z 轴矢量”按钮，移动 UCS 坐标系，如图 9-67 所示。

3）绘制矩形，如图 9-68 所示，命令行提示信息如下：

```
命令：rectang
指定第一个角点或［倒角(C)/标高(E)/圆角(F)/厚度(T)/宽度(W)］：20,20↙
指定另一个角点或［面积(A)/尺寸(D)/旋转(R)］：-20,-20↙
```

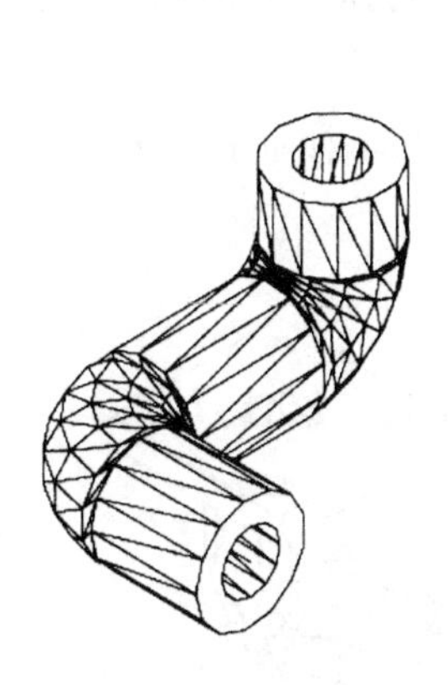

图 9-66　完成效果

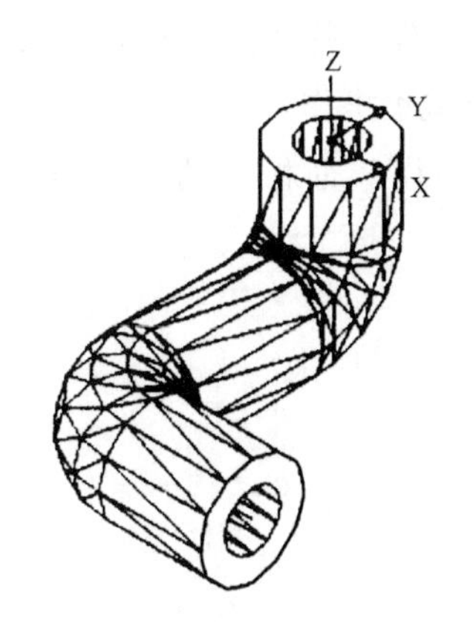

图 9-67　移动 USC 坐标系

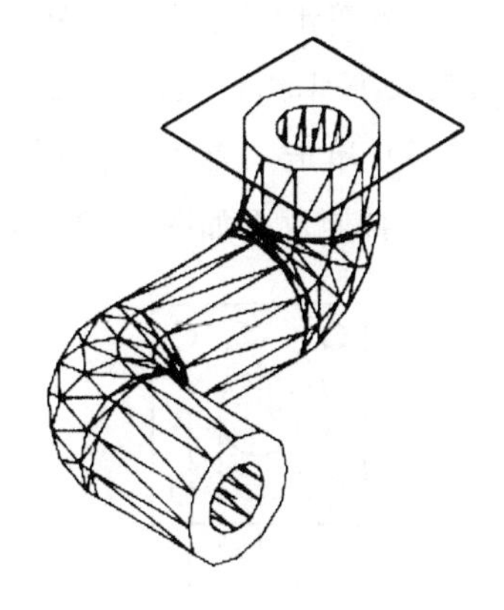

图 9-68　绘制矩形

4）单击“视图”工具栏中的“俯视图”按钮，进入二维绘图模式。

5）绘制 ϕ14mm 和 ϕ5mm 的圆，如图 9-69 所示。

① 绘制 ϕ14mm 的圆，命令行提示信息如下：

命令：circle 指定圆的圆心或［三点(3P)/两点(2P)/切点、切点、半径(T)］：　　//指定矩形中心为圆心
指定圆的半径或［直径(D)］<2.5000>：14

② 绘制 ϕ5mm 的圆，命令行提示信息如下：

命令：circle
指定圆的圆心或［三点(3P)/两点(2P)/切点、切点、半径(T)］：from ↙
基点：<偏移>：@6,-6 ↙　　// 指定 A 点为基点
指定圆的半径或［直径(D)］<7.0000>：d ↙
指定圆的直径 <14.0000>：5 ↙

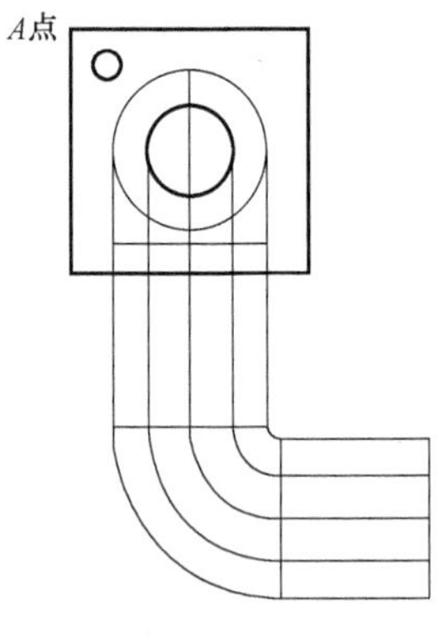

图 9-69　绘制圆

6）选择“阵列”命令，阵列 ϕ5mm 的圆，系统弹出“阵列创建”选项卡，设置阵列行数、列数为“2”，列间距为“28”，行间距为“-28”，如图 9-70 所示，阵列结果如图 9-71 所示。

类型	列		行		层级		特性	关闭
矩形	列数:	2	行数:	2	级别:	1	关联　基点	关闭阵列
	介于:	28	介于:	-28	介于:	1		
	总计:	28	总计:	-28	总计:	1		

图 9-70　设置阵列参数

7）单击“面域”按钮，然后在绘图区选择绘制的矩形和圆，单击鼠标右键或按<Enter>键，完成创建面域操作。

8）单击“差集”按钮，首先选择矩形，单击鼠标右键，再选择绘制的圆，单击鼠标右键或按<Enter>键，完成面域求差集操作。

9）单击“常用”选项卡“建模”面板中的“拉伸”按钮，拉伸面域，指定高度为“6”，拉伸效果如图 9-72 所示。

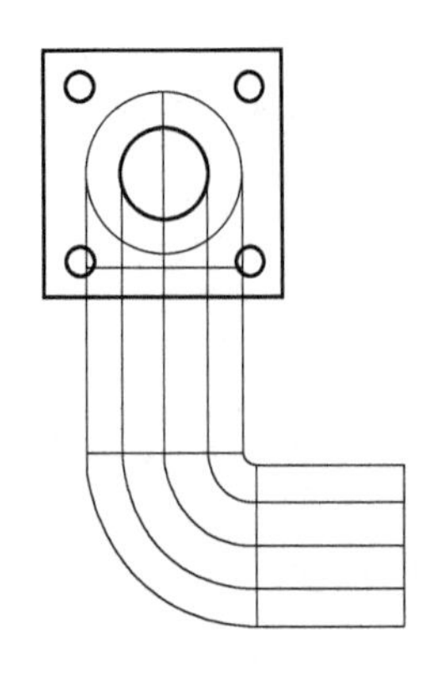
图 9-71　阵列圆

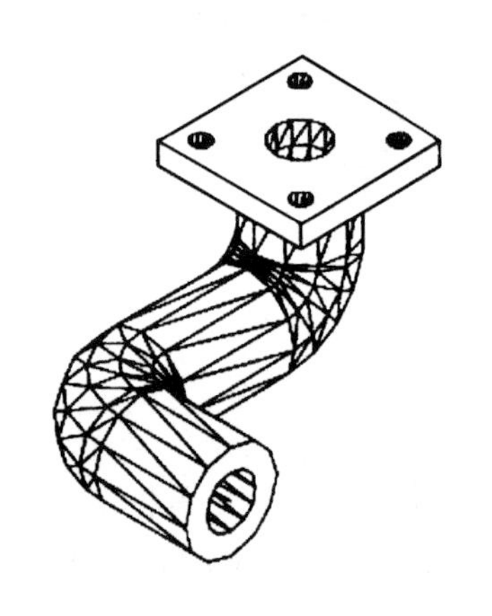
图 9-72　拉伸面域

10）单击“实体”选项卡“实体编辑”面板中的“圆角边”按钮，绘制圆角特征，设置圆角半径为“5”，倒圆角效果如图 9-73 所示。

11）单击“面 UCS”按钮，在绘图区指定实体端面，新建坐标系如图 9-74 所示。

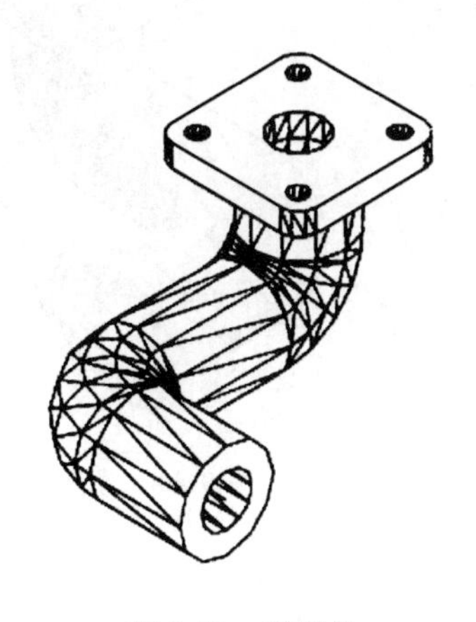

图 9-73　倒圆角

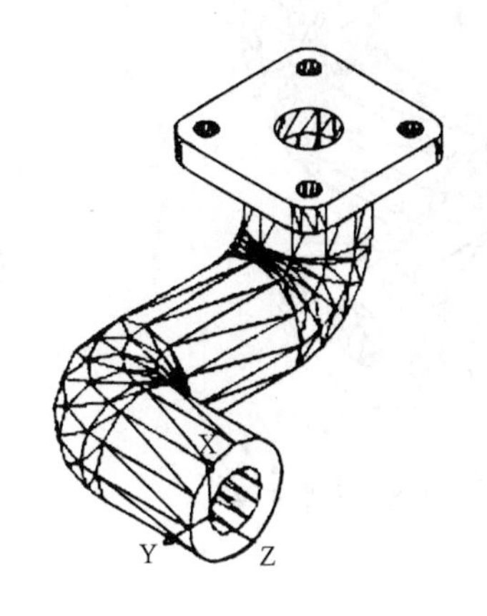

图 9-74　新建坐标系

12）选择“圆”命令，绘制圆，如图 9-75 所示，各圆大小及位置尺寸如图 9-58 所示。

13）选择“直线”命令，捕捉切点，绘制直线，如图 9-76 所示。

14）选择“修建”命令，修剪掉多余的线条，如图 9-77 所示。

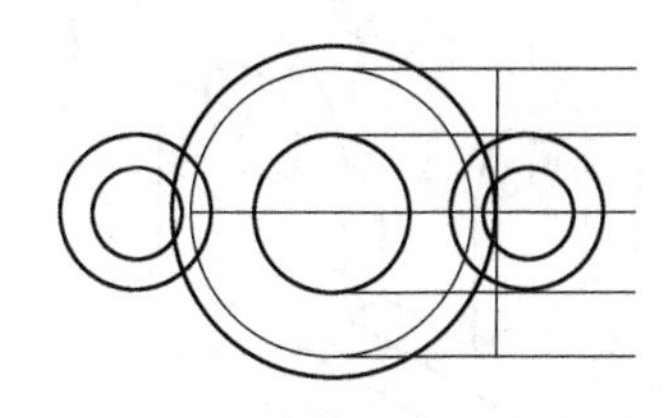

图 9-75　绘制圆

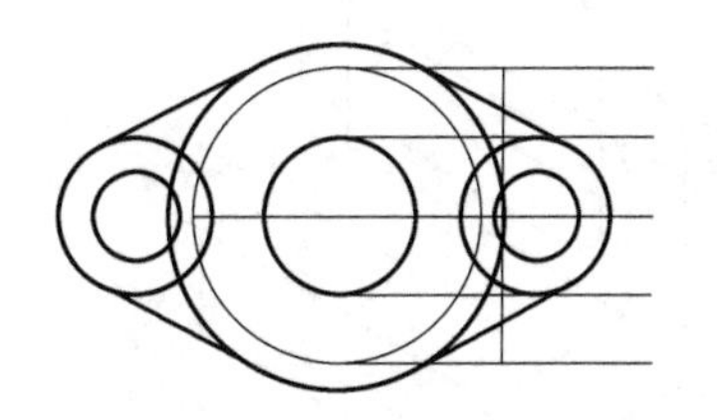

图 9-76　绘制直线

15）单击“面域”按钮，然后在绘图区选择绘制的图形，单击鼠标右键或按<Enter>键，完成创建面域操作。

16）单击“差集”按钮，然后在绘图区选择要从中减去的面域，单击鼠标右键，选择要减去的圆孔面域，单击鼠标右键或按<Enter>键，完成面域求差操作。

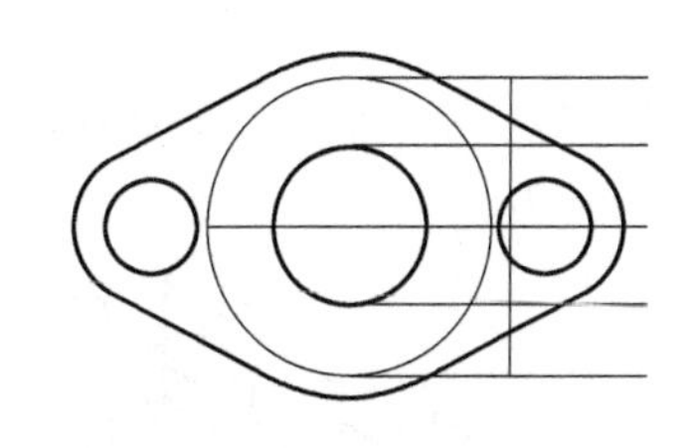

图 9-77　修剪图像

17）单击“建模”工具栏中的“拉伸”按钮，拉伸面域，指定拉伸高度为“6”，拉伸效果如图 9-78所示。

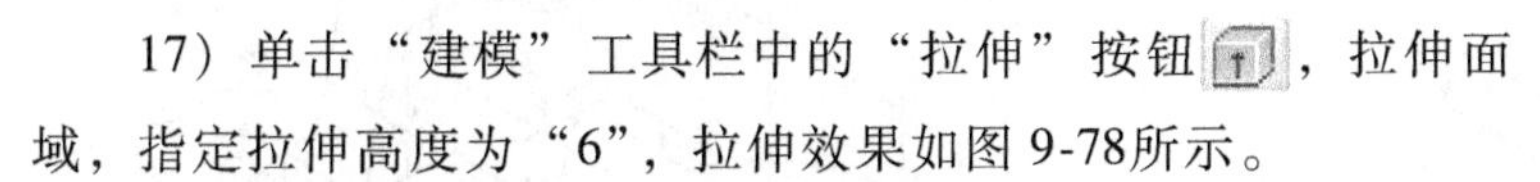

18）创建实体求和，单击“实体编辑”工具栏中的“并集”按钮，然后窗选所有的实体图形，单击鼠标右键，完成并集操作，如图 9-79 所示。着色后的三维实体图形如图 9-80 所示。

4. 保存文件

1）选择菜单栏中的“文件”/“保存”命令，弹出“图形另存为”对话框。

2）在文件名文本框中输入“管道接口”，单击“保存”按钮，完成操作。

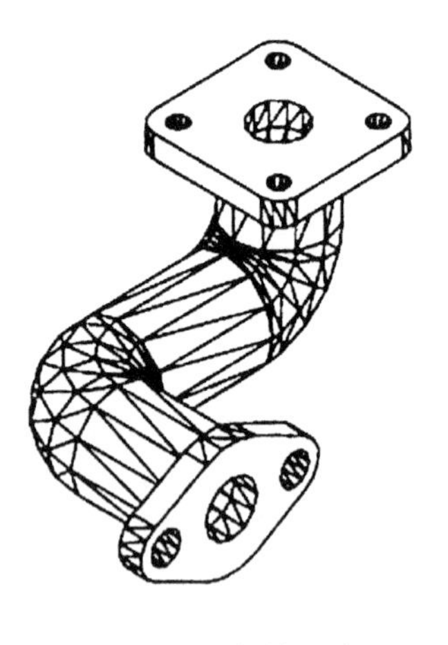

图 9-78　拉伸面域

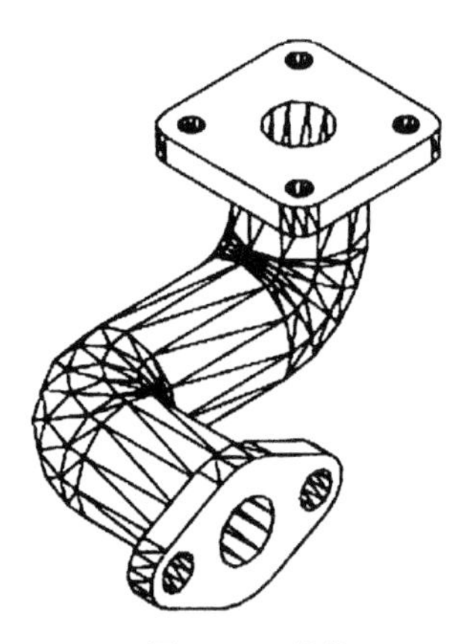

图 9-79　并集

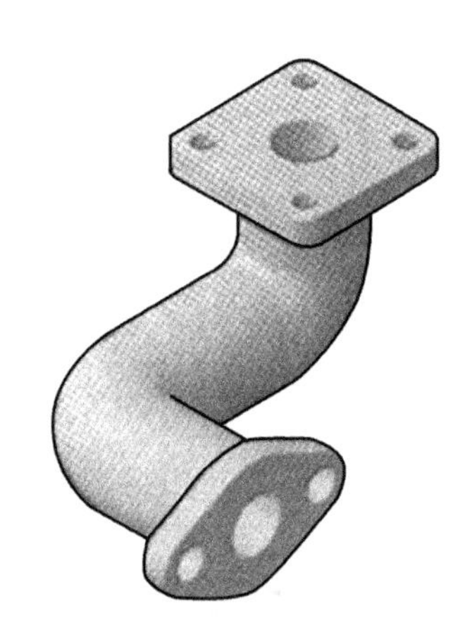

图 9-80　着色图形

【综合训练】

1）综合运用三维实体创建与编辑命令，绘制图 9-81～图 9-90 所示实体。

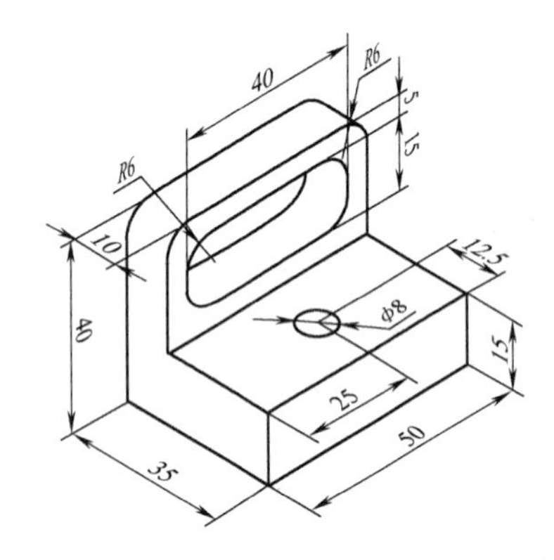

图 9-81　综合练习 1

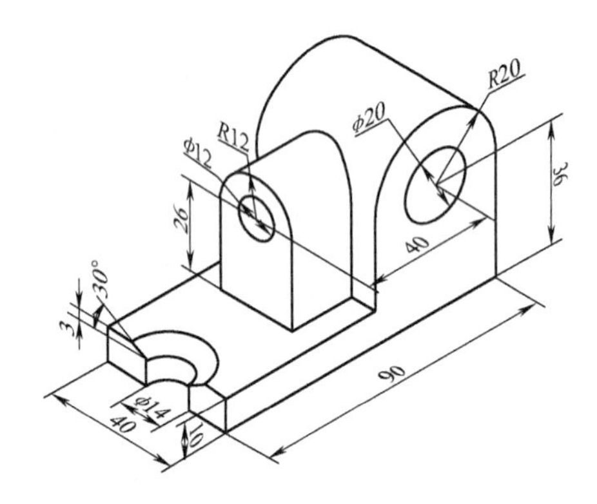

图 9-82　综合练习 2

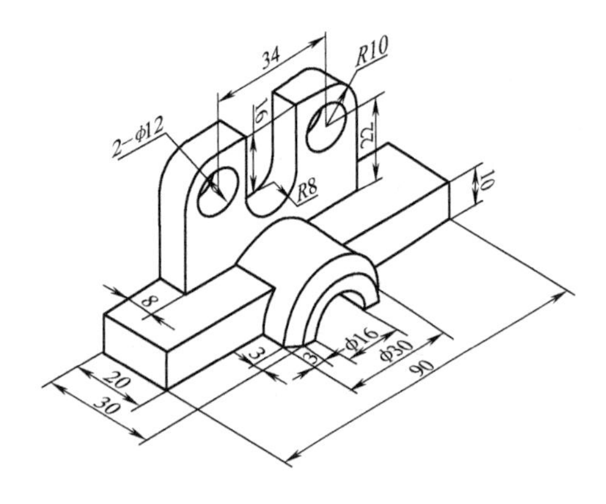

图 9-83　综合练习 3

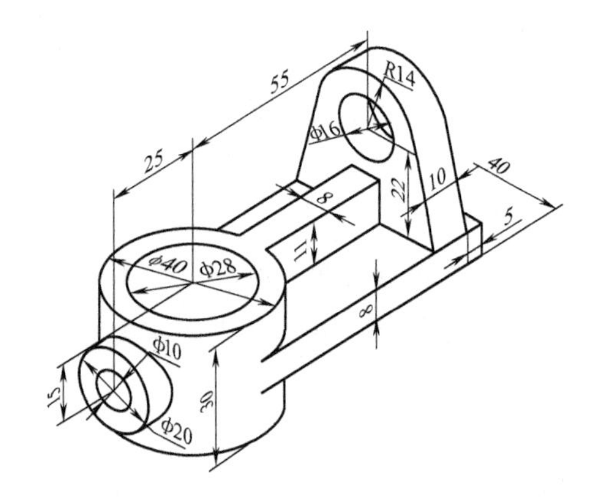

图 9-84　综合练习 4

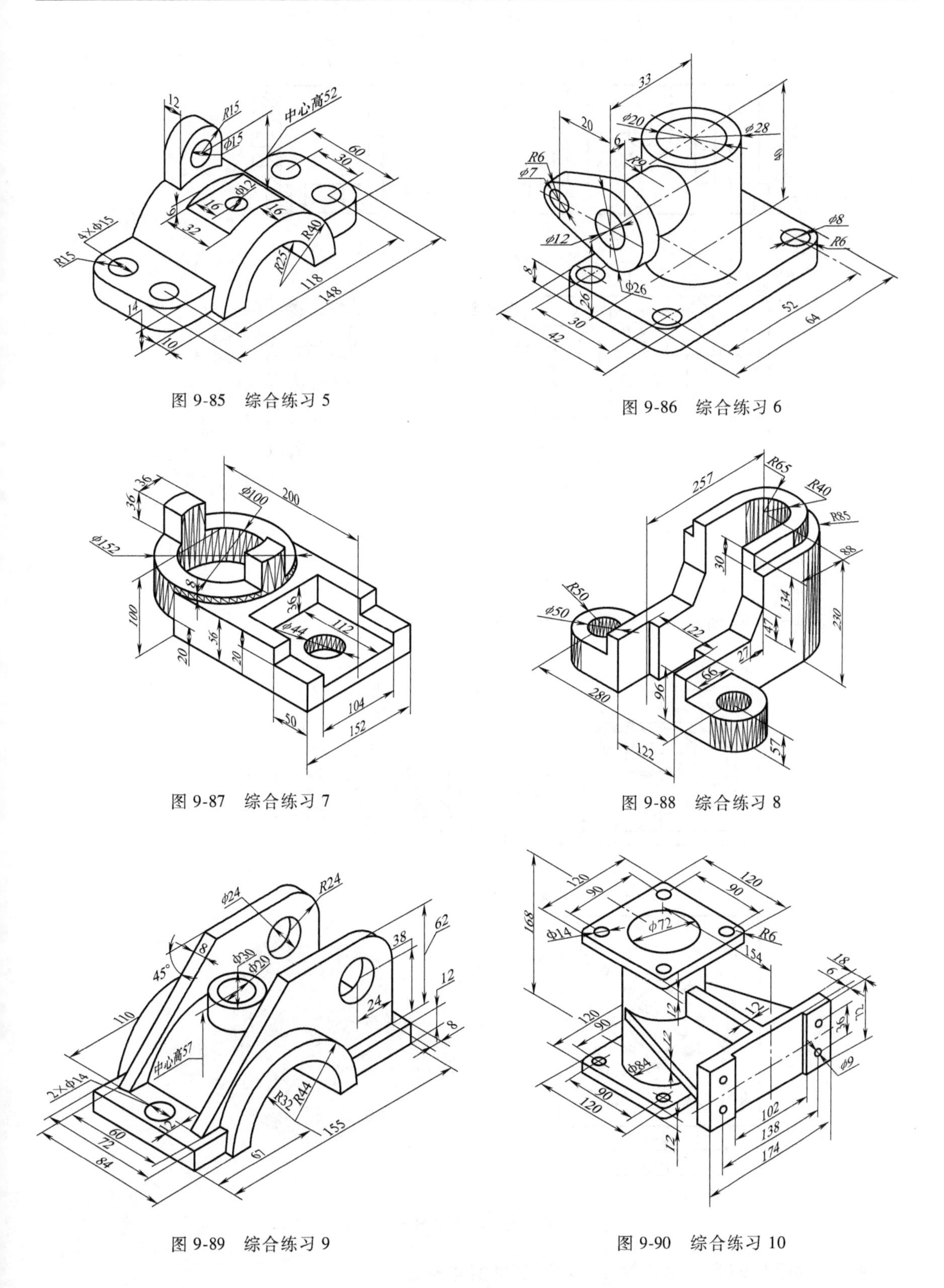

图 9-85　综合练习 5

图 9-86　综合练习 6

图 9-87　综合练习 7

图 9-88　综合练习 8

图 9-89　综合练习 9

图 9-90　综合练习 10

2）根据图 9-91 所示的三视图，绘制三维实体模型。

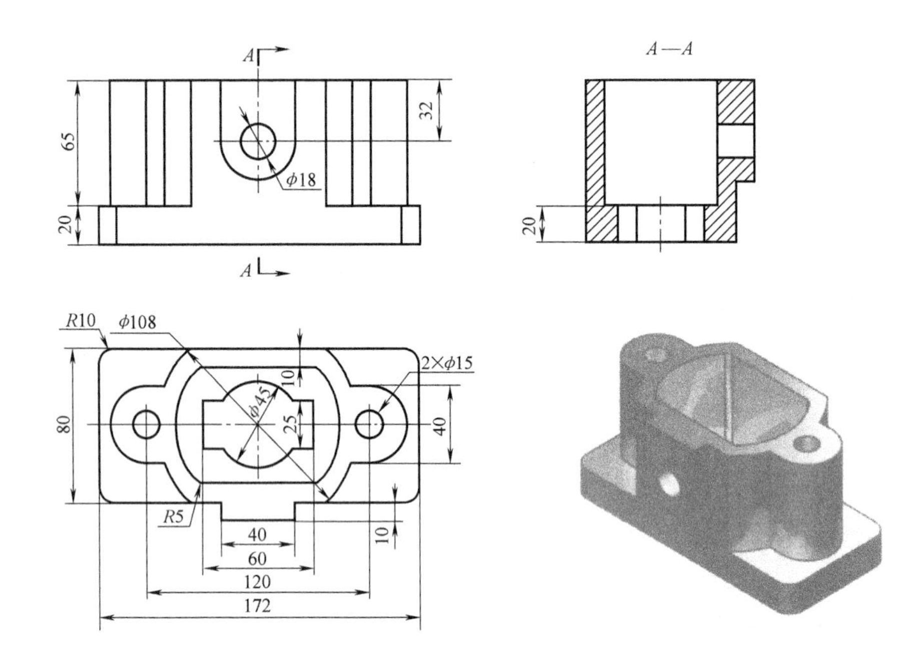

图 9-91　综合练习 11

3）根据图 9-92 所示的三视图，绘制三维实体模型。

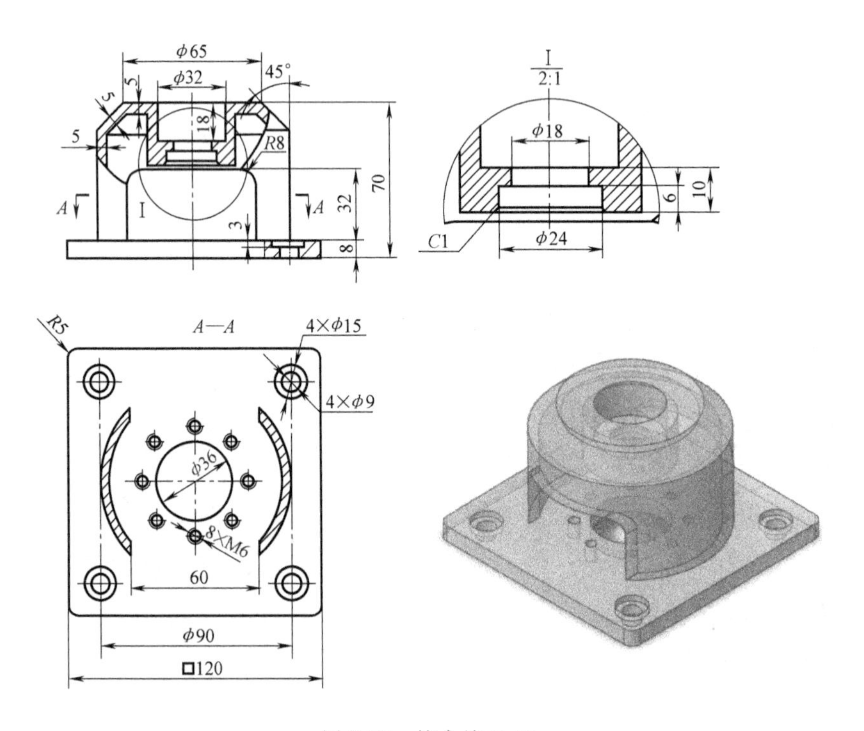

图 9-92　综合练习 12

4）根据图 9-93 所示的三视图，绘制三维实体模型。

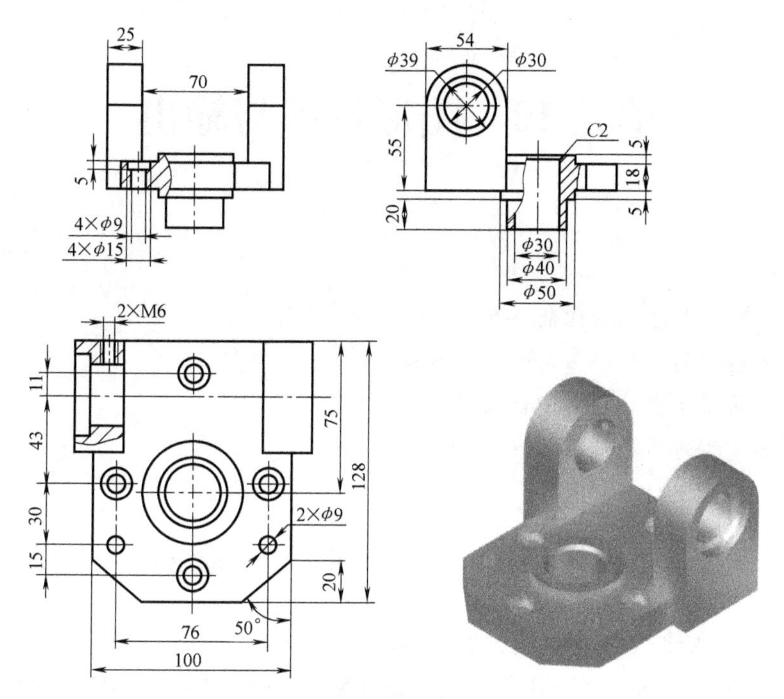

图 9-93　综合练习 13

5）根据图 9-94 所示的三视图，绘制三维实体模型。

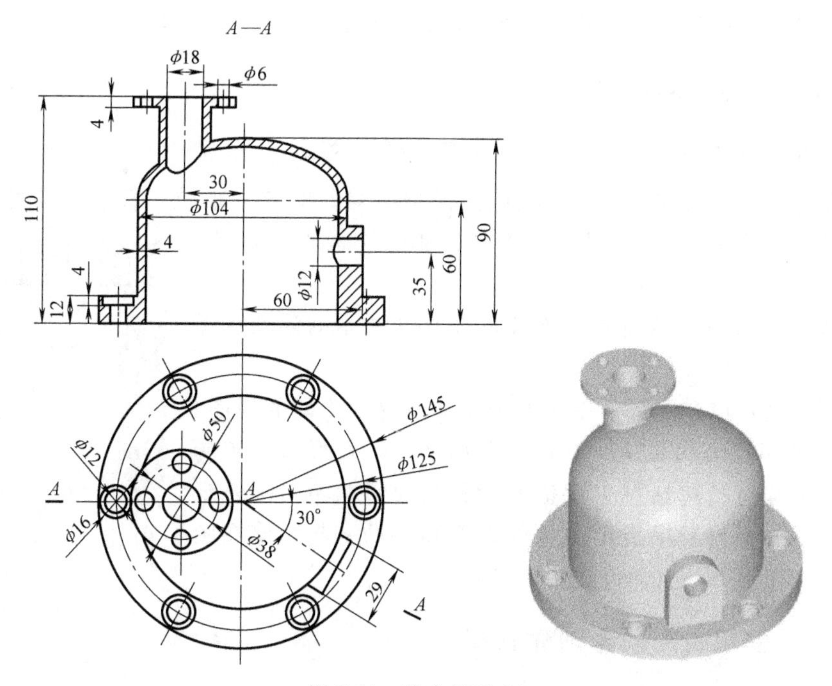

图 9-94　综合练习 14

单元 10　图形打印与输出

学习目标：

1. 了解模型空间与布局空间的作用。
2. 掌握在模型空间中打印图形的设置方法。
3. 掌握在布局空间中进行打印设置的方法。
4. 掌握图形输出为网络格式的方法。

知识模块 1　模型空间与布局空间

AutoCAD 2018 中有两个工作空间，即模型空间和布局空间（图纸空间）。

模型空间是进行绘图和设计的工作空间。在模型空间中可以绘制和修改图形，还可以创建多个不重叠的视口，以展示图形的不同视图。

布局空间用于设置在模型空间中绘制图形的不同视图，创建图形最终打印输出时的布局。布局空间可以完全模拟图纸，在输出图形之前，先在图纸上布局。

知识点 1　工作空间切换

绘图窗口底部有“模型”标签和“布局”标签 模型 布局1 布局2 + ，模型代表模型空间，布局代表布局空间。系统默认为模型空间，单击“布局”标签，即可切换至布局空间。单击“+”标签，可以创建新的布局。单击“模型”标签，即可切换至模型空间。

将光标放在“布局”标签上，弹出如图 10-1 所示的浮动选择框，方便快速查看布局。

通过布局空间可以在图纸中创建多个布局以显示不同的视图，创建图形最终打印输出的布局。设置了布局之后，就可以为布局的页面指定各种设置，包括打印设备设置和其他影响输出的外观和格式的设置。页面设置中指定的各种设置和布局一起存储在图形文件中，可以随时修改页面设置中的设置。

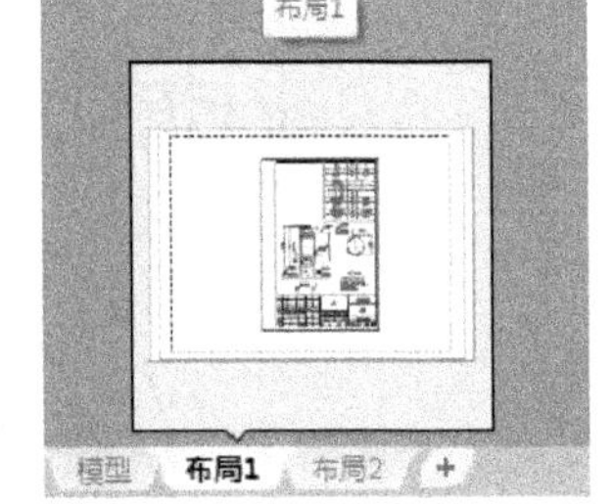

图 10-1 “快速查看布局”的浮动选择框

知识点 2　使用布局向导创建布局

选择“工具”/“向导”/“创建布局”命令，打开“创建布局”向导，可以指定打印设备、确定相应的图纸尺寸和图形的打印方向、选择布局中使用的标题栏或视口设置。

创建布局的步骤如下：

1）选择“工具”/“向导”/“创建布局”命令，打开“创建布局-开始”对话框，在“输入新布局的名称”文本框中输入新创建的布局的名称，如 Mylayout，如图 10-2 所示。

2）单击“下一步”按钮，在打开的“创建布局-打印机”对话框中，选择当前配置的打印机，如图 10-3 所示。

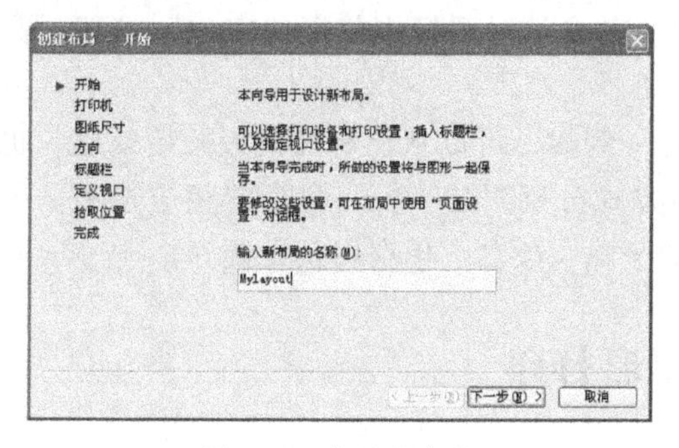

图 10-2　布局的命名

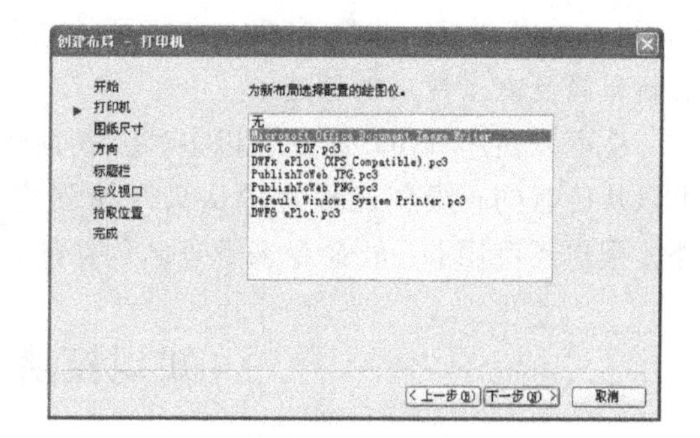

图 10-3　设置打印机

3）单击“下一步”按钮，在打开的“创建布局-图纸尺寸”对话框中选择打印图纸的大小并选择所用的单位。图形单位可以是毫米、英寸或像素。这里选择绘图单位为毫米，纸张大小为 A4，如图 10-4 所示。

4）单击“下一步”按钮，在打开的“创建布局-方向”对话框中设置布局方向，可以是横向布局，也可以是纵向布局，这里选择“横向”单选按钮，如图 10-5 所示。

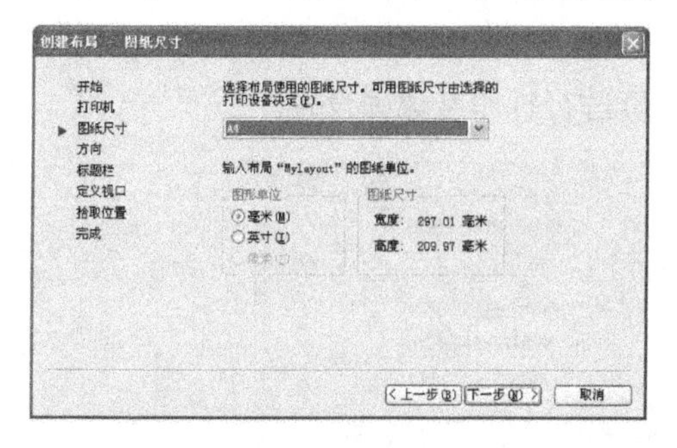

图 10-4　图纸的设定

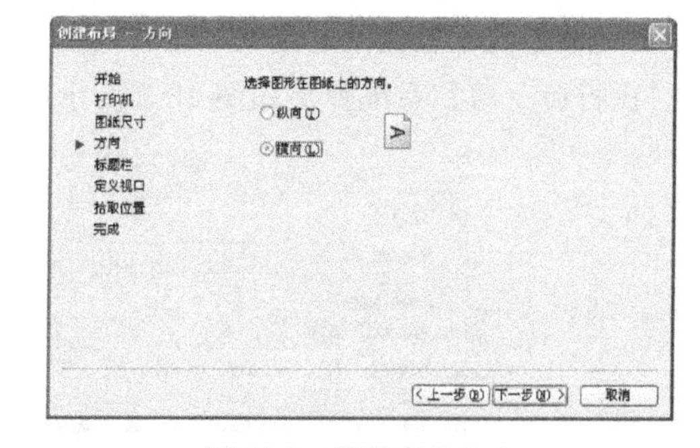

图 10-5　设置布局方向

5）单击“下一步”按钮，在打开的“创建布局-标题栏”对话框中选择图纸的边框和标题栏的样式。对话框右边的预览框中给出了所选样式的预览图像。在“类型”选项组中，可以指定所选择的标题栏图形文件是作为块还是作为外部参照插入到当前图形中，如图 10-6 所示。

6）单击“下一步”按钮，在打开的“创建布局-定义视口”对话框中指定新创建布局的默认视口设置和比例等。在“视口设置”选项组中选择“单个”单选按钮，在“视口比例”下拉列表中选择“按图纸空间缩放”选项，如图 10-7 所示。

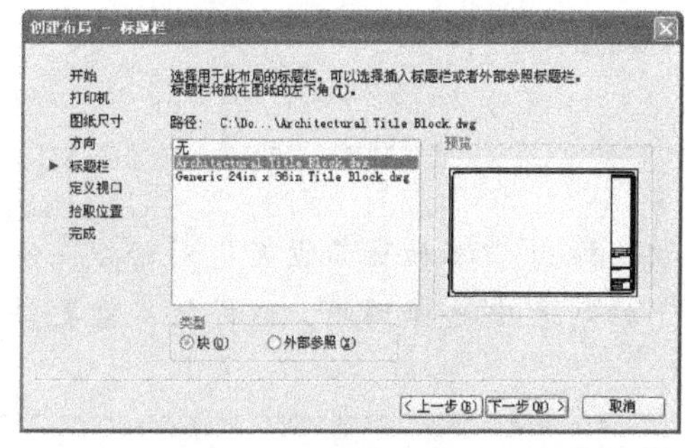

图 10-6　创建布局-标题栏

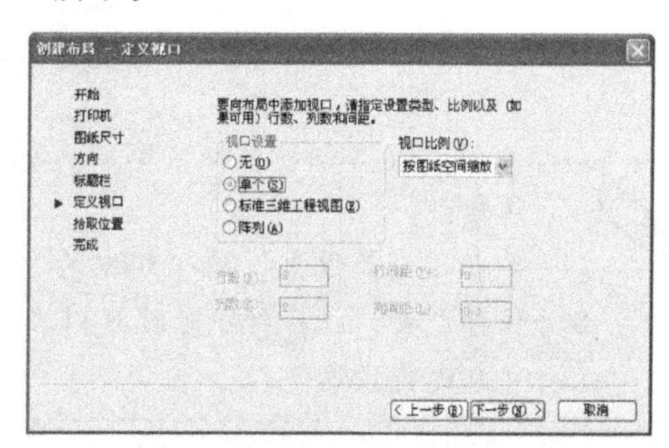

图 10-7　创建布局-定义视口

7）单击“下一步”按钮，在打开的“创建布局-拾取位置”对话框中单击“选择位置”按钮，切换到绘图窗口，指定视口的大小和位置。

8）单击“下一步”按钮，在打开的“创建布局-完成”对话框中单击“完成”按钮，完成新布局及默认视口的创建。

也可以使用 layout 命令，以多种方式创建新布局，例如，可以从已有的模板开始创建，也可以从已有的布局创建或直接从头开始创建。这些方式分别对应 layout 命令的相应选项。另外，用户还可用 layout 命令来管理已创建的布局，如删除、改名、保存以及设置等。

知识模块 2　图形打印

知识点 1　在模型空间打印图形

图形绘制完成后，可以直接在模型空间进行打印。

打印命令的执行方式如下：

1）功能区：单击“菜单浏览器”按钮，选择“打印”命令；

2）工具栏：单击“快速访问”工具栏中的“打印”按钮；

3）命令行：输入 plot 后按<Enter>键。

执行命令后，系统弹出如图 10-8 所示的对话框，可进行打印参数的设置。

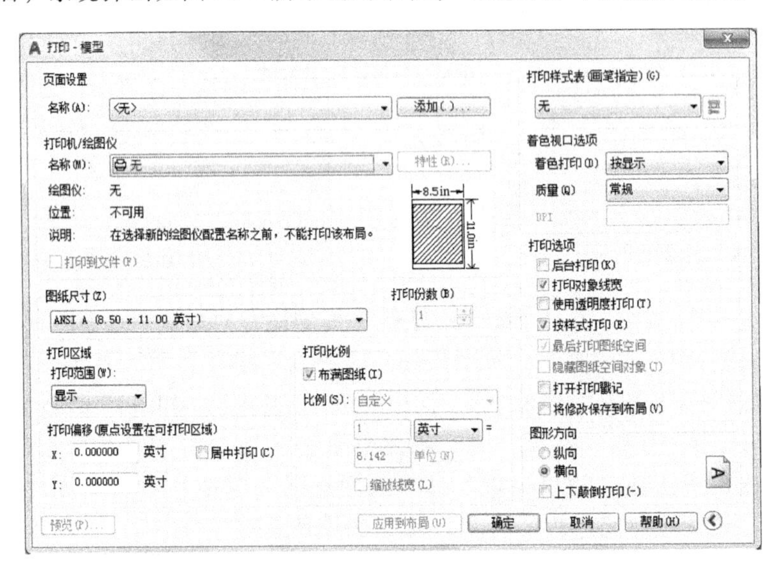

图 10-8 “打印-模型”对话框

注意：

单击“页面设置”选项组中的“添加”按钮，弹出“添加页面设置”对话框，命名并保存设置，以后打印时就可以在“名称”下拉列表中选择调用，这样就不需要每次打印都进行设置了。

在模型空间打印图形虽然比较简单，但是却有以下局限。

1）虽然可以将页面设置保存起来，但是和图纸并无关联，每次打印都需要进行各项参数设置或者调用页面设置。

2）仅适合打印二维图形。

3）不支持多比例视图和依赖视图的图层设置。

4）如果以 1∶1 的比例打印图形，缩放标注、注释文字、标题栏和线型比例都需要重新计算。

知识点 2　在布局空间打印图形

在布局空间打印图形比在模型空间要方便许多，因为布局空间实际上可以看成是一次打印排版，在创建布局时，很多打印需要设置的参数都已经预先设定了，在打印时不需要再进行设置。

在布局空间打印图形的命令与模型空间相同，只需切换到布局空间即可。

执行命令，系统弹出如图 10-9 所示的对话框。

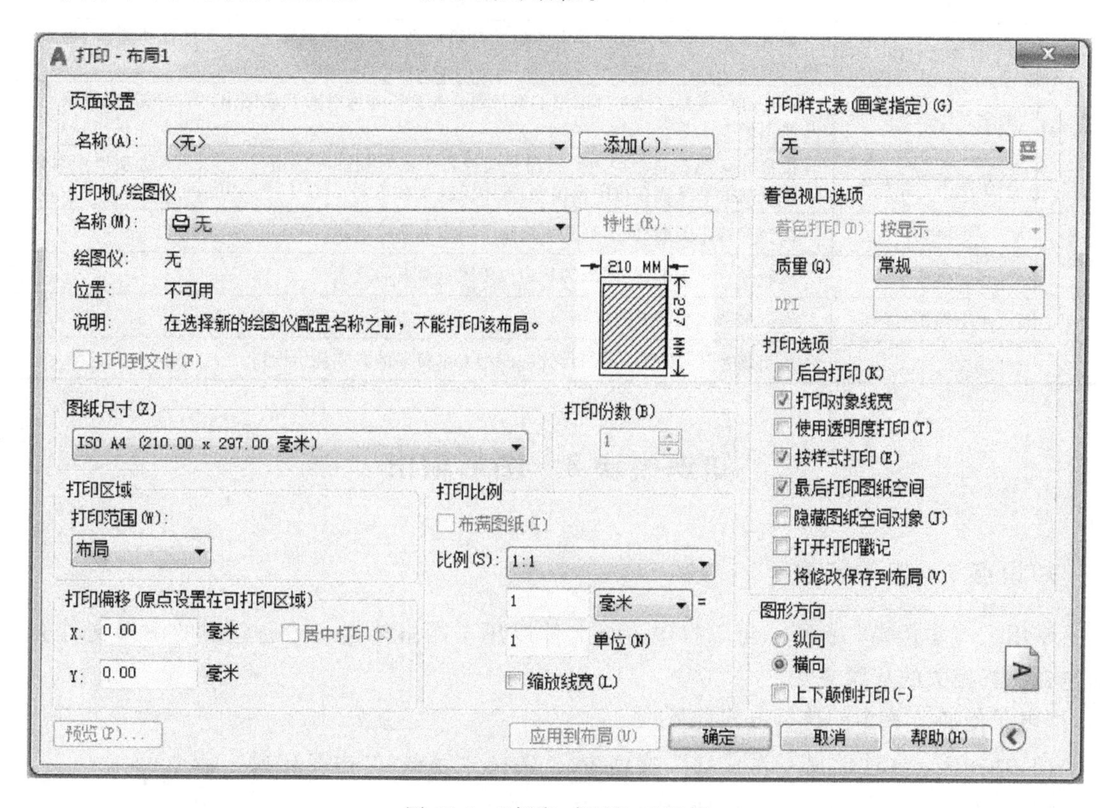

图 10-9　“打印-布局”对话框

该对话框包含的选项内容及说明见表 10-1。

表 10-1　打印设置选项

选项	说　　明
页面设置	显示当前页面设置的名称
打印样式表	在下拉列表中选择相应的打印样式表。选择后单击旁边的“编辑”按钮，可编辑打印样式表，并保存为新的打印样式表
打印机/绘图仪	通过下拉列表选择打印设备

（续）

选项		说　明
图纸尺寸		通过下拉列表选择图纸
着色视口选项	着色打印	指定视图的打印方式。在“模型”选项卡中，可以从下拉列表中选择：“按显示”“线框”“消隐”“渲染”
	质量	指定着色和渲染视口的打印分辨率
	DPI	指定渲染和着色视图的每英寸（1in＝25.4mm）点数，最大可以是当前打印设备的最大分辨率。只有在“质量”下拉列表中选择了“自定义”后，此选项才可用
打印区域	布局	打印布局时，将打印指定图纸尺寸的可打印区域内的所有内容，其原点从布局中的（0，0）点计算得出
	窗口	打印图形中指定的区域。选择“窗口”选项，使用光标指定打印区域的对角或输入坐标值
	范围	打印包含对象的图形的部分当前空间。当前空间内的所有几何图形都将被打印。打印之前，可能会重新生成图形以重新计算范围
	显示	打印当前图纸空间中的视图
打印选项	打印对象线宽	指定是否打印为对象或图层指定的线宽
	按样式打印	指定是否打印应用于对象和图层的打印样式。如果选择该选项，也将自动选择“打印对象线宽”
	最后打印图纸空间	首先打印模型空间几何图形。系统通常先打印布局空间几何图形，然后再打印模型空间几何图形
	隐藏图纸空间对象	指定 hide 操作是否应用于布局空间视口中的对象。此选项仅在“布局”选项卡中可用。该设置的效果反映在打印预览中，而不反映在布局中
图形方向	纵向	旋转并打印图形，使图纸的短边位于图形页面的顶部
	横向	旋转并打印图形，使图纸的长边位于图形页面的顶部
	上下颠倒打印	上下颠倒地旋转并打印图形
预览		单击该按钮，按照指定的设置在图纸上以打印的方式显示图形

知识模块 3　图形输出

知识点 1　电子传递

使用“电子传递”命令，可以打包一组文件以用于网络传递。传递包中的图形文件会自动包含所有相关的从属文件。

“电子传递”命令的执行方式如下：

1）功能区：单击“菜单浏览器”按钮，选择“发布”/“电子传递”命令；

2）命令行：输入 etransmit 后按<Enter>键。

执行该命令，系统弹出如图 10-10 所示的对话框，单击“添加文件”按钮可继续添加文件，可以在传递说明中填写说明。

单击“确定”按钮，弹出“指定 Zip 文件”对话框，如图 10-11 所示，可在其中设置文件名和保存路径。单击“保存”按钮，完成电子传递的操作。

将图形文件发送给其他人时，经常会忽略包含的相关从属文件（如外部参照文件和字体文件）。在某些情况下，收件人会因为没有这些文件而无法使用图形。电子传递打包的一组文件会将属性一并打包。

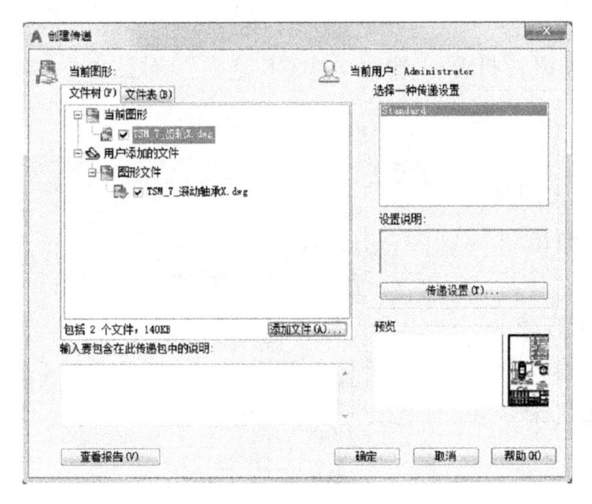

图 10-10　“创建传递”对话框

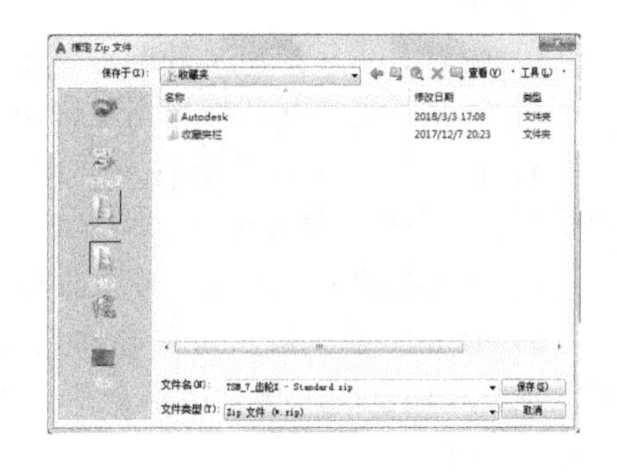

图 10-11　“指定 Zip 文件”对话框

知识点 2　输出 DWF、DXF、PDF 文件

DWF 是国际上通用的图形网络格式，易于在网上发布和查看。任何用户都可以使用“Autodesk WHIP!”插件或网络浏览器打开、查看和打印 DWF 文件。DWF 文件支持图形文件的实时缩放和移动，并支持控制图层、命名视图和嵌入链接显示效果。DWF 以基于矢量的格式压缩文件，且压缩的效率非常高。压缩的 DWF 文件的打开和传输速度要比 AutoCAD 图形文件快，而基于矢量的格式可保证数据的安全性和精确性。

DXF 即图形交换格式，DXF 文件是文本或二进制文件，其中包含其他计算机辅助设计程序可以读取的图形信息，实现图形文件在不同软件之间的共享。

PDF 即便携文件格式，是一种电子文件格式，与操作系统平台无关。PDF 文件以 PostScript 语言图像模型为基础，无论在哪种打印机上都可保证精确的颜色和准确的打印效果，即 PDF 会忠实地再现原稿的每一个字符、颜色以及图像。图形文件以 PDF 格式输出，查看图形将更加方便。

单击“菜单浏览器”按钮，选择“输出”/“DWF”“DXF”“PDF”命令，打开“另存为”对话框，如图 10-12 所示。

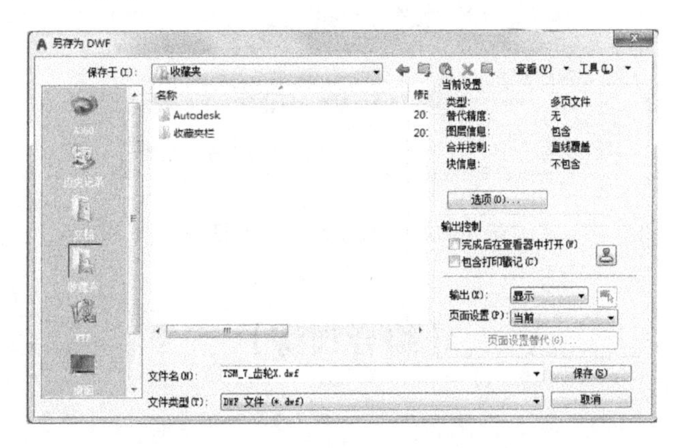

图 10-12　“另存为”对话框

各选项说明如下：

（1）“当前设置”选项组　单击“选项”按钮，打开“输出为 DWF 选项”对话框，如图 10-13 所示。

1）位置：指定输出文件的保存路径。

2）类型：指定从图形输出单张图纸还是多张图纸。

3）命名：选择何时命名多页文件，可在输出过程中提示输入名称或输出前指定名称。

4）图层信息：选择是否在文件中包含图层信息。

5）合并控制：指定对重叠的直线执行覆盖（顶层直线覆盖底层直线）操作还是合并（直线的颜色融合在一起）操作。

6）块信息：指定是否在文件中包含块特性和属性信息。

7）块样板文件：块信息选择包含时可操作，创建新的块样板文件或编辑现有块样板文件或使用先前创建的块样板文件。

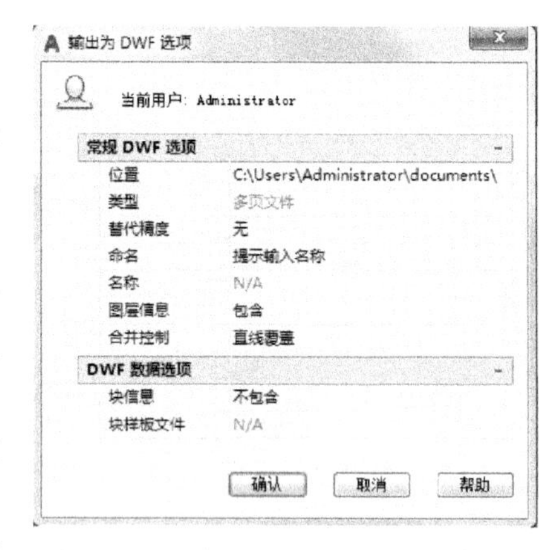

图 10-13　“输出为 DWF 选项”对话框

（2）“输出控制”选项组

1）完成后在查看器中打开：设置输出的 DWF、DXF、PDF 文件是否立即打开。

2）包含打印戳记：设置输出的 DWF、DXF、PDF 文件中是否包含戳记。单击“打印戳记设置”按钮，打开“打印戳记”对话框，如图 10-14 所示，可通过该对话框对打印戳记进行设置。

3）输出：确定文件输出范围。

4）页面设置：指定页面布局设置。

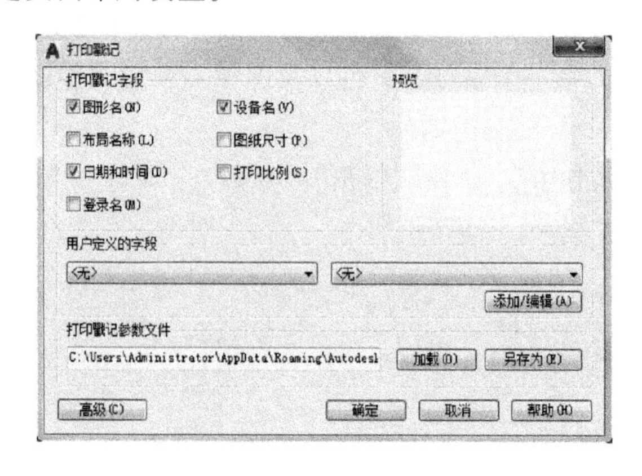

图 10-14　“打印戳记”对话框

【综合训练】

1. 简答题

1）在 AutoCAD 2018 中，如何使用布局向导创建布局？

2）在 AutoCAD 2018 模型空间打印图形有何局限性？

3）在 AutoCAD 2018 布局空间打印图形需要做哪些设置？

2. 操作题

绘制如图 10-15 所示图形，在布局空间进行打印，并输出为 PDF 文档。

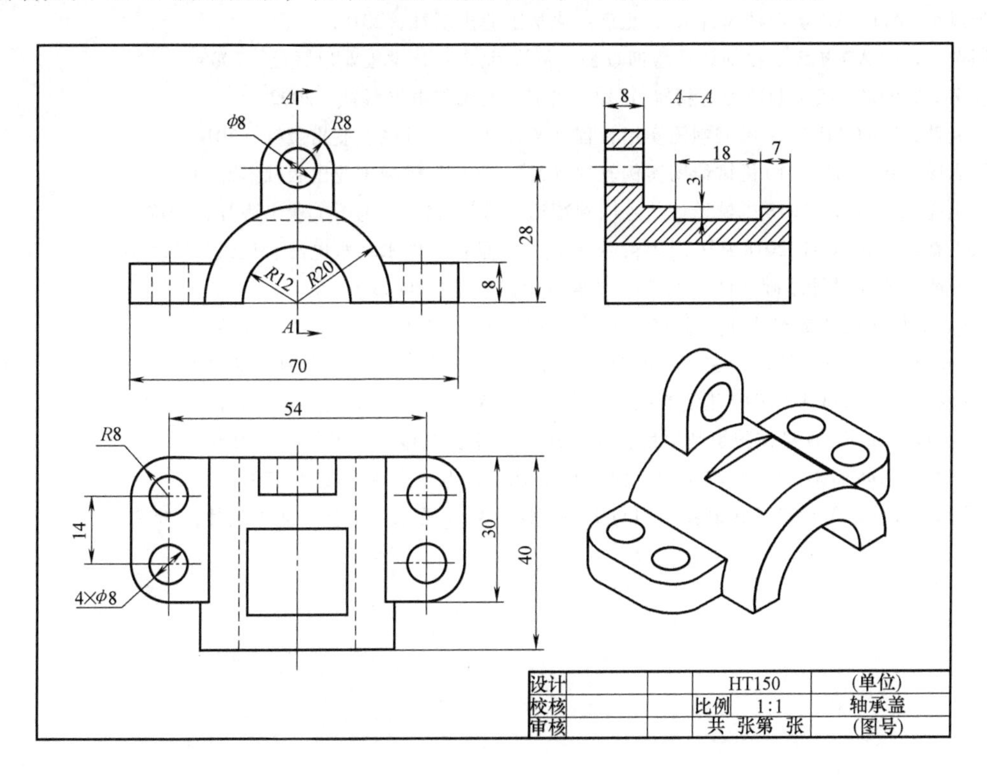

图 10-15　综合练习

参考文献

[1] 高玉芬，朱凤艳. 机械制图 [M]. 大连：大连理工大学出版社，2008.
[2] 朱凤艳. AutoCAD 实例精编 [M]. 北京：化学工业出版社，2010.
[3] 周莹. AutoCAD 初级工程师认证培训教程 [M]. 北京：化学工业出版社，2006.
[4] 姜勇. AutoCAD 机械制图习题精解 [M]. 北京：人民邮电出版社，2002.
[5] 王灵珠. AutoCAD 2014 机械制图实用教程 [M]. 北京：机械工业出版社，2014.
[6] 陈志民. AutoCAD 2010 机械绘图实例教程 [M]. 北京：机械工业出版社，2010.
[7] 杨洪亮. AutoCAD 2018 机械设计从入门到精通 [M]. 北京：电子工业出版社，2017.
[8] 天工在线. AutoCAD 2018 从入门到精通 [M]. 北京：中国水利水电出版社，2017.
[9] 卢玉明. 机械设计基础 [M]. 北京：高等教育出版社，2002.
[10] 李敬. 机械设计基础 [M]. 北京：电子工业出版社，2011.
[11] 张巍屹. AutoCAD 2007 中文版标准教程 [M]. 北京：清华大学出版社，2006.
[12] 前沿思想. AutoCAD 2010 建筑制图经典 200 例 [M]. 北京：兵器工业出版社，2009.
[13] 周大勇. AutoCAD 机械图绘制项目教程 [M]. 北京：机械工业出版社，2009.
[14] 王建华. AutoCAD 2012 标准培训教程 [M]. 北京：电子工业出版社，2011.
[15] 焦勇. AutoCAD 2007 机械制图入门与实例教程 [M]. 北京：机械工业出版社，2007.